Jork, Funk, Fischer, Wimmer

Dünnschicht-Chromatographie

Band 1a

VCH

Hellmut Jork, Werner Funk,
Walter Fischer, Hans Wimmer

Dünnschicht-Chromatographie

Reagenzien und Nachweismethoden

Band 1
Physikalische und chemische Nachweismethoden
(in mehreren Teilen, Teile 1b und 1c in Vorbereitung)

Band 2
Radiometrische Nachweismethoden
(in Vorbereitung)

Band 3
Biochemische und biologische Nachweismethoden
(in Vorbereitung)

Vertrieb:

VCH Verlagsgesellschaft, Postfach 101161, D-6940 Weinheim (Bundesrepublik Deutschland)

Schweiz: VCH Verlags-AG, Postfach, CH-4020 Basel (Schweiz)

Großbritannien und Irland: VCH Publishers (UK) Ltd., 8 Wellington Court, Wellington Street, Cambridge CB1 1HW (Großbritannien)

USA und Canada: VCH Publishers, Suite 909, 220 East 23rd Street, New York, NY 10010–4606 (USA)

ISBN 3-527-26848-0

Hellmut Jork, Werner Funk,
Walter Fischer, Hans Wimmer

Dünnschicht-Chromatographie

Reagenzien und Nachweismethoden

Band 1a

Physikalische und chemische Nachweismethoden:
Grundlagen, Reagenzien I

VCH

Prof. Dr. H. Jork
Universität des Saarlandes
Fachbereich 14
Stadtwald
D-6600 Saarbrücken

Prof. W. Funk
Fachbereich Technisches Gesundheitswesen
der Fachhochschule Gießen-Friedberg
Wiesenstraße 14
D-6300 Gießen

Dr. W. Fischer
c/o E. Merck
Abteilung V Reag SPA
Frankfurter Straße 250
D-6100 Darmstadt

Hans Wimmer
Eckhardt-Straße 23
D-6100 Darmstadt

Lektorat: Dr. Hans F. Ebel
Herstellerische Betreuung: Elke Littmann
Satz: Filmsatz Unger und Sommer GmbH, D-6940 Weinheim
Druck: Colordruck Kurt Weber GmbH, D-6906 Leimen
Bindung: Verlagsbuchbinderei Kränkl, D-6148 Heppenheim
Umschlaggestaltung: TWI, Herbert J. Weisbrod, D-6943 Birkenau

CIP-Titelaufnahme der Deutschen Bibliothek:
Dünnschicht-Chromatographie : Reagenzien und Nachweismethoden / Hellmut Jork ... – Weinheim ; Basel (Schweiz) ; Cambridge ; New York, NY : VCH.
ISBN 3-527-26925-8
NE: Jork, Hellmut [Mitverf.]

Bd. 1a. Physikalische und chemische Nachweismethoden : Grundlagen, Reagenzien. – 1. – 1989
ISBN 3-527-26848-0

Vorwort

Das vorliegende Buch ist das Ergebnis der Zusammenarbeit von vier Kollegen, die sich seit vielen Jahren mit der Dünnschicht-Chromatographie beschäftigen und insbesondere die Entwicklung von den selbstgestrichenen DC-Schichten über die im Handel befindlichen Fertigplatten zur instrumentellen Hochleistungs-Dünnschicht-Chromatographie aktiv verfolgt haben. Mit dieser Entwicklung ging eine Verbesserung im Bereich der Detektion getrennter Zonen einher. Insbesondere wurde es notwendig, immer kleinere Substanzmengen zu erfassen, so daß die Zusammenstellung der „Anfärbereagenzien", die von E. MERCK über viele Jahre als Broschüre herausgegeben wurde, nicht mehr dem aktuellen Stand der Dünnschicht-Chromatographie entsprach.

Vor diesem Hintergrund und angesichts der Tatsache, daß es gegenwärtig keine aktuelle Monographie über die Dünnschicht-Chromatographie gibt, wurde das vorliegende Buch geschaffen. Es will Einführung in die Methode, Nachschlagewerk und Laborhandbuch in einem sein – also weit mehr als ein „Reagenzienbuch".

In einem ersten Teil werden die dünnschicht-chromatographischen Grundlagen sowie die Meßtechniken und Geräte für qualitative und quantitative DC-Auswertungen ausführlich behandelt. In zahlreichen Tabellen werden hier auch die prächromatographischen in-situ-Derivatisierungsverfahren zusammengefaßt, die zur Verbesserung der Selektivität der Trennung, zur Erhöhung der Nachweisempfindlichkeit und zur Steigerung der Präzision bei der nachfolgenden quantitativen Auswertung eingesetzt werden können.

Besonderes Augenmerk gilt dabei den immer aktueller werdenden Fluoreszenz-Reaktionen und den Möglichkeiten zur Steigerung und Stabilisierung der Fluoreszenz-Emissionen. An keiner anderen Stelle in der Literatur sind zu diesem Thema so viele Detailinformationen zusammengetragen wie hier in diesem ersten Teil des Buches, dessen mehr als 600 Literaturzitate den Leser anregen mögen, seine Kenntnisse weiter zu vertiefen.

Selbstverständlich fehlt auch nicht eine allgemeine Einführung in die postchromatographischen mikrochemischen Umsetzungen, die im zweiten Teil des Buches im einzelnen behandelt werden.

Dieser zweite Teil legt mit 80 ausgearbeiteten und geprüften Nachweisverfahren den Grundstein für eine auf mehrere Bände angelegte Zusammenstellung von Reagenz-Berichten („Monographien"), die sicherlich auch von Kollegen, die in den Bereichen Elektrophorese und Hochdruck-Flüssigkeitschromatographie Derivatisierungen durchführen, begrüßt werden wird. Neben Angaben zu den jeweils benötigten Reagenzien sowie deren Handhabung und Aufbewahrung enthalten die Einzel-Monographien auch Hinweise zum Reaktionsablauf.

Soweit es möglich war, wurde mit Tauchreagenzien anstelle der früher üblichen Sprühreagenzien gearbeitet. Auf diese Weise läßt sich eine Kontamination des Arbeitsplatzes weitgehend vermeiden, und die Belegung des Chromatogramms mit Reagenz erfolgt umweltschonender, weniger gesundheitsgefährdend und darüber hinaus homogener – was einer höheren Präzision bei der quantitativen Auswertung zugute kommt.

Möglicherweise können die angegebenen Lösungsmittel nicht bei allen mit dem betreffenden Reagenz nachweisbaren Stoffen eingesetzt werden, weil sich beispielsweise die chromatographisch getrennten Substanzen oder ihre Reaktionsprodukte zu gut darin lösen. Daher sollte von Fall zu Fall geprüft werden, ob die angegebene Vorschrift unbesehen übernommen werden kann. Wir haben dies bei jeder Reagenz-Monographie für eine ausgewählte Substanzklasse mit einem von uns ausgearbeiteten Beispiel untersucht und das Ergebnis in dem „Geprüften Beispiel" dokumentiert. Hier sind neben den exakt festgehaltenen chromatographischen Bedingungen auch Hinweise zur quantitativen Auswertung und zu den gefundenen Nachweisgrenzen vermerkt. Weitere Beobachtungen sind als „Anmerkungen" angefügt. In diese Untersuchungen wurden verschiedene Sorbenstypen einbezogen, ihre Verwendbarkeit wird angegeben. Die Nicht-Nennung von Sorbentien bedeutet dabei nur, daß die Anwendbarkeit solcher Schichten von uns nicht untersucht wurde, nicht jedoch, daß das betreffende Reagenz auf solchen Schichten nicht verwendet werden kann.

Da i. allg. in den Reagenz-Monographien für jede mit einem Reagenz nachweisbare Substanz bzw. Substanzklasse mindestens eine weiterführende Literaturstelle angegeben ist, kann Teil II dieses Buches mit insgesamt etwa 750 Literaturzitaten als Fundgrube für DC-Applikationen genutzt werden. Dabei sind nur selten ältere (für die Entwicklung der Reagenzien bedeutsame) Arbeiten aus der Zeit vor 1960 zitiert.

Es braucht wohl nicht besonders betont zu werden, daß zur Erstellung einer solchen Übersicht viele hilfreiche Hände notwendig waren. Unser besonderer Dank gilt daher den Damen E. Kany, I. Klein und S. Netz sowie Herrn Dipl.-Ing. M. Heiligenthal für die gewissenhafte Durchführung der praktischen Arbeiten.

Darüber hinaus möchten wir den Diplomanden und Doktoranden danken, die bei der Überprüfung der Derivatisierungsreaktionen mitgeholfen haben, sowie den Damen U. Enderlein, E. Otto und H. Roth, deren bewährten Händen die technische Vorbereitung für das Buch und die Manuskripterstellung oblag. Insbesondere danken wir auch Herrn Dr. Kalinowski (Univ. Gießen) für die hervorragende Unterstützung bei der Formulierung der Reaktionswege in den Reagenz-Monographien.

Für die großzügige Förderung der experimentellen Arbeiten gilt unser Dank den Firmen Baron, J. T. Baker, Camag, Desaga, Macherey-Nagel und E. Merck.

Ein besonderer Dank gilt auch Herrn Dr. H. F. Ebel und den Mitarbeitern der VCH Verlagsgesellschaft für die gute Umsetzung unserer Vorstellungen zur Gestaltung und

Ausstattung dieses Buches und dafür, daß sie das Werk in kurzer Zeit herausgebracht haben.

Trotz aller Bemühungen und sorgfältigem Arbeiten werden uns dennoch Fehler unterlaufen sein. Darum bitten wir alle DC-Spezialisten, uns etwa gefundene Fehler sowie Verbesserungswünsche für die weiteren Bände mitzuteilen.

Saarbrücken, Gießen und Darmstadt, im Oktober 1988

Hellmut Jork
Werner Funk
Walter Fischer
Hans Wimmer

Inhalt

Teil I
Methoden der Detektion

Teil II
Reagenzien in alphabetischer Reihenfolge

Teil I

Methoden der Detektion

1 Einleitung

Zu den routinemäßig im Laboratorium eingesetzten *Trennmethoden* gehören die verschiedenen chromatographischen und elektrophoretischen Verfahren, deren Selektivität durch Einführung neuer Sorbentien, z. B. mit chemisch modifizierten Oberflächen (Abb. 1), ständig zunimmt.

Um Trennergebnis und Trennleistung eines solchen Systems beurteilen zu können, bedarf es entsprechender *Detektionsverfahren*, die zu aussagekräftigen Informationen über die abgetrennten Substanzen führen.

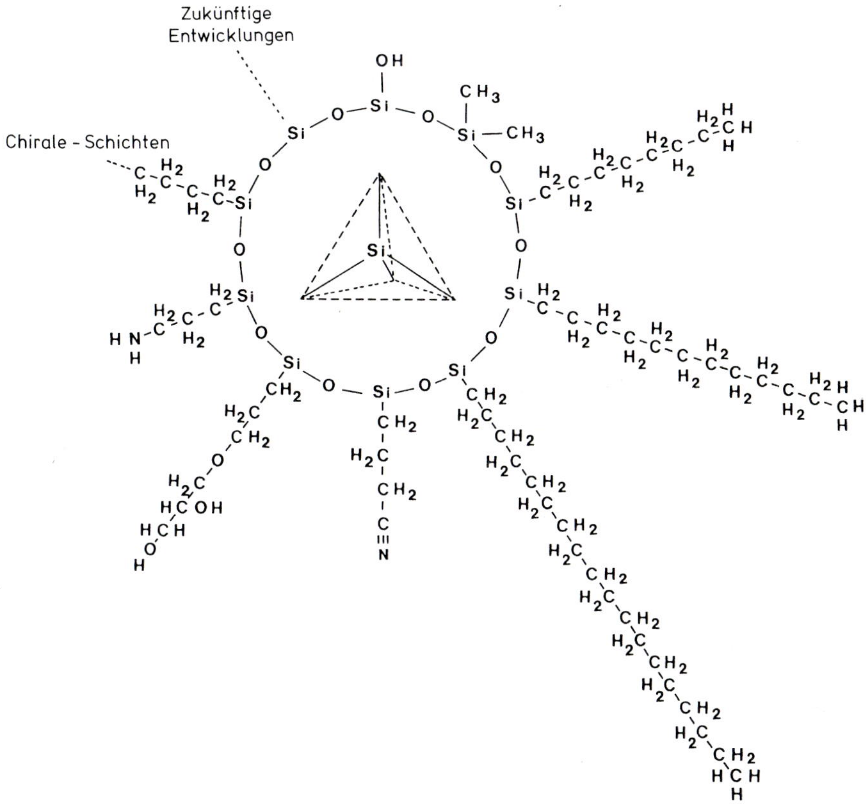

Abb. 1: Schematische Übersicht über die z. Zt. im Handel befindlichen oberflächenmodifizierten Kieselgele.

Trotz zahlreicher Fortschritte auf dem Gebiet der Detektion gibt es nach wie vor keine wirklich substanzspezifischen chemischen Nachweisreaktionen. Damit können die in der Chromatographie üblichen Nachweisverfahren auch nicht wie die spektrometrischen Methoden zur zweifelsfreien Identifizierung von Verbindungen eingesetzt werden, sie können nur mehr oder weniger deutliche Hinweise zur Charakterisierung abgetrennter Substanzen liefern. Bei unbekannten Proben dienen in der Regel Universal-Reagenzien zur ersten Beurteilung des Trennerfolges. Es schließt sich dann der Einsatz gruppenspezifischer Reagenzien an. Je mehr Einzelinformationen aus den verschiedenen Bereichen für eine vermutete Substanz vorliegen, um so mehr bestätigt sich ihr Vorhandensein. Dennoch bleiben all diese Aussagen nur Hinweise; sie sind keine Beweise der Identität.

Außer zum Nachweis eines Trennergebnisses dienen Detektionsverfahren insbesondere zur Steigerung von Empfindlichkeit und Selektivität. In der Dünnschicht-Chromatographie kommt zu der *Selektivität der Trennung*, die von den verschiedenen Arbeitstechniken (z.B. Mehrfachentwicklung, Gradientenelution, Sequenz-, AMD-, HPPLC- oder OPLC-Technik) unterstützt wird, die *Spezifität der Detektion* hinzu [1–3]; auch durch Kombination mehrerer Detektionsmethoden aus den verschiedenen DC-Bereichen (Abb. 2) kann die Selektivität des Nachweises erhöht werden. Nach der chromatographischen Entwicklung stellt das Chromatogramm quasi eine „Diskette" dar, auf der die einzelnen Informationen gespeichert vorliegen [4].

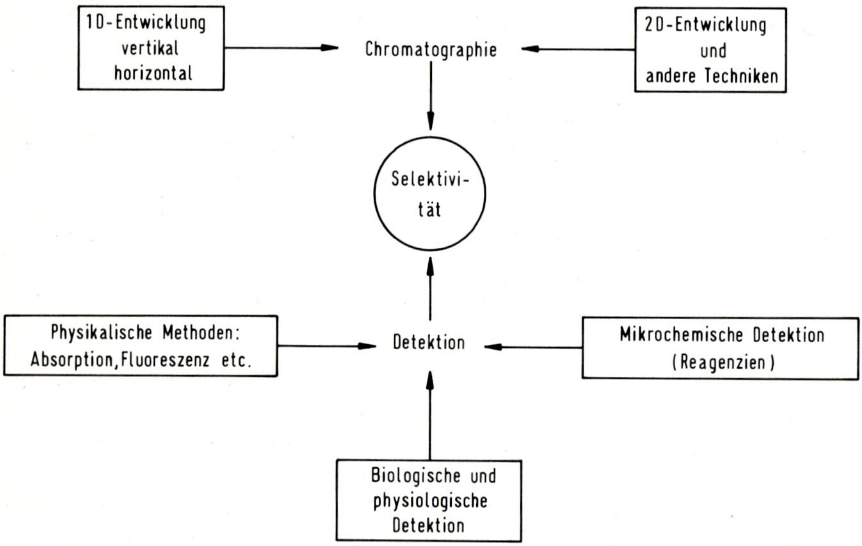

Abb. 2: Erhöhung der Selektivität durch Verknüpfung der Methodenbereiche.

Das Abrufen dieser Daten kann, räumlich und zeitlich getrennt vom Entwicklungsprozeß, jederzeit nach verschiedenen Gesichtspunkten erfolgen. Diese Möglichkeit bietet *nur* die Dünnschicht-Chromatographie, denn es besteht keine unmittelbare („online“) Kopplung zwischen chromatographischer Entwicklung und Detektion. Darum kann das Auswerten eines Dünnschicht-Chromatogramms jederzeit wiederholt oder nach anderen Kriterien als beim ersten Mal durchgeführt werden. Folglich schränkt die Detektion auch nicht die Auswahl der Fließmittel ein. Zur Auftrennung des Untersuchungsgutes können jeweils die chromatographischen Bedingungen gewählt werden, die die besten Trennergebnisse liefern, da zur Zeit der Detektion das Chromatogramm fließmittelfrei vorliegt.

Außer diesen Vorzügen besitzt die Dünnschicht-Chromatographie noch weitere Vorteile, die dieser Trennmethode für Mikro-, Nano- und Picogramm-Mengen einen festen Platz im Instrumentarium der Analytik gesichert haben [5].

Die Methode

- ist von der Handhabung her leicht zu erlernen;
- ist schnell durchführbar, insbesondere als HPTLC-Verfahren;
- ist stets einsatzbereit, denn die Fertigschichten werden zumeist ohne weitere Vorbereitung verwendet;
- ist gut überwachbar, weil das gesamte Chromatogramm (einschließlich der am Startpunkt verbleibenden Substanzen) visuell auf einen Blick erfaßbar ist und ein Elutionszwang für die Einzelkomponenten nicht besteht;
- erfordert keine Regenerierungs-Schritte, denn DC- und HPTLC-Schichten sind Einwegware;
- läßt sich kostengünstig im Routinebetrieb einsetzen, weil der Fließmittelverbrauch gering ist und damit kaum Entsorgungsschwierigkeiten auftreten (mit wenigen Millilitern mobiler Phase lassen sich z. B. in der Linearkammer bis zu 70 Untersuchungsmuster nebeneinander und neben authentischen Vergleichssubstanzen chromatographieren [6]);
- ist sehr variabel: als mobile Phasen können saure, basische oder rein wäßrige Fließmittelsysteme ebenso eingesetzt werden wie neutrale lipophile Flüssigkeiten, wodurch das gesamte dünnschicht-chromatographische System einen hohen Grad an Flexibilität erreicht.

Aufgrund dieser Vorzüge ist die Dünnschicht-Chromatographie weltweit verbreitet. Aus Abb. 3 geht die Häufigkeit ihres Einsatzes hervor. In dieser CA-Recherche sind nur solche Publikationen erfaßt, die „DC/HPTLC“ als „key-word“ enthalten. Der tatsächliche Einsatz dieser Methode ist bei weitem größer. In vielen Bereichen der Qualitätskontrolle und routinemäßigen Überwachung von Reinheitskriterien ist die Methode zu einer Selbstverständlichkeit geworden. Das gilt auch für die Siebziger Jahre, als die sich rasch ausbreitende High Performance Liquid Chromatographie (HPLC) zu einem vor-

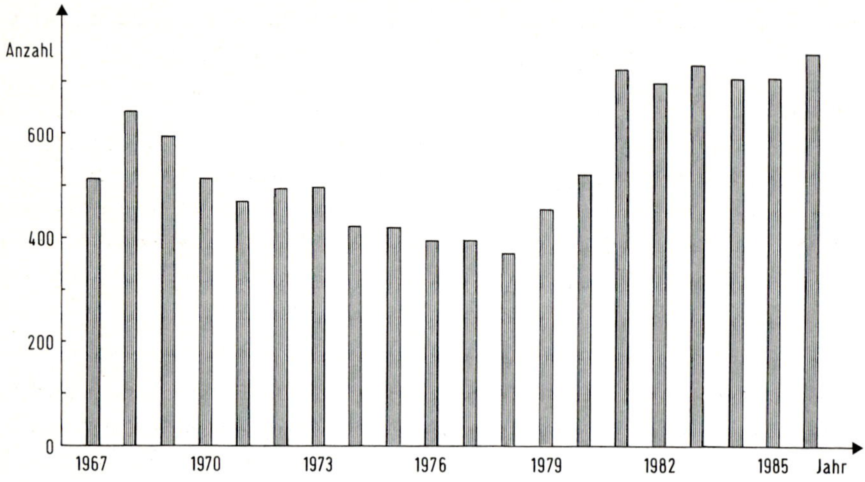

Abb. 3: Häufigkeitsverteilung wissenschaftlicher DC/HPTLC-Publikationen in den Jahren 1967–1986 (recherchiert nach Chemical Abstracts).

übergehenden Einbruch in der Häufigkeitsverteilung der wissenschaftlichen DC-Publikationen Veranlassung gab. Heute stehen beide Verfahren als gleichberechtigte Trennmethoden nebeneinander. Sie werden von jedem Analytiker dort eingesetzt, wo ihre Schwerpunkte liegen. Natürlich sind auch Kostenüberlegungen gerechtfertigt [7], die möglicherweise zur bevorzugten Wahl der Dünnschicht-Chromatographie führen.

Die aus einer DC-Trennung erhaltenen Informationen können zur Abspeicherung oder Inventarisierung *dokumentiert* werden. Dies erfolgt in Form manuell-graphischer Wiedergabe oder als Photokopie, Photographie bzw. als Autoradiographie [8–10]. In steigendem Maße werden auch Registrierkurven (Fluoreszenz- bzw. Absorptions-Ortskurven) oder Rohdaten auf Datenträgern abgespeichert. Die hierfür benötigten apparativen Voraussetzungen werden in den nachfolgenden Kapiteln mitbesprochen. Allgemeine Hinweise zur Dokumentation folgen in Kapitel 4.

Zur Detektion lassen sich in der DC prinzipiell physikalische, mikrochemische und biologisch-physiologische Methoden einsetzen (vgl. Abb. 2).

Physikalische Verfahren: Zu den physikalischen Verfahren zählt die Messung der photometrischen Absorption und Fluoreszenz sowie der Phosphoreszenzminderung, die fälschlicherweise zumeist als Fluoreszenzlöschung bezeichnet wird [1], und die Erfassung radioaktiv markierter Substanzen mit Hilfe von autoradiographischen Verfahren,

Szintillationsmessungen oder anderen radiometrischen Methoden. Diese Verfahren werden zu den *zerstörungsfreien* Detektionsmethoden gerechnet (s. Kap. 2).

Mikrochemische Reaktionen: Diese Nachweise lassen sich entweder mit Universal-Reagenzien [11] durchführen oder mit solchen Substanzen, die z. B. mit speziellen funktionellen Gruppen reagieren (gruppencharakterisierende Reagenzien). Ist durch den Trennprozeß sichergestellt, daß am jeweiligen Ort des Chromatogrammes nur *eine* Komponente vorhanden ist, dann läßt sich diese grundsätzlich „substanzspezifisch" nachweisen. Spezifität im Sinne von Eindeutigkeit ergibt sich jedoch nur in der Verbindung von Trennprozeß und Detektion. (Entsprechendes gilt auch für die anderen Arten der Detektion.)

Biologisch-physiologische Detektion: Verfahren, die hier angesprochen sind, berücksichtigen unabhängig von den physikalischen oder chemischen Eigenschaften einer Verbindung die biologische Wirksamkeit der aufgetrennten Komponenten [12].

Ihr Einsatz empfiehlt sich [13], weil

- diese Methoden (unabhängig vom Trennvorgang) in hohem Maße spezifisch sind;
- unwirksame Begleitsubstanzen bei den Untersuchungen nicht stören, so daß u. U. auf vorherige Reinigung verzichtet werden kann, und
- ihr Erfassungsbereich den klassischen Nachweisverfahren vergleichbar ist.

Diese Methoden werden u. a. zum Nachweis und zur Bestimmung von Antibiotika und analog wirkenden Alkaloiden, Insektiziden, Fungiziden, Mykotoxinen, Vitaminen, Bitterstoffen und Saponinen eingesetzt [14].

Wir werden den drei Domänen der Detektion in dieser Reihe jeweils eigene Bände widmen.

Literatur

[1] Jork, H.: *Qualitative und quantitative Auswertung von Dünnschicht-Chromatogrammen unter besonderer Berücksichtigung photoelektrischer Verfahren.* Habilitationsschrift, Universität des Saarlandes, Saarbrücken 1969.
[2] Jork, H.: Mehr als 50 GDCh-Fortbildungskurse seit 1972, Universität des Saarlandes, Saarbrücken.
[3] Funk, W.: *Fresenius Z. Anal. Chem.* **1984,** *318*, 206–219.
[4] Jork, H.: *Schnellmethoden in der Lebensmittel-Analytik.* Behr's Verlag, Hamburg 1987.
[5] Jork, H.: *Fresenius Z. Anal. Chem.* **1984,** *318*, 177–178.

[6] Jänchen, D.: *Proc. Int. Symp. Instrum. High Perform. Thin-Layer Chromatogr. (HPTLC), 1st, Bad Dürkheim,* 1980.

[7] Kelker, H.: *Nachr. Chem. Techn. Lab.* **1983,** *31,* 786.

[8] Stahl, E.: *Dünnschicht-Chromatographie, ein Laboratoriumshandbuch.* 2. Aufl., Springer, Berlin 1967.

[9] Kirchner, J. G.: *Thin-Layer Chromatography,* 2nd Ed., Wiley, New York 1978.

[10] Randerath, K.: *Dünnschicht-Chromatographie.* 2. Aufl., Verlag Chemie, Weinheim 1965.

[11] E. Merck, Firmenbroschüre *Anfärbereagenzien für Dünnschicht- und Papier-Chromatographie,* Darmstadt 1980.

[12] Wallhäuser, K. H.: in [8].

[13] Jork, H.: *GIT Fachz. Lab. Supplement 3 „Chromatographie"* **1986,** *30,* 79–87.

[14] Jork, H., Wimmer, H.: *Quantitative Auswertung von Dünnschicht-Chromatogrammen* **1986**, Arbeitsblatt I/1–7 und 1–8. GIT-Verlag, Darmstadt 1986.

2 Physikalische Methoden der Detektion

2.1 Allgemeines

Physikalische Nachweisverfahren beruhen auf der Erfassung substanzspezifischer Eigenschaften. Zumeist sind es Absorptionen oder Emissionen elektromagnetischer Strahlung, die durch geeignete Empfänger (Auge, Photomultiplier) wahrgenommen werden. Auch die β-Strahlung radioaktiv markierter Substanzen kann direkt erfaßt werden. Diese *zerstörungsfreie* Detektion erlaubt, daß die Substanzen anschließend mikropräparativ weiter verarbeitet werden können. Ebenso lassen sich mikrochemische und/oder biologisch/physiologische Nachweise anschließen.

Beim Nachweis absorbierender Substanzen wird üblicherweise zwischen Absorptionen im sichtbaren und ultravioletten Spektralbereich unterschieden. Als Empfänger kommen sowohl das Auge (visuelle Detektion) als auch Photomultiplier infrage.

2.2 Nachweis absorbierender Substanzen

2.2.1 Visuelle Detektion

Bei *farbigen* Verbindungen wird der Trennerfolg zumeist visuell beurteilt. Solche Verbindungen absorbieren aus dem polychromatischen (weißen) Licht des sichtbaren Wellenlängenbereichs einen bestimmten Ausschnitt. Der verbleibende Strahlungsanteil (Komplementärstrahlung) wird reflektiert und vom Auge aufgenommen; er bestimmt die Farbe der Substanzzone. Tabelle 1 zeigt die Zuordnung von Wellenlänge, Farbe und Komplementärfarbe.

Farblose Substanzen absorbieren unterhalb des sichtbaren Spektralgebietes (zumeist auswertbarer UV-Bereich λ = 400 ... 200 nm). Zur Erfassung solcher Verbindungen können UV-empfindliche Detektoren (Photomultiplier, S. 24) eingesetzt werden. Substanzen, die im UV-Bereich absorbieren und dabei zur Fluoreszenz oder Phosphoreszenz (Lumineszenz) angeregt werden, sind – mit UV-Licht bestrahlt – auch visuell wahrnehmbar.

Tabelle 1: Zuordnung von Wellenlänge, Farbe und Komplementärfarbe [1].

Wellenlänge [nm]	Farbe der Strahlung	Komplementärfarbe
620 ... 700	rot	rotblaugrün
590 ... 620	orange	grünblau
570 ... 590	gelb	blau
500 ... 570	grün	rot/purpur
450 ... 500	blau	gelb
400 ... 450	violett	gelbgrün

2.2.2 Fluoreszenz- und Phosphoreszenz-Indikatoren

Fluoreszierende und phosphoreszierende Substanzen werden durch UV-Licht in einen instabilen Energiezustand überführt (angeregt). Bei der Rückkehr in den Grundzustand geben sie einen Teil der aufgenommenen Energie als Strahlungsenergie wieder ab. Die emittierte Strahlung ist *energieärmer* (langwelliger) als das absorbierte Licht und liegt daher meist im sichtbaren Spektralbereich. Da Absorption (Anregung) und Emission innerhalb gewisser Grenzen in einem linearen Zusammenhang stehen, führt eine verminderte Absorption auch zu einer Lumineszenz-Minderung.

Diese Eigenschaft kann zum Nachweis von Substanzen, die im UV-Bereich absorbieren, herangezogen werden: Auf Schichten, die einen Fluoreszenzindikator enthalten oder mit einer fluoreszierenden Substanz imprägniert sind, tritt nämlich an den Stellen eine verminderte Emission auf, wo durch UV-aktive Verbindungen das eingestrahlte UV-Licht teilweise absorbiert wird. All diese Substanzen werden daher als *dunkle* Zonen auf fluoreszierendem Untergrund sichtbar (Abb. 4A).

Dieser Effekt, der auch erreicht werden kann (S. 12), indem nach erfolgter Chromatographie fluoreszierende Substanzen durch Sprühen oder Tauchen auf das Chromatogramm gebracht werden, ist ein Absorptionseffekt, *keine* Emissions*löschung* im eigentlichen Sinn. Es ist darum korrekt, von einer Fluoreszenz- oder Phosphoreszenz-*Minderung* (engl. fluorescence quenching) zu sprechen. Je mehr absorbierende Probemoleküle im Fleck vorhanden sind, um so dunkler erscheint die Zone (Abb. 4B).

Am empfindlichsten ist diese Detektionsmöglichkeit, wenn die Probemoleküle ihr Absorptionsmaximum (λ_{max}) gerade bei der Wellenlänge des eingestrahlten UV-Lichtes haben. Je weiter λ_{max} von diesem Bereich entfernt liegt, um so geringer ist der absorbierte Strahlungsanteil, d. h. um so unempfindlicher ist der Nachweis. Absorbiert die Probe nicht im Einstrahlungsbereich, oder besitzt sie dort gerade ein Absorptionsminimum, so lassen sich solche Komponenten auf diese Weise nicht nachweisen. In Abb. 4C ist dies am Beispiel der Süßstoffe Dulcin und Saccharin dargestellt.

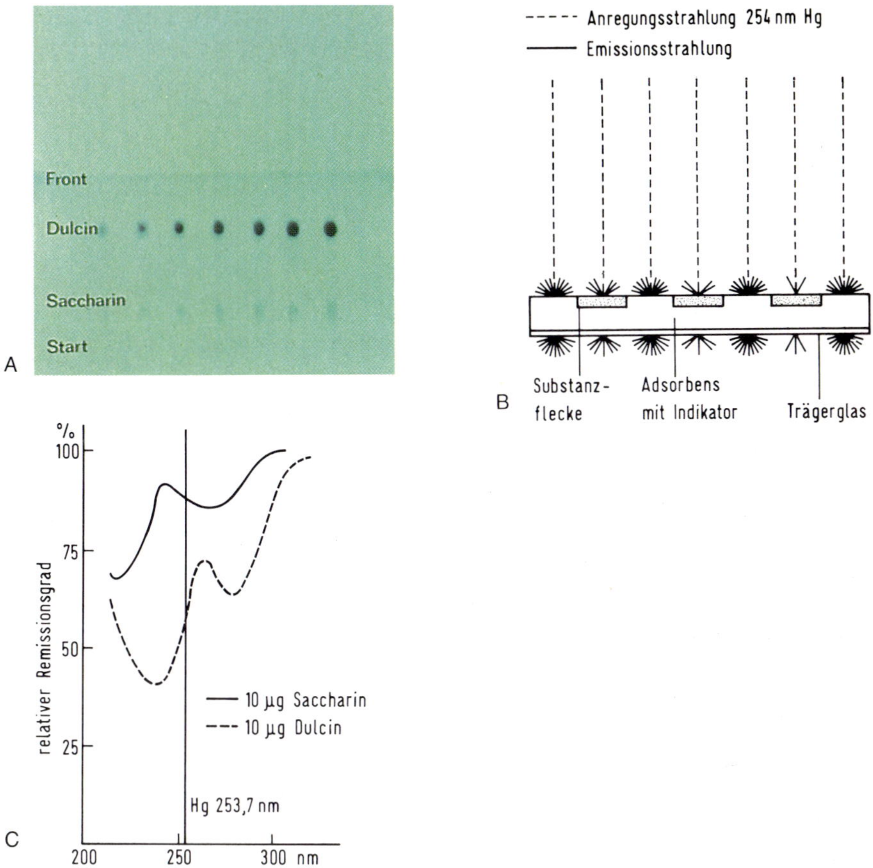

Abb. 4: Erläuterung des Effekts der Fluoreszenzminderung [2]. – (A) Chromatogramm gleicher Mengen Saccharin und Dulcin im UV-254 Licht betrachtet, (B) Schematische Darstellung der Fluoreszenzminderung, (C) Spektrale Remissionsgrad-Kurven von Saccharin und Dulcin.

Zur *Lumineszenz* gehören die Fluoreszenz und die Phosphoreszenz [3]. Ist die Strahlungsemission innerhalb von 10^{-8} s nach Absetzen der Anregungsstrahlung abgeklungen, so wird von *Fluoreszenz* gesprochen [4]; dauert die Abklingphase länger (weil die Elektronen über einen verbotenen Triplett-Zustand in den Grundzustand zurückkehren, Abb. 5), so handelt es sich um *Phosphoreszenz*-Erscheinungen. Es wird darum auch zwischen Fluoreszenz- und Phosphoreszenz-Indikatoren unterschieden. Erstere können in die Sorbensschicht eingearbeitet oder aufgesprüht bzw. getaucht werden, letztere sind immer der stationären Phase möglichst homogen beigemischt. Fluoreszenzen treten vorwiegend bei organischen Substanzen auf, Phosphoreszenzen dagegen bei anorganischen Verbindungen.

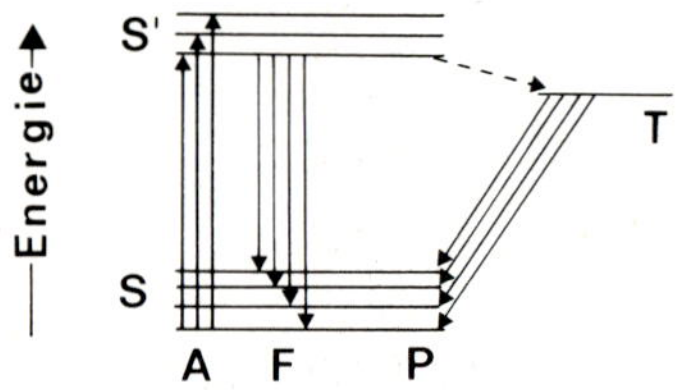

Abb. 5: Schematische Darstellung der Elektronenübergänge bei Lumineszenz-Erscheinungen [5]. – A Absorbierte Energie, F Fluoreszenz-Emission, P Phosphoreszenz, S Grundzustand, S' angeregter Singulett-Zustand, T „verbotener" Triplett-Übergang.

Als *organische Fluoreszenz-Indikatoren* (Code-Bezeichnung bei Fertigplatten: F_{366}, UV_{366}) sind z. B. für Aluminiumoxid-, Kieselgel- und Cellulose-Schichten bekannt:

- 3-Hydroxypyren-5,8,10-trisulfonsaures Natrium [6],
- 3,5-Dihydroxypyren-8,10-disulfonsaures Natrium [7],
- Fluorescein-Natrium [8–11] und Fluorescein [12] oder 2',7'-Dichlorfluorescein [13–19],
- Rhodamin B [12, 20–23] und Rhodamin 6G [24–26],
- Morin [11, 24, 27–29],
- Cyanin-Farbstoffe [30, 31],
- Stilben-Derivate (z. B. Diaminostilbentriazin) [12, 32] und
- Optische Aufheller (Ultraphor WT BASF [12, 33], Calcofluor R-White [34], Leukophor).

Auf calciumhaltigen Schichten läßt sich bei schwach saurem pH-Wert auch Oxytetracyclin verwenden [35].

Eine besondere Art von Fluoreszenz-Indikatoren sind Scintillatoren, die zum fluorimetrischen Nachweis radioaktiv markierter Substanzen dienen. Sie werden durch β-Strahlen zur Emission der elektromagnetischen Strahlung angeregt und werden in Band 2 angesprochen.

Als *anorganische Phosphoreszenz-Indikatoren* (fälschlicherweise als Fluoreszenzindikatoren bezeichnet) sind blau (Zinn-aktivierte Strontiumverbindungen), gelb (Uranylacetat [36]) oder gelb-grün emittierende, mit Mangan aktivierte Zinksilikate [37] und Zink-Cadmiumsulfide [38] im Einsatz (Code-Bezeichnungen F_{254}, UV_{254}). Auch Leuchtpigment ZS-Super (Riedel de Haën) wurde verwendet [81]. Da sie nicht säurestabil sind, wurden sie in den RP-Phasen z. B. durch Erdalkaliwolframate ersetzt (Code F_{254s}). Diese besitzen eine schwach-blaue Emission [39].

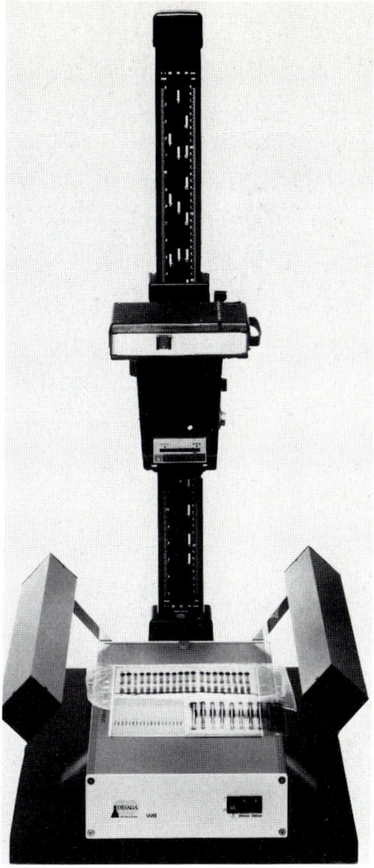

A

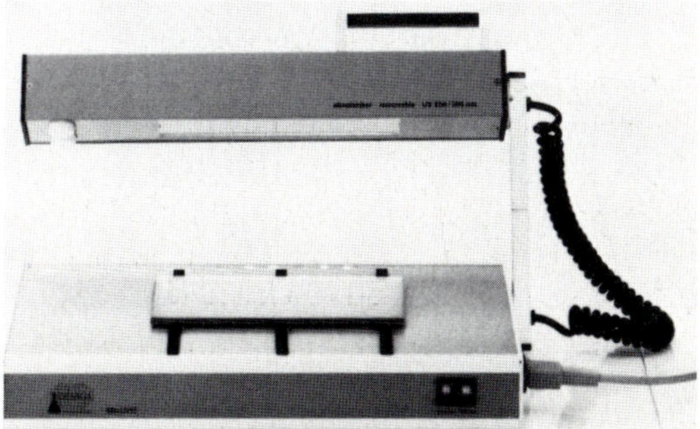

B

Abb. 6: (A) UVIS- und (B) MinUVIS-Analysenlampen (DESAGA).

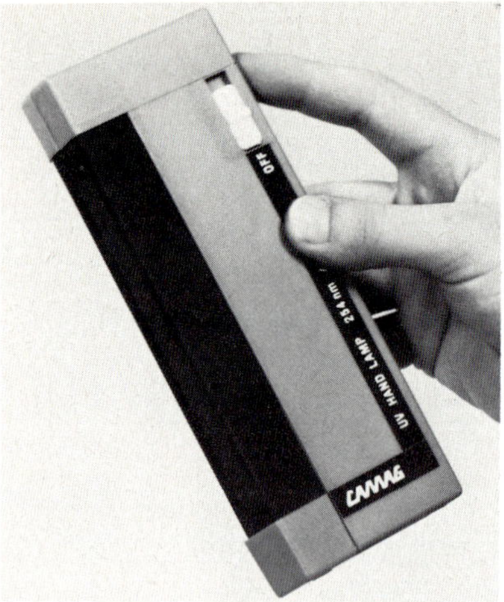

A

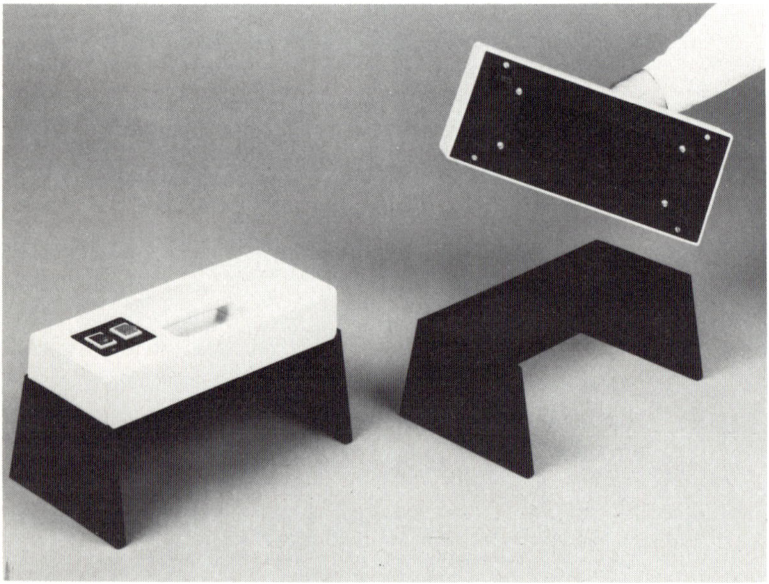

B

Abb. 7: UV-Handlampen (CAMAG). (A) Batteriebetriebene UV-Lampe, (B) Handlampe mit dreiseitig geschlossenem Stativ.

Der Vorteil dieser anorganischen Indikatoren ist:

- Weder durch polare noch durch unpolare organische Fließmittel werden diese Indikatoren beim Chromatographieren in den Frontbereich transportiert (Ausnahme: Uranylacetat).
- Als Anregungswellenlänge wird kurzwellige UV-Strahlung (λ = 254 nm) verwandt; damit lassen sich vorwiegend aromatische Verbindungen durch Phosphoreszenzminderung erfassen. Uranylacetat wird auch bei λ = 365 nm angeregt.
- Die Nachweisgrenzen liegen in günstigen Fällen zwischen 0,1 und 0,3 µg Substanz pro Chromatogramm-Zone.

Zur Erzeugung von Phosphoreszenzen oder Fluoreszenzen bedarf es energiereicher Strahlungsquellen. Eingesetzt werden darum zumeist Linienstrahler, die als Quecksil

A

B

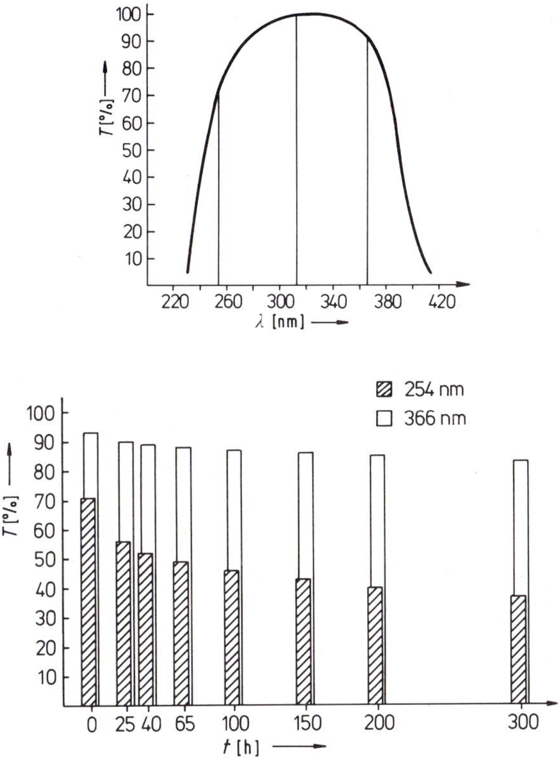

Abb. 8: Durchlässigkeit von Schwarzlichtfiltern in Abhängigkeit von der Wellenlänge (A) und in Abhängigkeit von der Benutzungsdauer bei λ = 254 bzw. 365 nm (B).

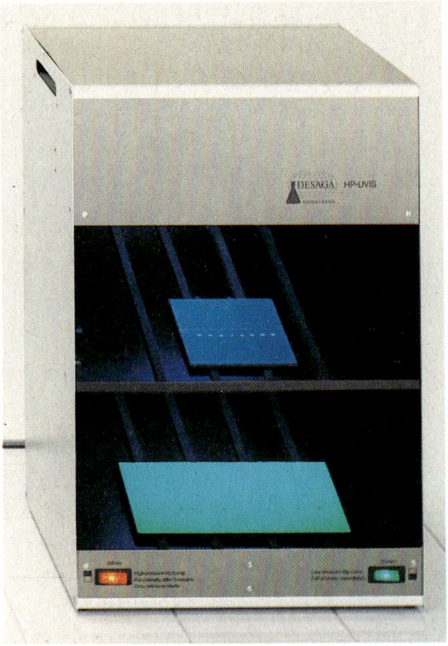

Abb. 9: HP-UVIS Cabinet für UV-Analysen ohne Dunkelraum (DESAGA).

berdampflampen relativ preisgünstig im Handel sind. Genutzt werden vorwiegend die kurzwellige Emissionsbande bei $\lambda = 254$ nm (obwohl das Absorptionsmaximum der Indikatoren bei $\lambda = 260$ nm oder 280 nm liegt [37]) und die langwellige Doppellinie bei $\lambda = 365/366$ nm. Während Niederdrucklampen fast ausschließlich kurzwellige Strahlung liefern, ist bei Hochdrucklampen der Anteil an langwelliger UV-Strahlung deutlich intensiver. Sie besitzen allerdings den Nachteil, daß sie eine Einbrennphase von 2 bis 5 min benötigen. Außerdem werden sie relativ heiß und lassen sich nur im abgekühlten Zustand wieder zünden.

Achtung: Beim Berühren des heißen Kolbens beispielsweise mit einer kalten DC-Platte kann die Lampe platzen (Schutzgehäuse!).

Diese Einschränkungen entfallen bei den weniger lichtstarken Leuchtstoffröhren, die z. B. in den UVIS- bzw. MinUVIS- (Abb. 6) oder in den Universal UV-Lampen (Abb. 7) eingebaut sind. Als Filter dienen Schwarzglas-Ummantelungen oder -Scheiben. Leider wird oft nicht beachtet, daß deren Durchlässigkeit für kurzwellige Strahlung mit der Bestrahlungsdauer deutlich abnimmt (Abb. 8). Es ist darum bei Lampen für den kurzwelligen UV-Bereich ratsam, die Filter in regelmäßigen Abständen zu erneuern. Sie können dann immer noch für den langwelligen Bereich verwendet werden. Das gilt insbesondere, wenn zur Dokumentation Farbaufnahmen hergestellt werden sollen.

Für die Auswertung von Dünnschicht-Chromatogrammen werden häufig auch kombinierte Kompaktgeräte angeboten (Abb. 9), bei denen ein Umschalten von „Tageslicht" auf lang- oder kurzwelliges UV-Licht möglich ist. Diese Cabinet-Lampen besitzen häufig eine justierte Kamerahalterung.

Vorsicht: In jedem Fall ist beim Arbeiten mit UV-Strahlung eine Schutzbrille zur Vermeidung von Augenschäden zu tragen.

2.2.3 Photometrische Absorptionsmessungen

2.2.3.1 Geräte

Wesentlich empfindlichere Sensoren als das Auge sind die *Photomultiplier*, die auf Kontinuum- oder Linienstrahler als Strahlungsquellen ansprechen. Um möglichst substanzspezifisch arbeiten zu können, sind Monochromatoren in den Strahlengang eingebaut [5]. Für Fluoreszenzmessungen sind zusätzlich Filterkombinationen (Monochromat- und Flanken(Kanten)-Filter) notwendig. Entsprechende Geräte sind nicht nur zur qualitativen Detektion getrennter Substanzen (Aufnahme von Absorptions- bzw. Fluoreszenz-Ortskurven), sondern auch zur Substanzcharakterisierung (Spektrenaufnahme in Ergänzung zum hR_f-Wert) und zur quantitativen Bestimmung geeignet.

Monochromatoren

Bei den heute im Handel befindlichen *Chromatogramm-Spektralphotometern* findet die Auswahl der Meßwellenlänge meistens über Gittermonochromatoren statt. Diese besitzen gegenüber den Prismamonochromatoren, wie sie noch im SCHOEFFEL-Zweistrahl-Spektrodensitometer SD 3000 und im ZEISS-Chromatogramm-Spektralphotometer KM 3 Verwendung fanden, folgende Vorteile:

- Die Wellenlängenskala verläuft annähernd linear; dadurch ergibt sich auch
- ein linearer Wellenlängenvorschub, der zu einer leichten Automatisierung über entsprechende Schrittmotoren führt;
- die Dispersion ist fast konstant und nicht wellenlängenabhängig, und
- der Lichtleitwert fällt oberhalb von $\lambda = 270$ nm höher aus als bei Prismamonochromatoren.

Allerdings ist der nutzbare Spektralbereich durch den wellenlängenabhängigen Wirkungsgrad der Gitter eingeschränkt.

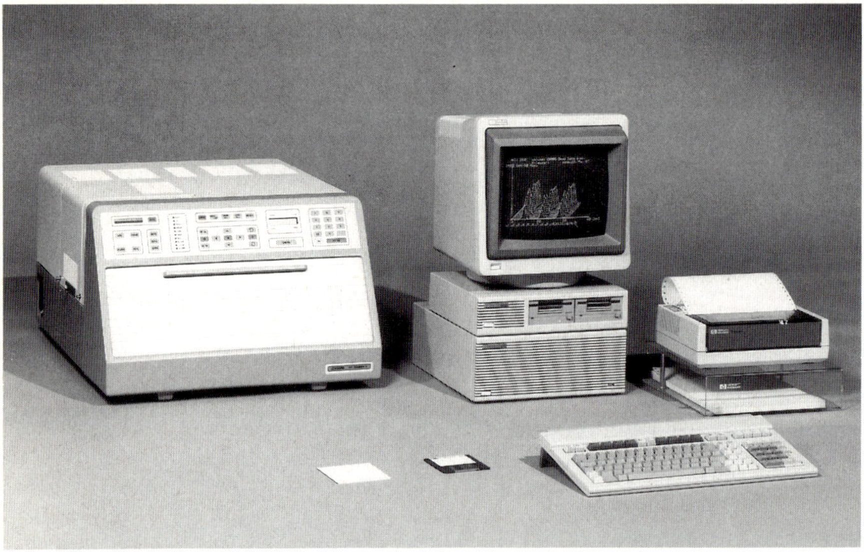

Abb. 10: TLC-Scanner II (CAMAG).

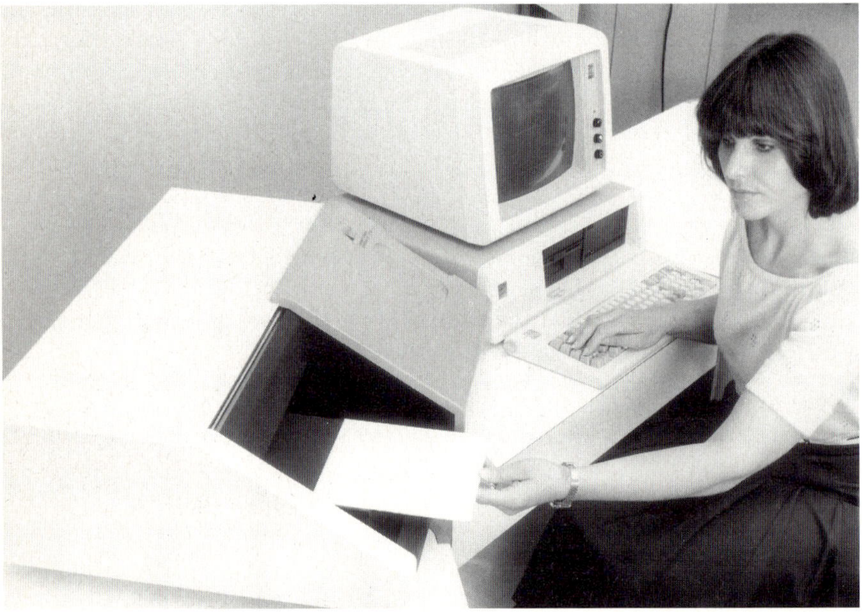

Abb. 11: CD-60 Densitometer (DESAGA).

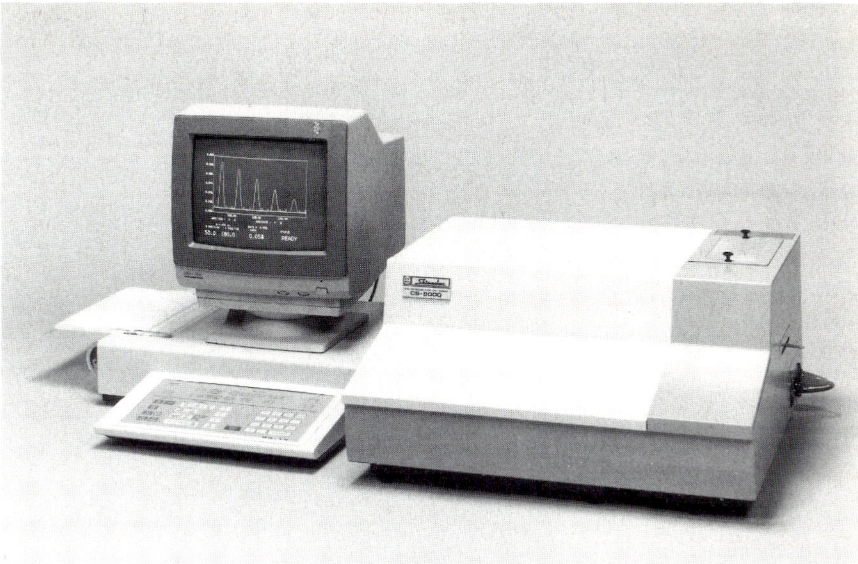

Abb. 12: Flying-Spot Scanner CS 9000 (SHIMADZU).

Abb. 13: FTR 20 Scanner (SIGMA).

Hinweis: Gitter dürfen nie mit den Fingern berührt oder „geputzt" oder angehaucht werden. Das gilt auch für sogenannte „vergütete" Gitter, die mit Magnesium- oder Lithiumfluorid bedampft sind.

Beispiele für Spektrometer mit Gittermonochromatoren:

- TLC-Scanner II, CAMAG (Abb. 10)
- CD-60 Densitometer, DESAGA (Abb. 11)
- CS 9000 Dual-Wavelength Flying-Spot Scanner, SHIMADZU (Abb. 12)
- FTR 20 Scanner, SIGMA (Abb. 13)

Strahlungsquellen

Lampen, die in der Photometrie eingesetzt werden, sollten weitgehend

- örtlich und zeitlich konstant Strahlung emittieren und
- eine möglichst punktförmige Brennzone besitzen, damit sich parallele Strahlenbündel herstellen lassen [40].

Zu unterscheiden sind *Kontinuumstrahler* (Wasserstoff- bzw. Deuteriumlampe, Wolfram-Glühlampe, Xenon-Hochdruckbrenner) und *Linienstrahler* (Quecksilberdampflampen), wobei die Linienstrahler im Bereich der Emissionsbanden das spektral reinere Licht liefern.

Zur Aufnahme von Absorptionsspektren muß ein Kontinuumstrahler eingesetzt werden. Fluoreszenzen werden meist mit Quecksilberdampflampen angeregt; sie strahlen im Bereich ihrer Hauptbanden noch intensiver als die Xenonlampe (Abb. 14).

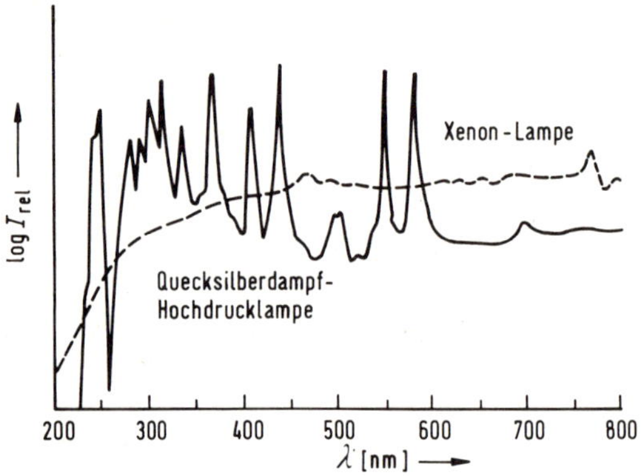

Abb. 14: Strahlungscharakteristik einer Quecksilberdampf-Hochdrucklampe (OSRAM HBO 100; ausgezogene Linie) und einer Xenon-Lampe (PEK 75; gestrichelte Linie) [4]. – Die Intensität *I* ist in relativen Beträgen logarithmisch aufgetragen.

Kontinuumstrahler: Für Messungen im ultravioletten Spektralbereich haben sich *Wasserstoff-* und *Deuterium-Lampen* bewährt [1]. Sie liefern bei 30 bis 60 × 10^{-3} Pa Füllgasdruck ein kontinuierliches Emissionsspektrum. Das Maximum ihres Strahlungsflusses liegt bei unterschiedlichen Wellenlängen (H_2: λ = 280 nm; D_2: λ = 220 nm). Folglich eignet sich die Deuteriumlampe besser für Messungen im unteren UV-Bereich (Abb. 15).

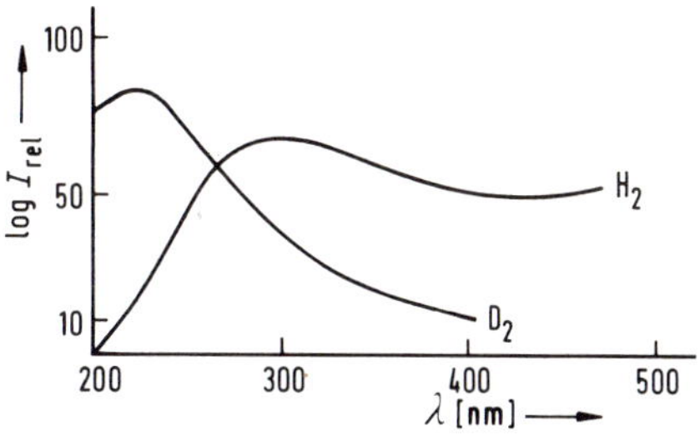

Abb. 15: Relative Intensitätsverteilung der Strahlung einer Wasserstoff- und einer Deuterium-Lampe.

Wegen der hohen Diffusionsgeschwindigkeit des Wasserstoffs sind die Energieverluste durch Wärmeleitung im kurzwelligen UV-Bereich groß, und die Strahlungsausbeute bleibt relativ gering. Deuterium diffundiert langsamer, seine Wärmeleitfähigkeit ist niedriger und die Strahlungsausbeute um etwa 30% höher als bei der Wasserstofflampe.

An den Kontinuumsbereich beider Gaslampen schließen sich im sichtbaren Spektralbereich Emissionsbanden bei λ = 486,12 nm (H_2) bzw. λ = 485,99 nm (D_2) an, die zur Einstellung und Eichung der Wellenlängenskala herangezogen werden können.

Wasserstofflampen sind zur Zentrierung der Gasentladung mit einer rechteckigen Blende ausgestattet, die dafür sorgt, daß die Strahldichte in diesem Bereich besonders hoch und die örtliche Lage der Brennzone stabil ist. Ganz auszuschließen ist eine Langzeit-Drift jedoch nicht [1].

Wolfram-Glühlampen werden vorwiegend für Messungen im sichtbaren Wellenlängenbereich eingesetzt (λ = 320 ... 700 nm). Sie bestehen aus einem evakuierten Glaskolben [1], in dem ein zumeist dünner, gewendelter Wolframdraht aufgeheizt und zum Glühen gebracht wird. Da Wolfram bereits bei 3655 K schmilzt, liegt die übliche Lampentemperatur bei 2400 bis 3450 K. Je höher die Temperatur ist, um so größer ist auch der Dampfdruck des Wolframs. Die Metalldämpfe schlagen sich an der relativ kalten Wand des Glaskolbens nieder, so daß die „Durchlässigkeit" des Glases abnimmt und die Brenndauer, die bei 2400 K mit etwa 1000 Betriebsstunden angegeben wird, sich deutlich verringert. Um die Verdampfungsgeschwindigkeit herabzusetzen, wird häufig Argon oder Krypton als Schutzgas verwendet, wodurch 70 bis 90% der elektrischen

Energie in Strahlungsenergie umgewandelt wird. Ein Nachteil der Wolfram-Glühlampe ist, daß ein beträchtlicher Anteil der Energie erst oberhalb von λ = 800 nm abgegeben wird.

Halogen-Lampen enthalten im evakuierten Glaskörper einer Wolframlampe zusätzlich Ioddampf [42]. Es bilden sich beim Erhitzen der Wendel in der Dampfphase flüchtige Iod-Wolfram-Verbindungen, die an dem heißen Glühfaden thermisch gespalten werden. Auf diese Weise wird die Abscheidung des Wolframs am Glaskörper verringert, so daß diese Lampen bei höheren Temperaturen betrieben werden können und eine größere Lichtausbeute liefern. Da Ioddampf UV-Licht absorbiert, zeigen diese Lampen einen purpurnen Schimmer.

Auch *Xenon-Hochdrucklampen* werden in einigen DC-Auswerteeinheiten (z. B. in den Scannern von SCHOEFFEL und von FARRAND) eingesetzt. Sie liefern im Vergleich zur Wasserstoff- und Wolframlampe Licht einer höheren Leuchtdichte. Das Intensitätsmaximum der emittierten Strahlung liegt zwischen λ = 500 und 700 nm. Unterhalb von 495 nm treten zu dem Kontinuum zusätzlich schwache Emissionslinien auf (Abb. 14). Von λ = 300 nm an nimmt die Intensität der Strahlung deutlich ab, und die zuvor örtlich fixierte Entladungszone beginnt zu wandern [43].

Linienstrahler: Im Gegensatz zu den bisher genannten Lichtquellen sind Quecksilberdampf-Lampen Gasentladungslampen [1]. Sie werden mit einer höheren Spannung als der Betriebsspannung gezündet. Um eine konstante Lichtabstrahlung zu erreichen, muß das Netzanschlußgerät gut stabilisiert sein, und der Strahler muß jeweils nach dem Einschalten einige Minuten „einbrennen". Die deutliche Einengung des Lampenkörpers in der Mitte führt zu einer Einschnürung des Brennbereiches. Dadurch wird eine gute Lichtbogenruhe erzielt. Seine Achse bleibt während des Betriebes weitgehend an der gleichen Stelle fixiert und ist optisch gut abbildbar. Dennoch ist ein „Springen" des Brennfleckes nicht ganz auszuschließen. Außerdem kann sich die Intensität der einzelnen Emissionsbanden zueinander ändern, so daß auch hier lang-, aber auch kurzzeitig eine Änderung im Basislinienverlauf der Registrierung auftreten kann. Physikalische Daten zu den am häufigsten eingesetzten Hg-Brennern sind in Tab. 2 zusammengestellt.

Im Gegensatz zu *Niederdruckbrennern* (1 bis 130 Pa), die vorwiegend die Resonanzlinie bei λ = 254 nm emittieren, liefern *Hochdrucklampen* (10^4–10^6 Pa) zahlreiche Banden im UV- und VIS-Gebiet (Abb. 16). In Tab. 3 sind die Emissionslinien und die relative spektrale Energieverteilung der wichtigsten Hg-Brenner aufgeführt (vgl. auch [44]). Cadmium als Zusatz in Quecksilberdampfentladungslampen erhöht die Anzahl der Emissionsbanden insbesondere im sichtbaren Spektralbereich [45], so daß dann auch bei λ = 326, 468, 480, 509 und 644 nm gearbeitet werden kann [46].

Neuerdings werden auch Ar^+/He-Ne Laser zur Auswertung von Dünnschicht-Chromatogrammen eingesetzt [259–261]. Allerdings ist eine allgemeine Verbreitung derartiger Auswerteeinheiten z. Zt. noch nicht gegeben.

Tabelle 2: Zusammenstellung der wichtigsten technischen Daten der am häufigsten eingesetzten Hg-Brenner [47].

Parameter	Hg-Hochdruckbrenner			
	St 41	St 43	St 46	St 48
Stromart	Gleichstrom	Wechselstrom	Gleichstrom	Gleichstrom
Versorgungsspannung [V]	220	220	220	220
Gesamtlänge [mm]	120	90		85
Nutzbare Leuchtlänge [mm]	8	20		11.5
Dampfdruck [Pa]	6×10^5	0.5×10^5		6×10^5
Strahlerstrom [A]	0,6	1,0	0,6	0,6
Strahlerleistung [W]	45	36	33	45
Lichtstärke [cd]	95	31	70	95
Leuchtdichte [cd/cm^2]	500	25	375	500
Beispiele für entsprechende Auswerteeinheiten	KM-3 Chromato-gramm-Spektral-photometer (C. ZEISS)	FTR-20 DC-Scanner (SIGMA)	CD-60 Densitometer (DESAGA)	CS-930 Scanner (SHIMADZU) TLC-Scanner (CAMAG)

Tabelle 3: Zusammenstellung der Emissionslinien und der dazugehörenden relativen Energieverteilung der wichtigsten Quecksilberdampflampen*.

Wellenlänge λ [nm]	Energieverteilung der Emissionsbanden		
	St 41	St 43	St 48
238 und 240	3	2	3
248	8	4	8
254	55	34	55
265	25	14	25
270	5	2	5
275	4	2	4
280	10	5	10
289	7	3	7
297	18	13	18
302	31	25	31
313	69	67	69
334	7	5	7
366	100	100	100
405 und 408	43	43	43
436	81	61	81
546	108	79	108
577 und 580	66	47	66

* Exakte Linienintensitäten geben KAASE et al. [48] an.

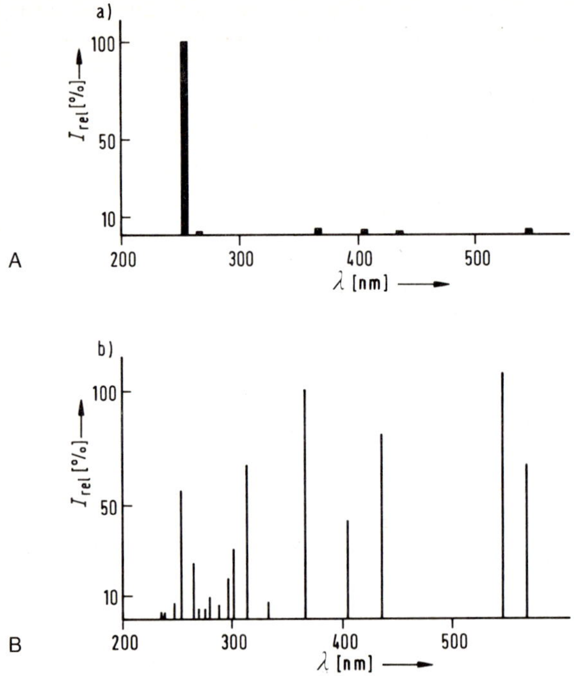

Abb. 16: Relative Intensitätsverteilung eines Quecksilber NK 4/4-Niederdruckbrenners (A) und eines Quecksilber St-41- oder St-48-Brenners (B).

Empfänger

In den handelsüblichen Auswerteeinheiten sind verschiedene lichtempfindliche Empfänger eingebaut. Ihre Einsetzbarkeit hängt wesentlich von

- der zeitlichen Konstanz des Photostroms bei gleichbleibender Bestrahlung und konstanten äußeren Bedingungen,
- der Proportionalität von Photostrom und Beleuchtungsstärke und
- dem Signal/Rausch-Verhältnis des Photodetektors ab.

Daneben spielen auch die Temperatur- und Frequenzabhängigkeit des Photostroms, die variable Oberflächenempfindlichkeit an verschiedenen Stellen der Kathode und der Vektoreinfluß polarisierter Strahlung eine Rolle [40]. Alle nachfolgend angesprochenen Detektoren sind elektronische Bauelemente, deren elektrische Eigenschaften sich bei Bestrahlung ändern. Ihre Wirkungsweise beruht auf dem äußeren (Photozellen, Photomultiplier) oder inneren Photoeffekt (Photoelement, Photodioden).

In der Photometrie werden zumeist Photozellen oder Photomultiplier (Sekundärelektronenvervielfacher, SEV) eingesetzt. Es handelt sich dabei um Empfänger mit „äußerem Photoeffekt“.

Photozellen: Der Grundaufbau einer Photozelle ergibt sich aus Abb. 17. Beim Belichten der Photokathode fließt ein Photostrom, der bei Vakuumphotozellen der Bestrahlungsstärke proportional ist, falls die Versorgungsspannung höher als die Sättigungsspannung gewählt wird. Zwischen der Photokathode und der Anode ist eine Mindestspannung notwendig, um die emittierten Elektronen zu „sammeln“. Bis zu 10^7 Hz ist die Empfindlichkeit von der Frequenz unabhängig. Ein Temperatureinfluß ist bei evakuierten Photozellen nur in geringem Maße vorhanden. Der Dunkelstrom (s. u.) beträgt etwa 10^{-11} A [1].

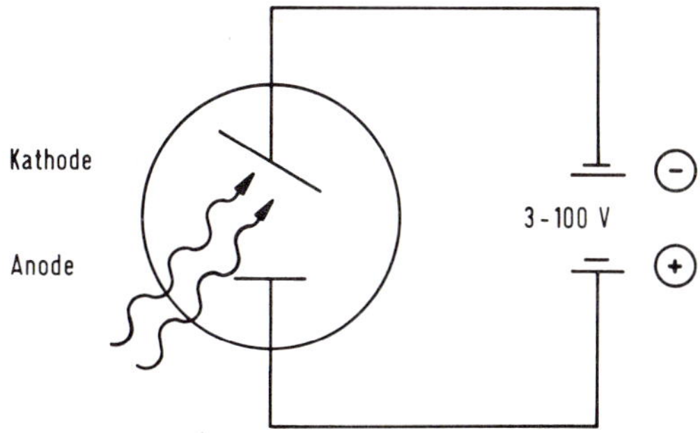

Abb. 17: Aufbau einer Photozelle, schematisch [1].

Beispiele für Auswerteeinheiten mit Photozellen:

- TURNER Fluorimeter, Modell III (CAMAG)
- Quick Scan R & D Densitometer (HELENA)
- Fiber-Optik Densitometer, Modell 800 (KONTES)

Photomultiplier: Sekundärelektronenvervielfacher (SEV), auch Photomultiplier genannt, sind evakuierte Photozellen mit eingebautem Verstärker. Die aus der Kathode austretenden Elektronen werden über 8 bis 14 Sekundärelektroden *(Dynoden)* vervielfacht. Eine schematische Darstellung ist für 9 Dynoden in Abb. 18 wiedergegeben [5]. Pro auftreffendes Elektron werden 2 bis 4, maximal 7 Sekundärelektronen von jeder Dynode abgegeben. Damit wird der Photostrom um den Faktor 10^6 bis 10^8 verstärkt. Dennoch ist eine Nachverstärkung außerhalb des SEV notwendig.

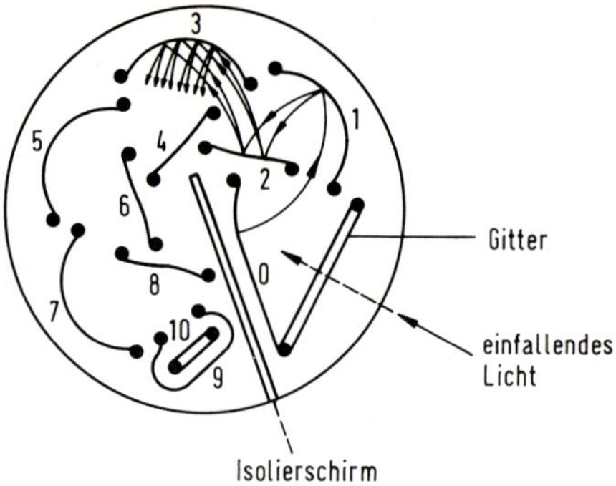

Abb. 18: Querschnitt durch einen RCA-Sekundärelektronenvervielfacher, schematisch. – 0 Photokathode, 1–9 Dynoden, 10 Anode.

Voraussetzung für den störungsfreien Betrieb ist eine stabile Betriebsspannung zwischen 400 und 3000 V. Von ihr ist auch die Empfindlichkeit des Vervielfachers abhängig, sofern nicht eine spezielle Kompensation erfolgt.

Häufig wird übersehen, daß die absolute und spektrale Empfindlichkeit an verschiedenen Stellen der lichtempfindlichen Photokathode sich innerhalb weniger Millimeter bis zu 100% verschieben können [49]. In Abb. 19 ist dieser Effekt für die seitliche Justierung und die Höhenverstellung des Photomultipliers dargestellt. Zusätzlich können bei geringer Dejustierung des Strahlenganges thermische Effekte zum „Weglaufen der Nullinie“ führen.

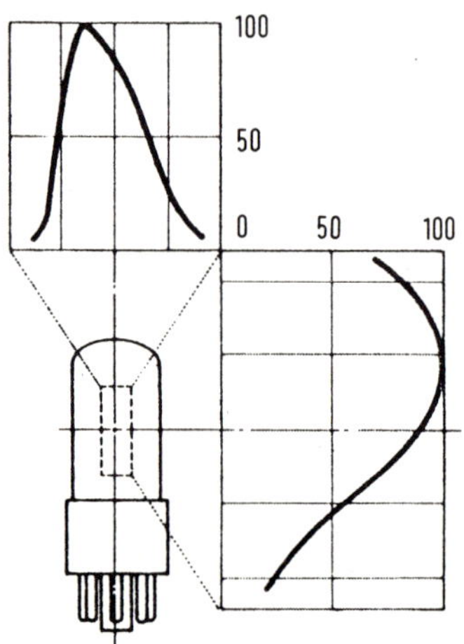

Abb. 19: Räumliche Abhängigkeit der spektralen Empfindlichkeit einer Photokathode [50].

Je nach Anordnung der Dynoden wird zwischen „head-on"- und „side-on"-Photomultipliern unterschieden. In den handelsüblichen Scannern sind zumeist „side-on"-Sekundärelektronenvervielfacher eingebaut, bei denen die Strahlung – wie in Abb. 19 – seitlich einfällt. Ihre Ansprechzeit ist kürzer, da die Feldstärken zwischen den Dynoden höher sind als bei den „head-on"-Photomultipliern.

Dafür besitzen die „head-on"-Photomultiplier einen größeren Öffnungswinkel für die Einfang-Photokathode (Abb. 20). Durch eine Trübungsscheibe vor der Photokathode wird auch schräg einfallendes Licht erfaßt. Diese Gegebenheiten waren im TLC/HPTLC-Scanner I, CAMAG, verwirklicht. Die Empfindlichkeit solcher „head-on"-Photomultiplier ist bis zu 10^6 Hz frequenzunabhängig.

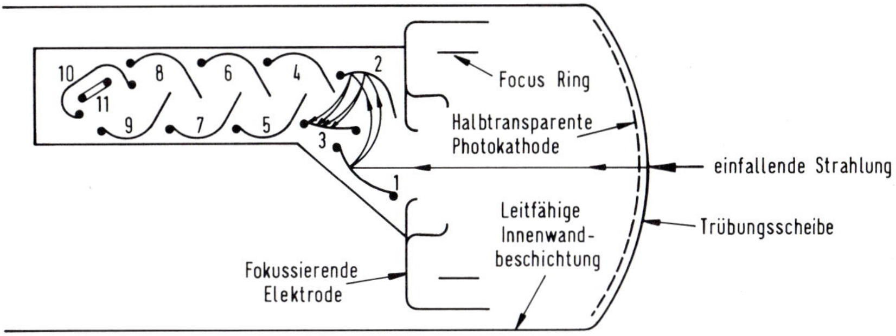

Abb. 20: Längsschnitt durch einen „head-on"-Sekundärelektronenvervielfacher [51, 52]. – 1–10 Dynoden, 11 Anode.

Nachteilig ist, daß bei allen Photomultipliern der erzeugte Photostrom der Bestrahlungsstärke nicht unbegrenzt proportional ist. Weiterhin darf der Photostrom nur maximal 10^{-7} A betragen, da sonst der Photomultiplier ermüdet. Deswegen sind bei einigen Scannern Tageslicht-Schutzschalter eingebaut, die beim Öffnen des Probenraumes ein Überstrahlen des Empfängers verhindern.

Rauschen des Empfängers: Die Nachweisgrenze beim Registrieren chromatographisch getrennter Substanzen wird bestimmt durch das

- „chromatographische Rauschen" und das
- „Rauschen des Empfängers".

Letzteres wird hauptsächlich durch den thermischen Emissionsstrom verursacht. Dieser sog. Dunkelstrom tritt insbesondere bei Messungen kleiner Strahlungsintensitäten und entsprechend kleiner Photoströme im längerwelligen Spektralbereich auf [53, 54, 131]. Er ist bei Legierungskathoden (z. B. Sb-Cs-Kathoden) verhältnismäßig gering, darf allerdings nicht vernachlässigt werden.

Die thermische Elektronenemission unterliegt statistischen Schwankungen (Schroteffekt). Sie wird durch die Stromstärke, die Anzahl der freigesetzten Elementarladungen und die Frequenz der Strahlung beeinflußt [55] (weitere Einzelheiten s. [40]).

Einsatzbereich und spektrale Empfindlichkeit: Die bei den Auswerteeinheiten am häufigsten eingebauten Empfänger besitzen Antimon-Caesium-Kathoden. Diese Legierungskathoden sind vorwiegend im kurzwelligen Teil des sichtbaren Lichtes empfindlich (Tab. 4).

Die *langwellige Grenze* liegt, bedingt durch das Kathodenmaterial, im roten Spektralbereich bei etwa $\lambda = 650$ nm. Reicht dieser Bereich zur Messung nicht aus, so werden Antimon-Alkali-Gemische als Kathodenmaterial verwendet [56–58].

Die Einsatzgrenze im *kurzwelligen Spektralbereich* wird durch das Fenstermaterial des Photomultipliers bestimmt. Borosilikat-Glas (KOVAR-Glas) läßt z. B. Strahlung nur bis etwa 280 nm, Suprasil bis 185 nm und Fused Silica bis 160 nm passieren. Fluorimeter, bei denen vorwiegend längerwellige Strahlung (Fluoreszenzstrahlung) gemessen werden soll, besitzen darum häufig Empfänger des Typs S-4 (Tab. 4), deren Fenstermaterial bereits einen Teil der kurzwelligen Anregungsstrahlung absorbiert.

Tabelle 4: Charakteristika der wichtigsten Photomultiplier mit Sb-Cs-Kathoden und 9 Verstärkungsstufen [50]

Typ	Firmenbezeichnung			Spektrale Ansprechbarkeit [nm]	Wellenlänge maximaler Empfindlichkeit	Fenster-material
	RCA	HAMAMATSU	EMI			
S-4	1P21	1P21	9781A	300 ... 650	400	Borosilikat
	931B	R105	–	300 ... 650	400	Borosilikat
	–	R105UH	–	300 ... 650	400	Borosilikat
S-5	1P28	1P28	9661B	185 ... 650	340	UV-Glas
	1P28/VI	R212	9781B	185 ... 650	340	UV-Glas
	–	R212UH	9781B	185 ... 650	340	UV-Glas
	1P28A	R454	9781R	185 ... 650	450	UV-Glas
	1P28A/VI	R282	–	185 ... 650	450	UV-Glas
S-19	4837	R106	9665A	160 ... 650	340	Fused Silica
	–	R106UH	9783B	160 ... 650	340	Fused Silica

Beispiele für Auswerteeinheiten mit S-4 Empfängern:

- UV/VIS Chromatogram Analyzer zur Fluoreszenzmessung (FARRAND)
- Spektrofluorimeter SPF (AMERICAN INSTR. Co)
- TLD-100 Scanner (VITATRON)

Bei der Mehrzahl der Empfänger, die für Absorptionsmessungen verwandt werden, wird UV-Glas (z. B. Suprasil) eingesetzt. Alle Photomultiplier des S-5 Typs besitzen dieses Kolbenmaterial, so daß sie bei N_2-Spülung (zur Beseitigung von O_2) möglicherweise bis in den unteren UV-Bereich einsetzbar sind (Tab. 4).

Auswerteeinheiten mit S-5 Empfängern:

- KM 3 Chromatogramm Spektraphotometer (C. ZEISS)
- SD 3000 Spectrodensitometer (KRATOS/SCHOEFFEL)
- CD-60 Densitometer (DESAGA)

Im Gegensatz zu den Empfängern mit UV-Glas besitzen die Empfänger des Typs S-19 Quarzglas (Fused Silica) mit einer Durchlässigkeit bis λ = 160 nm, obwohl dieser niedrige UV-Bereich bei Scannern üblicherweise nicht genutzt wird.

Auswerteeinheiten mit S-19 Empfängern:

- CS 920 Scanner (SHIMADZU)
- CS 930 Scanner (SHIMADZU)

Photoelemente und Photodioden: Sowohl Photoelemente als auch Photodioden sind photoelektrische Bauelemente, die auf dem inneren Photoeffekt beruhen.

Durch auffallende Lichtquanten werden bei den *Photoelementen* in der Halbleiterschicht freie Ladungsträger erzeugt; vorher gebundene Elektronen werden frei beweglich. Die Sperrschicht wird dadurch leitfähig. Außerdem entstehen durch die wandernden Elektronen „Löcher“, die zur Erhöhung der Leitfähigkeit beitragen. Die Strahlungsenergie wird direkt in elektrische Energie umgewandelt. Der Aufbau eines Photoelements ist in Abb. 21 dargestellt.

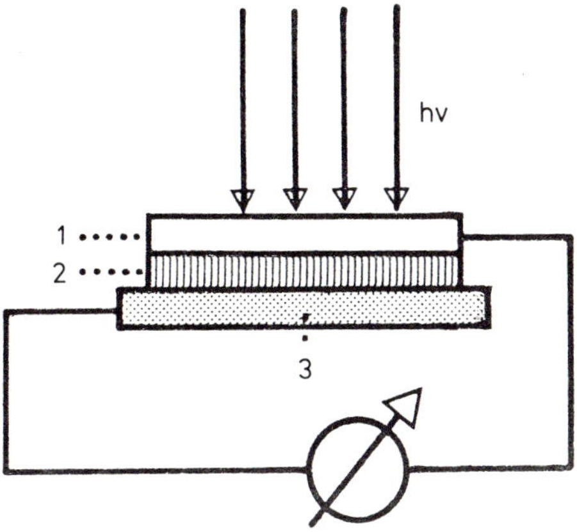

Abb. 21: Prinzipieller Aufbau eines Photoelements [1]. – 1 Lichtdurchlässige Metallschicht, 2 Halbleiterschicht, 3 Metallplatte.

Photodioden bilden aufgrund von sog. pn-Übergängen ein elektrisches Feld aus. Bei Beleuchtung fließt ein Photostrom, der der Bestrahlungsstärke streng proportional ist. Photodioden sind empfindlich und trägheitslos. Daher sind sie für schnelle Messungen geeignet [1, 59] und bilden somit die Basis für die Entwicklung der Diodenarray-Detektoren.

2.2.3.2 Meßprinzipien

Bei den zur Zeit im Handel befindlichen Scannern sind vom Prinzip her die in Abb. 22 wiedergegebenen Strahlengänge verwirklicht.

Sie können eingesetzt werden, um

- absorbierende Substanzen auf nicht fluoreszierendem Plattenuntergrund zu erfassen (Abb. 22A: Aufnahme von Absorptions-Ortskurven, Absorptionsspektren, quantitative Auswertung absorbierender Substanzen);
- Absorptionen auf dem Umweg über die Lumineszenzminderung zu bestimmen (s. S. 33) [Dazu muß allerdings ein Flankenfilter (Sperrfilter) vor den Empfänger eingeschoben werden, das die kurzwellige Anregungsstrahlung absorbiert (Abb. 22B)];

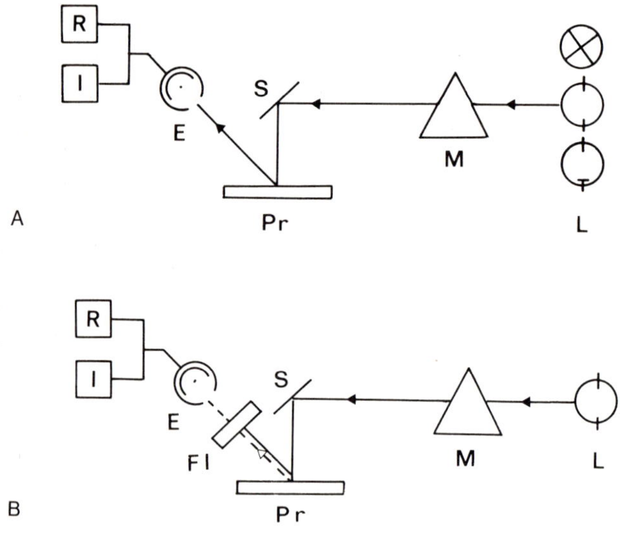

Abb. 22: Strahlengänge bei den z.Zt. im Handel befindlichen Scannern. (A) Absorption, (B) Fluoreszenzminderung und echte Fluoreszenz.
R = Schreiber, I = Integrator, E = Empfänger, Pr = Probe (DC-Platte), S = Umlenkspiegel, M = Monochromator, L = Leuchte (Glühlampe ⊗; Deuteriumlampe ⌽ und Quecksilberlampe ⌽), Fl = Flankenfilter.

- fluoreszierende Verbindungen ohne spektrale Zerlegung des Fluoreszenzlichts auf nicht fluoreszierendem Plattenuntergrund zu detektieren und quantitativ zu bestimmen (Abb. 22B). [Auch hier bedarf es zusätzlicher Filter (s. S. 38).]

Fluoreszenz- und Absorptionsspektren von Verbindungen, die im Anregungsbereich der Lumineszenz-Indikatoren absorbieren, können auf emittierenden stationären Phasen nicht direkt *(in situ)* und ohne Verfälschung des Meßsignals bestimmt werden.

Direkte Absorptionsmessungen

Aufnahme von Absorptionsspektren in Remission: Absorptionsspektren können mit dem in Abb. 22A skizzierten Strahlengang aufgenommen werden, wenn keine Lumineszenzstrahlung vorhanden ist. Werden absorbierende Substanzen wie z.B. Farbstoffe, Coffein oder PHB-Ester nach der Chromatographie photometrisch gemessen, so absorbieren diese Komponenten in Abhängigkeit von der Wellenlänge einen Teil (I_{abs}) der eingestrahlten Lichtintensität (I_0). Gegenüber der Umgebung wird am Ort des Chromatogrammflecks ein geringerer Intensitätsanteil (I_{rem}) des eingestrahlten Lichts remittiert. Es gilt:

$$I_0 - I_{abs} = I_{rem}$$

Durch Vergleich mit der substanzfreien Schicht lassen sich Absorptionsspektren in spektraler Abhängigkeit direkt von der DC-Platte aufnehmen. Sie entsprechen in der Bandenlage zumeist den Spektren der Substanzen in Lösung, können allerdings durch Sorbenseinflüsse (Silanol-, Amino-, Polyamid-Gruppen) und Fließmittelreste (pH-Wert-Differenzen) bathochrom (Ketone, Aldehyde [60, 61]; Farbstoffe [62]) oder hypsochrom (Phenole, Anilin-Derivate [63]) verschoben sein (Abb. 23).

Dennoch können diese Absorptionsspektren zur Substanzcharakterisierung herangezogen werden, insbesondere dann, wenn authentische Vergleichssubstanzen auf einer benachbarten Bahn mitchromatographiert werden. Der Einsatz der Derivativspektrometrie liefert zusätzliche Informationen [64]. Für quantitative Auswertungen wird als Meßwellenlänge zumeist die Wellenlänge herangezogen, bei der die stärkste Absorption auftritt (λ_{max}). Allerdings können Messungen auch bei anderen Wellenlängen vorteilhaft sein, wenn z.B. dabei eine bessere Basislinie resultiert. Beispiele: Messung von Scopolamin bei $\lambda = 220$ nm statt bei $\lambda_{max} = 205$ nm oder des Fungizids Vinclozolin bei $\lambda = 245$ nm statt bei $\lambda_{max} = 220$ nm.

Absorptions-(Remissionsgrad-)Ortskurven: Zur Lagebestimmung der chromatographisch getrennten Verbindungen dient gewöhnlich λ_{max}. Die beim Abtasten längs einer Chromatogrammbahn am Empfänger resultierenden Spannungsdifferenzen werden in Abhängigkeit vom Meßort registriert und liefern die sog. Absorptions-Ortskurve

(Abb. 24). Aus den Peakflächen oder Peakhöhen lassen sich Rückschlüsse auf die chromatographierte Substanzmenge ziehen [5].

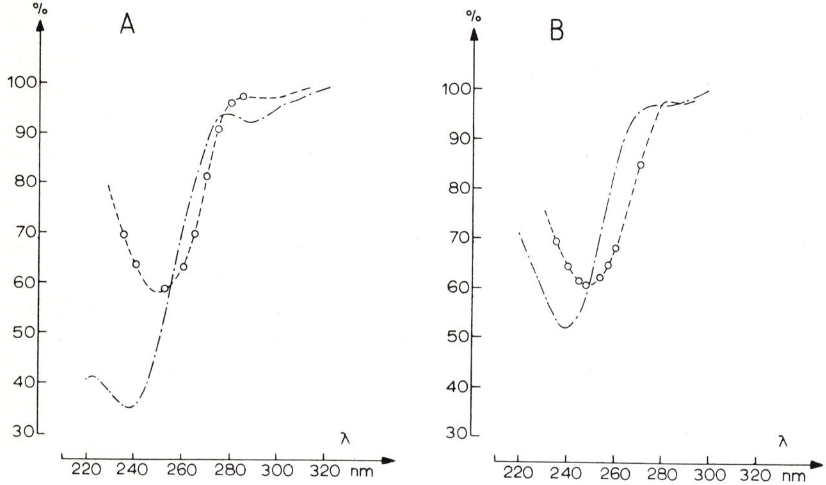

Abb. 23: Remissionsspektren (o–o–) von jeweils 3 µg Testosteron (A) und Δ^4-Androstendion-(3,17) (B), aufgenommen von einer Kieselgel-Schicht im Vergleich zu den in Methanol-Lösung gemessenen Absorptionsspektren (·–·–).

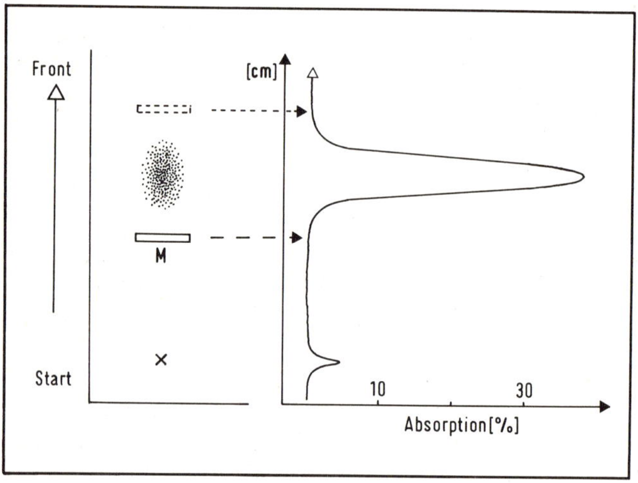

Abb. 24: Schematische Wiedergabe der Registrierung einer Absorptionsgrad-Ortskurve. – M Meßspalt.

Indirekte Absorptionsmessungen (Fluoreszenzminderung)

Absorbiert die zu untersuchende Substanz Strahlung zwischen 250 und 300 nm, so muß geprüft werden, ob zur chromatographischen Trennung Sorptionsschichten eingesetzt werden dürfen, die Lumineszenz-Indikatoren enthalten. Die anorganischen Indikatoren (s. S. 12) absorbieren nämlich ebenfalls in diesem Spektralbereich und emittieren z. B. gelbgrüne langwellige Strahlung. Daher trifft die von der Meßsubstanz nicht absorbierte Strahlung zusammen mit der Fluoreszenz-/Phosphoreszenz-Strahlung des Indikators auf den Empfänger. Das erhaltene Meßsignal ist also ein Mischsignal aus diesen beiden Strahlungsanteilen.

Beim Arbeiten mit einer Deuteriumlampe ist die eingestrahlte Energie zumeist so gering, daß die Lumineszenzstrahlung nur wenige Prozent des Gesamtmeßwertes ausmacht. Dies ist bei der Mehrzahl der Scanner leicht überprüfbar, indem die Gesamtstrahlung (z. B. $\lambda = 260$ nm) auf 100% Remission eingestellt und anschließend ein Kantenfilter in den Strahlengang gebracht wird. Dieses Filter absorbiert die kurzwellige Strahlung vor Eintritt in den Empfänger (Abb. 22 B). Die noch verbleibende Energie stammt von der Emission des Indikators oder wird durch anderes Fremdlicht erzeugt. Fast immer ist das verbleibende Meßsignal klein. Absorptionsmessungen werden bei Verwendung einer Deuteriumlampe daher nur geringfügig verfälscht. Diese Verfälschung verringert sich weiterhin dadurch, daß zusätzlich am Ort der absorbierenden Substanzen eine Emissionsminderung eintritt. Die absorbierenden Substanzen nehmen im Anregungsbereich der Lumineszenz-Indikatoren Energie auf, so daß weniger Licht für die Lumineszenzanregung zur Verfügung steht.

Der in Abb. 22 B dargestellte Strahlengang läßt jedoch Fluoreszenzminderungsmessungen *(fluorescence quenching)* zu. Der oben beschriebene „Störeffekt" wird dabei zum Haupteffekt und bestimmt den Meßwert. Statt der Deuteriumlampe wird hierzu ein Quecksilberbrenner verwandt, dessen kurzwellige Emissionsbande ($\lambda = 254$ nm) zur Anregung des Lumineszenzindikators in der Schicht dient. Da die eingestrahlte Intensität in diesem Fall viel größer als bei einer Deuteriumlampe ist, fällt die Fluoreszenzemission des Indikators ebenfalls intensiver aus und ist somit gut meßbar.

Dort, wo Substanzzonen im Chromatogramm liegen, die bei $\lambda = 254$ nm absorbieren, ist die Emission des Indikators gemindert. Es resultieren dunkle Zonen (Abb. 4 A), deren Intensitäten von der Auftragemenge abhängen. Ist der Plattenuntergrund auf 100% Emission eingestellt, so verringert sich die Phosphoreszenz im Bereich der Substanzzonen entsprechend. Es ergeben sich beim Registrieren Peaks, deren Lage in Relation zum Startpunkt zur Berechnung der R_f-Werte herangezogen werden können und deren Flächen oder Höhen in Abhängigkeit von den Auftragemengen Kalibrierkurven ergeben (Abb. 25).

Die direkte Absorptionsmessung bei der Wellenlänge maximaler Absorption ist jedoch immer empfindlicher (oder schlechtestenfalls gleich empfindlich) als die indirekte

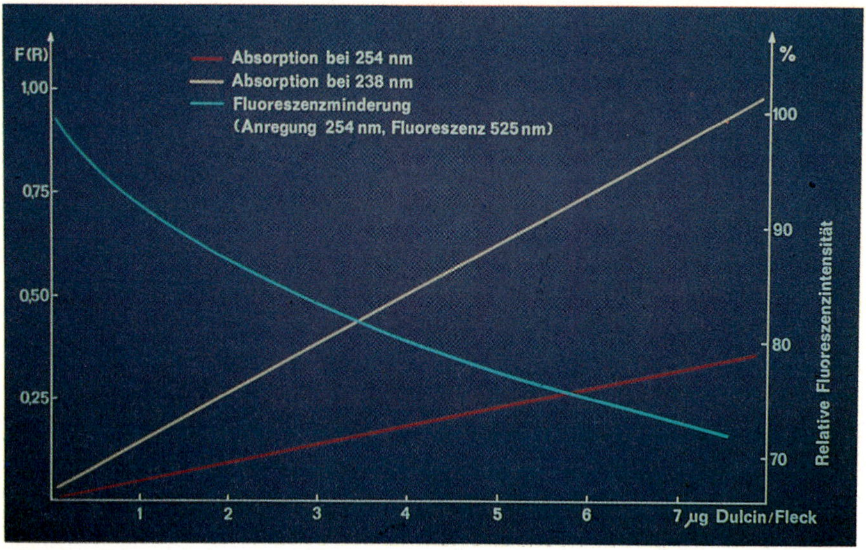

Abb. 25: Kalibrierkurven zur Bestimmung von Dulcin mit Hilfe der Fluoreszenzminderung und Absorption [2].

Absorptionsmessung über den Umweg der Fluoreszenz- oder Phosphoreszenzminderung.

Daß es sich bei diesen Messungen gewöhnlich um Phosphoreszenzen handelt, läßt sich durch Abtasten einer Substanzzone mit verschiedenen Registriergeschwindigkeiten zeigen. Wie Abb. 26 erkennen läßt, hat die Vorschubgeschwindigkeit der DC-Platte beim Meßvorgang einen deutlichen Einfluß auf das Meßsignal. Je schneller der Plattentisch bewegt wird, um so größer ist die Differenz zwischen der Ausgangsphosphoreszenz (Chromatogramm in Ruhe) und der Basislinie während der Messung (bewegtes Chromatogramm). Auch Peakhöhe und -fläche nehmen deutlich ab; zusätzlich ist die Basislinie unruhiger, wodurch sich die Nachweisgrenze gegenüber der direkten Absorptionsmessung bei λ_{max} verschlechtert. Die Auswertung der Fluoreszenzminderung bringt also keinen Vorteil gegenüber der direkten Absorptionsmessung.

2.2.3.3 Quantitative Auswertung

Von der Spektrenaufnahme her ist bekannt, welche Wellenlänge für die quantitative Auswertung geeignet ist. Üblicherweise wird die Wellenlänge maximaler Absorption gewählt, weil hier die Differenz zum Plattenleerwert am größten ist. Der Analytiker

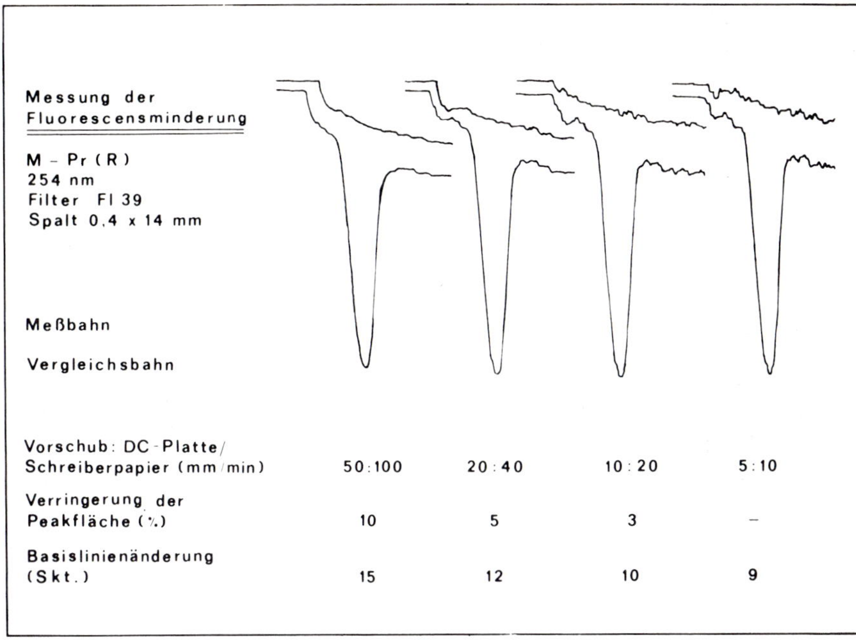

Abb. 26: Einfluß der Scangeschwindigkeit auf die Signalgröße (Peakfläche).

„opfert“ bei dieser Art der Messung die gesamte substanzcharakterisierende Information des Spektrums zugunsten einer einzelnen Wellenlänge. Beim photometrischen Abtasten der Chromatogrammzonen mit dieser Wellenlänge ergeben sich Absorptions-Ortskurven (Abb. 25), deren Peakhöhen oder -flächen zu den aufgetragenen Substanzmengen in Beziehung gesetzt werden. Als Grenzgesetz gilt die KUBELKA-MUNK-Funktion [65, 66]. Sie lautet:

$$\frac{k}{s} = \frac{(1 - R_\infty)^2}{2\,R_\infty}\,.$$

Darin bedeuten:

k Absorptionskoeffizient
s Streukoeffizient der stationären Phase
R absoluter Remissionsgrad.

Der Absorptionskoeffizient k läßt sich nach dem LAMBERT-BEERschen Gesetz:

$$\frac{I}{I_o} = e^{-k \cdot d}$$

als

$$k = 2.303 \cdot \varepsilon \cdot c$$

definieren (ε = molarer dekadischer Extinktionskoeffizient; c = Substanzkonzentration; im vorliegenden Fall: aufgetragene Substanzmenge).

Streng genommen gilt die KUBELKA-MUNK-Funktion nur dann, wenn folgende Voraussetzungen erfüllt sind [67–73]:

- Die Probe muß bei der Messung diffus bestrahlt werden.
- Zur Auswertung muß monochromatische Strahlung verwandt werden, damit die Beugungs- und Brechungserscheinungen in der Schicht möglichst einheitlich verlaufen. Außerdem wird dadurch erreicht, daß die auf den Empfänger treffende remittierte Strahlung den vorgegebenen „Farbwert" behält und sich nur in ihrer Intensität ändert. Bei polychromatischer Strahlung wäre dies nicht der Fall: Da ein bestimmter Anteil der Strahlung während der Messung absorbiert wird, würde sich die Zusammensetzung des Lichtes ändern und damit u. U. auch die Empfindlichkeit des Photomultipliers für die verbleibende Meßstrahlung.
- Spiegelreflexionen (= reguläre Reflexionen) dürfen nicht auftreten.
- Die Schichtdicke muß groß sein im Vergleich zur eingestrahlten Wellenlänge, damit keine Strahlung durch die Schicht hindurchtritt und sich so der Messung entzieht.
- Die Teilchen der Schicht müssen regellos verteilt sein, damit keine Interferenzen auftreten.
- Die Sorbenspartikel müssen viel kleiner sein als die Dicke der chromatographischen Schicht.

Diese allgemeinen Voraussetzungen gelten auch für Sorbentien, die mit Substanz beladen sind. Sie sind im Bereich der Dünnschicht-Chromatographie nicht alle gleich gut erfüllt. Folglich gilt die KUBELKA-MUNK-Funktion auch nicht uneingeschränkt.

Es ist darum verständlich, daß in der Praxis zahlreiche empirische Ersatzfunktionen zur Auswertung herangezogen werden [5, 74].

2.3 Nachweis fluoreszierender Substanzen

2.3.1 Allgemeines

Moleküle, die Strahlung absorbieren, werden in einen angeregten Zustand übergeführt. Sie können in ihren Grundzustand zurückkehren, indem

- die aufgenommene Energie in Bewegungsenergie umgewandelt oder über Stoßvorgänge unter Wärmeabgabe langsam weitergeleitet wird (strahlungslose Desaktivierung);
- die absorbierte Energie als Strahlungsenergie in Form von Fluoreszenzstrahlung momentan emittiert wird [3, 75, 76].

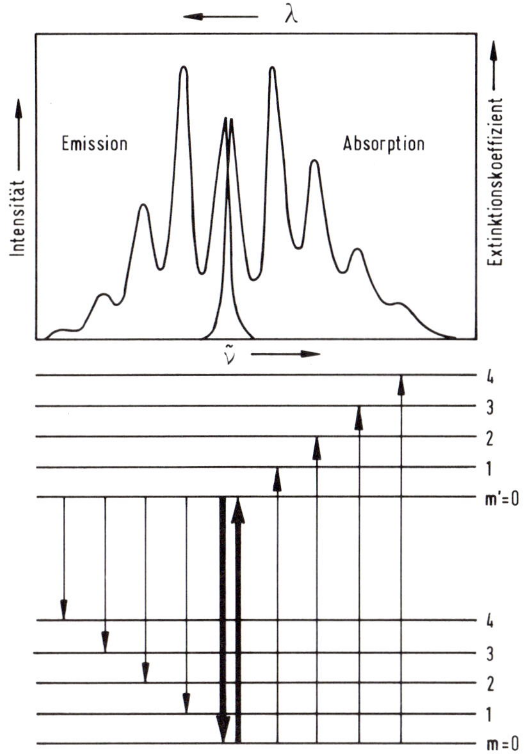

Abb. 27: Schematische Darstellung des Zusammenhangs von Absorption und Fluoreszenz-Emission bei Molekülen. – m und m' sind die Schwingungsquantenzahlen der beteiligten Terme [4].

Die emittierte Strahlung ist zumeist langwelliger (d. h. energieärmer) als das zur Anregung eingesetzte Licht (STOKEsche Regel). Nur bei den sogenannten 0-0-Übergängen (in Abb. 27 durch dicke Pfeile angedeutet) sind die Wellenlängen von Fluoreszenz- und Anregungsstrahlung identisch.

Da es nur verhältnismäßig wenige Substanzen gibt, die zur Emission von Fluoreszenzstrahlung befähigt sind, lassen sich diese besonders selektiv erfassen. Damit wird die Selektivität der chromatographischen Trennung, die immer angestrebt wird, durch die Selektivität der Detektion sinnvoll ergänzt. Begleitsubstanzen, die zwar ebenfalls Strahlung absorbieren, jedoch selbst kein Licht emittieren, stören daher bei der selektiven Messung über die Fluoreszenz nicht!

Zur Anregung der Fluoreszenz dienen die gleichen UV-Lampen, die bereits auf S. 20 besprochen wurden. Zumeist wird mit langwelliger Strahlung (λ = 365 nm) angeregt, gelegentlich auch mit kürzeren Wellenlängen (z. B. λ = 302 nm, DNA-Analyse).

2.3.2 Visuelle Detektion

Sofern die *Fluoreszenzstrahlung* oberhalb von 400 nm liegt, kann sie mit dem Auge wahrgenommen werden. Man erkennt hell-leuchtende Zonen auf dunklem Untergrund. Wenn dieser nicht „schwarz“ erscheint, so deswegen, weil die vorgeschalteten „black light“-Filter der UV-Lampe auch violettes, sichtbares Licht mehr oder weniger intensiv passieren lassen. Dieses überdeckt das gesamte Chromatogramm und verfälscht zuweilen den visuellen Farbeindruck der Fluoreszenz. In Tab. 1 sind die Emissionswellenlängen den jeweiligen Fluoreszenzfarben zugeordnet, die, ebenso wie die R_f-Werte, zur Substanzcharakterisierung dienen können (der Farbeindruck entspricht bei fluorimetrischer Auswertung nicht der Komplementärfarbe!). Reicht das nicht aus, so lassen sich mikrochemische oder biologisch-physiologische Detektionen anschließen. Auch die Aufnahme von Absorptions- und Fluoreszenz-Spektren ist möglich.

2.3.3 Fluorimetrische Messungen

Bei photometrischen Fluoreszenzmessungen richtet sich der Strahlengang nach der Aufgabenstellung. Für quantitative Messungen ist eine spektrale Aufspaltung des emittierten Fluoreszenzlichts nicht notwendig. Folglich kann der in Abb. 22 B skizzierte Strahlengang eingesetzt werden. Zur Aufnahme von Fluoreszenzspektren muß das Fluoreszenzlicht vor dem Empfänger spektral zerlegt werden (Abb. 28). Für derartige Messungen werden Quecksilber- oder Xenon-Brenner zur Anregung verwendet.

Als Filter werden *Kantenfilter* (Sperrfilter) eingesetzt, die dafür sorgen, daß keine Anregungsstrahlung auf den Empfänger trifft. *Monochromatfilter* dienen dazu, ein-

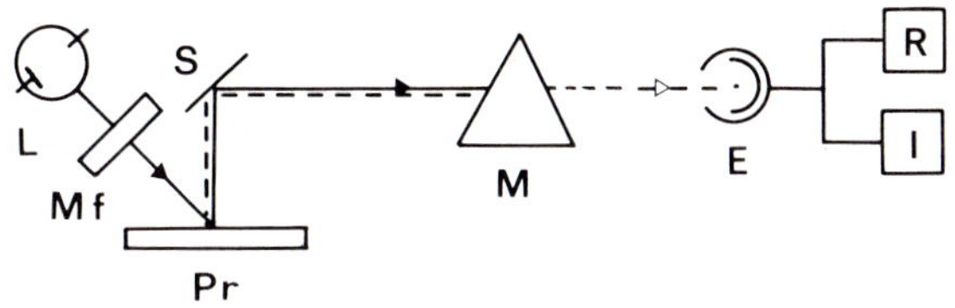

Abb. 28: Strahlengang für die Aufnahme von Fluoreszenzspektren.

zelne Spektralbereiche eines Kontinuums (z. B. bei der Fluoreszenzstrahlung) herauszufiltern oder auch – anregungsseitig verwandt – einzelne Spektrallinien eines diskontinuierlichen Spektrums auszusondern. Ihre Güte ist um so größer, je geringer ihre Halbwertsbreite und je höher ihre Durchlässigkeit im Maximum ist.

Ein markantes Beispiel für ihren Einsatz ist die Aufnahme von Fluoreszenz-Ortskurven bei polycyclischen aromatischen Kohlenwasserstoffen. Durch geschickte Wahl von

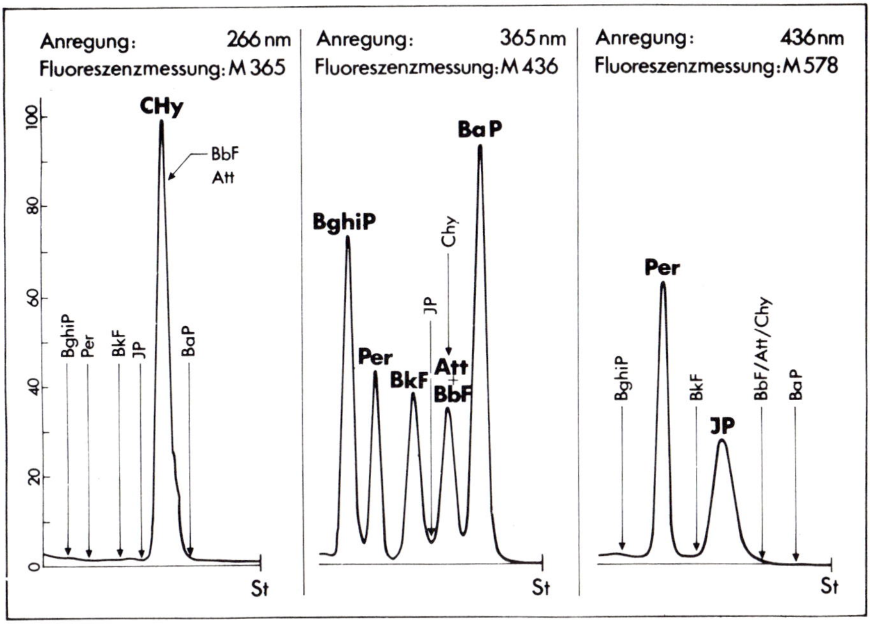

Abb. 29: Fluoreszenz-Ortskurven von polycyclischen, aromatischen Kohlenwasserstoffen bei verschiedenen Anregungswellenlängen kombiniert mit unterschiedlichen Sekundärfiltern.
BghiP = Benzo-(g,h,i)perylen; CHY = Chrysen; PER = Perylen; BbF = Benzo-(B)Fluoranthen; BkF = Benzo-(k)Fluoranthen; BaP = Benzo-(A)Pyren; IP = Indeno-(1,2,3-cd)Pyren; Att = Anthanthren.

Anregungs- und Meßwellenlängen (Emission) ist eine selektive Erfassung der einzelnen Komponenten möglich (Abb. 29).

Zur quantitativen Bestimmung fluoreszierender Substanzen dienen die Peakhöhen oder -flächen der registrierten Fluoreszenz-Ortskurve, die zu den aufgetragenen Substanzmengen in Relation gesetzt werden. Bei kleinen Substanzmengen gilt die Beziehung:

$$I_{\mathrm{fl}} = k \cdot I_0 \cdot \varepsilon \cdot a \cdot d \, .$$

Darin bedeuten:

I_{fl} Fluoreszenzintensität
k Proportionalitätsfaktor
I_0 eingestrahlte Lichtintensität
ε molarer dekadischer Absorptionskoeffizient
a aufgetragene Substanzmenge
d Schichtdicke des Sorbens

Die emittierte Fluoreszenzintensität I_{fl} ist also der aufgetragenen Substanzmenge a direkt proportional. Diese Beziehung ist sehr viel einfacher als die KUBELKA-MUNK-Funktion und führt stets zu Kalibriergeraden, die den Koordinatenursprung passieren. Ist das nicht der Fall, so liegen Störungen vor [5].

Zur Aufnahme von Anregungs- und Fluoreszenzspektren muß dafür gesorgt werden, daß monochromatische Strahlung auf den Empfänger fällt. Das läßt sich am besten verifizieren bei Geräten, die nach dem Baukasten-Prinzip aufgebaut sind oder die mit zwei Monochromatoren ausgestattet sind (Spektralfluorimeter). Die Mehrzahl der heute im Handel befindlichen Scanner sieht diese Strahlengang-Version, die beim KM3 Chromatogramm-Spektralphotometer (ZEISS) realisiert war, nicht vor. Folglich können mit diesen Auswerteeinheiten keine direkten Absorptions- oder Fluoreszenzspektren zur Charakterisierung fluoreszierender Komponenten aufgenommen werden.

2.4 Nachweis von radioaktiv markierten Substanzen

Seit Mitte der vierziger Jahre werden in der Biologie radioaktiv markierte Verbindungen zur Klärung von Stoffwechselvorgängen eingesetzt. Deshalb war es erforderlich, solche Substanzen herzustellen und auf Reinheit zu prüfen.

Zum Nachweis dieser Verbindungen lassen sich selbstverständlich alle üblichen Detektionsverfahren einsetzen (Abb. 2). Zusätzlich kommt aber die Erfassung der β-Strahlung hinzu. Damit steigt die Selektivität der Detektion. Dennoch gibt es auch hier keine substanzspezifischen Nachweismöglichkeiten, da z.B. alle ^{14}C-markierten Verbindungen die gleiche „Reaktion" auf den jeweiligen Detektor ausüben.

Am häufigsten werden die in Tab. 5 zusammengestellten Isotope eingesetzt. Es handelt sich durchweg um weiche β-Strahler, die verhältnismäßig langlebig sind und damit leider bei medizinischen Untersuchungen den Organismus belasten können.

Tabelle 5: Zusammenstellung der zumeist eingesetzten β-Strahlung emittierenden Radioisotope, geordnet nach ihrer Halbwertszeit [5].

Isotop	Energie [MeV]	Halbwertszeit
^{36}Cl	0,71	$4{,}4 \times 10^5$ Jahre
^{14}C	0,155	$5{,}6 \times 10^3$ Jahre
^{3}H	0,018	12,26 Jahre
^{35}S	0,167	87,2 Tage
^{32}P	1,70	14,3 Tage
^{131}J	0,608	8,07 Tage

Zum Nachweis dieser Isotope dienen die

- Autoradiographie,
- Fluorographie (Scintillations-Autoradiographie),
- Funken-Kammer-Detektion sowie
- Scanning-Techniken.

Ihre Empfindlichkeit ergibt sich aus Tabelle 6. Näher wird auf diese Detektionsverfahren in Band 2 eingegangen.

Tabelle 6: Zusammenstellung der ^{14}C-Nachweisgrenzen verschiedener Radio-TLC-Techniken [77].

Technik	Nachweisgrenze [nCi] [a]
Flüssigkeits-Scintillationstechnik	0,01
Autoradiographie	0,05
Spark-Kammer-Technik	0,05
Radioscanning	0,1 ... 0,2

[a] nCi, Zeichen für Nano-Curie; diese physikalische Maßeinheit entspricht derjenigen Substanzmenge, die pro Sekunde ebensoviele Zerfälle aufweist wie 1 ng Radium.

2.5 Zerstörungsfreie Detektion mit Hilfe anderer physikalischer Verfahren

2.5.1 Spektrale Phänomene

Es ist häufig von Interesse, Verbindungen ohne Substanzveränderung im Chromatogramm nachzuweisen. Bei Systemen mit konjugierten C-C-Doppel- oder Dreifachbindungen empfiehlt sich das Betrachten der Chromatogramme im UV-Licht (s. Abschn. 2.2.2). Ist ein „Fluoreszenzindikator" in die Schicht eingearbeitet, der beim Bestrahlen mit kurzwelligem UV-Licht Strahlung emittiert, so erscheinen die mit absorbierender Substanz belegten Zonen als dunkle Flecke auf gelb-grün oder bläulich emittierendem Untergrund.

Verbindungen, die eine Eigenfluoreszenz besitzen, lassen sich oft mit langwelligem UV-Licht anregen. Sie absorbieren die Strahlung und emittieren dann zumeist im sichtbaren Spektralbereich Licht, so daß sie visuell als hell leuchtende, häufig farblich differenzierte Zonen zu erkennen sind. Damit heben sie sich aus der Summe der Substanzen heraus, die nur eine Absorption zeigen. Diese Detektionsmöglichkeit weist eine hohe Spezifität auf (s. Abschn. 2.3).

Zum zerstörungsfreien Nachweis werden auch Unterschiede im Löslichkeitsverhalten herangezogen oder pH-Wert-Einflüsse ausgenutzt, auf die nachfolgend eingegangen werden soll.

2.5.2 Benetzungs- und Löslichkeitsphänomene

Kieselgel, Kieselgur und Aluminiumoxid sind bekanntlich hydrophile Sorbentien. Nach Besprühen oder Tauchen der Chromatogramme in Wasser resultieren transparente Schichten, auf denen lipophile Substanzen nicht benetzt werden und damit – bei hinreichender Konzentration – als „trockene", weiße Zonen sichtbar werden. Dieser Effekt ist besonders deutlich zu erkennen, wenn die DC-Platte beim langsamen Abtrocknen der vollständig durchfeuchteten Schicht gegen das Licht gehalten wird. Die Zonen können markiert und später für mikropräparative Untersuchungen oder biologisch-physiologische Nachweise weiter verwendet werden. Auch Szintillationsmessungen lassen sich bei radioaktiv markierten Verbindungen anschließen [78]. Beispiele für derartige Detektionen sind in Tab. 7 zusammengestellt.

Tabelle 7: Zerstörungsfreie Detektion lipophiler Substanzen mit Wasser als Nachweisreagenz.

Substanzen	Literatur	Substanzen	Literatur
Kohlenwasserstoffe	[79]	Cholestanon, α-Cholestanol	[80]
Gallensäuren	[81, 82]	Triterpen-Derivate	[83]
Sapogenine	[84]	Cyclohexanol	[85]
N-Aryl-N′,N′-dialkylharnstoff-Herbicide	[86]	schwefelhaltige Polysaccharide	[87]
Phosphoinositide	[88]		

Anstelle von Wasser können auch *wäßrige Farbstofflösungen* verwendet werden. Im Falle von *hydrophilen Farbstoffen* wie Methylenblau oder Patentechtblau färbt sich der transparente Untergrund der DC/HPTLC-Platte blau. Dort, wo nicht benetzte Zonen vorliegen, resultieren helle Flächen. Auf diese Weise wies DÄUBLE [89] anionenaktive Tenside mit Palatinechtblau GGN und anderen Farbstoffen auf Kieselgel-Schichten als helle Zonen auf blauem Untergrund nach. Die Nachweisgrenze von Fettsäuren liegt bei 1 bis 2 µg pro Chromatogramm-Zone [90]. Direkt nach dem Tauchen sind die Kontraste am besten erkennbar, sie verschwinden allmählich während des Trocknens.

Im Gegensatz dazu ergeben Tenside auf RP-Schichten dunkelblaue Zonen auf hellem Untergrund. Hierbei ist der lipophile Teil der Tensidmoleküle den oberflächenständigen RP-Ketten zugewandt, und der Farbstoff reichert sich am anionischen Molekülteil an. Auch Steroid-Derivate wurden mit wäßrigen Farbstofflösungen nachgewiesen [91].

Lipophile Farbstoffe in alkoholisch-wäßrigen Lösungen lassen sich in analoger Weise einsetzen [92, 93]. Sie reichern sich in lipophilen Substanzzonen an, so daß diese intensiv farbig auf hellem Untergrund erscheinen. Das gilt nicht für Fettsäuren mit weniger als zwölf C-Atomen [94].

Ähnliches gilt für *fluoreszierende Substanzen.* Diese lösen sich z. B. in den hydrophoben Substanzzonen und führen dort beim Betrachten im langwelligen UV-Licht zu einer verstärkten Fluoreszenz. Als erste nutzten MANGOLD und MALINS [95] dieses Prinzip. Sie sprühten eine Dichlorfluorescein-Lösung auf ihre Chromatogramme und beobachteten bei lipophilen Substanzen eine gelbgrüne Fluoreszenz auf purpur-farbigem Untergrund. Ihre Methode wurde von zahlreichen weiteren Arbeitsgruppen aufgegriffen [96–106]. Auch Mischungen mit Rhodamin B wurden eingesetzt [107, 108]. FROEHLING et al. [109] verwendeten später eine wäßrige Ultraphor-WT-Lösung zum Nachweis von Triglyceriden. Glycoalkaloide ließen sich mit alkoholischer Blankophor-BA 267-Lösung fluorimetrisch detektieren [110]. Selbst auf Paraffin-imprägnierten Schichten oder auf RP-Phasen ist eine derartige Detektion möglich [111].

Weitere Beispiele, die die Vielseitigkeit der Anwendung dieser zerstörungsfreien Detektion zeigen, sind in Tab. 8 zusammengestellt.

Tabelle 8: Einsatz fluoreszierender Substanzen zum zerstörungsfreien Nachweis lipophiler Substanzen.

Reagenz	Einsatzbereich und Literatur
8-Anilinonaphthalinsulfonsäure-Ammoniumsalz (ANS-Reagenz)	Fettsäuren [112, 113]; Lecithin/Sphingomyelin [114, 115]; Cholesterin und -ester [116, 117]; Steroide, Detergentien, Kohlenwasserstoffe [118, 119]; Prenol, Penylchinone [120]
Berberin	Sterine [121–123]; gesättigte organische Verbindungen [124]
Brillantgrün	neutrale Phosphorsäureester [125], Carbamat-Herbizide [34]
Eosin	Kondensationsprodukte aus Harnstoff, Formaldehyd und Methanol [126]; Pestizid-Derivate [127]; Süßstoffe [128, 129]; anionenaktive und nichtionogene Tenside [130]
Flavonoide	
Morin	Steroide, Pestizide [29, 132, 133]
Flavonol, Fisetin, Robinetin	Pestizide [134–137]
Quercetin	Vanadium in verschiedenen Oxidationsstufen [138]
Rutin	Uracil-Derivate [139]
Fluorescein	Paraffin-Derivate, Wachse, Kohlenwasserstoffe [140, 141]; aliphatische Säuren [142]; Hydrochinon und chlorierte Derivate [143]; Isoprenoide, Chinone [111, 144]; Oxathizin-Fungizide [145]; Barbiturate, Phenothiazine [146]
Pinakryptolgelb	Tenside [147–151]; Insektizide und Herbizide auf Carbamat-Basis [152]; Organische Anionen [153]; Süßstoffe [129, 154]
Rhodamin B	Vaseline [155]; Diphenyl, Polyphenole [156]; Malein- und Fumarsäure [162]; Flavonoide [158]; Alkohole als 3,5-Dinitrobenzoate [159, 160]; Ganglioside [161]; 1-Hydroxychlorden [162]; Carbamat-Pestizide [163]; Parathion und Metaboliten [164]; Polyethylen- und -propylenglycole [165]; Terpen-Derivate [166]; Menthol [167]
Rhodamin G	neutrale Steroide [168]
Rhodamin 6G	langkettige Kohlenwasserstoffe [169]; Squalen, α-Amyrin [170]; Fettsäuremethylester [171]; Glyceride [91]; Sterine [172, 173]; Isoprenoide,

Tabelle 8: (Fortsetzung)

Reagenz	Einsatzbereich und Literatur
	Chinone [111]; Lipoproteine [174]; Glycosphingolipide [175]; phenolische Lipide [176]; Phosphonolipide [177]; Empfindlichkeitssteigerung durch Iod-Bedampfung [178, 179]
6-p-Toluidino-2-naphthalin-sulfonsäure (TNS-Reagenz)	Cholesterin [180]; Phospho- und Glycolipide [181]; neutrale Lipide [182]
Uranylacetat	Purine [36]

2.5.3 Säure-/Base-Eigenschaften

Zum Nachweis von sauren und basischen Substanzen lassen sich pH-Indikatoren heranziehen. Vorwiegend werden Indikatoren verwandt, die im sauren Bereich umschlagen. In 0,01 bis 1proz. wäßrig-alkoholischen Lösungen werden sie durch Tauchen oder Sprühen auf die Chromatogramme aufgebracht. Zweckmäßigerweise wird dabei der pH-Wert der Lösungen durch Zugabe von Bor- oder Zitronensäure bzw. Borax, Ammoniumhydroxid oder Natronlauge in die Nähe des Umschlagbereichs eingestellt. Außer den in Tab. 9 zusammengestellten Indikatorfarbstoffen werden auch Mischindikatoren verwandt, wie z. B. Dimethylgelb/Pentamethylenrot [183] oder Methylrot/Bromkresolgrün [184] bzw. Bromphenolblau [185].

Tabelle 9: Einsatz von Indikatorfarbstoffen zur Detektion pH-aktiver Substanzen.

Indikator/pH-Umschlagbereich	Einsatzbereich und Literatur
Bromkresolblau (3,8 ... 5,4)	Flechtensäuren [186]
Bromkresolgrün (3,8 ... 5,4)	Aliphatische Carbonsäuren [103, 187–204]; Triiodbenzoesäure [205]; Barbitursäure-Derivate [206]; Amphetamin-Derivate [207, 208]; Phenazone, Morazon [209]; Alkaloide [91, 209]; Nephopam [210]; Phenyramidol-Metaboliten [211]; Diethylalkylacetamid-Derivate [212]; Zipeprol (Mirsol) [213]; Thalidomid und Hydrolyseprodukte [214]; Cyclohexylamin-Derivate [215]; Herbizid-Rückstände [216]

Tabelle 9: (Fortsetzung)

Indikator/pH-Umschlagbereich	Einsatzbereich und Literatur
Bromkresolpurpur (5,2 ... 6,8)	Glutamin- und Ketoglutarsäuren [217]; Halogen- und Halogenatanionen [91, 218, 219]; Konservierungsstoffe [220, 221]; Pyrolyseprodukte von Epoxidharzen [222]; 5-Aminodibenzocycloheptan-Derivate [223]; Phenylalkanolamine, Ephedrin [224]
Bromphenolblau (3,0 ... 4,6)	Aliphatische Carbonsäuren [225–228]; Malon- und Milchsäure [229]; Palmitin- und Milchsäure [230]; Malon-, Glycol-, Äpfel-, Citronen-, Wein-, Ketoglutar-, Galakturon- und Oxalsäure [196]; Dicarbonsäuren, Bernsteinsäure [231]; Indolessigsäure, Trichloressigsäure [232]; Palmitinsäure, Palmityl- und Stearylmilchsäure [233]; Benzoe-, Sorbin- und Salicylsäure [234]; Ascorbinsäure-Metaboliten [235]; Chlorpropionsäuren [236]; Oligogalakturonsäuren [237]; Aminosäuren, Kohlenwasserstoffe, Mono-, Di- und Triglyceride [238]; Xylobiose, Xylose, Glucose und Derivate [239]; Zuckeralkohole [91]; Toxaphen [240]
Bromthymolblau (6,0 ... 7,6)	Saure Lipide, Cholesterin-Glucuronide und -Ganglioside [241]; Aryl-oxybutanolamin-Derivate [242]; Norfenfluramin-Derivate [243]; Ethylamphetamine [244]; schwerflüchtige Mineralöl-Kohlenwasserstoffe [245]; Phospholipide [91]
Malachitgrün (0,0 ... 2,0)	Uracil-Derivate, Triazin-Herbizide [163]; polare Lipide [246, 247]; Phospholipide [248, 249]; Fettsäuren, Fettaldehyde, Phospholipide und Glycolipide [250]; mikrobiocide Isothiazolone [251]

2.5.4 Iod-Behandlung

Zu den universellen, schnell durchführbaren und kostengünstigen Nachweismöglichkeiten für lipophile Substanzen gehört das Behandeln der fließmittelfreien Chromatogramme mit Iod-Dampf und die Behandlung mit Iod-Lösung (0,5 bis 1proz.) durch Besprühen oder Eintauchen. Iod reichert sich in molekularer Form in den Chromatogramm-Zonen an und färbt diese braun.

In der Praxis werden zumeist einige Iod-Kristalle auf den Boden einer trockenen, geschlossenen Trogkammer gegeben. Nach Sättigung des Kammerraumes mit violettem Iod-Dampf werden die fließmittelfreien Chromatogramme 30 s bis einige Minuten in diese Kammer eingestellt. Der Iod-Dampf schlägt sich auf den DC-Schichten nieder und reichert sich in den Chromatogramm-Zonen an. Iod-Dampf ist ein Universalreagenz, es gibt Anwendungsbeispiele aus allen Stoffgruppen, z. B.: Aminosäuren, Indole, Alkaloide, Steroide, psychoaktive Substanzen, Lipide (eine tabellarische Zusammenstellung würde den Rahmen dieses Kapitels sprengen).

Sobald die Flecke gut sichtbar sind, erfolgt die Dokumentation. Anschließend kann das Iod vom Chromatogramm wieder abdampfen (Abzug!). Nach dieser reversiblen Detektion können die gleichen Chromatogramme weiteren Reaktionen oder Arbeitsschritten zugeführt werden.

Sollen leicht gelb gefärbte, iodhaltige Chromatogramm-Zonen stabilisiert werden, ist ein Nachbehandeln mit verdünnter Stärkelösung angezeigt. Es bilden sich dann die bekannten, blaugefärbten Iod-Einschlußverbindungen, die längere Zeit stabil sind.

Obwohl in den meisten Fällen das Iod als verhältnismäßig träges Halogen (im Gegensatz zu Brom) keine Reaktionen mit den chromatographierten Substanzen eingeht, gibt es Beispiele, bei denen Stoffveränderungen beobachtet werden. Offensichtlich können Oxidationen eintreten (z. B. aromatische Kohlenwasserstoffe und Isochinolin-Alkaloide [252, 253]), und auch Additionen oder Substitionen werden zuweilen beobachtet. Es resultieren dann helle Zonen auf braunem Untergrund.

Emetin und Cephaelin, die beiden Haupt-Alkaloide der Brechwurz, beginnen nach einer Iod-Bedampfung zu fluoreszieren [254]. Durch Erwärmen im Trockenschrank oder auf einer Heizplatte (Abzug!, 60 bis 100°C) muß das als „Quencher" wirkende molekulare Iod zunächst entfernt werden, bevor die gelbe (Emetin) und blaue (Cephaelin) Fluoreszenz der Zonen sichtbar wird. Bei geeigneter Standardisierung läßt sich diese Reaktion auch für fluorimetrische in-situ-Messungen heranziehen [255].

Weitere Beispiele einer nicht reversiblen Derivatisierung durch Iod-Behandlung sind bei phenolischen Steroiden (Östron-Derivate [256]), Morphin [257] und 23 weiteren Pharmaka [258] beschrieben worden. Wahrscheinlich wird diese Reaktion durch Kieselgel als stationäre Phase und durch Lichteinwirkung begünstigt.

Literatur

[1] Gauglitz, G.: *Praktische Spektroskopie,* Attempto Verlag, Tübingen 1983.

[2] Hezel, U. B., in: Zlatkis, A., Kaiser, R. E.: *HPTLC – High Performance Thin Layer Chromatography. J. Chromatogr. Library,* Vol. 9. Elsevier, Amsterdam 1977.

[3] Förster, Th.: *Fluoreszenz organischer Verbindungen*, Vandenhoek, Göttingen 1951.
[4] Zander, M.: *Fluorimetrie*. Springer, Heidelberg 1981.
[5] Jork, H., Wimmer, H.: *Quantitative Auswertung von Dünnschicht-Chromatogrammen*. GIT-Verlag, Darmstadt 1982.
[6] Gänshirt, H. G., Poldermann, J.: *J. Chromatogr.* **1964,** *16*, 510–518.
[7] Tschesche, R., Biernoth, G. Wulff, G.: *J. Chromatogr.* **1963,** *12*, 342–346.
[8] Stahl, E.: *Chemiker Ztg.* **1958,** *82*, 323–329.
[9] Simpson, T. H., Wright, R. S.: *Anal. Biochem.* **1963,** *5*, 313–320.
[10] Machata, G.: *Mikrochim. Acta (Wien)* **1960,** 79–86.
[11] Wieland, T., Heinke, B.: *Liebigs Ann. Chem.* **1958,** *615*, 184–202; *Experientia* **1962,** *18*, 430–432.
[12] Seher, A., Homberg, E.: *Fette, Seifen, Anstrichm.* **1971,** *73*, 557–560.
[13] Brown, J. L., Johnston, J. M.: *J. Lipid Res.* **1962,** *3*, 480–481.
[14] Kunkel, E.: *Mikrochim. Acta (Wien)* **1977,** 227–240.
[15] Forney, F. W., Markovetz, A. J.: *Biochem. Biophys. Res. Commun.* **1969,** *37*, 31–38.
[16] Allebone, J. E., Hamilton, R. J., Bryce, T. A., Kelly, W.: *Experientia* **1971,** *27*, 13–14.
[17] Neissner, R.: *Fette, Seifen, Anstrichm.* **1972,** *74*, 198–202.
[18] Mangold, H. K.: *J. Am. Oil Chem. Soc.* **1961,** *38*, 708–727.
[19] Harvey, T., Matheson, T., Pratt, K.: *Anal. Chem.* **1984,** *56*, 1277–1281.
[20] Michalec, C., Sule, M., Mestan, J.: *Nature* **1962,** *193*, 63–64.
[21] Battaile, J., Dunning, R. L., Loomis, W. D.: *Biochem. Biophys. Acta* **1961,** *51*, 538–544.
[22] Copius-Peereboom, J. W., Beekes, H. W.: *J. Chromatogr.* **1964,** *14*, 417–423.
[23] Hunek, S.: *J. Chromatogr.* **1962,** *7*, 561–564.
[24] Avigan, J., Goodman, D. S., Steinberg, D.: *J. Lipid Res.* **1963,** *4*, 100–101.
[25] Scrignar, C. B.: *J. Chromatogr.* **1964,** *14*, 189–193.
[26] Nichaman, M. Z., Sweeley, C. C., Oldham, N. M., Olson, R. E.: *J. Lipid Res.* **1963,** *4*, 484–485.
[27] Schellenberg, P.: *Angew. Chem.* **1962,** *74*, 118–119.
[28] Cerny, V., Joska, J., Labler, L.: *Collect. Czech. Chem. Commun.* **1961,** *26*, 1658–1668.
[29] Kasal, A.: *Collect. Czech. Chem. Commun.* **1978,** *43*, 498–510.
[30] Copius-Peereboom, J. W.: *J. Chromatogr.* **1960,** *4*, 323–328.
[31] Halpaap, H.: *Chemiker Ztg.* **1965,** *89*, 835–849.
[32] Popov, A. D., Stefanov, K. L.: *J. Chromatogr.* **1968,** *37*, 533–535.
[33] Shealy, Y. F., O'Dell, C. A.: *J. Pharmac. Sci.* **1971,** *60*, 554–560.
[34] Abbott, D. C., Blake, K. W., Tarrant, K. R., Thomson, J.: *J. Chromatogr.* **1967,** *30*, 136–142.
[35] Kahan, I. L.: *J. Chromatogr.* **1967,** *26*, 290–291.
[36] Sarbu, C., Marutoiu, C.: *Chromatographia* **1985,** *20*, 683–684.
[37] Nakamura, H., Tamura, Z.: *J. Chromatogr.* **1974,** *96*, 195–210.
[38] Kirchner, J. G., Miller, J. M., Keller, G. J.: *Anal. Chem.* **1951,** *23*, 420–425.
[39] Patentschrift Dtsch. Pat. Nr. 2816574.4.
[40] Kortüm, G.: *Kolorimetrie, Photometrie und Spektrometrie*. 4. Aufl., Springer, Berlin 1962.
[41] Reule, A.: *Zeiss-Mitteilungen* **1962,** *2*, 355–371.
[42] Kiefer, J. (Ed.): *Ultraviolette Strahlen*, De Gruyter, Berlin 1977.
[43] Bauer, A., Schulz, P.: *Ann. Phys.* **1956,** *18*, 227; *Z. Phys.* **1956,** *146*, 393.
[44] Rössler, F.: *Ann. Phys.* **1952,** *10*, 177.
[45] Elenbaas, W.: *Rev. Opt. Theor. Instrum.* **1948,** *27*, 603.
[46] Rick, W.: *Klin. Chemie und Mikroskopie*. Springer, Berlin 1972.
[47] Quarzlampen GmbH: *Firmenschrift D 310531*.

[48] Kaase, H., Bischoff, K.: *Optik* (Stuttgart) **1977,** *48*, 451-458.
[49] Bischoff, K.: *Strahlungsnormale, ihre Darstellung und Anwendung,* Vortrag Technische Fachhochschule Eßlingen im Kurs „Strahl und optische Spektrometer", 1965.
[50] Hamamatsu: *Firmenschrift S-C-1-2 T 78.4.130.*
[51] RCA: *Photomultiplier Manual.* Electronic Components, Harrison, USA, 1970.
[52] Schonkeren, J. M.: *Photomultipliers.* Philips Application Handbook, Eindhoven 1970.
[53] Schaetti, N., Baumgartner, W.: *Helv. Phys. Acta* **1952,** *25*, 605-611.
[54] Schaetti, N.: *Z. Angew. Math. Phys.* **1953,** *4*, 450.
[55] Cannon, C. G.: *Electronics for Spectroscopists*, London 1960.
[56] Sommer, A. H.: *Rev. Sci. Instr.* **1955,** *26*, 725-726.
[57] Spicer, W. E.: *Phys. Rev.* **1958,** *112*, 114-122.
[58] Frischmuth-Hoffmann, G., Görlich, P., Hora, H., Heimann, W., Marsielle, H.: *Z. Naturforsch.* **1960,** *15a*, 648, 1014.
[59] Baumgartner, W.: *Chimia* **1957,** *11*, 88-91.
[60] Schwab, G.-M., Schneck, E.: *Z. Physikal. Chem. N. F.* **1958,** *18*, 206-222.
[61] Jork, H.: *Chromatogr. Electrophor. Symp. Int., 4th,* Brüssel 1966, **1968,** S. 227-239.
[62] Frei, R. W., Zeitlin, H.: *Anal. Chim. Acta* **1965,** *32*, 32-39.
[63] Robin, M., Trueblood, K. N.: *J. Am. Chem. Soc.* **1957,** *79*, 5138-5142.
[64] Ebel, S., Geitz, E., Hocke, H., Kaal, M.: *Kontakte (Darmstadt)* **1982,** *1*, 39-44.
[65] Kubelka, P., Munk, F.: *Z. Techn. Phys.* **1931,** *12*, 593-601.
[66] Kubelka, P., Munk, F.: *J. Opt. Soc. Amer.* **1948,** *38*, 448-453, 1067.
[67] Kortüm, G., Vogel, J.: *Z. Phys. Chem.* **1958,** *18*, 110-122.
[68] Kortüm, G.: *Trans. Faraday Soc.* **1962,** *58*, 1624-1631.
[69] Jork, H.: *Fresenius Z. Anal. Chem.* **1966,** *221*, 17-33.
[70] Ebel, S.: *Ullmanns Enzyklopädie der technischen Chemie.* 4. Aufl. Bd. 5, S. 205-215, Verlag Chemie, Weinheim 1980.
[71] Ebel, S., Geitz, E., Klarner, D.: *Kontakte (Darmstadt)* **1980,** *1*, 11-16.
[72] Pollak, V., Boulton, A. A.: *J. Chromatogr.* **1970,** *50*, 30-38.
[73] Jork, H.: *Qualitative und quantitative Auswertung von Dünnschicht-Chromatogrammen unter besonderer Berücksichtigung photoelektrischer Verfahren.* Habilitationsschrift, Universität des Saarlandes, Saarbrücken 1969.
[74] Ebel, S., Geitz, E.: *Kontakte (Darmstadt)* **1981,** *2*, 34-38.
[75] Winefordner, J. D., Schulman, S. G., O'Haver, T. C.: *Luminescence Spectrometry in Analytical Chemistry,* Wiley-Interscience, London 1972.
[76] Guilbout, G. G.: *Practical Fluorescence Theory, Methods and Techniques.* Marcel Dekker, New York 1973.
[77] Roberts, T. R.: *Radiochromatography.* Elsevier Scientific Publ. Co., Amsterdam 1978.
[78] Crosby, S. D., Dale, G. L.: *J. Chromatogr.* **1985,** *323*, 462-464.
[79] Tate, M. E., Bishop, C. T.: *Can. J. Chem.* **1962,** *40*, 1043-1048.
[80] Gritter, R. J., Albers, R. J.: *J. Chromatogr.* **1962,** *9*, 392.
[81] Gänshirt, H.: *Arch. Pharm.* **1963,** *296*, 73-79.
[82] Grutte, F. K., Gartner, H.: *J. Chromatogr.* **1969,** *41*, 132-135.
[83] Kikuchi, T., Yokoi, T., Shingu, T., Niwa, M.: *Chem. Pharm. Bull.* **1981,** *29*, 1819-1826; 2531-2539.
[84] Kartnig, T., Ri, C. Y.: *Planta Med.* **1973,** *23*, 269-271.
[85] Gritter, R. J., Albers, R. J.: *J. Org. Chem.* **1964,** *29*, 728-731.
[86] Soboleva, D. A., Makarova, S. V., Khlapova, E. P.: *J. Anal. Chem. (USSR)* **1977,** *32*, 1423-1425.

[87] Kochetkov, N. K., Usov, A. I., Miroshnikova, L. I.: *Zhurnal obshchej chimii* **1970**, *40*, 2473-2478.
[88] Crosby, S. D., Dale, G. L.: *J. Chromatogr.* **1985**, *323*, 462-464.
[89] Däuble, M.: *Tenside Deterg.* **1981**, *18*, 7-12.
[90] Kany, E., Jork, H.: *GDCh-Fortbildungskurs Nr. 300 „Einführung in die Dünnschicht-Chromatographie“*, Saarbrücken 1986.
[91] Touchstone, J. C., Dobbins, M. F.: *Practice of Thin Layer Chromatography*, J. Wiley & Sons, New York 1978.
[92] Gregorowicz, Z., Sliwiok, J.: *Microchem. J.* **1970**, *15*, 545-547.
[93] Sliwiok, J., Macioszczyk, A.: *Microchim. J.* **1978**, *23*, 121-124.
[94] Sliwiok, J., Kocjan, B.: *Microchim. J.* **1972**, *17*, 273-276.
[95] Mangold, H. K., Malins, D. C.: *J. Am. Oil Chem. Soc.* **1960**, *37*, 383-385; 576-578.
[96] Kurucz, E., Lukacs, P., Jeranek, M., Prepostffy, M.: *Acta Alimentaria* **1975**, *4*, 139-150.
[97] Gerhardt, W., Harigopal, V. P., Süss, S.: *J. Assoc. Off. Anal. Chem.* **1974**, *51*, 479-481.
[98] Packter, N. M., Stumpf, P. K.: *Arch. Biochem. Biophys.* **1975**, *167*, 655-667.
[99] Gornall, D. A., Kuksis, A.: *Can. J. Biochem.* **1971**, *49*, 44-50.
[100] Urbach, G., Stark, W.: *J. Agric. Food Chem.* **1975**, *23*, 20-24.
[101] Streibl, M., Jarolim, V., Konecny, K., Ubik, U., Trka, A.: *Fette, Seifen, Anstrichm.* **1973**, *75*, 314-316.
[102] Polles, S. G., Vinson, S. B.: *J. Agric. Food Chem.* **1972**, *20*, 38-41.
[103] Regula, E.: *J. Chromatogr.* **1975**, *115*, 639-644.
[104] Wathana, S., Corbin, F. T.: *J. Agric. Food Chem.* **1972**, *20*, 23-26.
[105] König, H.: *Fresenius Z. Anal. Chem.* **1970**, *251*, 359-368.
[106] Wittgenstein, E., Sawicky, E.: *Mikrochim. Acta (Wien)* **1970**, 765-783.
[107] Parodi, P. W.: *J. Assoc. Off. Anal. Chem.* **1976**, *53*, 530-534.
[108] Oosthuizen, M. M. J., Potgieter, D. J. J.: *J. Chromatogr.* **1973**, *85*, 171-173.
[109] Froehling, P. E., van den Bosch, G., Boekenoogen, H. A.: *Lipids* **1972**, *7*, 447-449.
[110] Jellema, R., Elema, E. T., Malingre, Th.: *J. Chromatogr.* **1981**, *210*, 121-129.
[111] Rokos, J. A.: *J. Chromatogr.* **1972**, *74*, 357-358.
[112] Ozawa, A., Jinbo, H., Takahashi, H.: *Bunseki Kagaku* **1985**, *34*, 707-711.
[113] Jork, H., Kany, E.: *GDCh-Fortbildungskurs Nr. 300 „Einführung in die Dünnschicht-Chromatographie“*, Universität des Saarlandes, Saarbrücken 1984.
[114] Blass, G., Ho, C. S.: *J. Chromatogr.* **1981**, *208*, 170-173.
[115] Larsen, H. F., Frostmann, A. F.: *J. Chromatogr.* **1981**, *226*, 484-487.
[116] Vinson, J. A., Hooyman, J. E.: *J. Chromatogr.* **1977**, *135*, 226-228.
[117] Zeller, M.: Diplomarbeit, Fachhochschule Gießen, Fachbereich Technisches Gesundheitswesen, 1986.
[118] Gitler, C.: *Anal. Biochem.* **1972**, *50*, 324-325.
[119] Gitler, C., in: L. Manson, ed.: *Biomembranes.* Vol. 2, 41-47. Plenum, New York 1971.
[120] Lichtenthaler, H., Boerner, K.: *J. Chromatogr.* **1982**, *242*, 196-201.
[121] Rohmer, M., Ourisson, G., Benveniste, P., Bimpson, T.: *Phytochemistry* **1975**, *14*, 727-730.
[122] Huang, L. S., Grunwald, C.: *Phytochemistry* **1986**, *25*, 2779-2781.
[123] Misso, N. L. A., Goad, L. J.: *Phytochemistry* **1984**, *23*, 73-82.
[124] Mamlok, L.: *J. Chromatogr. Sci.* **1981**, *19*, 53.
[125] Lucier, G. W., Menzer, R. E.: *J. Agric. Food Chem.* **1971**, *19*, 1249-1255.
[126] Ludlam, P. R.: *Analyst* **1973**, *98*, 107-115.
[127] Kennedy, M. V., Stojanovic, B. J., Sauman, F. L.: *J. Agric. Food Chem.* **1972**, *20*, 341-343.
[128] Das, D. K., Mathew, T. V., Mitra, S. N.: *J. Chromatogr.* **1970**, *52*, 354-356.

[129] Nagasawa, K., Yoshidome, Y., Anryu, K.: *J. Chromatogr.* **1970,** *52*, 173-176.
[130] Farkas, L., Morgos, J., Sallai, P., Lantai, I., Rusznak, I.: *Koloristikai Ertesito* **1986,** *28*, 118-126.
[131] Schaetti, N., Baumgartner, W., Flury, Ch.: *Helv. Phys. Acta* **1953,** *26*, 380-383.
[132] Černý, V., Joska, J., Lábler, L.: *Coll. Czech. Chem. Commun.* **1961,** *26*, 1658-1668.
[133] Belliveau, P. E., Mallet, V. N., Frei, R. W.: *Abstr. Pittsburgh Conf. Anal. Chem. Appl. Spectros.* **1970,** (313), 151.
[134] Mallet, V., Frei, R. W.: *J. Chromatogr.* **1971,** *54*, 251-257.
[135] Mallet, V., Frei, R. W.: *J. Chromatogr.* **1971,** *56*, 69-77.
[136] Mallet, V., Frei, R. W.: *J. Chromatogr.* **1971,** *60*, 213-217.
[137] Schellenberg, P.: *Angew. Chem. Int. Ed. Engl.* **1962,** *1*, 114-115.
[138] Seiler, H.: *Helv. Chim. Acta* **1970,** *53*, 1423-1424.
[139] Kosinkiewicz, B., Lubczynska, J.: *J. Chromatogr.* **1972,** *74*, 366-368.
[140] Dietsche, W.: *Fette, Seifen, Anstrichm.* **1970,** *72*, 778-783.
[141] Weisheit, W., Eul, H.: *Seifen, Öle, Fette, Wachse* **1973,** *99*, 711-714.
[142] Canic, V. D., Perisic-Janjic, N. V.: *Fresenius Z. Anal. Chem.* **1974,** *270*, 16-19.
[143] Svec, P., Nondek, L., Zbirovsky, M.: *J. Chromatogr.* **1971,** *60*, 377-380.
[144] Whistance, G. R., Dillon, J. F., Threlfall, D. R.: *Biochem. J.* **1969,** *111*, 461-472.
[145] Mathre, D. E.: *J. Agric. Food Chem.* **1971,** *19*, 872-874.
[146] Kreysing, G., Frahm, M.: *Dtsch. Apoth. Ztg.* **1970,** *110*, 1133-1135.
[147] König, H.: *Fresenius Z. Anal. Chem.* **1970,** *251*, 167-171; **1971,** *254*, 337-345.
[148] Köhler, M., Chalupka, B.: *Fette, Seifen, Anstrichm.* **1982,** *84*, 208-211.
[149] Frahne, D., Schmidt, S., Kuhn, H.-G.: *Fette, Seifen, Anstrichm.* **1977,** *79*, 32-41; 122-130.
[150] Bey, K.: *Fette, Seifen, Anstrichm.* **1965,** *67*, 217-221.
[151] Matissek, R., Hieke, E., Baltes, W.: *Fresenius Z. Anal. Chem.* **1980,** *300*, 403-406.
[152] Nagasawa, K., Yoshidome, H., Kamata, F.: *J. Chromatogr.* **1970,** *52*, 453-459.
[153] Nagasawa, K., Ogamo, A., Anryu, K.: *J. Chromatogr.* **1972,** *67*, 113-119.
[154] Takeshita, R.: *J. Chromatogr.* **1972,** *66*, 283-293.
[155] Rincker, R., Sucker, H.: *Fette, Seifen, Anstrichm.* **1972,** *74*, 21-24.
[156] Thielemann, H.: *Z. Chem.* **1972,** *12*, 223; *Mikrochim. Acta (Wien)* **1972,** 672-673; *Fresenius Z. Anal. Chem.* **1972,** *262*, 192; **1974,** *272*, 206; *Pharmazie* **1977,** *32*, 244.
[157] Thielemann, H.: *Mikrochim. Acta (Wien)* **1973,** 521-522.
[158] Halbach, G., Görler, K.: *Planta Med.* **1971,** *19*, 293-298.
[159] Perisic-Janjic, N., Canic, V., Lomic, S., Baykin, D.: *Fresenius Z. Anal. Chem.* **1979,** *295*, 263-265.
[160] Canic, V. D., Perisic-Janjic, N. U., Babin, M. J.: *Fresenius Z. Anal. Chem.* **1973,** *264*, 415-416.
[161] Traylor, I. D., Hogan, E. L.: *J. Neurochem.* **1980,** *34*, 126-131.
[162] Bonderman, D. P., Slach, E.: *J. Agric. Food Chem.* **1972,** *20*, 328-331.
[163] Ebing, W.: *J. Chromatogr.* **1972,** *65*, 533-545.
[164] Tewari, S. N., Ram, L.: *Mikrochim. Acta (Wien)* **1970,** 58-60.
[165] Salvage, T.: *Analyst* **1970,** *95*, 363-365.
[166] Groningsson, K., Schill, G.: *Acta Pharm. Suec.* **1969,** 447-468.
[167] Gleispach, H., Schandara, E.: *Fresenius Z. Anal. Chem.* **1970,** *252*, 140-143.
[168] McNamara, D. J., Proia, A., Miettinen, T. A.: *J. Lipid Res.* **1981,** *22*, 474-484.
[169] Nagy, S., Nordby, H. E.: *Lipids* **1972,** *7*, 722-727.
[170] Boskou, D., Katsikas, H.: *Acta Aliment.* **1979,** *8*, 317-320.
[171] Ellington, J. J., Schlotzhauer, P. F., Schepartz, A. I.: *J. Am. Oil Chem. Soc.* **1978,** *55*, 572-573.

[172] Garg, V., Nes, W.: *Phytochemistry* **1984,** *23,* 2925–2929.
[173] Burstein, S., Zamoscianyk, H., Kimball, H. L., Chaudhuri, N. K., Gut, M.: *Steroids* **1970,** *15,* 13–60.
[174] Gornall, D. A., Kuksis, A.: *Can. J. Biochem.* **1971,** *49,* 44–50.
[175] Hoffmann, L. M., Amsterdam, D., Brooks, S. A., Schneck, L.: *J. Neurochem.* **1971,** *29,* 551–559.
[176] Tyman, J. H. P.: *J. Chromatogr.* **1977,** *136,* 289–300.
[177] Moschids, M.: *J. Chromatogr.* **1984,** *294,* 519–524.
[178] Vroman, H. E., Baker, G. L.: *J. Chromatogr.* **1965,** *18,* 190–191.
[179] Milborrow, B. V.: *J. Chromatogr.* **1965,** *19,* 194–197.
[180] Jones, M., Keenan, R. W., Horowitz, P.: *J. Chromatogr.* **1982,** *237,* 522–524.
[181] Colarow, L., Pugin, B., Wulliemier, D.: *J. Planar Chromatogr.* **1988,** *1,* 20–23.
[182] Sherma, J., Bennett, S.: *J. Liq. Chromatogr.* **1983,** *6,* 1193–1211.
[183] Kucera, J., Pokorny, S., Coupek, J.: *J. Chromatogr.* **1974,** *88,* 281–287.
[184] Takeshita, R.: *J. Chromatogr.* **1972,** *66,* 283–293.
[185] Matin, A., Konings, W. N.: *Europ. Biochem.* **1973,** *34,* 58–67.
[186] Chawla, H. M., Gambhir, I., Kathuria, L.: *J. High Resolut. Chromatogr. Chromatogr. Commun.* **1979,** *2,* 673–674.
[187] Braun, D., Geenen, H.: *J. Chromatogr.* **1962,** *7,* 56–59.
[188] Miyazaki, S., Suhara, Y., Kobayashi, T.: *J. Chromatogr.* **1969,** *39,* 88–90.
[189] Hansen, S. A.: *J. Chromatogr.* **1976,** *124,* 123–126.
[190] Lukacova, M., Klanduch, J., Kovac, S.: *Holzforschung* **1977,** *31,* 13–18.
[191] Lupton, C. J.: *J. Chromatogr.* **1975,** *104,* 223–224.
[192] Dubler, R. E., Toscano jr., W. A., Hartline, R. A.: *Arch. Biochem. Biophys.* **1974,** *160,* 422–429.
[193] Kraiker, H. P., Burch, R. E.: *Z. Klin. Chem. Klin. Biochem.* **1973,** *11,* 393–397.
[194] Serova, L. I., Korchagin, V. B., Vagina, J. M., Koteva, N. I.: *Pharm. Chem. J. (USSR)* **1972,** *6,* 609–610.
[195] Bornmann, L., Busse, H., Hess, B.: *Z. Naturforsch.* **1973,** *28b,* 93–97.
[196] Chan, H. T., Chenchin, E., Vonnahme, P.: *J. Agric. Food Chem.* **1973,** *21,* 208–211.
[197] Chan, H. T., Chang, T. S., Stofford, A. E., Brekke, J. E.: *J. Agric. Food Chem.* **1971,** *19,* 263–265.
[198] Pfeifer, A.: *Seifen, Öle, Fette, Wachse* **1971,** *97,* 119–120.
[199] Stoll, U.: *J. Chromatogr.* **1970,** *52,* 145–151.
[200] Riley, R. T., Mix, M. C.: *J. Chromatogr.* **1980,** *189,* 286–288.
[201] Laub, E., Lichtenthal, H., Frieden, M.: *Dtsch. Lebensm. Rdschau* **1980,** *76,* 14–16.
[202] Overo, K. F., Jorgensen, A., Hansen, V.: *Acta Pharmacol. Toxikol.* **1970,** *28,* 81–96.
[203] Sinsheimer, J. E., Breault, G. O.: *J. Pharm. Sci.* **1971,** *60,* 255–257.
[204] Kovalska, T.: *Chromatographia* **1985,** *20,* 434–438.
[205] McDowell, R. W., Landolt, R. R., Kessler, W. V., Shaw, S. M.: *J. Pharm. Sci.* **1971,** *60,* 695–699.
[206] Garrett, E. R., Bojarski, J. T., Yakatan, G. J.: *J. pharmac. Sci.* **1971,** *60,* 1145–1154.
[207] Cartoni, G. P., Lederer, U., Polidori, F.: *J. Chromatogr.* **1972,** *71,* 370–375.
[208] Gielsdorf, W., Klug, E.: *Dtsch. Apoth. Ztg.* **1981,** *121,* 1003–1005.
[209] Kung, E.: *Rechtsmedizin* **1972,** *71,* 27–36.
[210] Ebel, S., Schütz, H.: *Arch. Toxikol.* **1977,** *38,* 239–250.
[211] Goenechea, S., Eckhardt, G., Goebel, K. J.: *J. Clin. Chem. Clin. Biochem.* **1977,** *15,* 489–498.

[212] Klug, E., Toffel, P.: *Arzneim.-Forsch.* **1979,** *29,* 1651–1654.
[213] Giesldorfer, W., Toffel-Nadolny, R.: *J. Clin. Chem. Clin. Biochem.* **1981,** *19,* 25–30.
[214] Pischek, G., Kaiser, E., Koch, H.: *Mikrochim. Acta (Wien)* **1970,** 530–535.
[215] Blumberg, A. G., Heaton, A. M.: *J. Chromatogr.* **1970,** *48,* 565–566.
[216] Smith, A. E., Fitzpatrick, A.: *J. Chromatogr.* **1971,** *57,* 303–308.
[217] Fortnagel, B.: *Biochim. Biophys. Acta* **1970,** *222,* 290–298.
[218] Thielemann, H.: *Mikrochim. Acta (Wien)* **1970,** 645.
[219] Thielemann, H.: *Mikrochim. Acta (Wien)* **1971,** 746–747.
[220] Tjan, G. H., Konter, T.: *J. Assoc. Off. Anal. Chem.* **1973,** *55,* 1223–1225.
[221] Yang, Z.: *Chinese Brew* **1983,** *2* (3), 32–34.
[222] Braun, D., Lee, D. W.: *Kunststoffe* **1972,** *62,* 517–574.
[223] Maulding, H. V., Brusco, D., Polesuk, J., Nazareno, J., Michaelis, A. F.: *J. Pharm. Sci.* **1972,** *61,* 1197–1201.
[224] Chafetz, L.: *J. Pharm. Sci.* **1971,** *60,* 291–294.
[225] Petrowitz, H. J., Pastuska, G.: *J. Chromatogr.* **1962,** *7,* 128–130.
[226] Chang, T. S., Chan jr., H. T.: *J. Chromatogr.* **1971,** *56,* 330–331.
[227] Gupta, S., Rathore, H., Ali, I., Ahmed, S.: *J. Liq. Chromatogr.* **1984,** *7,* 1321–1340.
[228] Selmeci, G., Aczel, A. Cseh, F.: *Budapest Chromatogr. Conf., June 2, 1983.*
[229] Selmeci, G., Hanusz, B.: *Elelmiszervizsgalati Közlemenyek* **1981,** *27,* 135–138.
[230] Sass, M., Vaczy, K.: *7. Kromatografias Vandorgyüles Elöadasai* **1979,** 127–131.
[231] Huxtable, R. J., Wakil, S. J.: *Biochim. Biophys. Acta* **1971,** *239,* 168–177.
[232] Rathore, H., Kumari, K., Agrawal, M.: *J. Liq. Chromatogr.* **1985,** *8,* 1299–1317.
[233] Orsi, F., Abraham-Szabo, A., Lasztity, R.: *Acta Aliment.* **1984,** *13,* 23–38.
[234] Zenen vidaud candebato, E., Garcia Roche, O.: *Elelmiszerviszgalati Közlemenyek* **1982,** *28,* 213–217.
[235] Huelin, F. E., Coggiola, I. M., Sidhu, G. S., Kennett, B. H.: *J. Sci. Food Agric.* **1971,** *22,* 540–542.
[236] Chalaya, Z. J., Gorbons, T. V.: *J. Anal. Chem. (USSR)* **1980,** *35,* 899–900.
[237] Liu, Y. K., Luh, B. S.: *J. Chromatogr.* **1978,** *151,* 39–49.
[238] Heinz, K. L., van der Velden, C.: *Fette, Seifen, Anstrichm.* **1971,** *73,* 449–454.
[239] Sinner, M., Parameswaran, N., Dietrichs, H. H., Liese, W.: *Holzforschung* **1972,** *26,* 218–228; **1973,** *27,* 36–42.
[240] Liebmann, R., Hempel, D., Heinisch, E.: *Arch. Pflanzenschutz* **1971,** *7,* 131–150.
[241] Hara, A., Taketomi, T.: *Lipids* **1982,** *17,* 515–518.
[242] Racz, I., Plachy, J., Mezei, J., Poor-Nemeth, M., Küttel, M.: *Acta Pharm. Hung.* **1985,** *55,* 17–24.
[243] Beckett, A. H., Shenoy, E. V., Brookes, L. G.: *J. Pharm. Pharmacol.* **1972,** *24,* 281–288.
[244] Beckett, A. H., Shenoy, E. V., Salmon, J. A.: *J. Pharm. Pharmacol.* **1972,** *24,* 194–202.
[245] Goebgen, H. G., Brockmann, J.: *Vom Wasser* **1977,** *48,* 167–178.
[246] Vaskovsky, V. E., Khotimchenko, S.: *J. High Resolut. Chromatogr. Chromatogr. Commun.* **1982,** *5,* 635–636.
[247] Vaskovsky, V. E., Latyshev, N. A.: *J. Chromatogr.* **1975,** *115,* 246–249.
[248] Latyshev, N. A., Vaskovsky, V. E.: *J. High Resolut. Chromatogr. Chromatogr. Commun.* **1980,** *3,* 478–479.
[249] Vaskovsky, V. E., Latyshev, N. A., Cherkassov, E. N.: *J. Chromatogr.* **1979,** *176,* 242–246.
[250] Teichman, R. J., Takei, G. H., Cummins, J. M.: *J. Chromatogr.* **1974,** *88,* 425–427.
[251] Matissek, R., Droß, A., Häussler, M.: *Fresenius Z. Anal. Chem.* **1984,** *319,* 520–523.
[252] Wilk, M., Hoppe, U., Taupp, W., Rochlitz, J.: *J. Chromatogr.* **1967,** *27,* 311–316.

[253] Wilk, M., Bez, W., Rochlitz, J.: *Tetrahedron* **1966,** *22*, 2599–2608.
[254] Stahl, E.: *Dünnschicht-Chromatographie, ein Laboratoriumshandbuch,* 2. Aufl., Springer, Berlin 1967.
[255] Jork, H., Kany, E.: *GDCh-Fortbildungskurs Nr. 302 „Möglichkeiten der quantitativen Auswertung von Dünnschicht-Chromatogrammen",* Saarbrücken 1986.
[256] Brown, W., Turner, A. B.: *J. Chromatogr.* **1967,** *26*, 518–519.
[257] Barrett, G. C. in: Giddings, J. C., Keller, R. A.: *Advances in Chromatography,* Vol. 11, 151. Marcel Dekker, New York 1974.
[258] Schmidt, F.: *Krankenhaus-Apoth.* **1973,** *23*, 10–11.
[259] Chen, T. I., Morris, M. D.: *Anal. Chem.* **1984,** *56*, 19–21; 1674–1677.
[260] Peck, K., Fotiou, F. K., Morris, M. D.: *Anal. Chem.* **1985,** *57*, 1359–1362.
[261] Tran, C. D.: *Appl. Spectrosc.* **1987,** *41*, 512–516.

3 Chemische Methoden der Detektion

Jedes Analysenergebnis stellt die Basis eines Entscheidungsprozesses dar. Es muß ein hohes Maß an Präzision und Richtigkeit beinhalten. Dies gilt auch für die chromatographischen Verfahren. Häufig reichen hierfür die bisher angesprochenen physikalischen Methoden der Detektion allein nicht aus. Sie müssen in diesem Fall durch gezielte, chemische Umsetzungen (Derivatisierungen) ergänzt werden.

Diese Umsetzungen können schon während der Probenvorbereitung oder direkt auf der Schicht nach der Applikation der Untersuchungslösung am Start erfolgen. Auch Reaktionen in den Auftragekapillaren sind beschrieben. So untersuchten MATHIS et al. [1, 2] Oxidationsreaktionen mit 4-Nitroperbenzoesäure, Natriumhypobromit, Osmium- und Rutheniumtetroxid. Hamann und Mitarbeiter [3] setzten Phosphoroxichlorid in Pyridin gelöst zur Dehydratisierung ein. Diese Vorgehensweise besitzt allerdings den Nachteil, daß durch die Reagenzzugabe das Auftragevolumen vergrößert wird und daß bei den Umsetzungen zuweilen Wasser gebildet wird, das einerseits wegen der Verschiebung des Reaktionsgleichgewichtes und andererseits wegen möglicher Störungen bei der chromatographischen Entwicklung entfernt werden sollte.

In allen Fällen handelt es sich um prächromatographische Derivatisierungen, die durch Einführung eines Chromophors ein stark absorbierendes oder fluoreszierendes

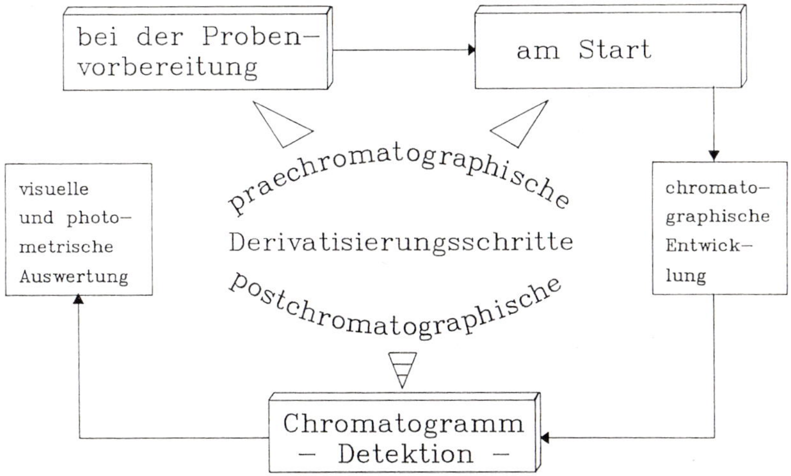

Abb. 30: Schematische Darstellung der Einsatzorte von Derivatisierungsschritten.

Derivat liefern und somit die Selektivität der Trennung erhöhen, die Empfindlichkeit des Nachweises steigern und die Linearität verbessern [4]. Spurenanalysen werden in vielen Fällen erst nach einer chemischen Umwandlung der zu bestimmenden Stoffe möglich. Damit unterscheiden sich die prächromatographischen Derivatisierungen in ihrer Zielsetzung deutlich von den postchromatographischen Umsetzungen, die zunächst dem Nachweis der getrennten Substanzen und erst in zweiter Linie der Charakterisierung der Verbindungen dienen (Abb. 30).

3.1 Prächromatographische in-situ-Derivatisierung

Seit einigen Jahren besteht ein erheblicher Nachholbedarf in der Entwicklung praktikabler prächromatographischer Operationen [5]. Mehr und mehr wird erkannt, daß in der systematischen Verbesserung der Extraktion, Anreicherung und Aufreinigung der Probe und auch in der Optimierung der Derivatisierung die Zukunftsaufgaben der Spurenanalytiker liegen. Nur so können die empfindlichen chromatographischen Techniken zur Lösung praktischer Fragestellungen optimal eingesetzt werden.

Jedes Jahr werden etwa 100000 neue organische Verbindungen synthetisiert [6], die erkannt, identifiziert und quantitativ bestimmt werden müssen. Dies ist immer häufiger nur mit multichromatographischen Trennmethoden, gekoppelt mit zwischen- oder vorgeschalteten Derivatisierungsschritten, möglich.

Deshalb gewinnt die sogenannte „Reaktions-Chromatographie“ [7] („Chromatographie fonctionelle sur couche mince“ [1, 2]) ständig an Bedeutung. Hier erfolgt die Umsetzung, die gleichzeitig die Aufgabe eines clean-up-Schrittes übernehmen kann, am Startpunkt bzw. in der Konzentrierungszone einer DC-Platte.

Gefordert werden für derartige Reaktionen [8]:

- einheitliche, stabile Endprodukte,
- hohe Ausbeuten in allen Konzentrationsbereichen,
- einfache und schnelle Handhabung,
- keine Störungen durch Reagenzüberschüsse bei der anschließenden chromatographischen Trennung und Auswertung.

Derartige in-situ-Umsetzungen gehen auf Arbeiten von Miller und Kirchner [9] zurück und ermöglichen [10]:

- bei freier Wahl der Reaktionsbedingungen Stoffe gleicher oder ähnlicher chromatographischer Eigenschaften (kritische Substanzpaare) unter Ausnutzen ihres unterschiedlichen chemischen Verhaltens voneinander zu trennen und somit leichter zu identifizieren.

Durch gezielte chemische Derivatisierung lassen sich z. B. primäre und sekundäre Alkohole verestern und so von tertiären Alkoholen bei einer nachfolgenden chromatographischen Entwicklung trennen (vgl. S. 68). Ebenso einfach können durch Oxidation am Start aus Alkoholen entstehende Aldehyde und Ketone von nicht umgesetzten tertiären Alkoholen abgetrennt und gruppenspezifisch nachgewiesen werden (vgl. S. 59).

- die Stabilität der gesuchten Verbindungen (z. B. bei oxidationsempfindlichen Substanzen) zu erhöhen;
- die Reaktivität von Substanzen (z. B. mit der stationären Phase) zu verringern;
- die Empfindlichkeit der Nachweismethode durch Einführung von Chromophoren oder Fluorophoren in das Molekül zu steigern.

Damit wird einerseits die Nachweisgrenze herabgesetzt, wodurch weniger Untersuchungsgut aufgetragen werden kann, mit der Folge, daß sich dabei auch die Menge an störenden Begleitsubstanzen reduziert. Andererseits kann sich auch die Linearität der Kalibrierkurven verbessern, so daß bei quantitativen Routine-Untersuchungen weniger Standards appliziert und gemessen werden müssen. Damit stehen mehr Startzonen für Probelösungen zur Verfügung. Allerdings kann das Einführen großer Molekülgruppen auch dazu führen, daß zuvor unterschiedliche chromatographische Eigenschaften „egalisiert" werden.

In der Praxis wird bei der Reaktions-Chromatographie meist so vorgegangen, daß zunächst das Reagenz in der Startzone punkt- oder bandförmig aufgetragen wird. Danach erfolgt die Applikation der Untersuchungslösung zumeist in die noch feuchte Reagenzzone. Dabei ist darauf zu achten, daß das Lösungsmittel der Probe das Reagenz nicht nach außen chromatographiert. Gegebenenfalls kann die Reagenzlösung anschließend noch einmal aufgetragen werden, so daß sie im Überschuß vorliegt. Dies gelingt problemlos, wenn z. B. mittels Linomat IV (Abb. 31) bandförmig aufgetragen wird.

Sofern zur schnelleren Umsetzung Wärme notwendig ist, sollte der Startzonenbereich vor dem Auflegen auf eine Heizplatte oder vor dem Überführen in einen Trockenschrank mit einem Glasstreifen abgedeckt werden. Nach Beendigung der Reaktion wird die DC-Platte getrocknet, und die Entwicklung kann beginnen.

Auch Kopplungen in Form einer zweidimensionalen TRT-Technik (Trennung – Reaktion – Trennung) sind wiederholt beschrieben. In diesem Fall dient die Chromatogrammbahn aus der ersten Trennung als Startzone für eine nachfolgende, um 90° gedrehte Chromatographie, wobei die oben skizzierte Derivatisierung zwischen den beiden Entwicklungsschritten erfolgt.

Auch während der chromatographischen Entwicklung können Umsetzungen stattfinden. Hierbei kann es sich um ungewollte Reaktionen oder auch um gezielte Derivatisierungen handeln. So berichten WEICKER und BROSSMER [11] z. B. über eine Aminierung von Hexosen, Pentosen und Disacchariden bei Verwendung ammoniakhaltiger Fließ-

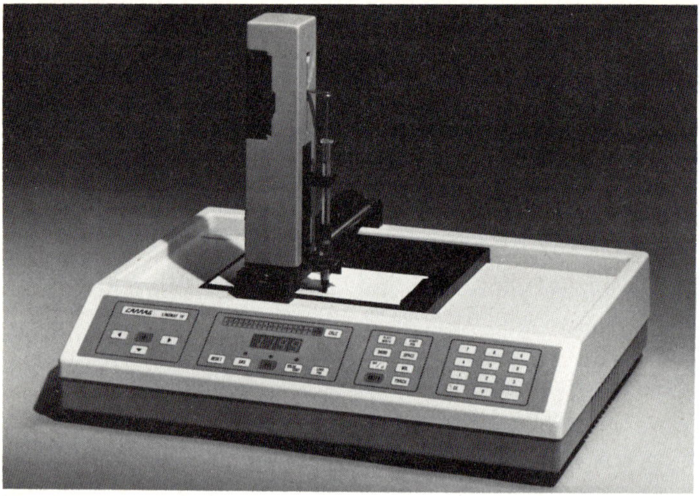

Abb. 31: Linomat IV (CAMAG).

mittel auf Kieselgel G-Schichten. Andererseits sind Zugaben von Fluorescamin oder Ninhydrin zum Fließmittel beschrieben, um gezielt Peptide, Aminosäuren oder Amine zu fluoreszierenden oder farbigen Derivaten umzusetzen. Ungesättigte Fettsäuren oder Sterine werden durch Brom-Zusatz zum Fließmittel bromiert oder mit Peressigsäure oxidiert. Weitere Beispiele sind in Abschnitt 3.2.4 zusammengestellt.

Bei quantitativen Untersuchungen ist sicherzustellen, daß die Reaktion auf der DC-Platte vollständig – zumindest aber stöchiometrisch und reproduzierbar – abläuft. In allen Fällen ist es sinnvoll, Reagenz- und Untersuchungslösungen auf Nachbarbahnen noch einmal separat aufzutragen, um zu erkennen, wo unter den Reaktionsbedingungen die Ausgangsprodukte im Chromatogramm liegen. Auf diese Weise läßt sich auch entscheiden, ob zusätzliche Nebenprodukte gebildet werden.

3.1.1 Oxidation und Reduktion

Zu den am häufigsten eingesetzten prächromatographischen in-situ-Reaktionen gehören Oxidations- und Reduktionsprozesse, die bereits 1953 von MILLER und KIRCHNER [9] genutzt wurden. Sie charakterisierten Citral als Aldehyd, indem sie ihn zur Geraniumsäure oxidierten bzw. zum Geraniol reduzierten. Weitere Beispiele sind in Tabelle 10 zusammengestellt.

Tabelle 10: Prächromatische Derivatisierungen aus dem Bereich der Oxidations- und Reduktionsreaktionen.

Substanzen	Vorgehensweise, Reagenz und Endprodukt	Literatur
Oxidationen:		
Phenothiazine	U.-Lsg. applizieren; dann 10 bis 20proz. Wasserstoffperoxid-Lösung auftragen, bei 60 °C trocknen. Es entstehen Sulfoxide.	[12]
Anthocyane	Anthocyane, die die chromatographische Bestimmung anderer Substanzen stören, werden durch „overspotting" mit 3proz. ethanolischer Wasserstoffperoxid-Lösung zerstört.	[13]
α-Terpineol	U.-Lsg. punktförmig applizieren, anschließend p-Nitroperbenzoesäure auftragen, einige min reagieren lassen, trocknen und entwickeln.	[1]
Geraniol	Alkohol-Lsg. auftragen, anschließend 20proz. Chromsäure in Eisessig applizieren, reagieren lassen und entwickeln. Es bildet sich Citral.	[14]
Isopulegol, Daucol, Menthol, Khusol etc.	Die Terpenoide werden zusammen mit 1,4-Naphthochinon–Kalium-tert-butoxid am Start aufgetragen und 24 h auf 120 °C erhitzt. Anschließend folgt die Entwicklung.	[15]
Diosgenin, Tigogenin, Androst-5-en-17on-3-β-ol	Getrocknete Zone der U.-Lsg. mit 20proz. Aluminiumisopropoxid-Benzol-Lösung befeuchten, nachsprühen mit Aceton–Benzol (4+1), 2 h bei 55 °C in Aceton–Benzol–Atmosphäre (1+1) aufbewahren (Doppeltrogkammer), dann trocknen, mit 10proz. wäßriger Silbernitratlösung besprühen und abschließend 20 min bei 80 °C trocknen. Es bilden sich z. B. Diosgenon und Tigogenon (Oppenauer-Reaktion, wasserfreie Lösungsmittel!).	[16]
17-Hydroxycorticosteroide	U.-Lsg. applizieren, anschließend 10proz. wäßrige Natriumperjodat-Lösung auftragen, reagieren lassen, bei 50 °C trocknen und entwickeln. Es bilden sich 17-Ketosteroide.	[3]
Oleanolsäure, Ursolsäure, Betulinsäure	U.-Lsg. applizieren und 2proz. Chrom(VI)-oxid-Lösung in Essigsäure darüber auftragen, mit Essigsäure nachsprühen und in Doppeltrogkammer 30 bis 50 min in Essigsäure-Atmosphäre aufbewahren. Anschließend einige min auf 50 °C erwärmen, zur Zerstörung des Oxidationsmittelüberschusses mit Methanol übersprühen, DC-Platte aktivieren und entwickeln. Es bilden sich Oleanonsäure, 3-Ketoursolsäure und 3-Ketobetulinsäure.	[16]

Tabelle 10: (Fortsetzung)

Substanzen	Vorgehensweise, Reagenz und Endprodukt	Literatur
Alkaloide	a) 10proz. Chromsäure-Lösung in Eisessig wird über die zuvor applizierte U.-Lsg. aufgetragen. Nach kurzer Einwirkdauer wird chromatographiert.	[2]
	b) Dehydrierung durch Erhitzen der applizierten U.-Lsg. auf Kieselgel Schichten.	[18, 19]
Strychnin, Brucin	Die Oxidation erfolgt mit Kaliumdichromat-Lösung. Brucin wird dabei zum o-Chinon oxidiert und anschließend chromatographisch abgetrennt.	[17]
Polycyclische aromatische Kohlenwasserstoffe (PAK)	a) U.-Lsg. applizieren, mit Trifluoressigsäure nachsprühen, auf 100 °C erhitzen, abkühlen und entwickeln. Trifluoressigsäure katalysiert die Oxidation mit Luftsauerstoff.	[20]
	b) U.-Lsg. applizieren, mehrere Stunden in Iod-Kammer stellen, Iod abdunsten lassen. 3,4-Benzpyren bildet z. B. Bis-3,4-benzpyrenyl.	[21]
Reduktionen:		
Steroide	Zur Reduktion der applizierten Steroide dient eine Mischung aus 10proz. ethanolischer Natriumborhydrid-Lösung und 0,1 N Natronlauge (1+1). Nach 30 min Reaktionszeit wird der Reagenzüberschuß mit Säure neutralisiert.	[3]
Strychnin	U.-Lsg. punktförmig applizieren, anschließend 5proz. Natriumborhydrid-Lösung auftragen, trocknen und entwickeln.	[22]
Oleanonsäure, Tigogenon	U.-Lsg. applizieren und mit 10proz. Natriumborhydrid-Lösung in Methanol–Wasser (1+5) behandeln. DC-Platte mit Methanol besprühen und 1,5 h bei 55 °C im Exsikkator über Ethanol–Methanol–Dioxan (4+4+1) aufbewahren; abschließend DC-Platte trocknen (Trockenschrank) und entwickeln. Es bilden sich Oleanolsäure und Tigogenin.	[16]
7-Ketocholesterin, Sterin-hydroperoxide	Eine 1proz. methanolische Natriumborhydrid-Lösung wird am Start auf die U.-Lsg. appliziert. Nach 5 min Einwirkdauer wird die DC-Platte getrocknet und entwickelt.	[23, 24]

Tabelle 10: (Fortsetzung)

Substanzen	Vorgehensweise, Reagenz und Endprodukt	Literatur
Alkaloide	Natriumborhydrid-Lösung wird auf die applizierte U.-Lsg. aufgetragen. Nach einigen min wird getrocknet und das Chromatogramm entwickelt.	[2, 25]
Disulfide	0,4proz. Natriumborhydrid-Lösung in 95proz. Ethanol wird auf die applizierte U.-Lsg. aufgetragen. Nach 15 bis 20 min Reaktionszeit wird der Reagenzüberschuß mit Säure zerstört.	[26]
Methylglycyrrhetat, Diosgenin	5proz. Palladium- oder Platinchlorid-Lösung in 50proz. Salzsäure auf die Startzonen auftragen, mit alkalischer Formaldehydlösung nachsprühen und an der Luft trocknen, dann mit 5proz. Essigsäure besprühen und bei 80 °C trocknen. Anschließend U.-Lsg. auftragen und leicht mit Ethylacetat nachsprühen. DC-Platte im Exsikkator über Ethylacetat 50 bis 72 h mit schwachem Wasserstoffstrom behandeln, dann trocknen und entwickeln. Es bildet sich z. B. Methyldesoxyglycyrrhetat.	[16]
Fettsäuren	1 Tropfen kolloidale Palladium-Lösung auf die Startzonen auftragen und 60 min bei 80 bis 90 °C trocknen. Dann U.-Lsg. auftragen und DC-Platte 60 min in einem mit Wasserstoff gefüllten Exsikkator aufbewahren, anschließend trocknen und entwickeln.	[27, 28]
Malein-, Fumar-, Glutacon-, Citracon-, Mesacon- und Itaconsäure	Kolloidale Palladium-Lösung auf die Startpunkte auftragen (Durchmesser: 8 bis 10 mm) und trocknen. Dann U.-Lsg. applizieren und 1 h (Exsikkator) mit Wasserstoff begasen. Aus Malein- und Fumarsäure bildet sich z. B. Bernsteinsäure, die sich chromatographisch abtrennen läßt.	[29]
Aminosäuren	Zur Konfigurationsbestimmung wird mit Carbobenzyloxy-L-aminosäureazid umgesetzt und die Schutzgruppe mit Wasserstoff/Palladiumchlorid-Lösung reduktiv abgespalten.	[30]
Nitro-Verbindungen	Auf die applizierte U.-Lsg. wird 15proz. Zinkchlorid-Lösung und verdünnte Salzsäure aufgetragen. Nach kurzer Einwirkzeit und Trocknen der DC-Platte werden die entstandenen Amino-Verbindungen chromatographiert.	[31]
1-Nitropyren	Extrakt aus Dieselauspuffgasen auf Konzentrierungszone auftragen, Platinchlorid-Lösung darüber applizie-	[32]

Tabelle 10: (Fortsetzung)

Substanzen	Vorgehensweise, Reagenz und Endprodukt	Literatur
	ren und mit Natriumborhydrid behandeln. Es bildet sich 1-Aminopyren.	
Tetrazoliumsalze	Bei der Reaktion der Tetrazoliumsalze mit Ammoniumsulfid-Lösung entstehen Formazan-Farbstoffe.	[33]
11-β-Hydroperoxy-lanostenylacetat	U.-Lsg. applizieren und mit 5proz. Eisen(II)-ammoniumsulfat-Lösung in Wasser–Methanol–Diethylether (2+1+1) nachbehandeln. Es bildet sich 11-Oxo-lanostenylacetat.	[34]

3.1.2 Hydrolyse

Neben Oxidations- und Reduktionsreaktionen lassen sich auch hydrolytische Spaltungsreaktionen am Start durchführen. Sie können auf „naßchemischem" oder enzymatischem Wege erfolgen. Beispiele sind in Tabelle 11 zusammengestellt.

Tabelle 11: Prächromatische Derivatisierungen aus dem Bereich hydrolytischer und enzymatischer Spaltreaktionen.

Substanzen	Vorgehensweise, Reagenz und Endprodukt	Literatur
Saure Hydrolyse:		
Alkenylacyl- und diacyl-ethanolamin-phosphatide	U.-Lsg. bandförmig applizieren, mit 12proz. Salzsäure nachsprühen, 2 min in Stickstoff-Atmosphäre belassen und dann im Stickstoff-Strom trocknen; anschließend chromatographieren. Hydrolyse der Vinylether-Bindungen in den Phosphatiden.	[35]
Flavon-, Cumarin- und Triterpenglycoside, Solamargin, Solasonin	Zone der U.-Lsg. mit 10proz. ethanolischer Salzsäure besprühen. Anschließend in Doppeltrogkammer mit konz. Salzsäure–Ethanol (1+1) bedampfen, 4 bis 5 h auf 50 bis 55 °C erwärmen, 3 min bei 90 °C trocknen, mit 50proz. ethanolischer Ammoniak-Lösung besprühen und abschließend 5 min bei 100 °C aktivieren. Es bildet sich Solasodin bzw. die entsprechenden Aglyka und Zucker.	[16]
Cardenolid-Glykoside	U.-Lsg. mit ca. 25 μg Glycosid bandförmig auftragen; Schicht mit Ausnahme der Auftragezonen mit einer	[36, 37]

Tabelle 11: (Fortsetzung)

Substanzen	Vorgehensweise, Reagenz und Endprodukt	Literatur
	Glasplatte abdecken und in eine Kammer mit Salzsäuredämpfen (37proz. Salzsäure) stellen, reagieren lassen und nach Entfernung überschüssiger Salzsäure chromatographieren.	
Epoxide	Nacheinander zweimal 5 µl 10proz. Phosphorsäure applizieren, 20 min trocknen lassen, dann U.-Lsg. auftragen und 1 h trocknen. Epoxide und trisubstituierte Epoxide werden vollständig gespalten.	[38]
Sulfonamide, 1,2-Diacetylhydrazin, Procain, Benzocain etc.	U.-Lsg. applizieren und trocknen, DC-Platte in Doppeltrogkammer mit rauchender Salzsäure einstellen und auf 100 °C aufheizen. Anschließend Säure im Kaltluftstrom abblasen und chromatographieren.	[39]
Alkalische Hydrolyse:		
α-Amyrinbenzoat, Lupeolacetat, Tigogeninacetat	U.-Lsg. auf Aluminiumoxid-Schicht applizieren, darüber 7proz. ethanolische Pottasche-Lösung auftragen und mit Methanol–Wasser (2+1) besprühen, dann 4 h bei 55 °C über Ethanol–Methanol–Dioxan (4+4+1) lagern, anschließend bei 100 °C trocknen und entwickeln. Es bilden sich jeweils die 3β-Alkohole.	[16]
n-Hexadecanol-Ester	U.-Lsg. applizieren, methanolische Natronlauge darüber auftragen und erwärmen; anschließend chromatographieren.	[40]
Phenylharnstoff- und N-Phenylcarbamat-Rückstände	U.-Lsg. auftragen, darüber 7proz. methanolische Kalilauge auftüpfeln; Startzonenbereich mit Glasplatte abdecken und 20 min auf 170 °C erhitzen. Es bilden sich primäre Arylamine.	[41]
Digitalis-Glycoside	U.-Lsg. bandförmig auftragen, dann die Schicht mit Ausnahme der Auftragezonen mit einer Glasplatte abdecken und 24 bis 48 h in eine Ammoniak-Kammer stellen; überschüssiges Ammoniak entfernen und chromatographieren. Abspaltung von Acetylgruppen.	[37]
Enzymatische Spaltung:		
Cytidin-diphosphat-glucose	Auf die applizierte U.-Lsg. wird gepufferte Phosphodiesterase aufgetragen, mit Parafilm abgedeckt und 45 bis 60 min auf 23 °C erwärmt. Es bildet sich Cytidin-5′-monophosphat und Glucose-1-phosphat.	[42]

Tabelle 11: (Fortsetzung)

Substanzen	Vorgehensweise, Reagenz und Endprodukt	Literatur
Cytidin-5′-monophosphat, Glucose-1-phosphat	Prostata Phosphomonoesterase dient zur Spaltung in Cytidin, Glucose und ortho-Phosphat.	[42]
Phosphatidylcholin	Phospholipase C-Lsg. als Band applizieren, trocknen, Probelösung auf Enzymband auftragen, Reaktion mit Salzsäuredampf stoppen. Bildung von sn-1,2-Diglyceriden.	[43]
Digitalis Glycoside	U.-Lsg. bandförmig auftragen und darüber Luizym-Lösung applizieren; Auftragezone evtl. mit etwas Wasser befeuchten. Schicht mit Ausnahme der Auftragezonen mit Glasplatte abdecken und 2 bis 5 h bei 39 °C inkubieren.	[37]

3.1.3 Halogenierung

Das Behandeln von ungesättigten Substanzen mit Halogenen führt zur Addition dieser Moleküle. Das gilt nicht nur für Brom- und Chlordämpfe, sondern kann auch für das weniger reaktive Iod ausgenutzt werden. In Gegenwart von Licht treten zusätzlich Substitutionen auf. Beispiele solcher Halogenierungen sind in Tabelle 12 zusammengestellt. In Abbildung 32 ist die Charakterisierung von Fluorescein in einem Schaumbad wiedergegeben. Durch Bromierung des Fluoresceins entsteht in der Startzone Eosin.

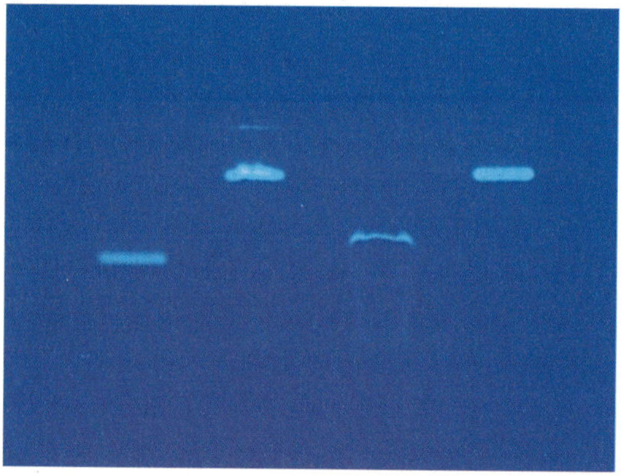

1 2 3 4

Abb. 32: Charakterisierung von Fluorescein in einem Schaumbad durch Bromierung. – 1 = Fluorescein, 2 = Schaumbad bromiert, 3 = Schaumbad, 4 = Eosin.

Tabelle 12: Prächromatographische Derivatisierungen durch Halogenierung.

Substanzen	Vorgehensweise, Reagenz und Endprodukt	Literatur
Chlorierungen:		
Cholesterin, Glycyrrhetin-säureacetat	U.-Lsg. applizieren und mit trockenem Benzol befeuchten, im Exsikkator mit Thionylchlorid–Benzol (1+1) 4 h bedampfen, dann trocknen und entwickeln. Es bildet sich ein chloriertes Cholesterin bzw. 3β-Acetoxyglycyrrhetinsäurechlorid.	[16]
Acetanilid, p-Chloracetanilid 2,5-Dichloracetanilid	U.-Lsg. auftragen und 20 s mit Chlorgas in Trogkammer behandeln, dann 5 min auf 60 °C im Umlufttrockenschrank erwärmen. Es resultieren unterschiedliche Chlorierungsmuster.	[44]
α-Bromisovalerianyl-harnstoff, Acetyl-bromdiethyl-acetyl-harnstoff, Coffein, Codeinphosphat	Mit $KMnO_4$ und HCl Chloratmosphäre herstellen. DC-Platte etwa 5 min der Chloreinwirkung aussetzen. Überschüssiges Chlor durch 10 min Erhitzen bei 105 °C restlos entfernen. Mit einem Gemisch von 100 ml 0,5proz. Benzidin-Lösung in Ethanol und 2 ml 10proz. KI-Lösung besprühen. Coffein und Codeinphosphat reagieren nur auf Al_2O_3-Phasen.	[209]
Bromierungen:		
Cholestanol, Cholesterin	U.-Lsg. applizieren, mit 0,1proz. Bromlösung in Chloroform bei 2 bis 3fachem Überschuß behandeln. Nur Cholesterin wird derivatisiert.	[45]
Fluorescein	U.-Lsg. applizieren. Bromdämpfe darüberleiten oder mit 0,1proz. Bromlösung in Chloroform behandeln. Es entstehen intermediär verschiedene Bromierungs-Derivate mit Eosin als Endprodukt (Abb. 32).	[46]
Imperatorin	U.-Lsg. applizieren, mit Chloroform befeuchten, mit 10proz. Bromlösung in Chloroform bedampfen und nach entsprechender Reaktionszeit trocknen und entwickeln. Es bildet sich Tribromimperatorin.	[16]
Sorbinsäure	Behandeln mit Brom-Dampf oder Bromlösung. Es entstehen Di-, Tri- und Tetrabromcapronsäure.	[47]
Capsaicinoide	Brom-Kammer: Vollständige Bromierung der ungesättigten Capsaicinoide.	[48]
Phenylbutazon, Prenazon	0,1proz. Bromlösung in Chloroform, 2 bis 3facher Überschuß.	[49]

Tabelle 12: (Fortsetzung)

Substanzen	Vorgehensweise, Reagenz und Endprodukt	Literatur
Barbiturate, Thiobarbiturate	Bromierung: Unterscheidung zwischen reagierenden und nicht umsetzbaren Barbituraten.	[50–52]
Iodierungen:		
Pyridin-, Pyrrol-, Chinolin-, Isochinolin- und Indol-Alkaloide	U.-Lsg. auftragen und DC-Platte 18 h in Iodkammer stellen, Iodüberschuß im Warmluftstrom entfernen. Charakterisierung mit Hilfe der Iodierungssequenz.	[53]
Polycyclische aromatische Kohlenwasserstoffe, Naphthylamine	Nach Auftragen der U.-Lsg. DC-Platte in abgedunkelte Iodkammer stellen (Azulen: mehrere min, PAK: einige Stunden). Anschließend Iodüberschuß bei 60°C entfernen.	[20]
Dehydriertes Cholesterin	U.-Lsg. auftragen; anschließend DC-Platte in Iodkammer stellen, Iodüberschuß abblasen. Es entstehen di- und trimere Komponenten.	[54]
Phenolische Steroide (Östron etc.)	U.-Lsg. applizieren, anschließend DC-Platte in Iodkammer einbringen. Es bilden sich 2-Iodöstron und 2,4-Diiodöstron.	[55]

3.1.4 Nitrierung und Diazotierung

Nitrierungen und Diazotierungen haben häufig zum Ziel, farbige, visuell erkennbare „Derivate" zu erzeugen, die sich aus der Fülle nicht reagierender Verbindungen hervorheben und so spezifisch nachgewiesen und untersucht werden können.

Aromatische Nitroverbindungen zeigen oft eine starke Eigenfärbung. Durch Einwirken von Alkalien oder Verbindungen mit reaktiven Methylengruppen bilden sich häufig charakteristische, farbige chinoide Derivate. Nach Reduktion zu primären Arylaminen und anschließender Diazotierung entstehen durch Kupplung mit Phenolen Azofarbstoffe. Weiterhin können Arylamine mit Aldehyden unter Bildung Schiffscher Basen zu Azomethinen kondensieren.

Diese Vielzahl von Reaktionen bietet die Möglichkeit, substanzspezifische Derivatisierungen durchzuführen. In Tabelle 13 sind einige Anwendungsbeispiele zusammengestellt.

Tabelle 13: Prächromatographische Derivatisierungen durch Nitrierung und Diazotierung.

Substanzen	Vorgehensweise, Reagenz und Endprodukt	Literatur
Nitrierung:		
Polycyclische aromatische Kohlenwasserstoffe (PAK)	U.-Lsg. applizieren und trocknen. DC-Platte 10 min in Doppeltrogkammer mit Phosphorpentoxid stellen, dem 2 bis 3 ml konz. Salpetersäure zugetropft werden. Nitrierung der PAK's durch nitrose Gase.	[20]
Phenole	U.-Lsg. applizieren, trocknen, mit nitrosen Gasen behandeln.	[56]
α-, β-Naphthol, p-Chloranilin, Chlorthymol etc.	U.-Lsg. applizieren und mit 90proz. Salpetersäure nachsprühen, 30 min auf 105 °C erhitzen, abkühlen lassen und entwickeln. Anschließend Reduktion und Diazotierung.	[19, 57]
Marmesin, Xanthotoxin	U.-Lsg. auftragen und mit Essigsäure befeuchten, anschließend mit konz. Salpetersäure und Essigsäure (1+1) 30 bis 60 min bei 55 °C im Exsikkator bedampfen. Es entstehen 6-Nitromarmesin bzw. 4-Nitroxanthotoxin.	[16]
Brucin	Über die punktförmig applizierte U.-Lsg. einen Tropfen konz. Salpetersäure auftragen und 15 min reagieren lassen. Dann DC-Platte 15 min bei 120 °C aktivieren und nach dem Abkühlen chromatographieren.	[22]
Östrogene	U.-Lsg. bandförmig applizieren, Ammoniakdampf und Stickstoffdioxid (aus Kupfer und konz. Salpetersäure) einwirken lassen, Überschuß abblasen und die gebildeten Nitroöstrogene entwickeln. Detektion nach Diazotierung und Kupplung.	[58]
Diazotierung und Kupplung:		
o-, m-, p-Anisidin, o-Chloranil, 2,5-Dimethoxyanilin	U.-Lsg. bandförmig applizieren, Natriumnitrit-Lösung in 1 N Salzsäure aufsprühen und 5 min auf 105 °C erhitzen. Nach dem Abkühlen 5proz. α-Naphthol-Lösung aufbringen und im Warmluftstrom trocknen. Es bilden sich Azofarbstoffe.	[60]
2,5-Dimethoxyanilin	U.-Lsg. punktförmig applizieren; anschließend Diazoniumchlorid- und α-Naphthol-Lösung aufgeben, nach 2 min entwickeln.	[61]
Östriol	Konzentrierungszone einer HPTLC-Fertigplatte Kieselgel 60 in eine gesättigte ethanolische Lösung von Fast Dark Blue R Salz tauchen, nach Abdunsten des Lö-	[10, 59]

Tabelle 13: (Fortsetzung)

Substanzen	Vorgehensweise, Reagenz und Endprodukt	Literatur
	sungsmittels Probelösungen auftragen und den Tauchvorgang in das Reagenz wiederholen; nach dem Trocknen Chromatogramm entwickeln.	
Östron, Östradiol, Östriol	Kieselgel-Folie 2 cm in gesättigte Fast Black Salt K-Lösung tauchen und im Warmluftstrom trocknen. U.-Lsg. applizieren, erneut in Reagenz-Lösung tauchen und trocknen. DC-Platte 2 cm in 4proz. Pyridin–Cyclohexan-Lösung tauchen und die gebildeten Azofarbstoffe nach Trocknen bei 100 bis 200 °C entwickeln.	[294]

3.1.5 Veresterung und Veretherung

Bereits MILLER und KIRCHNER [9] sowie MATHIS und OURISSON [1] zeigten, daß Veresterungen am Start zur Differenzierung von primären, sekundären und tertiären Alkoholen herangezogen werden können. Tertiäre Alkohole reagieren viel langsamer oder

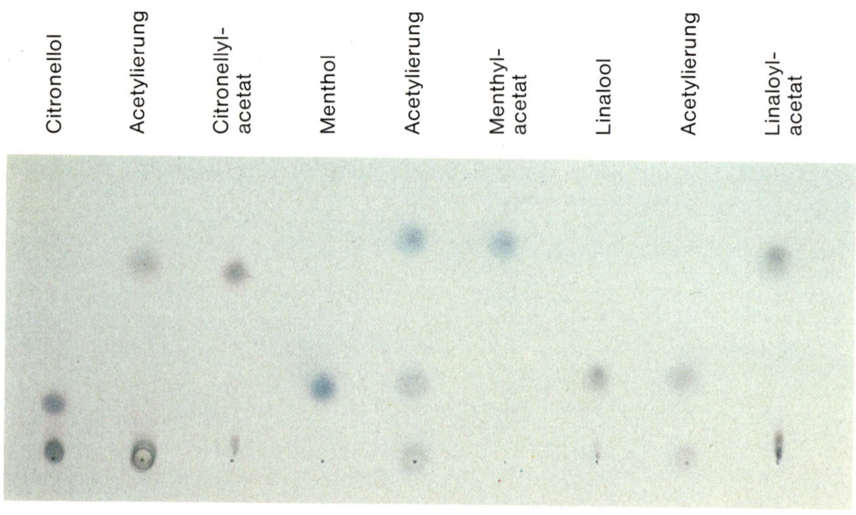

Abb. 33: Differenzierung primärer (Citronellol), sekundärer (Menthol) und tertiärer Alkohole (Linalool) durch prächromatographische in-situ-Acetylierung: Citronellol reagiert vollständig, Menthol teilweise und Linalool überhaupt nicht.

gar nicht und lassen sich so chromatographisch von den gebildeten Estern abtrennen (Abb. 33). Einige Beispiele sind in Tabelle 14 zusammengestellt. Sie zeigen, daß für Veresterungen von Alkoholen fast ausschließlich Essigsäure- oder Trifluoressigsäureanhydrid eingesetzt wird, während Säuren mit Diazomethan oder Natriummethylat verestert werden.

Tabelle 14: Prächromatographische Derivatisierungen durch Veresterung und Veretherung.

Substanzen	Vorgehensweise, Reagenz und Endprodukt	Literatur
Steroid-Sapogenine	U.-Lsg. applizieren; anschließend mit Trifluoressigsäureanhydrid-Lsg. befeuchten, trocknen und entwickeln. Es bilden sich Sapogenin-trifluoracetate.	[62]
Aflatoxine	Extrakt und Standard applizieren, Trifluoressigsäure anschließend auftragen, 5 min bei Zimmertemperatur reagieren lassen; dann 10 min bei max. 40 °C trocknen und chromatographieren.	[63, 64]
Aflatoxine, Ochratoxin A, Sterigmatocystin, Penicillinsäure, Patulin	U.-Lsg. auftragen und trocknen; anschließend Trifluoressigsäureanhydrid applizieren; 45 min bei Raumtemperatur reagieren lassen; chromatographieren. Die Derivate des Patulins und der Penicillinsäure besitzen nun deutlich unterschiedliche hR_f-Werte.	[65]
Ochratoxin A, Citrinin, Penicillinsäure, Sterigmatocystin, Zearalenon	Extrakte aus Getreide oder Pilzkulturen applizieren; 50 µl Pyridin–Essigsäureanhydrid (1+1) darüber auftragen; Reagenzüberschuß im Kaltluftstrom entfernen und chromatographieren. Die Umsetzung kann auch über die Gasphase erfolgen.	[66]
Menthol, Citronellol, Linalool	Alkohole auftragen und auf die noch feuchten Flecke das Acetylierungsgemisch applizieren. Um eine vollständige Umsetzung zu erreichen, ist ein wiederholtes Auftragen des Reagenzes erforderlich; 15 min bei 100 °C reagieren lassen, dann chromatographieren.	[46]
Polyglycerin	U.-Lsg. applizieren; anschließend 60proz. Essigsäureanhydrid in wasserfreiem Pyridin auftragen; 15 min auf 95 bis 100 °C erwärmen; Reagenzüberschuß abdunsten lassen, entwickeln.	[67]
Patulin	U.-Lsg. applizieren; anschließend Essigsäureanhydrid–Pyridin (9+1) auftragen; 5 min reagieren lassen und 15 min im Warmluftstrom trocknen.	[68, 69]

Tabelle 14: (Fortsetzung)

Substanzen	Vorgehensweise, Reagenz und Endprodukt	Literatur
α-, β-Amyrin, 6-Hydroxyflavone	U.-Lsg. bandförmig applizieren; Essigsäureanhydrid–Pyridin (6+1) auftragen; im Exsikkator in Essigsäureanhydrid-Atmosphäre 1,5 h auf 40 °C erwärmen. Abschließend einige min auf 100 °C erwärmen. Es bilden sich die entsprechenden Acetate.	[16]
Alkohole	U.-Lsg. bandförmig applizieren; Natriumacetat in Essigsäureanhydrid–Eisessig (3+1) suspendieren. Suspension auf die Startzone aufbringen, DC-Platte leicht mit Essigsäureanhydrid besprühen; 3 h bei 50 °C im Exsikkator reagieren lassen; abdunsten und entwickeln.	[16]
Sterine, Triterpenoide (z. B. Lupeol), primäre und sekundäre Alkohole	U.-Lsg. applizieren; darauf Acetylchlorid geben und Reagenzüberschuß in heißem Luftstrom entfernen.	[70]
Biogene Amine (z. B. Serotonin)	U.-Lsg. applizieren; darüber Benzoylchlorid-Lösung (5% in Toluol) auftragen; trocknen und chromatographieren.	[71]
Menthol, Linalool, Citronellol, Geraniol, α-Terpineol, Zimtalkohol etc.	10proz. 3,5-Dinitrobenzoylchlorid-Lsg. in p-Xylol–Tetrahydrofuran (15 + 2) applizieren; U.-Lsg. auftragen; reagieren lassen; Reagenzüberschuß mit 10proz. Natronlauge neutralisieren.	[72]
Carbonsäuren, Organophosphorsäuren	U.-Lsg. applizieren; anschließend etherische Diazomethan-Lsg. auftragen; trocknen, entwickeln.	[73, 74]
Alkyl- und Alkenylacylglycerylacetat	U.-Lsg. applizieren, trocknen, Salzsäuredämpfe darüberblasen. Methylierung mit 2 N Natriummethylat-Lösung.	[75]
Triglyceride	Methylierung mit 0.5 N Kaliummethylat-Lösung in Methanol (Umesterung).	[76]
Erdnußöl, Glycerinphosphatide, Cholesterinester etc.	U.-Lsg. applizieren; mit 2 N Natriummethylat-Lösung nachsprühen; 2–5 min trocknen und entwickeln. Umesterung. Gespalten werden nur Esterbindungen, nicht dagegen Säureamidbindungen.	[77]
Oleanonsäure, 6-Hydroxyflavon, Xanthotoxol, Glycyrrhetinsäureacetat	U.-Lsg. applizieren; anschließend 5proz. Kaliumcarbonat-Lsg. in wäßrigem Aceton auftragen; trocknen; 50proz. Lsg. von Methyliodid in Aceton aufgeben. 3 h bei 50 °C in Methyliodid–Aceton-Atmosphäre (1+4) reagieren lassen; trocknen und entwickeln. Es bildet sich z. B. der Oleanonsäuremethylester.	[16]

Tabelle 14: (Fortsetzung)

Substanzen	Vorgehensweise, Reagenz und Endprodukt	Literatur
Phospholipide, freie Fettsäuren	U.-Lsg. auftragen, dann 12proz. methanolische Kalilauge applizieren; 5 min mit Methanol feucht halten. Es bilden sich Fettsäuremethylester. Triglyceride reagieren nicht.	[7]
Fettsäuren, n-Hydroxysäuren, Ursolsäure	U.-Lsg. applizieren; anschließend methanolische Bortrifluorid-Lsg. auftragen; mittels Fön erhitzen; abkühlen lassen und entwickeln.	[70]
Sorbinsäure, Benzoesäure	U.-Lsg. bandförmig applizieren; anschließend 0,5proz. Lsg. von 4-Bromphenacylbromid in N,N-Dimethylformamid auftragen. 45 min auf 80 °C erwärmen, trocknen und chromatographieren.	[78]
Phenole	U.-Lsg. applizieren und mit gesättigter Natriummethylat-Lsg. besprühen; anschließend mit 4proz. Lsg. von 2,4-Dinitrofluorbenzol in Aceton behandeln und 40 min auf 190 °C erhitzen. Die entstandenen Dinitrophenylether werden chromatographiert.	[79]

3.1.6 Hydrazon-Bildung

Zur Charakterisierung und besseren Abtrennung von störenden Begleitsubstanzen können Carbonylverbindungen (Aldehyde, Ketone) am Start in Hydrazone überführt werden. Zumeist wird 2,4-Dinitrophenylhydrazin in saurer Lösung als Reagenz herangezogen [70]. Aldosen und Ketosen bilden dabei Osazone. In Tabelle 15 sind einige Beispiele zusammengestellt.

Tabelle 15: Prächromatographische Derivatisierungen durch Hydrazonbildung.

Substanzen	Vorgehensweise, Reagenz und Endprodukt	Literatur
Dipterocarpol, Hecogenin, Progesteron	U.-Lsg. applizieren und mit 2,4-Dinitrophenylhydrazin in Essigsäure befeuchten; anschließend mit Essigsäure besprühen und bis zu 1,5 h bei Raumtemperatur oder 55 °C im Exsikkator aufbewahren; dann trocknen und bei 80 °C die Hydrazone chromatographieren.	[16]
Progesteron	U.-Lsg. bandförmig applizieren; anschließend 0,1proz. Lsg. von 2,4-Dinitrophenylhydrazin in Ethanol (angesäuert mit 0,1% konz. Salzsäure) aufbringen, 10 min bei Raumtemperatur reagieren lassen und 5 min bei 100 °C trocknen.	[80]

Tabelle 15: (Fortsetzung)

Substanzen	Vorgehensweise, Reagenz und Endprodukt	Literatur
Steroid-Ketone	Auf die applizierte U.-Lsg. Girard's Reagenz (Trimethylacetohydrazid, 0,1% in 10proz. Essigsäure) auftragen und 15 h in einer Essigsäure-Atmosphäre reagieren lassen. Anschließend 10 min bei 80 °C trocknen und die gebildeten Hydrazone nach dem Abkühlen chromatographieren.	[81]
Aldehyde, Ketone	U.-Lsg. applizieren und mit essigsaurer 2 N 2,4-Dinitrophenylhydrazin-Lösung befeuchten; nach der Reaktion trocknen und die 2,4-DNPH-Derivate chromatographieren.	[14]
Carvon, Menthon, Acetophenon etc.	Saure Lösung von 2,4-Dinitrophenylhydrazin, 4-Nitrophenylhydrazin oder 2,4-Dinitrophenylsemicarbazid auf die zuvor applizierte U.-Lsg. auftragen. Aliphatische und aromatische Hydrazone bzw. Carbazone lassen sich farblich differenzieren.	[82]
Phenolische Aldehyde	U.-Lsg. applizieren und saure 2,4-Dinitrophenylhydrazin-Lsg. darüber auftragen; reagieren lassen, trocknen und entwickeln.	[15]
Chlor-, Hydroxy- und Methoxy-benzaldehyd-Derivate	Derivatisierung mit salzsaurer 2,4-Dinitrophenylhydrazin-Lösung. Erhitzen auf 80 °C, abkühlen und chromatographieren.	[83]
p-Benzochinon-Derivate	Derivatisierung mit salzsaurer 2,4-Dinitrophenylhydrazin-Lsg., erhitzen auf 80 °C, abkühlen und chromatographieren.	[84]
o-, m- und p-Chlor-, 2,4- und 3,4-Dichlorbenzoesäure	p-Bromphenacylester der Substanzen applizieren; 0,5proz. 2,4-Dinitrophenylhydrazin-Lösung in 2 N Salzsäure darüber auftragen und 10 bis 15 min im Exsikkator reagieren lassen.	[85]

3.1.7 Dansylierung

Prächromatographische Dansylierungen haben den Vorteil, daß bei der nachfolgenden Chromatographie der Reagenzüberschuß und die ebenfalls fluoreszierenden Reaktionsnebenprodukte (z. B. Dansylhydroxid) von den Reaktionsprodukten der zu bestimmenden Substanzen abgetrennt werden. Bei postchromatographischer Dansylierung fluoresziert der gesamte Plattenuntergrund blau, so daß eine in-situ-Auswertung erschwert wird.

Umgesetzt werden primäre und sekundäre Amine, Aminosäuren und Phenole. Im langwelligen UV-Licht (λ = 365 nm) fluoreszieren die DANS-amide gelb-grün, während Amine, die an einer phenolischen OH-Gruppe reagiert haben, eine intensiv gelbe bis gelb-orange Fluoreszenz aufweisen. Die Nachweisgrenze für DANS-amide liegt bei etwa 10^{-10} mol [86].

Auch Säuren lassen sich in fluoreszierende Dansyl-Derivate überführen. Ein hervorragendes Beispiel stellt die Umsetzung der C_6- bis C_{24}-Fettsäuren mit Dansylsemipiperazid oder -cadaverid dar (Abb. 34) [87]. In gleicher Weise lassen sich auch die ungeradzahligen und ungesättigten Fettsäuren [88] sowie Propion-, Sorbin- und Benzoesäure [89] detektieren.

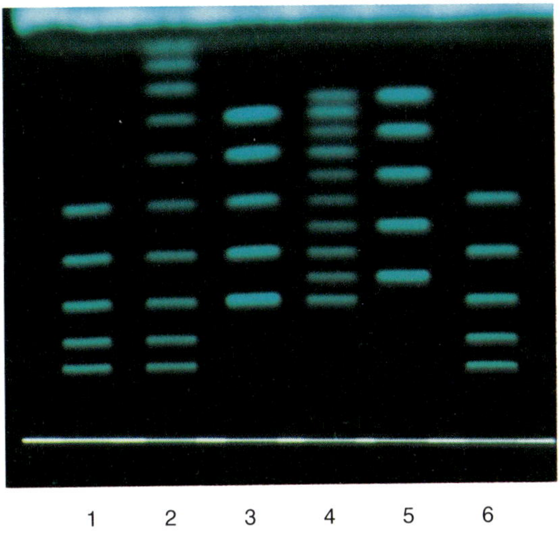

Abb. 34

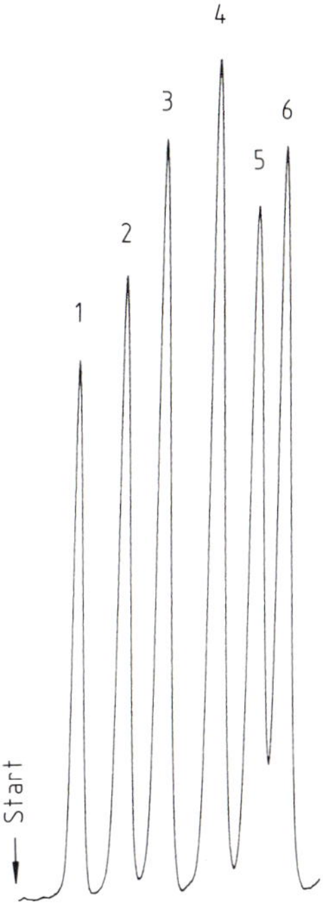

Abb. 35

Abb. 34: Chromatogramm verschiedener gerad- und ungeradzahliger Fettsäuren nach in-situ-Derivatisierung mit Dansylsemicadaverid. Mit aufsteigenden R_f-Werten sind getrennt: Bahn 1: C-24 bis C-16; Bahn 2: C-24 bis C-6; Bahn 3: C-20 bis C-12; Bahn 4: C-20 bis C-11; Bahn 5: C-19 bis C-11; Bahn 6: C-24 bis C-16.

Abb. 35: Fluoreszenz-Ortskurve der Dansylsemicadaverid-Derivate von: 1 Behensäure, 2 Erucasäure, 3 Stearinsäure, 4 Ölsäure, 5 Linolsäure und 6 Linolensäure.

In Tabelle 16 sind einige Beispiele von Dansylierungen zusammengestellt.

Tabelle 16: Prächromatographische Derivatisierungen durch Dansylierung.

Substanzen	Vorgehensweise, Reagenz und Endprodukt	Literatur
Carbamat- und Phenylharnstoff-Herbizide	Probe 30 bis 40 min mit Natronlauge (c = 1 mol/l) bei 80 °C behandeln. U.-Lsg. applizieren und 0,2proz. Dansylchlorid-Lösung darüber auftragen. Im Dunkeln 60 min bei Zimmertemperatur, abgedeckt mit einer Glasplatte, reagieren lassen, anschließend chromatographieren.	[90]
Phenylharnstoff-Herbizide	Probe mit KOH behandeln; U.-Lsg. applizieren und Dansylchlorid darüber auftragen. Im Dunkeln 30 min bei Zimmertemperatur reagieren lassen, dann Chromatogramm entwickeln.	[91]
Metoxuron und Spaltprodukte	Phenylharnstoff-Herbizide werden zunächst zu den entsprechenden Anilin-Derivaten hydrolysiert, die dann am Start mit 4 µl 0,25proz. Dansylchlorid-Lösung umgesetzt werden.	[92]
Harnstoff-Herbizide, z. B. Diuron, Metoxuron, Linuron	U.-Lsg. auf Kieselgel-Schicht applizieren, mit Glasplatte bedecken, 25 min auf 160 °C erhitzen und abkühlen lassen. Nach dieser Hydrolyse 0,2proz. Dansylchlorid-Lösung in Aceton auftragen, mit Glasplatte abdecken und 1 h im Dunkeln halten; anschließend Chromatogramm entwickeln.	[93]
Morphin, 6-Monoacetylmorphin, Morphin-6-nicotinat	U.-Lsg. applizieren und auf die Auftragezonen jeweils 1 µl Dansylchlorid- und zweimal 1 µl 8proz. Natriumbicarbonat-Lösung auftragen, 7 min reagieren lassen und nach Trocknung bei 70 °C Chromatogramm entwickeln.	[94–96, 237]
β-Blocker	Urin-Extrakt bandförmig auftragen; darüber 0,1proz. Dansylchlorid-Lösung in Aceton sowie 8proz. wäßrige Natriumbicarbonat-Lösung applizieren und 15 min auf 120 °C erhitzen; nach dem Abkühlen Chromatogramm entwickeln.	[97]
Serumproteine, z. B. Albumine	Mit 0,05proz. Dansylchlorid-Lösung in Hexan am Start reagieren lassen; trocknen und 10 h bedampfen mit Triethylamin-Bicarbonat Puffer (c = 0,1 mol/l; pH 8,5), dann entwickeln. Reagenzüberschuß und Nebenprodukte laufen mit der Fließmittelfront.	[98]

Tabelle 16: (Fortsetzung)

Substanzen	Vorgehensweise, Reagenz und Endprodukt	Literatur
Geradzahlige und ungeradzahlige Fettsäuren (C_6-C_{24})	Dansylsemipiperazid- oder Dansylsemicadaverid-Lösung als 14 cm langes Band applizieren; anschließend U.-Lösungen als kurze Bänder und danach N,N'-Dicyclohexylcarbodiimid-Lösung (1%) als 14 cm langes Band auftragen. Trocknen und entwickeln (Abb. 34, 35 und Titelbild).	[87, 88]
Konservierungsstoffe (Benzoe-, Sorbin-, Propionsäure)	U.-Lsg. punkt- oder bandförmig (3 bis 4 mm) applizieren; anschließend Dansylsemipiperazid- und N,N'-Dicyclohexylcarbodiimid-Lösung darüber auftragen, gut trocknen lassen und chromatographieren.	[89]

3.1.8 Sonstige prächromatographische Derivatisierungen

Außer den bisher zusammengestellten prächromatographischen in-situ-Reaktionen sind noch weitere gruppencharakterisierende Umsetzungen beschrieben. Sie dienen ebenfalls der besseren Substanzcharakterisierung und zur Selektivitätssteigerung bei der nachfolgenden Chromatographie. Tabelle 17 gibt eine Übersicht.

Tabelle 17: Sonstige prächromatographische Derivatisierungen.

Substanzen	Vorgehensweise, Reagenz und Endprodukt	Literatur
Aminosäuren	U.-Lsg. applizieren, trocknen und mit 2,4-Dinitrofluorbenzol-Lösung behandeln. Es entstehen DNP-Aminosäuren, die anschließend chromatographisch getrennt werden.	[99]
Aminosäure-2-Anilino 5-Thiazolinone-Derivate	U.-Lsg. applizieren; darüber Heptafluorbuttersäure auftragen, 10 min auf 140 °C erhitzen, schnell auf Raumtemperatur abkühlen und die gebildeten Phenylthiohydantoine entwickeln. Keine Reaktion erfolgt z. B. bei Threonin, Serin, Tryptophan und Glutaminsäure.	[100]
Amine	U.-Lsg. auftragen und besprühen mit 10proz. Schwefelkohlenstoff-Lösung in Ethylacetat. DC-Platte 30 min in Schwefelkohlenstoff-Dampf stellen; anschließend mit Methanol–Schwefelsäure (1+1) besprühen. 10 min auf 100 °C erhitzen und die entstandenen Isothiocyanate chromatographieren.	[101]

Tabelle 17: (Fortsetzung)

Substanzen	Vorgehensweise, Reagenz und Endprodukt	Literatur
Amine	U.-Lsg. applizieren; p-Toluolsulfonsäure in Pyridin darüber auftragen; 4 h auf 60 °C erwärmen und die entstandenen p-Toluolsulfonate nach dem Abkühlen auf Raumtemperatur entwickeln.	[102]
Serotonin	Durch „overspotting" am Start wird die Aminogruppe benzoyliert. Dadurch wird der Nachweis mit Gibbs' Reagenz ermöglicht.	[103]
Sympathomimetica mit freien Aminogruppen z. B. Carbadrin, Norfenefrin, Noradrenalin, Norephedrin	U.-Lsg. auftragen (50 pg bis 300 ng). Anschließend Fluorescamin-Lösung (0,03% in Aceton) applizieren, trocknen und chromatographieren.	[104]
Amine, Aminosäuren, Peptide, z. B.: Tryptophan, Tryptamin, Peptide mit terminaler Tryptophan-Gruppierung	Proben, gelöst in Natriumborat-Puffer (c = 0,2 mol/l, pH 9,0)-Ethanol (1+1) auftragen. DC-Platte bis kurz oberhalb des Startbereichs in Fluorescamin-Lösung tauchen (15 min). Dann bei Raumtemperatur trocknen und entwickeln. Im Falle von Indolaminen mit 40proz. Perchlorsäure nachsprühen.	[105]
Catecholamine	U.-Lsg. auftragen und darüber Phosphat-Puffer (c = 0,5 mol/l, pH 8,0) applizieren. DC-Platte bis kurz oberhalb des Startbereichs in Fluorescamin-Lösung tauchen, trocknen und entwickeln. Blaue Fluoreszenz nach Besprühen mit Perchlorsäure (70proz.).	[105]
Suchtmittel	U.-Lsg. auftragen. Umsetzung mit NBD-Chlorid oder Diphenylacetyl-1,3-indandion-1-hydrazon durchführen.	[236]
Desoxyribo-Oligonucleotide, Ribo-Polynucleotide	Schicht: PEI-Cellulose. Komplexbildung von Polyuridylsäure (6 mg/ml) mit Desoxyadenosin-Oligonucleotiden.	[106]
Aliphatische und aromatische Aldehyde	U.-Lsg. applizieren, darüber 1proz. Anilin-Lösung in Dichlormethan auftragen und nach 10 min chromatographieren.	[107]
Insektizide, z. B. Eldrin, Dieldrin, Aldrin	U.-Lsg. auftragen, trocknen und darüber Zinkchlorid in ethanolischer Lösung applizieren; 10 min auf 100 °C erhitzen; nach dem Abkühlen die gebildeten Carbonylverbindungen entwickeln.	[108, 109]

Tabelle 17: (Fortsetzung)

Substanzen	Vorgehensweise, Reagenz und Endprodukt	Literatur
Carveol, Linalool, Geraniol, α-Terpineol, Nerol etc.	Wasserabspaltung mit Hilfe von Schwefelsäure unter Bildung der entsprechenden Monoterpenkohlenwasserstoffe.	[9, 14]
Alkohole	U.-Lsg. applizieren; anschließend Nitrophenylisocyanat-Lösung (10% in Benzol) auftragen. Nach Reaktion trocknen und entwickeln.	[72]

Weiterhin können z. B. Reduktionen von Nitrogruppen dadurch erreicht werden, daß nach dem Auftragen der Untersuchungslösungen Salzsäure-Dämpfe über Sorbensschichten mit eingearbeitetem Zink geleitet werden [110]. 3,5-Dinitrobenzoate und 2,4-Dinitrophenylhydrazone können analog auf zinnhaltigen Kieselgel-Phasen reduziert werden [111]. Auch Cellulose-Schichten sind für derartige Reaktionen einsetzbar [112]. Eine „Umsalzung" von Alkalisulfaten in Alkaliacetate beschreiben SEILER und ROTHWEILER [113].

3.2 Postchromatographische Detektion

Es bereitet keine Schwierigkeit, farbige Substanzen oder Verbindungen mit Eigenfluoreszenz auf Dünnschicht-Chromatogrammen nachzuweisen. Gleiches gilt für UV-Licht absorbierende Komponenten, die auf Schichten mit eingearbeitetem „Fluoreszenzindikator" im UV-Licht eine Phosphoreszenzminderung verursachen und daher als dunkle Zonen auf hell emittierendem Untergrund sichtbar werden.

Verbindungen, die solche Eigenschaften nicht aufweisen, müssen zur Beurteilung einer DC-Trennung in erfaßbare Hilfssubstanzen (Derivate) überführt werden, d. h. diese Verbindungen müssen gezielt derivatisiert werden. Solche Umsetzungen können als Universalreaktion oder aufgrund geeigneter funktioneller Gruppen selektiv erfolgen. Substanzspezifische Derivatisierungen sind praktisch nicht möglich.

Das Ziel einer jeden postchromatographischen Derivatisierung, die im Gegensatz zu prächromatographischen Umsetzungen möglichst schnell ablaufen soll, ist demnach zunächst

- die Detektion der chromatographisch getrennten Substanzen zur besseren visuellen Beurteilung des Chromatogrammes.

Gleichwertig ist aber auch die

- Steigerung der Selektivität, die häufig damit verbunden ist, sowie die
- Verbesserung der Nachweisempfindlichkeit. Hinzu kommt die Optimierung der sich anschließenden in-situ-Auswertung.

Zur Zeit der Detektion ist die Trennung beendet. Das Fließmittel ist abgedunstet, die Substanzen befinden sich fein verteilt in der Sorbenszone. Je kleiner die Chromatogramm-Zone bei einer gegebenen Substanzmenge ist, um so größer ist die Belegungskonzentration und damit die Nachweisempfindlichkeit. Darum werden Substanzen mit niedrigem R_f-Wert intensiver angefärbt als Verbindungen, die in gleicher Menge vorliegen, aber weiter gewandert sind.

Jede Reaktion benötigt eine Mindestkonzentration, damit ein Nachweis überhaupt erfolgen kann. Diese Konzentration ist natürlich für die einzelnen Reagenzien unterschiedlich hoch (Abb. 36), so daß nicht mit jedem Reagenz alle Komponenten gleich empfindlich erfaßt werden können. Dies führt u. U. zur Vortäuschung einer guten Tren-

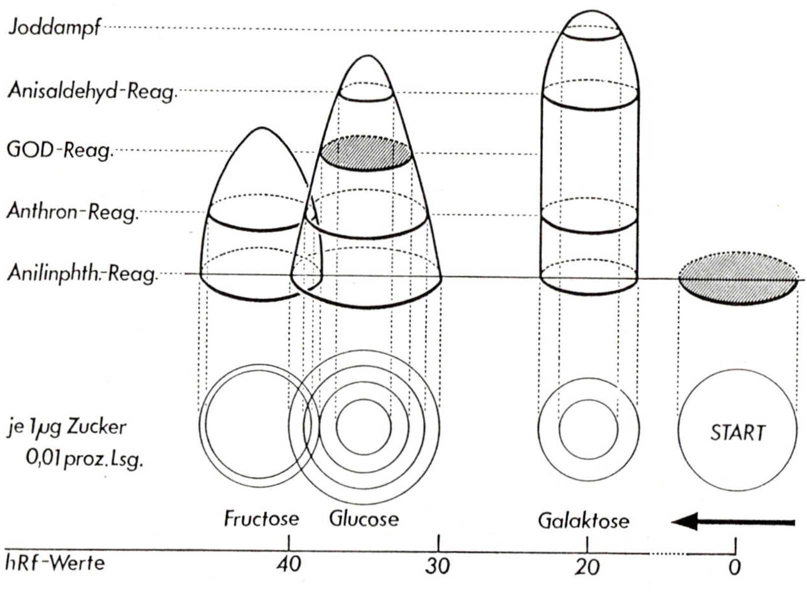

Abb. 36: Abhängigkeit der Chromatogramm-Zonenflächen vom angewandten Reagenz bei gleichen Substanzmengen (1 µg); oben: Reliefartige Darstellung; unten: Fleckflächen aufeinander projiziert. Iod-Dampf reagiert hier am unempfindlichsten, Anilin-Phthalat am empfindlichsten, und die GOD-Reaktion (Glucose-Oxidase Reaktion) ist am spezifischsten [216].

nung, die jedoch in der Realität gar nicht gegeben ist, weil die Randbereiche eines Fleckes nicht miterfaßt werden. Dadurch erscheint das mit Substanz belegte Areal kleiner, als es in Wirklichkeit ist. Die Abtrennung der benachbarten Zonen wird somit scheinbar besser. Folglich können unempfindliche Reagenzien die „besten Trennergebnisse" vortäuschen.

Um derartigen Trugschlüssen zu entgehen, werden stets empfindlichere Detektionen und objektivere Erfassungsmöglichkeiten angestrebt (z. B. Einsatz von Scannern). Deshalb werden auch in zunehmendem Maße Fluoreszenz-Reaktionen wegen ihrer hohen Nachweisempfindlichkeit durchgeführt. Dadurch kann die Auftragemenge deutlich gesenkt werden, so daß mögliche Störsubstanzen ebenfalls in geringerer Konzentration vorliegen. So steigt die Qualität der chromatographischen Trennung und der anschließenden in-situ-Auswertung.

Zum Aufbringen der Reagenzien auf die DC-/HPTLC-Platte sind verschiedene Techniken gebräuchlich. Am wenigsten günstig ist das manuelle Besprühen der Chromatogramme (Abb. 37). Besser in bezug auf Präzision und Wiederholbarkeit lassen sich Tauch- und Bedampfungsprozesse gestalten (Abb. 38). Auch die Zugabe von Reaktionspartnern zur mobilen oder stationären Phase wurde beschrieben und verwirklicht. Nachfolgend soll auf diese Applikationsmöglichkeiten eingegangen werden, bevor anschließend der Einfluß der Temperatur auf die Umsetzungen behandelt wird.

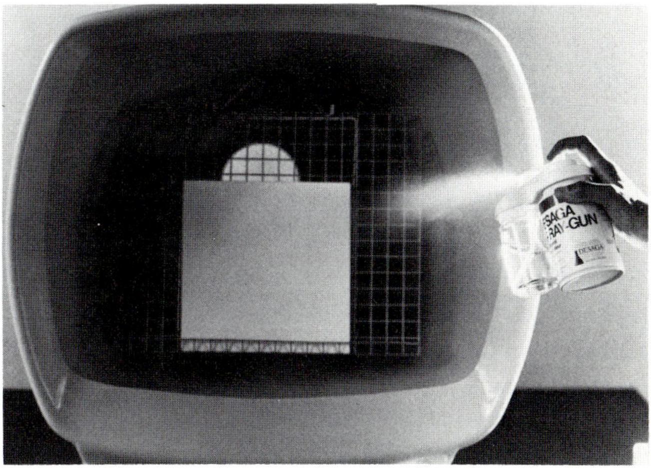

Abb. 37: Manuelles Besprühen der Chromatogramme.

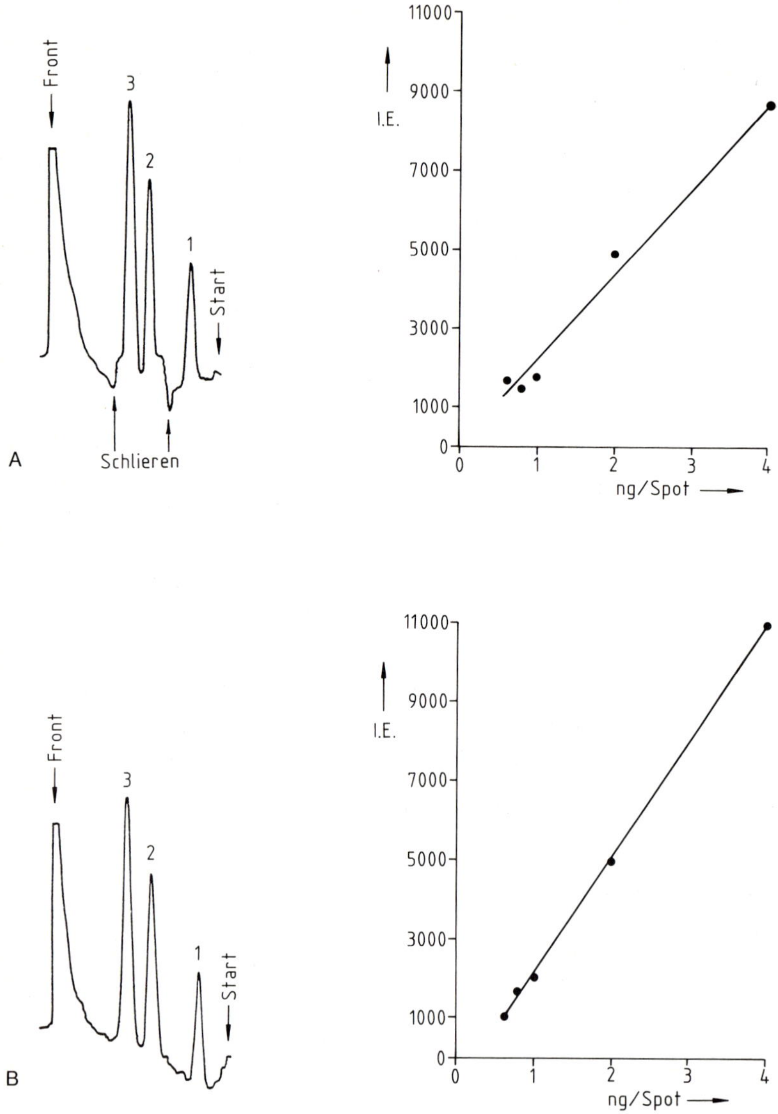

Abb. 38: Vergleich manuelles Tauchen (A) und instrumentalisiertes Tauchen (B) anhand von Registrierkurven und Kalibriergeraden [114]. – 1 = cis-Diethylstilböstrol, 2 = trans-Diethylstilböstrol, 3 = Ethinylöstradiol. Registrierkurven: jeweils 2 ng Substanz pro Chromatogramm-Zone. λ_{exc} = 313 nm, λ_{fl} > 390 nm. Tauchlösung: Wasser–Schwefelsäure–Methanol (85+15+1).

3.2.1 Besprühen

Die bis vor einigen Jahren gebräuchlichste Technik zur Sichtbarmachung farbloser Substanzen war das Aufsprühen von Reagenzlösungen [115]. Verwendet werden dabei vor allem Ganzglas-Sprüher (Abb. 39 A), die an eine Druckleitung (Membranpumpe) oder Gasflasche mit inertem Füllgas angeschlossen sind. Ihre Düse muß so fein gestaltet sein, daß ein homogenes Benebeln der Chromatogramme mit Reagenzlösung möglich ist. Das Besprühen erfolgt mit einem Druck von 0,6 bis 0,8 bar im Abstand von 20 bis 30 cm von der Schicht in einem geeigneten Abzug (Abb. 37). Gearbeitet wird nach Waldi mäanderförmig, wobei die Umkehrpunkte im Sprühschema (Abb. 39 B) außerhalb des Chromatogrammes liegen [115].

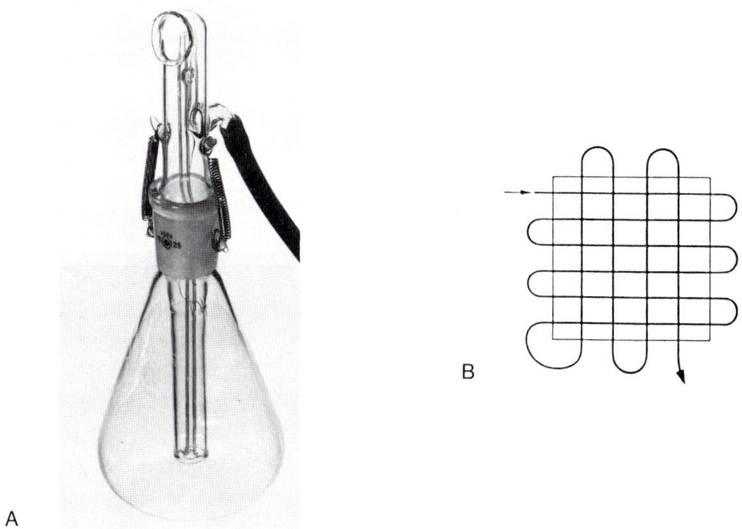

Abb. 39: (A) Ganzglas-Sprüher, (B) Sprühschema.

Gleiches gilt für den Einsatz von Sprühpistolen (Spray-Gun bzw. Aerosol-Monobloc-Dose), die in der Häufigkeit ihres Einsatzes wegen der benutzten Treibgase (Halogenkohlenwasserstoffe) wahrscheinlich eingeschränkt werden müssen. Durch manuelle Betätigung des Knopfventils bei senkrecht gehaltenem Sprüher „schießt" das Treibgas durch eine feine Düse und reißt die angesaugte Reagenzlösung mit auf das vertikal gehalterte Chromatogramm (Prinzip der Wasserstrahlpumpe).

Weil beim manuellen Arbeiten die Sprüheinheit nie so gleichförmig bewegt wird, daß ein homogenes Belegen des Chromatogrammes mit Reagenz erfolgt, und auch die Reagenzmenge, die auf die DC-Platte auftrifft, bei jedem Benutzer anders ausfällt, wurden u. a. von SPITZ [116] und KREUZIG [117–119] Sprühautomaten entwickelt und in den Handel gebracht. Im ersten Fall wird der Sprüher über die stationär befestigte DC-Platte bewegt. Der zweite Automatentyp arbeitet mit fixierter Sprühdüse und motorisch bewegter DC-Platte.

Beide Geräte haben jedoch bisher keine allgemeine Verbreitung im Labor gefunden, wahrscheinlich weil zu wenig auf die Viskosität, Oberflächenspannung und Polarität der verschiedenen Lösungsmittel geachtet wurde. So kam es in der Praxis auch mit diesen Automaten immer wieder zu „gesprenkelten" Zonen, weil statt eines Flüssigkeitsnebels auch einzelne größere Reagenz-Tröpfchen die Flecke erreichten und somit Belegungs- und Reaktionsinhomogenitäten verursachten und weil andererseits auch Substanzen von der Schichtoberseite, wo sie sich nach der Chromatographie mit leichtflüchtigen Fließmitteln befinden [120–124, 128], in Richtung Trägerplatte verschoben wurden, so daß im Extremfall die Detektion von der Platten-Rückseite empfindlicher ausfiel als von der Vorderseite.

Das Besprühen von DC-/HPTLC-Platten sollte stets nur in gut ziehenden Abzügen vorgenommen werden, damit die z. T. gesundheitsschädlichen und aggressiven Aerosol-Nebel nicht eingeatmet werden oder den Arbeitsplatz kontaminieren. Nach Beendung des Sprühvorgangs sind Sprühdüsen und Abzug sorgfältig zu reinigen, damit nicht unliebsame Reaktionen mit später benutzten Reagenzien eintreten. Manganheptoxid- und perchlorsäurehaltige Reagenzien sowie Natriumazid- und Iodazid-Lösungen sollten überhaupt nicht versprüht werden, damit keine Explosionen in den Abzugskanälen auftreten. Aus dem gleichen Grund sollten bei derartigen Reagenzien stets auch nur geringe Mengen an Lösung angesetzt werden. In all diesen Fällen empfiehlt sich die Applikation der Reagenzien durch Tauchen der Chromatogramme.

3.2.2 Tauchen

Das Tauchen der fließmittelfreien Chromatogramme in geeignete Reagenzlösungen wird immer gebräuchlicher [114]. Gründe hierfür sind:

- Die Belegung der Sorbensschicht mit Reagenzlösung ist gleichmäßiger als selbst bei sorgfältigstem Sprühen.
- Die Verteilung des Reagenzes wird nicht vom manuellen Geschick des Operators, von der Leistung des Sprühgerätes, von der Viskosität der Reagenzien oder von der Tröpfchengröße des Sprühnebels beeinflußt.

- Eine exakte quantitative Auswertung von Dünnschicht-Chromatogrammen ist erst auf diese Weise möglich geworden. Denn durch die Gleichmäßigkeit der Benetzung resultieren deutlich geringer strukturierte Basislinien (Abb. 38 B). Dadurch liegen die Nachweisgrenzen deutlich tiefer als bei besprühten Chromatogrammen. Auch die Reproduzierbarkeit der Ergebnisse wird durch die homogenere Reagenzbelegung deutlich verbessert (Tab. 18).
- Der Reagenzverbrauch ist besonders bei Serienuntersuchungen gering (bei mehrfacher Verwendung des Reagenzes wird die Tauchkammer üblicherweise mit einem Edelstahldeckel abgedeckt).
- Eine Kontamination des Arbeitsplatzes mit aggressiven, möglicherweise gesundheitsschädigenden Reagenzien ist beim Tauchen weitaus geringer als beim Sprühen.
- Eine aufwendige Sprüheinrichtung mit integriertem Abzug ist nicht notwendig.

Trotz dieser bekannten Vorteile sind kleinvolumige Tauchkammern und zeitgesteuerte, automatisierte Tauchgeräte (Abb. 40 und 41) erst seit wenigen Jahren im Handel.

Der Vorteil dieser Tauchgeräte liegt darin, daß das Absenken und Heben des Chromatogrammes mit gleichförmiger Geschwindigkeit erfolgt und die erforderliche Ver-

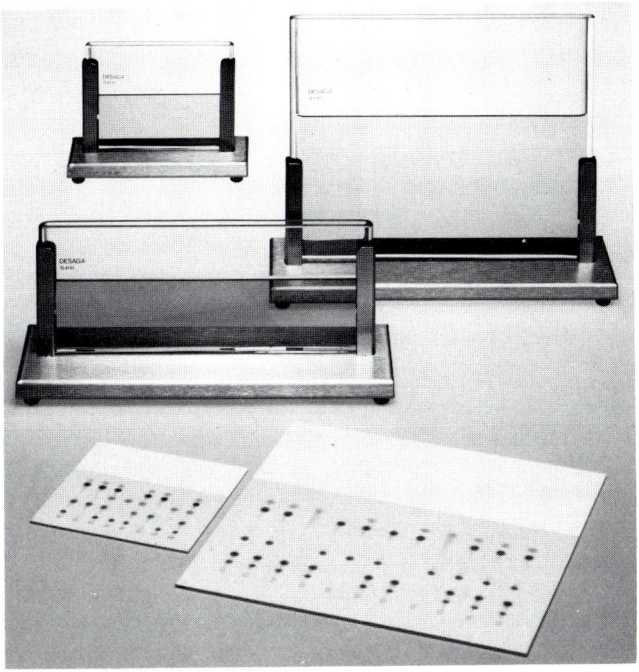

Abb. 40: Kleinvolumige Tauchkammern (DESAGA).

Abb. 41: Automatisierte Tauchgeräte (DC-Tauch-fix, BARON).

weilzeit im Reagenz vorgegeben werden kann. Störende „Rippelmarken", wie sie beim manuellen Tauchen beobachtet werden, treten nicht auf. Es ist jedoch darauf zu achten, daß die nach dem Tauchen mit Reagenzlösung benetzte Rückseite der DC-Platten vor dem Auflegen auf Heizplatten oder Labor- bzw. Koordinatentische gesäubert wird.

Tabelle 18: Statistischer Vergleich (F-Test [125]) der Verfahrens-Standardabweichung s_{xo} der Kalibrierkurven für Diethylstilböstrol und Ethinylöstradiol [114].

	trans-Diethylstilböstrol s_{xo} [ng pro Zone]	Ethinylöstradiol s_{xo} [ng pro Zone]
manuelles Tauchen	0,37	0,21
instrumentalisiertes Tauchen	0,096	0,044
Statistischer Unterschied (F-Test)	signifikant	signifikant

Die im speziellen Teil II dieses Buches beschriebenen Tauchlösungen sind in der Regel weniger konzentriert als die entsprechenden Sprühreagenzien. Die dabei verwendeten Lösungsmittel sind den besonderen Anforderungen an Tauchreagenzien angepaßt. Wasser, das einerseits z. B. auf RP-Phasen wie Tautropfen sitzen kann und nicht in die Schicht eindringt, andererseits aber bei wasserunverträglichen Schichten zur Schichtablösung führen kann, ist meist durch Alkohol oder andere lipophile Lösungsmittel ersetzt.

Generell ist bei der Auswahl von Lösungsmitteln darauf zu achten, daß sich weder die chromatographisch getrennten Substanzen noch die Reaktionsprodukte in dem Lösungsmittel des Tauchreagenzes lösen.

Möglicherweise eignen sich die in den einzelnen Reagenzmonographien angegebenen Lösungsmittel nicht für alle Verbindungen, mit denen sich das Reagenz umsetzen läßt. Hierauf ist besonders beim quantitativen Arbeiten zu achten; ggf. ist vom Benutzer selbst eine entsprechende Modifikation vorzunehmen. Insbesondere sollten keine Verluste durch Herauslösen der Substanzen oder ihrer Reaktionsprodukte auftreten (Bildung von „Kometenschweifen" bei den Chromatogramm-Zonen).

Beim Betrachten muß die Farbintensität der Chromatogramm-Zonen auf der Schichtoberseite stärker ausgeprägt erscheinen als auf der Rückseite der DC-/HPTLC-Platten. Ist das nicht der Fall, sollte das Reagenz weniger polar angesetzt werden, damit eine Frontalentwicklung in die Schichttiefe vermieden wird.

Um einem Herauslösen der Substanzen aus der stationären Phase entgegenzuwirken, sind die Verweilzeiten der Chromatogramme im Reagenzbad zumeist kurz (< 5 s [126]). Tauchzeit-Angaben wie kurz (1 s) in den Reagenzmonographien besagen, daß das Chro-

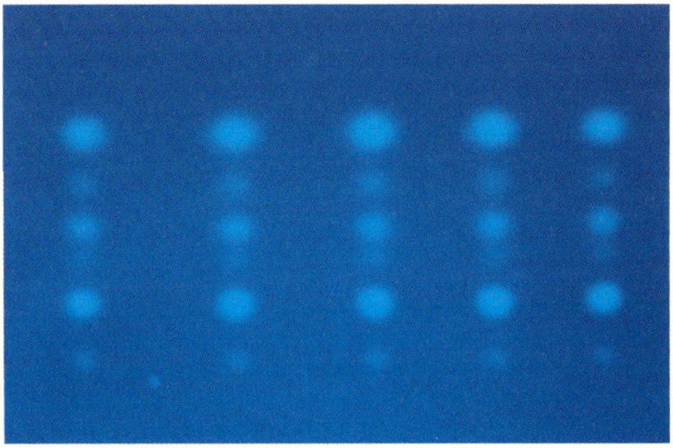

Abb. 42: Chromatogramm polykondensierter aromatischer Kohlenwasserstoffe auf Coffein-imprägnierten HPTLC-Fertigplatten Kieselgel 60 mit Konzentrierungszone (MERCK). In der Reihenfolge steigender R_f-Werte sind zu erkennen:
1.Benzo(ghi)perylen, 2.Indeno(1,2,3-cd)pyren, 3.Benzo(a)pyren, 4.Benzo(b)fluoranthen, 5. Benzo(k)fluoranthen, 6. Fluoranthen.

matogramm zügig mit gleichförmiger Bewegung in die Reagenzlösung gesenkt und ohne Verweilzeit sofort wieder herausgehoben werden soll. Dies gelingt ohne Schwierigkeiten, wenn mit dem Tauch-Fix (Abb. 41) gearbeitet wird. Danach wird bei horizontaler Lagerung im Ventilatorstrom getrocknet.

Die Taucheinheit kann auch zum Imprägnieren von Sorbensschichten verwandt werden. Auf diese Weise lassen sich leicht Wolframat- [127] oder Silbernitrat-imprägnierte Schichten zur Trennung von Oligosacchariden bzw. ungesättigten Verbindungen herstellen.

FUNK et al. [128a] tauchen Kieselgel-Platten z. B. in eine 4proz. Coffein-Lösung, um anschließend die in der Trinkwasserüberwachung relevanten sechs polykondensierten aromatischen Kohlenwasserstoffe zu trennen (Abb. 42).

Auch das Aufbringen von Substanzen, die nach der Chromatographie bzw. nach der Derivatisierung zu einer Fluoreszenzstabilisierung oder -intensivierung führen, läßt sich vorteilhaft in einem solchen Tauchgerät bewerkstelligen (S. 98).

3.2.3 Bedampfen

Eine homogene Reagenzbelegung der Schicht kann auch durch Bedampfen der Chromatogramme erfolgen. Häufig wird dies in einer Doppeltrogkammer (Abb. 43 A) oder in einer speziellen Konditionierkammer (Abb. 43 B) durchgeführt. Im Falle der Doppeltrogkammer wird z. B. das Reagenz in eine Troghälfte und das fließmittelfreie Chromatogramm in die andere Troghälfte gegeben. Auf diese Weise läßt sich eine Vielzahl von Reagenzien dampfförmig auf eine DC-Schicht aufbringen.

Mit Ioddämpfen gelingt z. B. ein unspezifischer, meist zerstörungsfreier Nachweis von vielen Substanzen (z. B. Tenside [129], Pharmaka [130, 131], Polyethylenglykol [132], vgl. auch Tabelle 12). Weiterhin sind Umsetzungen mit Dämpfen von Brom [133–135], Bromcyan [136], Chlor [137–141, 209], Ammoniak [142–147] (vgl. auch Reagenz „Ammoniak-Dampf"), Diethylamin [148], Ammoniumhydrogencarbonat [149, 150], Säuren [145, 151–156] (vgl. auch Reagenz „Salzsäure-Dampf"), *tert.*-Butylhypochlorit [203], Sulfurylchlorid [157–158], Schwefeldioxid [159, 160], Stickoxiden [161–169], Schwefelwasserstoff [170], Formaldehyd [171–176], Glyoxylsäure [177] und Silicium- bzw. Zinntetrachlorid [178] beschrieben.

Ein besonderes Verfahren, Reagenzien homogen auf eine DC-Platte zu „destillieren", beschreibt SMITH [203]. RIPPHAHN [179] geht später z. B. von einer in Ninhydrin-Reagenz getauchten DC-Platte aus, legt seitlich um deren Ränder einen 0,1 mm dicken Rahmen aus Terephthalatfolie und positioniert das Chromatogramm mit den nachzuweisenden Aminosäuren so auf dem Rahmen, daß die Schichtseite zur „Reagenzplatte" weist. Dieses „Sandwich" wird mit der Reagenz-getränkten Seite auf eine Heizplatte gelegt und erhitzt. Aus der getränkten Sorbensschicht „destilliert" dabei das Ninhydrin

A

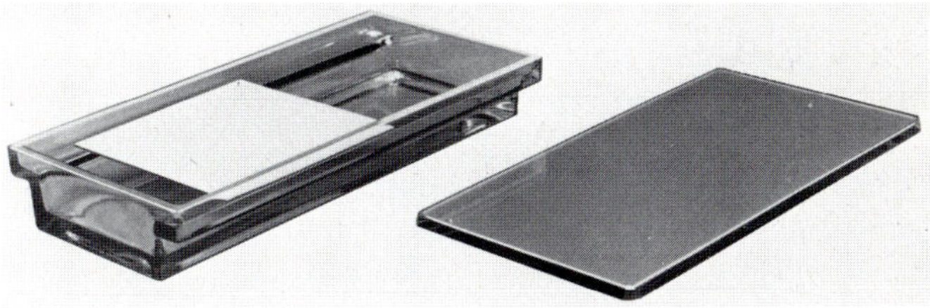

B

Abb. 43: Doppeltrogkammern (A) und Konditionierkammer (B) (CAMAG).

homogen auf das Chromatogramm und färbt die Aminosäuren an (s. Reagenz Ninhydrin). Auch *tert.*-Butylhypochlorit [203], Schwefelsäure und Ammoniak-Lösung [180] oder Acetophenon [181] können analog eingesetzt werden.

MARTINEK [182] beschreibt für relativ leicht flüchtige Substanzen (z. B. etherische Öl-Komponenten) die umgekehrte Vorgehensweise, bei der die nachzuweisenden Verbindungen in die aufgelegte Reagenzplatte „destillieren“ und sich dort mit dem Reagenz umsetzen.

PANDEY et al. [183] nutzen diese Idee der Sandwichkonfiguration zum Überführen der Substanzen von einer DC-Platte auf eine andere bei zwei- oder mehrdimensionalen Trennungen.

3.2.4 Reagenz im Fließmittel

Eine weitere Möglichkeit, ein Reagenz homogen auf eine DC-Schicht zu bringen, ist seine Zugabe zum Fließmittel. Voraussetzung dafür ist, daß das Reagenz bei der Chromatographie gleichmäßig über die Schicht verteilt wird (das Reagenz muß mit der Fließmittelfront „laufen"). Häufig sind Zweifachentwicklungen beschrieben, bei denen mit dem ersten Fließmittel die Trennung und mit dem zweiten eine Verbesserung der Fleckform und eine homogene Belegung der stationären Phase mit dem Reagenz erfolgt.

Bekannt sind z. B. folgende Reagenz-Zugaben zu Fließmitteln: Säuren bei China-Alkaloiden [184], Ninhydrin bei Aminosäuren [185–187], Fluorescamin bei biogenen Aminen [188]. Auch Fluorescein-Natrium [189], Dichlorfluorescein [190], Rhodamin 6G [191], ANS-Reagenz [192] und Brom [193] sind als Zusatz zu Fließmitteln beschrieben.

Auf Schichten, in die Zinnwolframat eingearbeitet ist, wirkt Dimethylsulfoxid im Fließmittel als „Eigen-Detektor" für einige Phenole (z. B. Dihydroxybenzole) [194].

3.2.5 Reagenz im Sorbens (Stationäre Phase als Reagenz)

Dem gleichen Ziel einer homogenen Derivatisierung der dünnschicht-chromatographisch getrennten Substanzen dient die Ausnutzung spezieller Sorbenseigenschaften.

Kieselgel und Aluminiumoxid, als hochaktive stationäre Phase mit großer spezifischer Oberfläche, können z. B. – unterstützt durch Erhitzen des Chromatogramms – Substanzen direkt auf der Schicht dehydratisieren, spalten oder unter Luftsauerstoffeinwirkung oxidieren. Diese Wirkung wird z. B. durch saure Silanol-Gruppen hervorgerufen [93], oder sie basiert auf Adsorptionskräften (Protonenakzeptor- bzw. Protonendonator-Wirkungen, Dipolkräften etc.). Auch die im Sorbens vorhandenen Eisenspuren können entsprechende Reaktionen katalysieren. Auf basischen Aluminiumoxid-Schichten entstehen im Falle von Testosteron und anderen Δ^4-3-Ketosteroiden stabile, quantitativ auswertbare Fluoreszenzprodukte [176, 195].

Eine Derivatisierung kann auch erreicht werden, indem die Sorbensschicht vor dem Auftragen der Untersuchungslösungen mit einem geeigneten Reagenz (häufig anorganische Substanzen) imprägniert wird. Dies erfolgt zumeist schon beim Herstellen der Schicht. Dabei ist darauf zu achten, daß die Reagenzien bei der nachfolgenden chromatographischen Entwicklung nicht vom Fließmittel gelöst und in den Frontbereich transportiert werden. Ein solches „Hochschieben in den Frontbereich" ist besonders bei organischen Reagenz-Zusätzen zu erwarten. Deshalb erfolgen organische Reagenz-Zusätze meist auch nicht zur nachträglichen Derivatisierung, sondern zur homogeneren Detektion mit Hilfe fluorimetrischer Verfahren (vgl. Kap. 2.2.2). Beispiele für „anorganische Reagenzien im Sorbens" sind in Tabelle 19 zusammengestellt.

Tabelle 19: Derivatisierung mittels in die Schicht eingearbeiteter anorganischer Reagenzien.

Reagenz	Nachgewiesene Substanzen, Matrix	Reaktionsbedingungen, Bemerkungen	Literatur
Ammoniumsulfat	Triglyceride, Serumlipide	25–85 min bei 150 °C; ergibt fluoreszierende Derivate	[197]
Ammoniumsulfat	Phosphatidylglycerin-Derivate	Verkohlen durch Erhitzen	[198]
Ammoniumsulfat	Phosphatidylglycerin, Sphingomyelin	10 min bei 280 °C; densitometrische in-situ-Auswertung	[199]
Ammoniumsulfat	Tenside	SIL G-25 Tensidplatte (MACHEREY-NAGEL)	[200, 201]
Ammoniumsulfat	Lipide	Verkohlen durch Erhitzen	[202]
Ammoniumsulfat	Triolein, Ölsäure, Androsten-3,17-dion, Xanthanonsäure, Cholesterin-propionat, N-Methyl-phenylalanin, D-Glucose	Fluoreszenz durch Erhitzen auf 150 bis 180 °C. Bedampfen mit *tert.*-Butylhypochlorit	[203]
Ammonium-monovanadat	organische Stickstoffverbindungen	DC-Platten werden mit 2proz. Ammoniummonovanadat-Lösung hergestellt.	[204]
Aluminiumoxid	Deoxynivalenol in Weizen	7 min bei 120 °C; ergibt fluoreszierende Derivate im UV-Licht (λ = 365 nm)	[193, 196]
Silbernitrat	1,2- und 1,4-Dihydroxybenzol	Oxidation zu den entsprechenden Benzochinonen	[208]
Silbernitrat + Wolframatophosphorsäure + Cobaltnitrat	Triglyceride, gesättigte und einfach ungesättigte Alkohole	Erhitzen auf 230 bis 250 °C	[205, 206]
Molybdatophosphorsäure	etherische Öl-Komponenten	Stabilisierung silbernitrathaltiger Sorbens-Schichten	[207]
Zirkon(IV)-oxidchlorid	Östron, 17-β-Östradiol und Östriol; Plasmalipide	5 min Erhitzen auf 150 bis 180 °C. Es resultieren – manchmal erst nach längerem Erhitzen – fluoreszierende Zonen	[178]

3.2.6 Sprüh- und Tauchfolgen

In einigen Fällen empfiehlt es sich, verschiedene Reagenzien nacheinander auf die entwickelten Chromatogramme zu bringen – z. B. auch mit Zwischentrocknen, Erhitzen und Auswerten nach jeder Reagenzzugabe. Insbesondere bei komplexen Substanzgemischen ist es auf diese Weise möglich, völlig unterschiedliche Substanzen und Substanzklassen auf einem einzigen Chromatogramm nachzuweisen und zu identifizieren. Solche Reagenzfolgen steigern die Selektivität der Verfahren und erlauben es, Substanzen oder Substanzgruppen besser zu differenzieren.

Bekannt geworden sind Reagenzfolgen vor allem im Rahmen toxikologischer Analysen bei Vergiftungsfällen und Drogenmißbrauch [277–279]. Nachteilig kann sich bei solchen Reagenzfolgen jedoch auswirken, daß das mit einem Reagenz erzielte Nachweisresultat durch das nachfolgende Reagenz wieder zerstört wird. Zweckmäßigerweise sollte daher nach jeder Reagenzanwendung sorgfältig ausgewertet und dokumentiert werden. Einige typische Reagenzfolgen sind in Band 2 enthalten.

3.2.7 Nachbehandlung

Erfreulicherweise wurde in den letzten Jahren nicht nur den Fragen der substanzspezifischen Detektion und der Empfindlichkeitssteigerung der Nachweise, sondern auch der quantitativen Direktauswertung mehr Beachtung entgegengebracht als früher. Infolgedessen werden die Reagenzien nicht mehr nur als „Sichtbarmacher" für Chromatogramm-Zonen (qualitative Aussage), sondern gezielt als Partner für stöchiometrische, reproduzierbare Reaktionen angesehen, auf denen sich eine quantitative Auswertung aufbauen läßt. Folglich muß auch der Nachbehandlung der Chromatogramme eine größere Aufmerksamkeit entgegengebracht werden. Das beginnt mit dem Trocknen der entwickelten Chromatogramme sowie der homogenen Reagenz-Zufuhr (S. 82) und setzt sich in der Reaktionsdurchführung bis zur Stabilisierung der erhaltenen Reaktionsprodukte fort.

Bekanntlich laufen nicht alle Reaktionen auf allen Sorbens-Schichten gleich ab, weil auch das Schichtmaterial auf die Umsetzungen fördernde oder hemmende Wirkung aufweisen kann. So konnte GÄNSHIRT [209] zeigen, daß Coffein und Codeinphosphat mit dem gleichen Reagenz (Chlorierung und Benzidin-Behandlung), mit dem der Nachweis auf Aluminiumoxid-Schichten gelang, auf Kieselgel keine Reaktion ergab. Auch die Ninhydrin-Färbung von Aminosäuren und Peptiden fällt auf leuchtstofffreien Celluloseschichten empfindlicher aus als auf den entsprechenden Fluoreszenzindikatorenthaltenden Schichten [210]. Das NBP-Reagenz (s. dort) kann auf Nano-Sil-C_{18}-100-UV_{254}-Platten nicht eingesetzt werden, weil sich der gesamte Plattenuntergrund anfärbt.

Verantwortlich hierfür sind Unterschiede in der Ausbildung von Wasserstoff-Brückenbindungen, pH-Wert-Einflüsse, Unterschiede im Aufbau der Fluoreszenzindikatoren und Bindermaterialien sowie Unterschiede bei den spezifischen Oberflächen. Kieselgel 60 besitzt beispielsweise eine spezifische Oberfläche von 500 m^2/g [211], während die von Si 50000 unterhalb von 5 m^2/g liegt [212].

Bei Verbindungen mit pH-Wert-abhängiger Struktur (z. B. Phenole, Carbon- und Sulfonsäuren, Amine etc.) können durch gezielte pH-Wert-Änderungen Fluoreszenzen erzeugt oder zum Verschwinden gebracht werden [213]. Auch Verschiebungen der Absorptions- und Emissionsbandenlagen sind bekannt (Tab. 20). Das ist besonders bei den modifizierten Kieselgelen zu beachten, die z. T. deutlich sauer oder basisch reagieren (vgl. Tab. 25).

Tabelle 20: Zusammenstellung einiger Substanzen, die im mittleren pH-Bereich ihre Fluoreszenzfarbe ändern [214].

Verbindung	Farbwechsel von –	nach	pH-Bereich
Fluorescein	schwach gelb	gelb	4,0 ... 5,0
2′,7′-Dichlorfluorescein	schwach gelb	gelb	4,0 ... 6,0
Resorufin	farblos	orange	4,0 ... 6,0
Acridin	grün	blau	4,5 ... 6,0
Chinin	blau	violett	5,9 ... 6,1
Thioflavin	farblos	grün	6,5 ... 7,6
Umbelliferon	orange	blau	6,5 ... 8,0
4-Methylumbelliferon	schwachblau	blau	6,5 ... 8,0
2-Naphthol	schwachblau	blau	7,0 ... 8,5
Morin	schwachgrün	grün	7,0 ... 8,5
1-Naphthol	farblos	blaugrün	7,0 ... 9,0
Cumarin	schwachgrün	grün	8,0 ... 9,5
Acridinorange	schwach gelbgrün	gelb	8,0 ... 10,0

3.2.7.1 Trocknen der Chromatogramme

Nach Beendigung der Entwicklung eines Chromatogramms wird die DC-Platte aus der Entwicklungskammer herausgenommen und der status quo dadurch fixiert, daß das in der Schicht befindliche Fließmittel möglichst rasch entfernt wird. Zweckmäßigerweise erfolgt dieser Arbeitsschritt im Abzug, damit der Arbeitsplatz nicht mit Fließmitteldämpfen kontaminiert wird. Die DC-Platte sollte dabei möglichst horizontal gelagert werden, weil so die getrennten Substanzen beim Abdampfen der mobilen Phase gleichmäßig an die Schichtoberfläche verschoben werden und anschließend besser detektiert werden können. Um den Lösungsmitteldampf-Gradienten über der Schichtoberfläche zu vergrößern, wird häufig mit einem Ventilator oder Fön gearbeitet (Warm- oder Kaltluftstrom). Vorher muß allerdings geprüft werden, ob die Substanzen dieses Abdampfen vertragen, denn

- etherische Öl-Komponenten verflüchtigen sich möglicherweise und bilden in Richtung des Luftstroms nebelartige Wolken, die sich zum Teil auf der aktiven Schicht wieder niederschlagen und so einseitige, unscharfe Zonenbegrenzungen erzeugen;
- sauerstoffempfindliche Komponenten werden eventuell beim Trocknen bei erhöhter Temperatur zerstört;
- Staubpartikel aus der Laborluft gelangen auf das Chromatogramm und beeinträchtigen möglicherweise die nachfolgende Auswertung;
- auch Chemikalien-Dämpfe werden mit dem Luftstrom auf die aktivierten Schichten transportiert.

Aus diesen Gründen empfehlen zahlreiche Arbeitskreise, die Chromatogramme in einem vor Licht geschützten Exsikkator bei vermindertem Druck zu trocknen. Je nach verwendetem Fließmittel können zusätzlich Phosphorpentoxid, Kaliumhydroxid-Plätzchen oder Schwefelsäure am Boden des Exsikkators vorhanden sein, um aus den Fließmitteln stammende Wasser-, Säure- oder Basenreste zu entfernen.

Ein deutlicher, allerdings zeitaufwendiger Fortschritt ist das Arbeiten mit dem AMD-System (CAMAG). Hier werden nach jeder Entwicklung Fließmittel und Fließmitteldämpfe durch Vakuum aus der Kammer und von der DC-Platte abgesaugt. Auf diese Weise wird die Kontamination des Arbeitsplatzes mit möglicherweise gesundheitsschädlichen Lösungsmitteldämpfen auf ein Minimum beschränkt.

3.2.7.2 Einwirkung von Wärme

Da fast alle chemischen Reaktionen in der Wärme schneller ablaufen als in der Kälte, empfiehlt es sich, die mit Reagenz behandelten Chromatogramme zu erhitzen. Auch eine Bestrahlung mit UV-Licht (Quecksilber-Hochdruckbrenner, Abb. 44) fördert die Reaktionsbereitschaft. Oft reichen 5 bis 10 min Erhitzen auf 100 bis 120 °C für eine vollständige Umsetzung aus. Zur Pyrolyse organischer Substanzen werden allerdings Temperaturen von 200 bis 250 °C benötigt, wobei sich möglicherweise der gesamte Plattenuntergrund dunkel färbt, weil das Bindermaterial der Schicht ebenfalls verkohlt. Flüchtige Reagenzien werden während des Erhitzens durch Auflegen einer Abdeckplatte am Verdunsten gehindert [215].

Da es nach wie vor nicht einfach ist, eine DC-Platte wirklich homogen zu erhitzen, besteht die Gefahr der Reaktionsinhomogenität auf dem Chromatogramm. Gebräuchliche Hilfsmittel zur Wärmeerzeugung und -übertragung sind Trockenschränke, Heizplatten und IR-Strahler. Mikrowellengeräten war dagegen bisher nur wenig Erfolg beschieden.

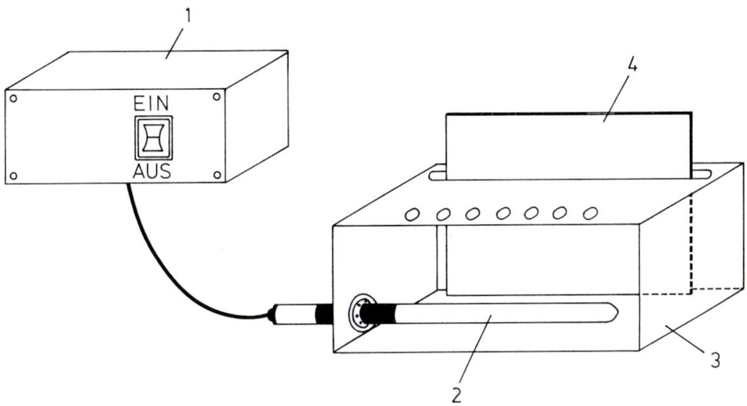

Abb. 44: Apparatur zum Bestrahlen mit UV-Licht. – 1 Anregungsgerät (HERAEUS, Hanau; OSRAM StE 501), 2 UV-Lampe (TNN 15-32001721, 3 Gehäuse, 4 DC-Platte.

Trockenschränke

Zur Sichtbarmachung der mit einem Reagenz behandelten Chromatogramm-Zonen dienen häufig Trockenschränke. Zweckmäßigerweise werden die DC-Platten nicht direkt auf die mit Löchern perforierten Einlagebleche gelegt, da der Wärmeübergang an den Kontaktstellen mit dem Metall deutlich größer ist als an den Luft-Kontaktbereichen, so daß die Muster der Einlage-Lochbleche auf den Chromatogrammen sichtbar werden. Es besteht daher die Gefahr, daß die Umsetzung der Substanzen ortsabhängig unterschiedlich intensiv ausfällt und damit keine gute Reproduzierbarkeit bei der quantitativen Direktauswertung zu erzielen ist.

Günstiger erscheint es, die DC-Platte senkrecht auf den Boden des Trockenschranks zu stellen, wobei die Glasoberkante an die Seitenwand anlehnt und die Schichtseite in das Innere des Trockenschranks gerichtet ist. Bei Umluftschränken sollten die Chromatogramme, in Analogie zu den Säulen in einem Gas-Chromatographie-Ofen, nur an den Ecken unterstützt „frei schwebend" gelagert werden. Um eine homogene Erhitzung zu erreichen, wurde auch vorgeschlagen, die DC-Platten auf einem im Trockenschrank sich ständig drehenden Teller zu fixieren. Die Ergebnisse mit diesem „Karussell" sollen gut sein, dennoch hat sich diese Methode in der Routine bisher nicht durchgesetzt.

Heizplatten

In zunehmendem Maße werden Heizplatten (Abb. 45) zum Erhitzen der Chromatogramme herangezogen. Das hat den Vorteil, daß die Umsetzung visuell verfolgt werden

A

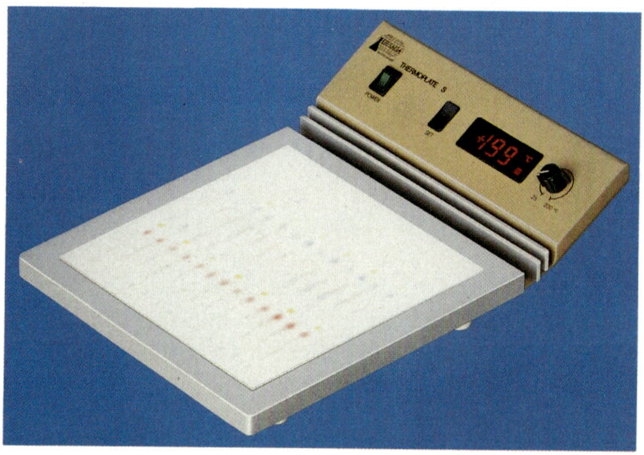

B

Abb. 45: Handelsübliche Heizplatten. (A) CAMAG, (B) DESAGA.

kann und die Reagenzdämpfe direkt abziehen können (Abzug!). Sobald die optimale Farbentwicklung erreicht ist, wird die DC-Platte entfernt.

Die Heizplatten können gewöhnlich in einem Temperaturbereich zwischen 30 und 190 °C geregelt werden. Die eingestellte Temperatur sollte mit einer Genauigkeit von 2 °C gehalten werden, was in der Praxis jedoch meist nicht erreicht wird. Die Abbildung 46 A zeigt das Ergebnis einer repräsentativen Meßreihe, in der die effektiven Temperaturen in Abhängigkeit von den eingestellten Sollwerten bestimmt wurden. Gemessen wurde mit 25 Temperaturfühlern, die vor der Untersuchung aufeinander abgestimmt

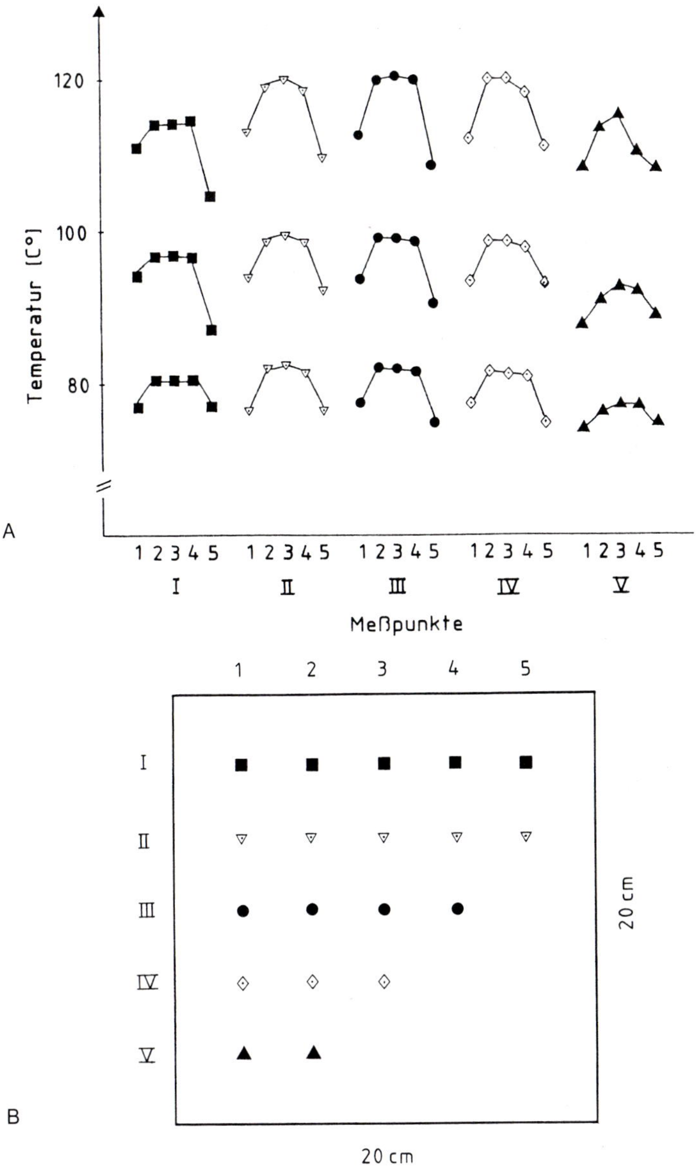

Abb. 46: Beurteilung einer Heizplatte für die DC durch Messung der Temperaturverteilung, (A) Meßwerte der 25 Thermoelemente bei den Solltemperaturen 80°C, 100°C und 120°C, (B) Raster der Meßpunktverteilung in fünf Bahnen (I–V) zu je fünf Meßpunkten.

wurden. Sie wurden nach dem in Abbildung 46 B wiedergegebenen Raster auf der Heizfläche verteilt.

Bei niedrigen Temperaturen entsprach der aus den gemessenen Einzeldaten berechnete Mittelwert dem eingestellten Sollwert. Bei höheren Temperaturen lag er deutlich tiefer, und der eingestellte Sollwert erwies sich als maximal erreichbarer Wert bei den Einzelmessungen. Weiter fällt auf, daß die Heizplatten am Rand kälter sind als in der Plattenmitte, d. h., die effektiv gemessenen Temperaturen sind nicht an jedem Ort der Heizfläche identisch. Am ehesten ist im Zentrum eine homogene Temperaturverteilung zu erwarten.

Das führt z. B. beim Derivatisieren von Zuckern mit Anilin-Diphenylamin-Phosphorsäure-Reagenz (S. 179) zu ungleichmäßigen, nicht befriedigenden Anfärbungen. Die Verfahrensstandardabweichung verschlechtert sich von 2 bis 3% auf 5 bis 8%. Deswegen sollte bei Direktauswertungen möglichst auf Anfärbungen verzichtet werden, wenn Absorptionen ohne Derivatisierung im UV-Bereich direkt gemessen werden können.

IR-Strahler

Zuweilen werden zum Erhitzen von Dünnschicht-Chromatogrammen auch Infrarot-Strahler eingesetzt. Das Chromatogramm, das im Abstand von 10 bis 20 cm unter dem Strahler auf einer Isolierfolie liegt, wird von oben durch die auf bis 800 °C aufgeheizten Quarzspiralen erhitzt. Kontaktschwierigkeiten zu Unterlagen spielen hier natürlich keine Rolle. Zumeist fehlt es aber an einer abgestuften Wärmeregulierung, so daß diese Brenner nur bei Pyrolyse-Untersuchungen sinnvoll eingesetzt werden können. Sie sind gegen Säuredämpfe und andere aggressive Reagenzien unempfindlich.

Mikrowellengeräte

Die bisher genannten Methoden der Erwärmung von DC/HPTLC-Platten beruhen auf Wärmeleitung, -konvektion oder -strahlung. Mikrowellenerwärmung stellt einen Spe-

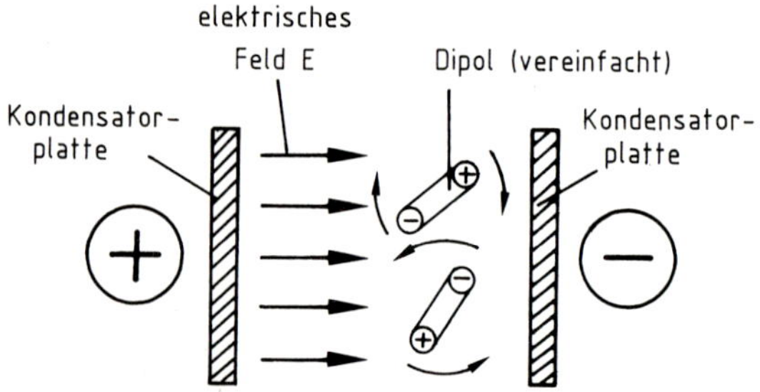

Abb. 47: Orientierung von Dipolen im elektrischen Feld [220].

zialfall des dielektrischen Erwärmens dar [217]. Dabei entsteht in einem hochfrequenten elektromagnetischen Wechselfeld in wenig- oder nichtleitenden Materialien dadurch Reibungswärme, daß Moleküle mit natürlicher oder auch induzierter (bei adsorbierten Molekülen) Dipolstruktur ständig versuchen, ihre Ausrichtung dem Wechselfeld anzupassen (Abb. 47). In Tabelle 21 sind die Dipolmomente μ einiger Substanzen zusammengestellt. Je symmetrischer die Ladungen in den Molekülen verteilt sind, um so geringer ist ihr Dipolmoment.

Tabelle 21: Dipolmomente einiger Substanzen.

Substanz	Dipolmoment μ [D]*	Substanz	Dipolmoment μ [D]*
Chlorgas, Kohlendioxid	0	D-Ribose	5,1
Ammoniak	1,48	D-Galactose	5,3
Schwefeldioxid	1,61	Glycin	13,3
Methanol	1,67	Alanin	17,5
Wasser	1,84	Myoglobin (von Walen)	155
Aceton	3,7	Oxyhämoglobin, Carboxyhämoglobin	400
D-Glucose	4,7		

* D = DEBYE

Die Frequenz der Mikrowellen-Strahlung liegt zwischen IR-Strahlung und Hochfrequenz-Radiowellen, wobei die Abgrenzung fließend ist [221]. Die Mikrowellen werden durch einen Sender (Magnetron) erzeugt, der mit einem Stift wie mit einer Sendeantenne in einen hohlen Energieleiter hineinragt (Abb. 48). Von hier werden die elektromagnetischen Wellen in den Reaktionsraum geleitet (Strahlungsleistung etwa 600 W).

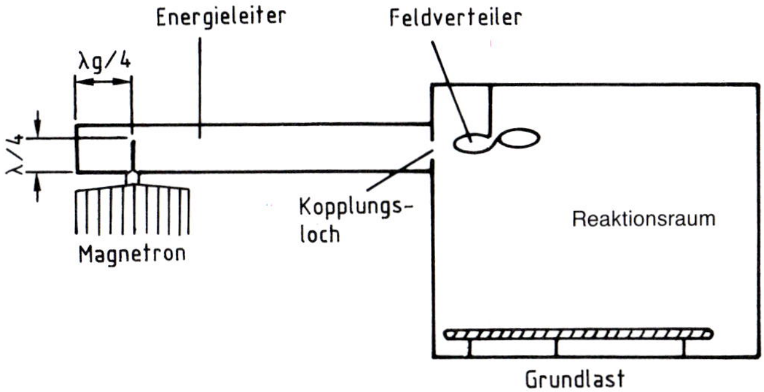

Abb. 48: Schematische Darstellung eines Mikrowellengerätes [222].

An dessen Eingang fokussiert eine Blende die Mikrowellen auf einen sich drehenden Metallpropeller („Wellenrührer"), der die Strahlung durch Reflexion in dem Reaktionsraum verteilt und dafür sorgt, daß sich keine stehenden Wellen ausbilden, die zu einer ungleichmäßigen Erwärmung der DC-Platten führen würden [217, 223].

Moderne Geräte besitzen für die Aufnahme der DC-Platten über dem Boden des Reaktionsraums einen sich drehenden Auflageteller. Dadurch können die Mikrowellen von unten durch die Glasplatte oder Plastikfolie in die DC-Schicht eindringen. Aluminiumfolien sind ungeeignet! Sie reflektieren die Strahlung, und es entstehen hohe Spannungen zwischen Aluminiumfolie und Wand des Reaktionsraums, die zu Funkenbildungen führen können.

Solange in der Sorbensschicht Wasser vorhanden ist, steigt die Temperatur nicht über 100 °C. Ist dieses jedoch verdunstet, so lassen sich im Mikrowellengerät sogar Pyrolysen durchführen.

Aus der Eindringtiefe der Mikrowellen, die nach der Formel $\frac{c}{f \cdot \sqrt{\varepsilon}}$ (f = Frequenz; ε = Dielektrizitätskonstante des Sorbens; c = Ausbreitungsgeschwindigkeit elektromagnetischer Wellen im Vakuum) berechnet werden kann [225], folgt, daß bei Mikrowellenerwärmung praktisch in jeder Tiefe der DC-Schicht die gleiche Temperatur herrscht. Das ist ein Vorteil gegenüber den Heizplatten. Hinzu kommt, daß die Reaktionen rascher beendet sind (nach 1 bis 2 min) als im Trockenschrank. Trotz dieser Vorteile sind Mikrowellen-Heizgeräte im Bereich der DC-Analytik bisher kaum verbreitet.

3.2.7.3 Stabilisierung angefärbter und fluoreszierender Zonen

Nach der Behandlung der Chromatogramme mit einem Reagenz resultieren farbige oder fluoreszierende Chromatogramm-Zonen, die zur Beurteilung des Trennerfolgs und zur quantitativen Auswertung herangezogen werden. Dazu müssen die Farb- oder Fluoreszenzintensitäten etwa 30 min stabil bleiben.

Bei *farbigen Chromatogramm-Zonen* gibt es keine allgemeinen Empfehlungen für eine Stabilisierung der Färbung, außer daß die Chromatogramme möglichst bis zur Messung vor Licht geschützt in einer Stickstoffatmosphäre aufbewahrt werden sollten. Im Einzelfall kann es natürlich auch andere Möglichkeiten zur Stabilisierung der Färbung geben. Bekannt sind Cadmium- oder Kupfersalz-Zusätze beim Ninhydrin-Reagenz (s. dort) oder das Nachsprühen mit Natriumnitrit-Lösung nach der van-Urk-Reaktion bei Lysergsäure-Derivaten [226]. Auch die blaue Farbe der Tryptamine nach 2,6-Dibromchinon-4-chlorimid-Behandlung (s. dort) kann durch Bedampfen oder Besprühen mit Ammoniak-Lösung stabilisiert werden [103].

Bei *fluoreszierenden Chromatogramm-Zonen* ist neben den oben erwähnten Möglichkeiten der Aufbewahrung unter Licht- und Sauerstoff-Ausschluß (Abb. 49 und 50) als weitere Stabilisierungsmaßnahme z. B. das Behandeln der Chromatogramme mit viskosen lipophilen oder hydrophilen Agenzien zu empfehlen. Offensichtlich verringern diese die

Rotationsbereitschaft der Molekülgruppen und halten die Laborluft-Einflüsse fern. Singulett-Sauerstoff, der vor allem für die oxidative Zerstörung von Substanzen verantwortlich ist, wird zwar nicht zurückgehalten [227], aber beim Durchtritt durch die lipophile Phase in den weniger aggressiven Triplett-Sauerstoff überführt.

Bereits 1967 wurde durch Besprühen mit einer Hartparaffin-Lösung erreicht, daß ohne Schwierigkeiten von Anthracen ein Fluoreszenzspektrum direkt von der DC-Platte aufgenommen werden konnte [228]. Auch HELLMANN erreichte durch Zusatz

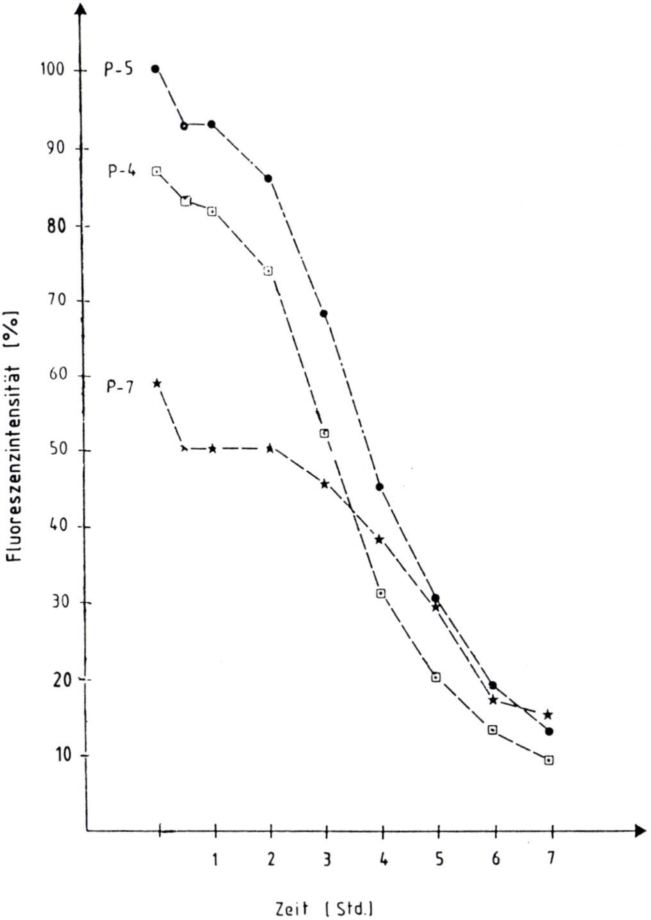

Abb. 49: Abnahme der Fluoreszenz von Coproporphyrin (P-4), Pentaporphyrin (P-5) und Heptaporphyrin (P-7) in Abhängigkeit von der Zeit beim Aufbewahren der Chromatogramme an der Luft und im Tageslicht.

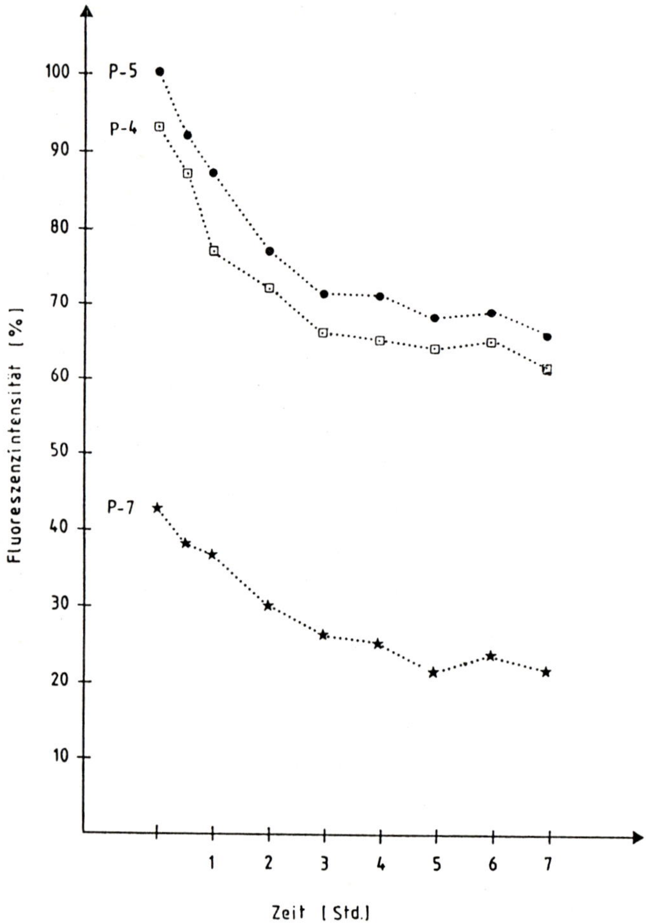

Abb. 50: Abnahme der Fluoreszenz von Coproporphyrin (P-4), Pentaporphyrin (P-5) und Heptaporphyrin (P-7) in Abhängigkeit von der Zeit beim Aufbewahren der Chromatogramme im Dunkeln.

von 2% Paraffin zum Fließmittel eine Stabilisierung der Emission [229]. Offensichtlich sind niedrige Konzentrationen vorwiegend zur *Stabilisierung der Fluoreszenz* geeignet – bei Porphyrinen reicht dieser „Stabilisierungsbereich" bis zu etwa 20proz. Lösungen (Abb. 51). Werden die Chromatogramme in konzentriertere Lösungen getaucht, so nimmt die Fluoreszenzausbeute sprunghaft zu. Ob möglicherweise Mizellbildungen bei dieser Intensivierung eine Rolle spielen, ist noch nicht geklärt.

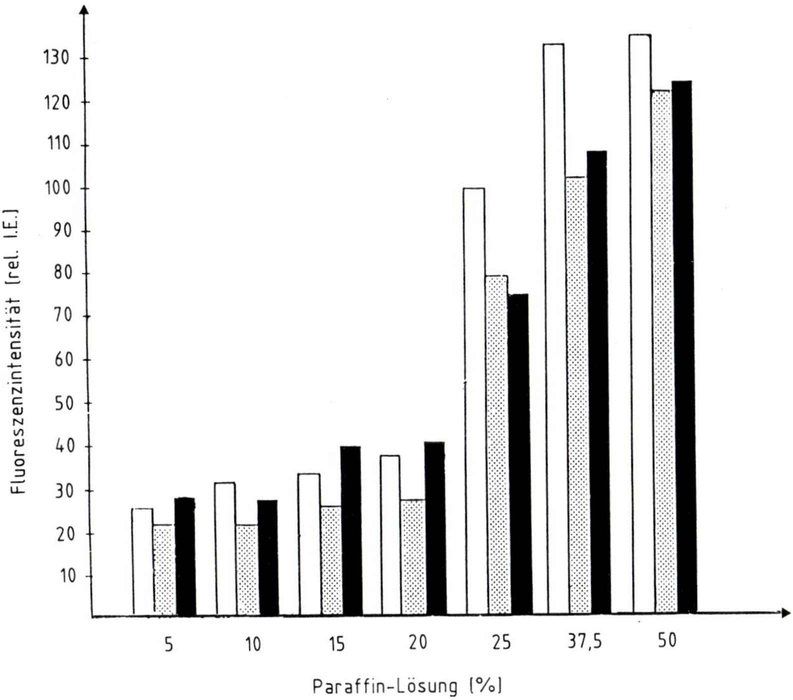

Abb. 51: Fluoreszenzintensität von Porphyrinen in Abhängigkeit von der Konzentration der Paraffin-Tauchlösung; ■ Mesoporphyrin, ▒ Coproporphyrin, □ Pentaporphyrin.

Die Abbildung 52 zeigt, daß Porphyrine, die auf DC-Schichten ohne besondere Vorkehrungen bereits nach einigen Stunden zersetzt sind, länger als 24 Stunden stabil gehalten werden können, wenn sie in 50proz. Paraffin-Lösung getaucht und im Dunkeln aufbewahrt werden. Das gilt für alle sechs untersuchten Porphyrine. Ihre quantitative Auswertung sollte erst etwa eine Stunde nach dem Tauchen beginnen, weil dann Konstanz in der Fluoreszenz-Emission erreicht ist [230].

Über ähnliche Fluoreszenzstabilisierungen mit Polyethylenglycol 4000 berichtet WINTERSTEIGER [291].

Daß die Empfindlichkeit der Auswertung bis in den Femtogramm-Bereich gesenkt werden kann, zeigten FUNK et al. [231] am Beispiel der Selen-Bestimmung in Wasser und biologischen Matrices (Abb. 53).

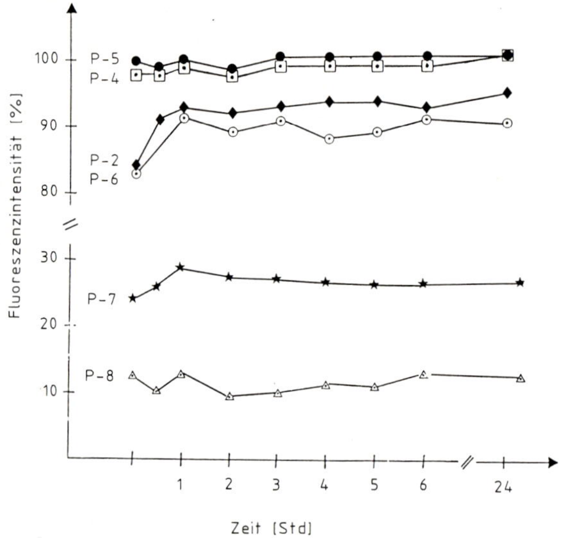

Abb. 52: Fluoreszenzintensität von Porphyrin-Chromatogramm-Zonen nach Tauchen in 50proz. Paraffin-Lösung und Aufbewahren im Dunkeln in Abhängigkeit von der Zeit. –
P-2: Mesoporphyrin, P-4: Coproporphyrin, P-5: Pentaporphyrin, P-6: Hexaporphyrin, P-7: Heptaporphyrin, P-8: Uroporphyrin.

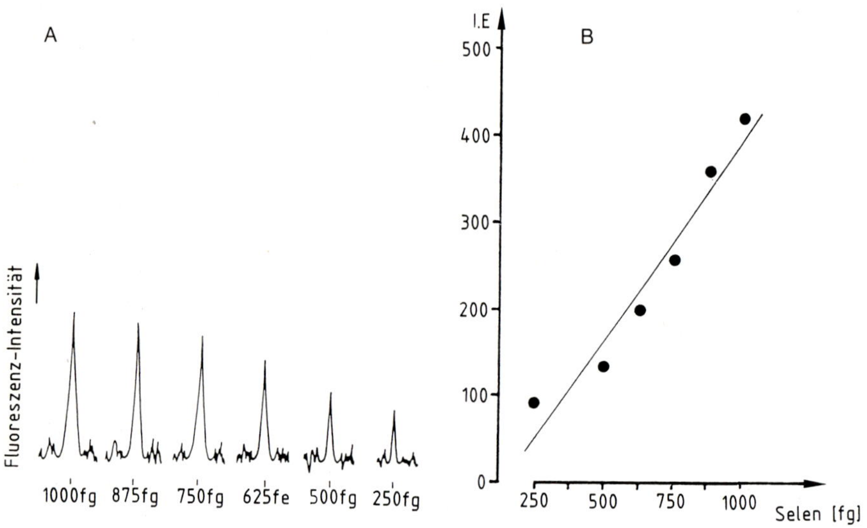

Abb. 53: Fluoreszenz-Ortskurven von Femtogramm-Mengen 2,1,3-Naphthoselenodiazol (A) und zugehörige Kalibriergerade (B); Fluoreszenzverstärkung: Triton X-100, S. 108.

In Tabelle 22 sind weitere Beispiele zusammengestellt, bei denen Fluoreszenzstabilisierungen und Intensitätssteigerungen durch Behandeln der Chromatogramme mit viskosen, lipophilen Flüssigkeiten erzielt wurden. Zuweilen haben sich auch zusätzlich pH-Wert-Verschiebungen [293] oder Zugaben von organischen Basen oder Säuren bewährt [292]. Daß auch das DC-Schichtmaterial (Binder) die Fluoreszenzverstärkung beeinflussen kann, beschreibt WINTERSTEIGER ([291]; s. auch S. 105).

Tabelle 22: Lipophile Fluoreszenzverstärker und ihre Einsatzbereiche.

Fluoreszenz-verstärker	Substanzen	Empfindlich-keitssteigerung/ Stabilisierung	Bemerkungen/ Literatur
Isooctan	Porphyrinmethylester	Reaktivierung verblaßter Fluoreszenzen	In gleicher Weise lassen sich Benzol und Petroleumbenzin einsetzen [233, 289]
Dodecan	Polycyclische aromatische Kohlenwasserstoffe	2- bis 2,5fach	50% in n-Hexan, deutliche zeitabhängige Zonenverbreiterung [234]
Palmitin- und Stearinsäure	Aflatoxine B_1 und B_2	15 bis 35%	Bei der Untersuchung von Mais-Extrakten verstärken nicht abgetrennte Fettsäuren die Fluoreszenz [224]
Kerosin	Porphyrine	deutlich	[235]
Fomblin Y-Vac	Polycyclische aromatische Kohlenwasserstoffe	bis 100fach	35% in 1,1,2-Trichlortrifluorethan [234]
Paraffinöl	Benzo(a)pyren	35fach	Sprühlösung, 67% in n-Hexan; Fluoreszenz ist über 10 h stabil [245]
Paraffinöl	Aflatoxine	3- bis 4fach	Tauchlösung, 33% in n-Hexan, Untersuchung von Pilznährlösungen [239]
Paraffinöl	Aflatoxin B_1	2,5fach	Sprühlösung, 67% in n-Hexan [245]
Paraffinöl	Aflatoxine, Sterigmatocystin	10- bis 100fach	Lebensmitteluntersuchungen [65]

Tabelle 22: (Fortsetzung)

Fluoreszenz-verstärker	Substanzen	Empfindlich-keitssteigerung/ Stabilisierung	Bemerkungen/ Literatur
Paraffinöl	Selen als 2,1,3-Naphtho-selenodiazol	25fach	Sprühlösung, 67% in n-Hexan (Abb. 53, [240])
Paraffinöl	Carbamat- und Harn-stoff-Herbizide	Stabilisierung und Steigerung	Sprühlösung, 20% in Toluol, Wasserunter-suchung [241]
Paraffinöl	Digitalis-Glycoside	Stabilisierung und Steigerung	30% in Chloroform [242]
Paraffinöl	Digitoxin, Digoxin, Methyldigoxin	Steigerung	Chromatogramm wird mit einem Film flüssigem Pa-raffin bedeckt [243]
Paraffinöl	Luteoskyrin, Rugulosin	Stabilisierung	Sprühlösung, 50% in To-luol-Ethylacetat-Ameisen-säure (16+4+1) [244]
Paraffinöl	Δ^4-3-Ketosteroide	10fach	Tauchlösung, 33% in n-Hexan [10]
Paraffinöl	Δ^4-3-Ketosteroide (Testosteron-Isonicotin-säurehydrazon, Testoste-ron-Dansylhydrazon)	>10fach	Tauchlösung, 33% in n-Hexan [232]
Paraffinöl	Cholesterin, Koprosta-non, Koprostanol etc.	2- bis 8fach	Tauchlösung, 33% in n-Hexan [246]
Paraffinöl	Östriol als Dansyl-De-rivat	10fach	Tauchlösung, 67% in n-Hexan [247]
Paraffinöl	Cortisol als Dansyl-hydrazon	10fach	Tauchlösung, 67% in n-Hexan, Serumunter-suchungen [248, 249]
Paraffinöl	Dansylamide	10fach, Stabili-sierung >10 h	Sprühlösung, 67% in n-Hexan [245]
Paraffinöl	Amilorid	80% Steigerung	Tauchlösung, 33% in Cyclohexan, Humanplasma-Untersuchung [250]

Tabelle 22: (Fortsetzung)

Fluoreszenz-verstärker	Substanzen	Empfindlich-keitssteigerung/ Stabilisierung	Bemerkungen/ Literatur
Paraffinöl	Fluphenazin	Steigerung	Tauchlösung, 5% in Toluol, Plasmauntersuchung [251]
Paraffinöl	Piroxicam	Steigerung	Tauchlösung, 10% in n-Pentan, Urin-, Gewebe- und Plasmauntersuchung [252]
Paraffinöl	Gentamicine, Netilmicin	50- bis 65proz. Steigerung	Tauchlösung, 15% in n-Hexan [253]
Paraffinöl	Gentamicine	Stabilisierung	Tauchlösung, 33% in n-Hexan [254]
Paraffinöl	Morphin als Dansyl-Derivat	Stabilisierung	Tauchlösung, 20% in n-Hexan [291]
Paraffinöl-Triethanolamin	Carbamazepin	30fach	Chloroform-Paraffin-Triethanolamin (60+10+10) [255, 256]
Paraffinöl-Triethanolamin	cis/trans-Diethylstilböstrol, Ethinylöstradiol	3fach	Chloroform-Paraffin-Triethanolamin (60+10+10) [257]
Paraffinöl-Triethanolamin	Vitamin B_1	2fach	Chloroform-Paraffin dünnflüssig-Triethanolamin (60+10+10) [258]
Silicon DC-200	Sterigmatocystin	10fach	18% in Diethylether, Käse-Untersuchung [259]

Auch *hydrophile Flüssigkeiten* können zur Intensitätssteigerung und -stabilisierung von Fluoreszenzen beitragen. So verwandten DUNPHY et al. Wasser- oder Ethanoldampf, um die Emission ihrer mit Fluorescein bzw. 2′,7′-Dichlorfluorescein behandelten Chromatogramme zu intensivieren [260]. Einige Arbeitskreise wiesen darauf hin, daß auch das Schichtmaterial selbst einen Einfluß auf die Fluoreszenz-Energieausbeute haben kann [261–263]. So wurden nicht nur Kieselgel-, sondern auch Polyamid- und Cellulose-Schichten eingesetzt [245]. Im Vergleich zu unbehandelten Chromatogrammen ist die Fluoreszenzausbeute im allgemeinen um den Faktor 5 bis 10 erhöht [264], kann aber auch den 100fachen Wert erreichen [265]. In Tabelle 23 sind einige Beispiele von Fluoreszenzsteigerungen mittels hydrophiler Flüssigkeiten zusammengestellt.

Tabelle 23: Hydrophile Fluoreszenzverstärker und ihre Einsatzbereiche.

Fluoreszenz-verstärker	Substanzen	Empfindlich-keitssteigerung/ Stabilisierung	Bemerkungen/ Literatur
Ethylenglycol	Furosemid und sein Metabolit	keine Angabe	10% Zitronensäure in Ethylenglycol-Wasser (1+1); Plasma-Untersuchungen [266]
2-Ethoxiethanol	Gramin	Stabilisierung	6% im Fließmittel [267]
Glycerin	Ethoxyquin, Dansyl-Amide	20fach	Sprühlösung, 33% in Methanol [292] oder 50proz. Ethanol [245]
Polyethylen-glycol 400	Cystein-Addukte, α-,β-ungesättigte Aldehyde als Dansyl-hydrazone	Stabilisierung und Steigerung	Tauchlösung, 25% in Chloroform [268]
Polyethylen-glycol 400	Verbindungen mit alkoholischer OH-Gruppe	20- bis 25fach	Tauchlösung, 10% in Methanol [269]
Polyethylen-glycol	Primäre Amine, Indol-Derivate, Sympathomimetica	Stabilisierung und Steigerung	Tauchlösung, 20% in Methanol [270]
Polyethylen-glycol 4000	Alkohole, Amine	Stabilisierung und Steigerung	Sprühlösung, 50% in Methanol, Effekt am stärksten auf Kieselgel-Schichten [271]
Polyethylen-glycol 4000	Flavonoid-Glycoside	keine Angabe	Tauchlösung, 5% in Ethanol; phytochemische Untersuchungen [273]
Polyethylen-glycol 4000	Silymarin	Steigerung	5% in Ethanol; Optimum der Fluoreszenz nach 24 h [274]
Polyethylen-glycol 4000	Primäre, sekundäre, tertiäre Alkohole als Anthracen-Urethan-Derivate	Stabilisierung und Steigerung	Gesättigte Tauchlösung in Methanol [275]
Polyethylen-glycol 4000	Verbindungen mit alkoholischer OH-Gruppe	20- bis 25fach	Tauchlösung, 10% in Methanol [269]

Tabelle 23: (Fortsetzung)

Fluoreszenz-verstärker	Substanzen	Empfindlich-keitssteigerung/ Stabilisierung	Bemerkungen/ Literatur
Polyethylen-glycol 4000	Cetanol nach Umsetzung mit 8-Brommethylbenzo-d-pyrido(1,2-a)pyrimi-din-6-on	Stabilisierung >15 d	Tauchlösung, 10% in Chloroform [291]
Triethylamin	Phenylharnstoff- und N-Phenylcarbamat-Pestizide	Stabilisierung und Steigerung	Sprühlösung, 10% in Di-chlormethan; 15 min Wartezeit vor der Auswer-tung [41]
Triethylamin	Aminoglycosid-Anti-biotika	Stabilisierung	Sprühlösung, 10% in Dichlormethan; Unter-suchung von Injektions-lösungen [276]
Triethylamin	Aminosäuren als Fluorescamin-Derivate	Stabilisierung	Sprühlösung, 10% in Di-chlormethan; vor und nach der Reaktion mit Fluores-camin anwenden [280]
Monoethanol-amin	Dansyl-Amide	10fach	Sprühlösung [245, 272]
Triethanolamin	Dansyl-Aminosäuren, Dansyl-Amide	Steigerung	Sprühlösung, 20% in 2-Propanol; fluorimetri-sche Auswertung nach 16 h Lagerung im Vakuum [281]
Triethanolamin	Gramin	Steigerung	20% in Wasser; Auch Natronlauge (c = 1 mol/l) oder 20proz. Mo-noethanolamin-Lösungen sind einsetzbar [267]
Triethanolamin	Ephedrin, Effortil und Östriol als Dansyl-Derivate	Stabilisierung >100 min	20% in 2-Propanol [282]
Triethanolamin	Spermin, Spermidin	keine Angabe	Sprühlösung, 20% in 2-Propanol; fluorimetri-sche Auswertung nach 16 h Lagerung im Vakuum [283]

Tabelle 23: (Fortsetzung)

Fluoreszenz-verstärker	Substanzen	Empfindlich-keitssteigerung/ Stabilisierung	Bemerkungen/ Literatur
Triethanolamin	N-Nitrosamine	keine Angabe	Sprühlösung, 10% in Dichlormethan [284]
Triethanolamin	Thioharnstoff	Steigerung	Sprühlösung, 20% in 2-Propanol [285]
Triethanolamin	Carbamat- und Harnstoff-Herbizide als Dansyl-Derivate	Stabilisierung	20% in 2-Propanol; Bodenuntersuchungen [286, 287]
Triethanolamin	Matacil, Zectran	Stabilisierung	Sprühlösung, 20% in 2-Propanol [288]
Triethanolamin	Propham, Chlorpropham, Swep, Linuron, Maloron	Stabilisierung	Sprühlösung, 20% in 2-Propanol; Wasseruntersuchungen [241]
Triton X-100	Dansyl-Amide und Aminosäuren	30- bis 110fach	Sprühlösung, 20% in Chloroform [265, 290]
Triton X-100	Ethoxyquin (Antioxidans in Gewürzen)	>200 fach, Stabilisierung >15 h	Sprühlösung, 33% in Benzol; die Fluoreszenz von Aflatoxin B_1 wird dabei auf 10 bis 15% gesenkt [292]
Trition X-100	Polycyclische, aromatische Kohlenwasserstoffe	10fach	1proz. Lösung in n-Hexan; optimale Emission nach 60 min; 10proz. Zonenverbreiterung [234]
Triton X-100	Testosteron-Dansylhydrazon	>25fach	Tauchlösung, 20% in Chloroform [232]
Triton X-100	Selen als 2,1,3-Naphthoselenodiazol	90fach	Tauchlösung, 20% in Chloroform (Abb. 53) [231]
Natriumdodecylsulfat, Cetyltrimethylammoniumchlorid, Natrium-Cholat, β-Cyclodextrin	Dansylierte Aminosäuren und polycyclische, aromatische Kohlenwasserstoffe	>45fach	1% in Wasser; am stärksten fluoreszenzsteigernd wirkt Natrium-Cholat auf Pyren [263]
Dioctylsulfosuccinat	Codein, Morphin, Monoacetylmorphin, Heroin	Stabilisierung	Tauchlösung, 20% in Ethanol [94]

Obwohl aufgrund der zahlreichen Untersuchungen die Stabilisierung und Intensitätssteigerung von Fluoreszenzen durch viskose lipophile und hydrophile Flüssigkeiten und Lösungen hinreichend belegt ist, fehlt bisher noch die endgültige physikalisch-chemische Erklärung dieses Phänomens. Neben solubilisierenden Löslichkeitseffekten und Mizellenbildung im Flüssigkeitsfilm können auch Benetzungsphänomene und pH-Wert-Verschiebungen eine Rolle spielen.

Triton X-100 als nichtionogenes Tensid besitzt benetzende Eigenschaften, so daß hier eine Oberflächenwirksamkeit diskutiert werden kann. Die eingesetzten Amine bewirken sicherlich pH-Wert-Verschiebungen. Weitere Untersuchungen werden zur Deutung des Phänomens führen.

3.3 Biologisch-physiologische Methoden der Detektion

Genauso wie die physikalischen und mikrochemischen Nachweismethoden haben die indirekten, biologisch-physiologischen Detektionsverfahren einen hohen Stellenwert im Selektivitätsfächer der Dünnschicht-Chromatographie. Dabei werden nicht funktionelle, chemische Gruppierungen oder physikalische Eigenschaften der Substanzen, sondern ihre Wirkungen auf hochempfindliche *Biodetektoren* erfaßt. Zu unterscheiden sind

- Methoden mit *manuellem Transfer* der chromatographisch abgetrennten Komponenten zum Detektor. Bekannt sind hier z. B. die Erfassung von antibiotisch wirksamen Substanzen, Phyto- und Zoohormonen, Mykotoxinen, Insektiziden, Scharf- und Bitterstoffen sowie Alkaloiden. Die Häufigkeitsverteilung ihres Einsatzes ist in Abb. 54 wiedergegeben [295].
- *Bioautographische Bestimmungen*, bei denen Testorganismen, Gewebehomogenate oder Zellorganellen in Agar- oder Gelatine-Lösung als Detektoren direkt auf die entwickelten Chromatogramme gegossen werden. Beschrieben sind hier z. B. Nachweise von Antibiotika, Fungiziden, Saponinen und Vitaminen.
- *Reprint-Verfahren*, bei denen das entwickelte, fließmittelfreie Chromatogramm blasenfrei auf die mit dem Detektor vorbereitete Agar-Schicht aufgelegt wird. In den beiden zuletzt genannten Fällen diffundieren die nachzuweisenden *Wirkstoffe* aus der DC-Schicht in die 1 bis 4 mm dicke Agar-Detektor-Schicht und fördern oder hemmen dort während der Inkubationszeit das Wachstum der Testorganismen.
- *Enzymatische Grenzwert-Bestimmungen*, bei denen die Chromatogramme zunächst mit einer Enzym-Lösung besprüht werden. Nach einer entsprechenden Inkubationszeit erfolgt dann die Detektion der enzymatisch veränderten Komponenten durch Umsetzung mit einem geeigneten Nachweisreagenz.

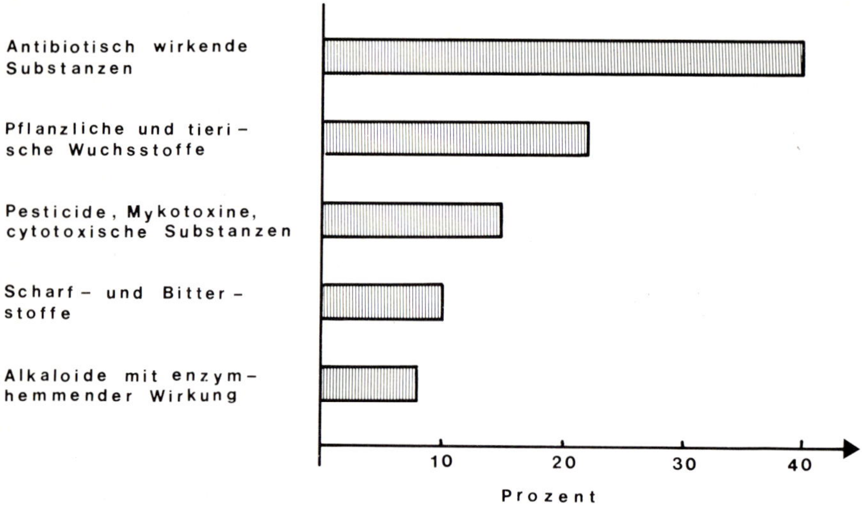

Abb. 54: Einsatzbereiche und Häufigkeitsverteilung biologisch-physiologischer Nachweisverfahren.

Natürlich sind diese Methoden mit den in der Biologie üblichen Schwankungsbreiten behaftet, und häufig bedarf es zur Durchführung eines gewissen manuellen Geschicks. Trotzdem ist der Einsatz in der Dünnschicht-Chromatographie gerechtfertigt, weil

- diese Methoden hochspezifisch sind (Abb. 36),
- unwirksame Begleitsubstanzen die Untersuchungen nicht stören,
- der Erfassungsbereich der nachzuweisenden Verbindungen zuweilen so niedrig ist, daß mit den klassischen Verfahren der physikalischen Chemie ohne Anreicherung kaum bessere Ergebnisse erzielbar sind.

Ausführlich wird dieser Themenkomplex in Band 3 behandelt.

Literatur

[1] Mathis, C., Ourisson, G.: *J. Chromatogr.* **1963,** *12*, 94–96.
[2] Kaess, A., Mathis, C.: *Chromatogr. Electrophor. Symp. Int. 4th, 1966*, Ann Arbor Science Publishers, Michigan 1968.
[3] Hamann, B. L., Martin, M. M.: *Steroids* **1967,** *10*, 169–183.

[4] Funk, W.: *Mitt. Gebiete Lebensm. Hyg.* **1982,** *73*, 139–154.
[5] Dünges, W.: *Prächromatographische Mikromethoden.* Hüthig-Verlag, Heidelberg–Basel–New York 1979.
[6] Gubor, L. A., Elyashberg, M. E.: *Fresenius Z. Anal. Chem.* **1977,** *32*, 2025–2043.
[7] Kaufmann, H. P., Radwan, S. S., Ahmad, A. K. S.: *Fette, Seifen, Anstrichmittel* **1966,** *68*, 261–268.
[8] Dünges, W.: *GIT Fachz. Lab. Supplement „Chromatographie"* **1982,** 17–26.
[9] Miller, J. M., Kirchner, J. G.: *Anal. Chem.* **1953,** *25*, 1107–1109.
[10] Funk, W.: *Fresenius Z. Anal. Chem.* **1984,** *318*, 206–219.
[11] Weicker, H., Brossmer, R.: *Klin. Wochenschrift* **1961,** *39*, 1265–1266.
[12] Kofoed, J., Korczak-Fabierkiewicz, C., Lucas, G. H. W.: *Nature* **1966,** *211*, 147–150; *J. Chromatogr.* **1966,** *23*, 410–416.
[13] Stijve, T.: *Dtsch. Lebensm. Rundsch.* **1980,** *76*, 234–237.
[14] Mathis, C.: *Ann. Pharm. Fr.* **1965,** *23*, 331–334.
[15] Froment, P., Robert, A.: *Chromatographia* **1971,** *4*, 173.
[16] Elgamal, M. H. A., Fayez, M. B. E.: *Fresenius Z. Anal. Chem.* **1967,** *226*, 408–417.
[17] Rusiecki, W., Henneberg, M.: *Ann. Pharm. Fr.* **1963,** *21*, 843–846.
[18] Frijns, J. M. G. J.: *Pharm. Weekbl.* **1971,** *106*, 605–623; *CA 75, 121441b* (1971).
[19] Polesuk, J., Ma, T. S.: *Mikrochim. Acta (Wien)* **1970,** 677–682.
[20] Wilk, M., Hoppe, U., Taupp, W., Rochlitz, J.: *J. Chromatogr.* **1967,** *27*, 311–316.
[21] Wilk, M., Bez, W., Rochlitz, J.: *Tetrahedron* **1966,** *22*, 2599–2608.
[22] Kaess, A., Mathis, C.: *Ann. Pharm. Fr.* **1966,** *24*, 753–762.
[23] Smith, L. L., Price, J. C.: *J. Chromatogr.* **1967,** *26*, 509–511.
[24] Van Lier, J. E., Smith, L. L.: *J. Chromatogr.* **1969,** *41*, 37–42.
[25] Polesuk, J., Ma, T. S.: *J. Chromatogr.* **1971,** *57*, 315–318.
[26] Glaser, C. B., Maeda, H., Meienhofer, J.: *J. Chromatogr.* **1970,** *50*, 151–154.
[27] Kaufmann, H. P., Makus, Z., Khoe, T. H.: *Fette, Seifen, Anstrichm.* **1962,** *64*, 1–5.
[28] Kaufmann, H. P., Khoe, T. H.: *Fette, Seifen, Anstrichm.* **1962,** *64*, 81–85.
[29] Knappe, E., Peteri, D.: *Fresenius Z. Anal. Chem.* **1962,** *190*, 380–386.
[30] Wieland, T., Ottenheym, H.: *Pept. Proc. Eur. Pept. Symp., 8th, 1966,* 195. North-Holland, Amsterdam 1967.
[31] Graf, E., Hoppe, W.: *Dtsch. Apoth. Ztg.* **1962,** *102*, 393–397.
[32] Brown, K., Poole, C.: *J. High Resolut. Chromatogr. Chromatogr. Commun.* **1984,** *7*, 520–524.
[33] Tyrer, J. H., Eadie, M. J., Hooper, W. D.: *J. Chromatogr.* **1969,** *39*, 312–317.
[34] Scotney, J., Truter, E. V.: *J. Chem. Soc. C* **1968,** 1911–1913.
[35] Viswanathan, C. V., Basilo, M., Hoevet, S. P., Lundberg, W. O.: *J. Chromatogr.* **1968,** *34*, 241–245.
[36] Junior, P., Krüger, D., Winkler, C.: *Dtsch. Apoth. Ztg.* **1985,** *125*, 1945–1949.
[37] Krüger, D., Wichtl, M.: *Dtsch. Apoth. Ztg.* **1985,** *125*, 55–57.
[38] Bierl, B. A., Beroza, M., Aldridge, M. H.: *Anal. Chem.* **1971,** *43*, 636–641.
[39] Baggiolini, M., Dewald, B.: *J. Chromatogr.* **1967,** *30*, 256–259.
[40] Purdy, S. J., Truter, E. V.: *Proc. R. Soc. London, B.* **1963,** *158*, 536–543.
[41] Young-Duck Ha, Bergner, K.-G.: *Dtsch. Lebensm. Rundsch.* **1981,** *77*, 102–106.
[42] Randerath, K., Randerath, E.: *Angew. Chem. Int. Ed. Engl.* **1964,** *3*, 442.
[43] Dutta, J., Das, A. K., Ghosh, R.: *J. Chromatogr.* **1981,** *210*, 544–549.
[44] Polesuk, J., Ma, T. S.: *Mikrochim. Acta (Wien)* **1971,** 662–666.
[45] Cargill, D. I.: *Analyst (London)* **1962,** *87*, 865–869.

[46] Jork, H., Kany, E.: *GDCH-Fortbildungskurs Nr. 301 „Dünnschicht-Chromatographie für Fortgeschrittene"*, Saarbrücken 1986.
[47] Lück, E., Courtial, W.: *Dtsch. Lebensm. Rundsch.* **1965,** *61*, 78–79.
[48] Jork, H.: *GDCh-Fortbildungskurs Nr. 301 „Dünnschicht-Chromatographie für Fortgeschrittene"*, Universität des Saarlandes, Saarbrücken 1985.
[49] Schütz, C., Schütz, H.: *Arzneim. Forsch.* **1973,** *23*, 428–431.
[50] De Zeeuw, R. A., Wijsbeek, J.: *J. Chromatogr.* **1970,** *48*, 222–224.
[51] Schütz, C., Schütz, H.: *Arch. Toxikol.* **1972,** *28*, 286–295.
[52] Schütz, C., Schütz, H.: *Dtsch. Apoth. Ztg.* **1973,** *113*, 1559–1562.
[53] Wilk, M., Brill, U.: *Arch. Pharm.* **1968,** *301*, 282–287.
[54] Wilk, M., Taupp, W.: *Z. Naturforsch.* **1969,** *24B*, 16–23.
[55] Brown, W., Turner, A. B.: *J. Chromatogr.* **1967,** *26*, 518–519.
[56] Klesment, I. R.: *Gazov. Kromatogr.* **1966,** *No. 4*, 102; *CA 66, 26752a* (1967).
[57] Polesuk, J., Ma, T. S.: *Mikrochim. Acta (Wien)* **1969,** 352–357.
[58] Lisboa, B. P., Diczfalusy, E.: *Acta Endocrinol.* **1962,** *40*, 60–81.
[59] Lewitzky, E.: Diplomarbeit, Fachhochschule Gießen, Fachbereich Technisches Gesundheitswesen 1979.
[60] Marcus, B. J., Fono, A., Ma, T. S.: *Mikrochim. Acta (Wien)* **1967,** 960–966.
[61] Fono, A., Sapse, A.-M., Ma, T. S.: *Mikrochim. Acta (Wien)* **1965,** 1098–1104.
[62] Bennett, R. D., Heftmann, E.: *J. Chromatogr.* **1962,** *9*, 353–358.
[63] *Bundesgesundheitsbl. 18,* **1975,** 231–233.
[64] Przybylski, W.: *J. Assoc. Off. Anal. Chem.* **1975,** *58*, 163–164.
[65] Gertz, C., Böschemeyer, L.: *Z. Lebensm. Unters. Forsch.* **1980,** *171*, 335–340.
[66] Golinski, F., Grabarkiewicz-Szczesna, J.: *J. Assoc. Off. Anal. Chem.* **1984,** *67*, 1108–1110.
[67] Dallas, M. S. J.: *J. Chromatogr.* **1970,** *48*, 225–230.
[68] Koch, C. E., Thurm, V., Paul, P.: *Nahrung* **1979,** *23*, 125–130.
[69] Leuenberger, U., Gauch, R., Baumgartner, E.: *J. Chromatogr.* **1978,** *161*, 303–309.
[70] Holloway, P. J., Challen, S. B.: *J. Chromatogr.* **1966,** *25*, 336–346.
[71] Studer, A., Traitler, H.: *Proc. Int. Symp. Instrum. High Perform. Thin-Layer Chromatogr., 2nd, Interlaken,* 1982.
[72] Minyard, J. P., Tumlinson, J. H., Thompson, A. C., Hedin, P. A.: *J. Chromatogr.* **1967,** *29*, 88–93.
[73] Riess, J.: *J. Chromatogr.* **1965,** *19*, 527–530.
[74] Maruyama, Y.: *Igaku To Seibutsugaku* **1966,** *73*, 20; *CA 69, 92757c* (1968).
[75] Viswanathan, C. V., Phillips, F., Lundberg, W. O.: *J. Chromatogr.* **1968,** *38*, 267–273.
[76] Saha, S., Dutta, J.: *Lipids* **1973,** *8*, 653–655.
[77] Oette, K., Doss, M.: *J. Chromatogr.* **1968,** *32*, 439–450.
[78] Robbiani, R., Büchi, W.: *Proc. Euro Food Chem. III,* Bd. 2, 216–223; Antwerpen, März 1985.
[79] Cohen, I. C., Norcup, J., Ruzicka, J. H. A., Wheals, B. B.: *J. Chromatogr.* **1969,** *44*, 251–255.
[80] Marcus, B. J., Ma, T. S.: *Microchimica Acta (Wien)* **1968,** 436–441.
[81] Lisboa, B. P.: *J. Chromatogr.* **1966,** *24*, 475–477.
[82] Tumlinson, J. H., Minyard, J. P., Hedin, P. A., Thompson, A. C.: *J. Chromatogr.* **1967,** *29*, 80–87.
[83] Wilczynska, I.: *Chem. Anal. (Warsaw)* **1972,** *17*, 21–30; *CA 77, 42872f* (1972).
[84] Wilczynska, I.: *Chem. Anal. (Warsaw)* **1971,** *16*, 69–76; *CA 75, 5401q* (1971).
[85] Stedman, E. D.: *Analyst (London)* **1969,** *94*, 594–598.

[86] Schorn, P. J.: in: Stahl, E.: *Dünnschicht-Chromatographie, ein Laboratoriumshandbuch.* 2. Aufl., Springer, Berlin-Heidelberg-New York 1967.
[87] Junker-Buchheit, A., Jork, H.: *Fresenius Z. Anal. Chem.* **1988,** *331,* 387-393.
[88] Junker-Buchheit, A., Jork, H.: *Spectrum* (Darmstadt) **1988,** *2/88,* 22-25.
[89] Hänsel, W., Strömmer, R.: *GIT Fachz. Lab. Supplement 3 „Chromatographie"* **1987,** 21-26.
[90] Frei, R. W., Lawrence, J. F., le Gay, D. S.: *Analyst (London)* **1973,** *98,* 9-18.
[91] Lawrence, J. F., Laver, G. W.: *J. Assoc. Off. Anal. Chem.* **1974,** *57,* 1022-1025.
[92] Lantos, J., Brinkman, U. A. T., Frei, R. W.: *J. Chromatogr.* **1984,** *292,* 117-127.
[93] Scholten, A. H. M. T., Buuren, C. van, Lawrence, J. F., Brinkman, U. A. T., Frei, R. W.: *J. Liq. Chromatogr.* **1979,** *2,* 607-617.
[94] Patzsch, K., Funk, W., Schütz, H.: *GIT Fachz. Lab. Supplement 3 „Chromatographie"* **1988,** 83-91.
[95] Rippstein, S.: *Forensische Probleme des Drogenmißbrauchs.* Verlag Dr. D. Helm, Heppenheim 1985, S. 163-166.
[96] Tagliaro, F., Dorizzi, R., Plescia, M., Pradella, M., Ferrari, S., Lo Cascio, V.: *Fresenius Z. Anal. Chem.* **1984,** *317,* 678-679.
[97] Bernhard, W., Fuhrer, A. D., Jeger, A. N., Rippstein, S. R.: *Fresenius Z. Anal. Chem.* **1988,** im Druck.
[98] Nakajima, T., Endou, H., Sakai, F., Tamura, Z.: *Chem. Pharm. Bull. (Tokyo)* **1970,** *18,* 1935.
[99] Pataki, G., Borko, J., Curtius, H. C., Tancredi, F.: *Chromatographia* **1968,** *1,* 406-417.
[100] Inglis, A. S., Nicholls, P. W., Strike, P. McK.: *J. Chromatogr.* **1975,** *107,* 73-80.
[101] Lin, R.-L., Narasimhachari, N.: *Anal. Biochem.* **1974,** *57,* 46-58.
[102] Parihar, D. B., Sharma, S. P., Tewari, K. C.: *J. Chromatogr.* **1966,** *24,* 443-447.
[103] Studer, A., Traitler, H.: *J. High Resolut. Chromatogr. Chromatogr. Commun.* **1982,** *5,* 581-582.
[104] Wintersteiger, R., Gübitz, G., Hartinger, A.: *Chromatographia* **1980,** *13,* 291-294.
[105] Nakamura, H., Pisano, J. J.: *J. Chromatogr.* **1976,** *121,* 33-40; **1978,** *152,* 153-165; **1978,** *154,* 51-59.
[106] Randerath, K., Weimann, G.: *Biochem. Biophys. Acta* **1963,** *76,* 129-131.
[107] Young, J. C.: *J. Chromatogr.* **1977,** *124,* 17-28; **1977,** *130,* 392-395.
[108] Kurhekar, M. P., D'Souza, F. C., Meghal, S. K.: *J. Chromatogr.* **1978,** *147,* 432-434.
[109] Kurhekar, M. P., D'Souza, F. C., Pundlik, M. D., Meghal, S. K.: *J. Chromatogr.* **1981,** *209,* 101-102.
[110] Yasuda, S. K.: *J. Chromatogr.* **1964,** *13,* 78-82.
[111] Thawley, A. R.: *J. Chromatogr.* **1968,** *38,* 399-400.
[112] Barton, G. M.: *J. Chromatogr.* **1968,** *34,* 562.
[113] Seiler, H., Rothweiler, W.: *Helv. Chim. Acta* **1961,** *44,* 941-942.
[114] Funk, W., Heiligenthal, M.: *GIT Fachz. Lab. Supplement 5 „Chromatographie"* **1984,** 49-51.
[115] Krebs, K. G., Heusser, D., Wimmer, H., in: E. Stahl: *Dünnschicht-Chromatographie, ein Laboratoriumshandbuch.* 2. Aufl., Springer, Berlin-Heidelberg-New York 1967.
[116] Spitz, H. D.: *J. Chromatogr.* **1972,** *72,* 403-404.
[117] Kreuzig, F.: *Fresenius Z. Anal. Chem.* **1976,** *282,* 457-458.
[118] Kreuzig, F.: *Chromatographia* **1980,** *13,* 238-240.
[119] Kreuzig, F.: *J. Chromatogr.* **1977,** *142,* 441-447.
[120] Jork, H.: *Qualitative und quantitative Auswertung von Dünnschicht-Chromatogrammen unter besonderer Berücksichtigung photoelektrischer Verfahren.* Habilitationsschrift, Universität des Saarlandes, Saarbrücken 1969.

[121] Hezel, U.: *Angew. Chemie* **1973,** *85*, 334–342.
[122] Rimmer, J. G.: *Chromatographia* **1968,** *1*, 219–220.
[123] Getz, M. E., in: J. C. Touchstone, D. Rogers: *Thin-Layer Chromatography: Quantitative Environmental and Clinical Application.* J. Wiley & Sons, New York–Chichester–Brisbane–Toronto 1980.
[124] Hulpke, H. R., Stegh, R., in: W. Bertsch, S. Hara, R. E. Kaiser, A. Zlatkis: *Instrumental HPTLC.* Hüthig-Verlag, Heidelberg–Basel–New York 1980.
[125] Doerffel, K.: *Statistik in der analytischen Chemie.* 4. Aufl., VCH Verlagsgesellschaft, Weinheim 1987.
[126] Kwan Young Lee, Nurok, D., Zlatkis, A.: *J. Chromatogr.* **1979,** *174*, 187–193.
[127] Mezetti, T., Lato, M., Rufini, S., Ciuffini, G.: *J. Chromatogr.* **1971,** *63*, 329–342.
[128] Bagger Hansen, A., Schytt Larsen, S.: *Dan. Tidsskr. Farm.* **1972,** *46*, 105–113.
[128a] Funk, W., Glück, V., Schuch, B.: *J. Planar Chromatogr.* **1989,** in Vorb.
[129] Armstrong, D. W., Stine, G. Y.: *J. Liq. Chromatogr.* **1983,** *6*, 23–33.
[130] Schekerdjiev, N., Dshoneydi, M., Koleva, M., Budewski, O.: *Pharmazie* **1973,** *28*, 199–201.
[131] Stahl, E., in: K. Paech, M. V. Tracy: Moderne Methoden der Pflanzenanalyse, Bd. 5. Springer, Berlin–Göttingen–Heidelberg 1962.
[132] Favretto, L., Pertoldi Marletta, G., Favretto Gabrielli, L.: *J. Chromatogr.* **1970,** *46*, 255–260.
[133] Egli, R. A.: *Fresenius Z. Anal. Chem.* **1972,** *259*, 277–282.
[134] Grusz-Harday, E.: *Pharmazie* **1971,** *26*, 562–563.
[135] Lucier, G. W., Menzer, R. E.: *J. Agric. Food Chem.* **1971,** *19*, 1249–1255.
[136] Banci, F., Grande, P. del, Monai, A.: *Arzneim. Forsch.* **1970,** *20*, 1030–1037.
[137] Brtnik, F., Barth, T., Jost, K.: *Coll. Czech. Chem. Commun.* **1981,** *46*, 1983–1989.
[138] Pauncz, J. K.: *J. High Resolut. Chromatogr. Chromatogr. Commun.* **1981,** *4*, 287–291.
[139] Procházka, Z., Jošt, K.: *Coll. Czech. Chem. Commun.* **1980,** *45*, 1305–1314; *45*, 1982–1990; **1981,** *46*, 947–956.
[140] Lebl, M., Machová, A., Hrbas, P., Barth, T., Jošt, K.: *Coll. Czech. Chem. Commun.* **1980,** *45*, 2714–2723.
[141] Procházka, Z., Lebl, M., Barth, T., Hlaváček, J., Trka, A., Buděšínsky, M., Jost, K.: *Coll. Czech. Chem. Commun.* **1984,** *49*, 642–652.
[142] Reimerdes, E. H., Engel, G., Behnert, J.: *J. Chromatogr.* **1975,** *110*, 361–368.
[143] Methees, D.: *J. Agric. Food Chem.* **1983,** *31*, 453–454.
[144] Gimeno, A.: *J. Assoc. Off. Anal. Chem.* **1984,** *67*, 194–196.
[145] Stahr, H. M., Hyde, W., Pfeiffer, R., Domoto, M.: *Proc. Int. Symp. Instrum. High Perform. Thin-Layer Chromatogr. (HPTLC), 3rd, Würzburg,* 1985, 447–468.
[146] Stahr, H. M., Hyde, W., Pfeiffer, R.: *Vet. Hum. Toxicol.* **1981,** *23*, 433–436.
[147] Booth, J., Keysell, G. R., Sims, P.: *Biochem. Pharmacol.* **1974,** *23*, 735–744.
[148] Juvvik, P., Sundry, B.: *J. Chromatogr.* **1973,** *76*, 487–492.
[149] Funk, W.: *Fresenius Z. Anal. Chem.* **1984,** *318*, 206–219.
[150] Segura, R., Gotto, A. M. jr.: *J. Chromatogr.* **1974,** *99*, 643–657.
[151] Matrka, M., Rambousek, V., Divis, J., Zverina, V., Marhold, J.: *Coll. Czech. Chem. Commun.* **1971,** *36*, 2725–2728.
[152] Kany, E., Jork, H.: *GDCh-Kurs Nr. 300 „Einführung in die Dünnschicht-Chromatographie“,* Universität des Saarlandes, Saarbrücken 1988.
[153] Adams, J. B.: *J. Sci. Food Agric.* **1973,** *24*, 747–762.
[154] Chalam, R. V., Stahr, H. M.: *J. Assoc. Off. Anal. Chem.* **1979,** *62*, 570–572.
[155] Bottler, R.: *Kontakte (Darmstadt)* **1978,** (2), 36–39.

[156] Winsauer, K., Buchberger, W.: *Chromatographia* **1981,** *14*, 623-625.
[157] Chobanov, D., Tarandjiska, R., Chobanova, R.: *J. Assoc. Off. Anal. Chem.* **1976,** *53*, 48-51.
[157a] Schlemmer, W.: *J. Chromatogr.* **1971,** *63*, 121-129.
[158] Biernoth, G.: *Fette, Seifen, Anstrichm.* **1968,** *70*, 402-404.
[159] Geissler, H. E., Mutschler, E.: *Z. Klin. Chem. Klin. Biochem.* **1974,** *12*, 151-153.
[160] Kosinkiewicz, B., Lubczynska, J.: *J. Chromatogr.* **1972,** *74*, 366-368.
[161] Huck, H., Dworzak, E.: *J. Chromatogr.* **1972,** *74*, 303-310.
[162] Nagy, A., Treiber, L.: *J. Pharm. Pharmacol.* **1973,** *25*, 599-603.
[163] Jauch, R., Bozler, G., Hammer, R., Koss, F. W.: *Arzneim. Forsch.* **1978,** *28*, 904-911.
[164] Bottler, R., Knuhr, T.: *Fresenius Z. Anal. Chem.* **1980,** *302*, 286-289.
[165] Jain, R., Agarwal, D. D., Goyal, R. N.: *J. Liq. Chromatogr.* **1980,** *3*, 557-560; *Fresenius Z. Anal. Chem.* **1981,** *307*, 207-208.
[166] Jain, R., Agarwal, D. D.: *J. Liq. Chromatogr.* **1981,** *4*, 2229-2232; **1982,** *5*, 1171-1175.
[167] Takacs, M., Kertesz, P.: *Fresenius Z. Anal. Chem.* **1971,** *254*, 367-368.
[168] Brantner, A., Vamos, J.: *Proc. Int. Symp. Chromatogr. 6th,* Bruxelles 1970, 401-407.
[169] Delfel, N. E., Tallent, W. H.: *J. Assoc. Off. Anal. Chem.* **1969,** *52*, 182-187.
[170] Lederer, M., Rinalduzzi, B.: *J. Chromatogr.* **1972,** *68*, 237-244.
[171] Aures, D., Fleming, R. Håkanson, R.: *J. Chromatogr.* **1968,** *33*, 480-493; *Fresenius Z. Anal. Chem.* **1968,** *243*, 564-567.
[172] Dell, H. D., Fiedler, J., Wäsche, B.: *Arzneim. Forsch.* **1977,** *27*, 1312-1316.
[173] Schwartz, D. P., McDonough, F. E.: *J. Assoc. Off. Anal. Chem.* **1984,** *67*, 563-565.
[173a] Edvinsson, L., Håkanson, R., Sundler, F.: *Anal. Biochem.* **1972,** *46*, 473-481.
[174] Bell, C. E., Sommerville, A. R.: *Biochem. J.* **1966,** *98*, 1c-3c.
[175] Björklund, A., Falck, B., Håkanson, R.: *J. Chromatogr.* **1969,** *40*, 186-188; **1970,** *47*, 530-536; *Anal. Biochem.* **1970,** *35*, 264-276.
[176] Håkanson, R., Lombard des Gouttes, M.-N., Owman, C.: *Life Sci.* **1967,** *6*, 2577-2585.
[177] Axelsson, S., Björklund, A., Lindvall, O.: *J. Chromatogr.* **1975,** *105*, 211-214.
[178] Segura, R., Navarro, X.: *J. Chromatogr.* **1981,** *217*, 329-340.
[179] Ripphahn, J.: *Advances in Quantitative Analysis by HPTLC, Danube Symp. Chromatogr.,* 1st, Szeged (Hungary) 1976.
[180] Rücker, G., Neugebauer, M., El Din, M. S.: *Planta Med.* **1981,** *43*, 299-301.
[181] Norpoth, K., Addicks, H. W., Wittig, M.: *Arzneim. Forsch.* **1973,** *23*, 1529-1535.
[182] Martinek, A.: *J. Chromatogr.* **1971,** *56*, 338-341.
[183] Pandey, R. C., Misra, R., Rinehart, K. L.: *J. Chromatogr.* **1979,** *169*, 129-139.
[184] Jork, H., Kany, E.: *GDCh-Kurs Nr. 302 „Möglichkeiten der quantitativen Direktauswertung von Dünnschicht-Chromatogrammen“,* Universität des Saarlandes, Saarbrücken 1985.
[185] Kynast, G., Dudenhausen, J. W.: *Z. Klin. Chem. Klin. Biochem.* **1972,** *10*, 573-576.
[186] Omori, T., in: W. Bertsch, S. Hara, R. E. Kaiser, A. Zlatkis: *Instrumental HPTLC.* Hüthig-Verlag, Heidelberg-Basel-New York 1980, 275-279.
[187] Merck, E.: Firmenschrift *„Mitteilungen zur DC XIII Aminosäuren im Plasma“*, 1979.
[188] Abe, F., Samejima, K.: *Anal. Biochem.* **1975,** *67*, 298-308.
[189] Gentile, I. A., Passera, E.: *J. Chromatogr.* **1982,** *236*, 254-257.
[190] Rasmussen, H.: *J. Chromatogr.* **1967,** *26*, 512-514.
[191] Rokos, J. A. S.: *J. Chromatogr.* **1972,** *74*, 357-358.
[192] Blass, G., Ho, C. S.: *J. Chromatogr.* **1981,** *208*, 170-173.
[193] Copius-Peereboom, J. W., Beekes, H. W.: *J. Chromatogr.* **1962,** *9*, 316-320.
[194] Nabi, S. A., Farooqui, W. U., Rahman, N.: *Chromatographia* **1985,** *20*, 109-111.

[195] Egg, D., Huck, H.: *J. Chromatogr.* **1971,** *63*, 349–355.
[196] Trucksess, M., Nesheim, S., Eppley, R.: *J. Assoc. Off. Anal. Chem.* **1984,** *67*, 40–43.
[197] Mlekusch, W., Truppe, W., Paletta, B.: *J. Chromatogr.* **1972,** *72*, 495–497; *Clin. Chim. Acta* **1973,** *49*, 73–77.
[198] Tsao, F. H. C., Zachman, R. D.: *Clin. Chim. Acta* **1982,** *118*, 109–120.
[199] Mitnick, M. A., De Marco, B., Gibbons, J. M.: *Clin. Chem.* **1980,** *26*, 277–281.
[200] Mutter, M.: *Tenside* **1968,** *5*, 138–140.
[201] König, H.: *Fresenius Z. Anal. Chem.* **1970,** *251*, 167–171; **1970,** *251*, 359–368; **1971,** *254*, 337–345.
[202] Touchstone, J. C., Murawec, T., Kasparow, M., Wortman, W.: *J. Chromatogr. Sci.* **1972,** *10*, 490–493.
[203] Smith, B. G.: *J. Chromatogr.* **1973,** *82*, 95–100.
[204] Nürnberg, E.: *Arch. Pharmaz.* **1959,** *292*, 610–620.
[205] Andreev, L. V.: *J. High Resolut. Chromatogr. Chromatogr. Commun.* **1983,** *6*, 575–576.
[206] Andreev, L. V.: *J. Anal. Chem. (USSR)* **1983,** *38*, 871–873.
[207] Glass, A.: *J. Chromatogr.* **1973,** *79*, 349.
[208] Thielemann, H.: *Pharmazie* **1977,** *32*, 244.
[209] Gänshirt, H.: *Arch. Pharmaz.* **1963,** *296*, 73–79.
[210] MACHEREY-NAGEL: Katalog *„Fertigprodukte für die DC" UD/dl/07/0/*4.85.
[211] MERCK, E.: Firmenbroschüre *„Standardisierte Kieselgele für die Chromatographie",* 1972.
[212] Unger, K. K.: *Porous Silica.* Elsevier Sci. Publ., Amsterdam–Oxford–New York 1979.
[213] Jork, H., Wimmer, H.: *Quantitative Auswertung von Dünnschicht-Chromatogrammen.* GIT-Verlag, Darmstadt 1986.
[214] Udenfried, S.: *Fluorescence Assay in Biology and Medicine.* Academic Press, London–New York 1962.
[215] Porgesova, L., Porges, E.: *J. Chromatogr.* **1964,** *14*, 286–289.
[216] Stahl, E.: *Fresenius Z. Anal. Chem.* **1968,** *236*, 294–310.
[217] Grünewald, T., Rudolf, M.: *ZFL* **1981,** *32*, 85–88.
[218] Bomar, M. T., Grünewald, T.: *Lebensm. Wiss. Technol.* **1972,** *5*, 166–171.
[219] Lambert, J. P.: *J. Food Prot.* **1980,** *43*, 625–628.
[220] Pichert, H.: *Hauswirtsch. Wiss.* **1977,** *25*, 83–89.
[221] Wallhäuser, K. H.: *Sterilisation, Desinfektion, Konservierung.* 2. Aufl., G. Thieme, Stuttgart 1978.
[222] Klatte-Siedler, K.: *Hauswirtsch. Wiss.* **1981,** *29*, 110–115.
[223] Dehne, L., Bögl, W., Großklaus, D.: *Fleischwirtschaft* **1983,** *63*, 231–237.
[224] Zennie, T. M.: *J. Liq. Chromatogr.* **1984,** *7*, 1383–1391.
[225] Pichert, H.: *Haushaltstechnik.* (Uni-Taschenbücher) E. Ulmer, Stuttgart 1978.
[226] Genest, K.: *J. Chromatogr.* **1965,** *19*, 531–539.
[227] Funk, W.: Privatmitteilung, Fachhochschule Gießen, Fachbereich Technisches Gesundheitswesen, 1988.
[228] Jork, H.: Dia-Serie *„Quantitative Direktauswertung von Dünnschicht-Chromatogrammen",* C. ZEISS, Oberkochen 1967.
[229] Hellmann, H.: *Fresenius Z. Anal. Chem.* **1983,** *314*, 125–128.
[230] Junker-Buchheit, A., Jork, H.: *J. Planar Chromatogr.* **1988,** *1*, 214–219.
[231] Funk, W., Dammann, V., Couturier, T., Schiller, J., Völker, L.: *J. High Resolut. Chromatogr. Chromatogr. Commun.* **1986,** *9*, 224–235.
[232] Funk, W., Schanze, M., Wenske, U.: *GIT Fachz. Lab. Supplement 3 „Chromatographie"* **1983,** 8–16.

[233] Götz, W., Sachs, A., Wimmer, H.: *Dünnschicht-Chromatographie.* G. Fischer Verlag, Stuttgart-New York 1978.
[234] Shaun, S. J. H., Butler, H. T., Poole, C. F.: *J. Chromatogr.* **1983,** *281*, 330-339.
[235] Fuhrhop, J.-H., Smith, K. M.: *Laboratory Methods in Porphyrin and Metalporphyrin Research.* Elsevier Publ., Amsterdam 1975, 243 ff.
[236] Gübitz, G., Wintersteiger, R.: *Anal. Toxikol.* **1980,** *4*, 141-143.
[237] Wintersteiger, R.: *Analyst (London)* **1982,** *107*, 459-461.
[238] Brown, K., Poole, C. F.: *LC Mag.* **1984,** *2*, 526-530.
[239] Chalela, G., Schwantes, H. O., Funk, W.: *Fresenius Z. Anal. Chem.* **1984,** *319*, 527-532.
[240] Funk, W., Vogt, H., Dammann, V., Weyh, C.: *Vom Wasser* **1980,** *55*, 217-225.
[241] Frei, R. W., Lawrence, J. F., LeGay, D. S.: *Analyst (London)* **1973,** *98*, 9-18.
[242] Reh, E., Jork, H.: *Fresenius Z. Anal. Chem.* **1984,** *318*, 264-266.
[243] Faber, D. B., de Kok, A., Brinkman, U. A. T.: *J. Chromatogr.* **1977,** *143*, 95-103.
[244] Takeda, Y., Isohata, E., Amano, R., Uchiyama, M.: *J. Assoc. Off. Anal. Chem.* **1979,** *62*, 573-578.
[245] Uchiyama, S., Uchiyama, M.: *J. Chromatogr.* **1978,** *153*, 135-142.
[246] Schade, M.: Diplomarbeit, Fachhochschule Gießen, Fachbereich Technisches Gesundheitswesen, 1986.
[247] Arndt, F.: Dissertation, Medizinisches Zentrum für Klinische Chemie und Fachhochschule Gießen, 1983.
[248] Kerler, R.: Diplomarbeit, Fachhochschule Gießen, Fachbereich Technisches Gesundheitswesen, 1981.
[249] Funk, W., Kerler, R., Boll, E., Dammann, V.: *J. Chromatogr.* **1981,** *217*, 349-355.
[250] Reuter, K., Knauf, H., Mutschler, E.: *J. Chromatogr.* **1982,** *233*, 432-436.
[251] Davis, C. M., Fenimore, D. C.: *J. Chromatogr.* **1983,** *272*, 157-165.
[252] Riedel, K.-D., Laufen, H.: *J. Chromatogr.* **1983,** *276*, 243-248.
[253] Kunz, F. R., Jork, H.: *Fresenius Z. Anal. Chem.* **1988,** *329*, 773-777.
[254] Kiefer, U.: Diplomarbeit, Fachhochschule Gießen, Fachbereich Technisches Gesundheitswesen, 1984.
[255] Funk, W., Canstein, M. von, Couturier, T.: *Proc. Int. Symp. Instrum. High Perform. Thin-Layer Chromatogr., 3rd, Würzburg* 1985, 281-311.
[256] Canstein, M. von: Diplomarbeit, Fachhochschule Gießen, Fachbereich Technisches Gesundheitswesen, 1984.
[257] Sommer, D.: Diplomarbeit, Fachhochschule Gießen, Fachbereich Technisches Gesundheitswesen, 1984.
[258] Derr, P.: Diplomarbeit, Fachhochschule Gießen, Fachbereich Technisches Gesundheitswesen, 1985.
[259] Francis, O. J., Ware, G. M., Carman, A. S., Kuan, S. S.: *J. Assoc. Off. Anal. Chem.* **1985,** *68*, 643-645.
[260] Dunphy, P. J., Whittle, K. J., Pennock, J. F.: *Chem. Ind. (London)* **1965,** 1217-1218.
[261] Mangold, H. K., in: Stahl, E.: *Dünnschicht-Chromatographie, ein Laboratoriums-Handbuch.* 2. Aufl., Springer, Berlin-Heidelberg-New York, 1967.
[262] Malins, D. C., Mangold, H. K.: *J. Am. Oil Chem. Soc.* **1960,** *37*, 576-581.
[263] Alak, A., Heilweil, E., Hinze, W. L., Oh, H., Armstrong, D. W.: *J. Liq. Chromatogr.* **1984,** *7*, 1273-1288.
[264] Wintersteiger, R.: *GIT Fachz. Lab. Supplement 3 „Chromatographie"*, **1988,** 5-11.
[265] Uchiyama, S., Uchiyama, M.: *J. Liq. Chromatogr.* **1980,** *3*, 681-691.
[266] Schäfer, M., Geissler, H. E., Mutschler, E.: *J. Chromatogr.* **1977,** *143*, 636-639.

[267] Majak, W., McDiarmid, R. E., Bose, R. J.: *Phytochemistry* **1978,** *17*, 301-303.
[268] Tillian, H., Gübitz, G., Korsatko, W., Wintersteiger, R.: *Arzneim. Forsch.* **1984,** *35*, 552-554.
[269] Wintersteiger, R., Wenninger-Weinzierl, G.: *Fresenius Z. Anal. Chem.* **1981,** *309*, 201-208.
[270] Gübitz, G.: *Chromatographia* **1979,** *12*, 779-781.
[271] Wintersteiger, R., Gamse, G., Pacha, W.: *Fresenius Z. Anal. Chem.* **1982,** *312*, 455-461.
[272] Seiler, N.: *J. Chromatogr.* **1971,** *63*, 97-112.
[273] Bauer, R., Berganza, L., Seligmann, O., Wagner, H.: *Phytochemistry* **1985,** *24*, 1587-1591.
[274] Wagner, H., Diesel, P., Seitz, M.: *Arzneim. Forsch.* **1974,** *24*, 466-471.
[275] Wintersteiger, R.: *J. Liq. Chromatogr.* **1982,** *5*, 897-916.
[276] Breitinger, M., Paulus, H., Wiegrebe, W.: *Dtsch. Apoth. Ztg.* **1980,** *120*, 1699-1702.
[277] Breiter, J.: *Kontakte (Darmstadt)* **1974,** *3*, 17-24.
[278] Breiter, J., Helger, R., Interschick, E., Wüst, H.: *J. Clin. Chem. Clin. Biochem.* **1978,** *16*, 127-134.
[279] Stead, A. H., Gill, R., Wright, T., Gibbs, J. P., Moffat, A. C.: *Analyst* **1982,** *107*, 1106-1168.
[280] Felix, A. M., Jimenez, M. H.: *J. Chromatogr.* **1974,** *89*, 361-364.
[281] Seiler, N., Wiechmann, M.: *Fresenius Z. Anal. Chem.* **1966,** *220*, 109-127.
[282] Dertinger, G., Scholz, H.: *Dtsch. Apoth. Ztg.* **1973,** *113*, 1735-1738.
[283] Seiler, N., Wiechmann, M.: *Hoppe Seyler's Z. Physiol. Chem.* **1967,** *348*, 1285-1290.
[284] Young, J. C.: *J. Chromatogr.* **1976,** *124*, 17-28.
[285] Klaus, R.: *Chromatographia* **1985,** *20*, 235-238.
[286] Frei, R. W., Lawrence, J. F.: *J. Chromatogr.* **1971,** *61*, 174-179.
[287] Lawrence, J. F., Frei, R. W.: *J. Chromatogr.* **1972,** *66*, 93-99.
[288] Frei, R. W., Lawrence, J. F.: *J. Assoc. Off. Anal. Chem.* **1972,** *55*, 1259-1264.
[289] Doss, M.: *Z. klin. Chem. u. klin. Biochem.* **1970,** *8*, 197-207.
[290] Uchiyama, S., Kondo, T., Uchiyama, M.: *Bunseki Kagaku* **1977,** *26*, 762-768.
[291] Wintersteiger, R.: *GIT Fachz. Lab. Supplement 3 „Chromatographie"* **1988,** 5-11.
[292] Uchiyama, S., Uchiyama, M.: *J. Chromatogr.* **1983,** *262*, 340-345.
[293] Nakamura, H., Pisano, J. J.: *J. Chromatogr.* **1978,** *154*, 51-59; **1978,** *152*, 153-165; **1976,** *121*, 79-81.
[294] Weiß, P. A. M.: *Endokrinologie* **1972,** *59*, 273-278.
[295] Jork, H.: *GIT Fachz. Lab. Supplement 3 „Chromatographie"* **1986,** 79-87.

4 Dokumentation und Hinweise für den Praktiker

Jede chromatographische Arbeit beginnt mit der Vorbereitung der Probe und des chromatographischen Systems. Es folgt als Kernstück der Trennprozeß (= Entwicklung des Chromatogramms), der mit der Sichtbarmachung der Substanzen und der Konservierung der Trennung sowie der Auswertung der Ergebnisse abschließt.

Jeder dieser Teilschritte muß so dokumentiert werden, daß er stets ohne Rückfragen nachgearbeitet werden kann. Im Folgenden werden die wichtigsten Arbeitsschritte besprochen, auf die beim Nacharbeiten besonders zu achten ist.

4.1 Vorbereitung der Chromatographie

Zu einer vollständigen Dokumentation gehört zunächst eine deskriptive Wiedergabe der einleitenden Arbeitsschritte. Dazu sind notwendig Angaben zur

- Probenahme,
- Aufbewahrung der Probe (Kühlraum, vor Licht geschützt, Inertgas-Atmosphäre etc.)
- Zerkleinerung der Probe (z. B. Maschengröße) sowie
- Probenvorbereitung (Extraktion, Destillation, Sublimation etc.).

Zusätzlich sind Informationen zur Anreicherung und Aufreinigung (clean up) des so vorbereiteten Untersuchungsgutes festzuhalten. Die erhaltene Probelösung wird möglichst auf eine bestimmte Konzentration eingestellt, damit aus der Applikation des gewählten Volumens eine orientierende Aussage über die Mengenverhältnisse im späteren Chromatogramm möglich ist.

In den nachfolgenden Beispielen werden spezielle Gerätschaften und genau definierte Qualitäten der Chemikalien und Lösungsmittel eingesetzt, die exakt bezeichnet werden müssen, wobei die Nennung eines Firmennamens dann notwendig ist, wenn damit ein Qualitätskriterium verbunden ist. Ein besonders wichtiger Punkt ist die Reinheit der Lösungsmittel und Chemikalien.

4.1.1 Qualität der Lösungsmittel

Je höhere Anforderungen an die Analytik gestellt werden, um so höher muß auch die Qualität der verwendeten Lösungsmittel sein. Da bei den meisten Arbeitsschritten die

Substanzen in gelöstem Zustand vorliegen, muß z. B. bekannt sein, welche Zusätze zur Stabilisierung empfindlicher Lösungsmittel verwendet wurden (Tab. 24).

Für manche Zwecke lassen sich nur bestimmte Lösungsmittel einsetzen. Ihre Auswahl wird beispielsweise durch ihren Restwassergehalt oder Säure-Base-Charakter bestimmt, wenn R_f-Werte reproduziert werden sollen [1, 2]. Zur Bestimmung von chlorierten Pestiziden dürfen keine halogenhaltigen Lösungsmittel verwandt werden. Analoge Überlegungen gelten für die PAK-Analytik. „Pro analysi"-Qualitäten reichen hier nicht mehr aus. Es wäre zwar möglich, universell saubere – und damit für alle analytischen Fragestellungen einsetzbare Lösungsmittel – herzustellen, nur würde das für den Endverbraucher zu teuer werden [3, 4].

Tabelle 24: Zusammenstellung einiger Lösungsmittel und ihrer Stabilisatoren.

Lösungsmittel	Qualität	Stabilisator	Firma
Chloroform	HPLC-Solvent	Ethanol, 0,5 bis 1%	BAKER
	hydrocarbon stabilized	Amylen, 0,01 bis 0,02%	BAKER
	zur Analyse	Ethanol, 0,6 bis 1,0%	MERCK
	LiChrosolv	Amylen	MERCK
	für Analyse	Ethanol, ca. 1%	RIEDEL-de HAËN
	Chromasolv	Amylen stabilisiert	RIEDEL-de HAËN
Dichlormethan	HPLC-Solvent	Cyclohexan, 100 bis 350 ppm	BAKER
	zur Analyse	Amylen, ca. 20 ppm	MERCK
	LiChrosolv	Amylen, ca. 20 ppm	MERCK
	für Analyse	Amylen, ca. 25 ppm	RIEDEL-de HAËN
	Chromasolv	Amylen, ca. 25 ppm	RIEDEL-de HAËN
Diethylether	zur Analyse	BHT, 7 ppm	MERCK
	wasserfrei	keine Angabe	MERCK
	für Analyse	BHT, 5 ppm	RIEDEL-de HAËN
	Chromasolv	Ethanol, ca. 2%	RIEDEL-de HAËN
Dioxan	zur Analyse	BHT, 25 ppm	MERCK
	LiChrosolv	BHT, 1,5 ppm	MERCK
	für Analyse	BHT, 25 ppm	RIEDEL-de HAËN
	Chromasolv	BHT, 1,5 ppm	RIEDEL-de HAËN
Di-isopropylether	zur Analyse	BHT, ca. 5 ppm	MERCK
	für Analyse	BHT, 5 ppm	RIEDEL-de HAËN
Tetrahydrofuran	HPLC-Solvent	BHT, 0,02 bis 0,03%	BAKER
	zur Analyse	BHT	MERCK
	LiChrosolv	keine Angabe	MERCK
	für Analyse	BHT, 250 ppm	RIEDEL-de HAËN
	Chromasolv	keine Angabe	RIEDEL-de HAËN

Besonders zur Probenvorbereitung werden größere Mengen Lösungsmittel eingesetzt, die anschließend auf wenige Milliliter eingeengt werden. Daher sollten hier besonders hochwertige Materialien verwandt werden, die möglichst frei von Restwasser und vor allem frei von schwer- bzw. nichtflüchtigen Verunreinigungen sind. Diese reichern sich beim Einengen an und können damit zu größeren Verunreinigungen führen. Gleiche Überlegungen gelten bei der präparativen Chromatographie. Zuweilen werden hierzu bereits spezielle Lösungsmittel besonderer Reinheit angeboten.

4.1.2 Wahl der stationären Phase

Wenn über die Vorgeschichte und chemische Natur einer Probe hinreichende Informationen vorliegen, dann läßt sich nach dem STAHLschen Dreieck-Schema [5, 40] der Charakter der stationären und mobilen Phase auswählen (Abb. 55). Als aktive Sorbentien gelten Kieselgel und Aluminiumoxid. Sie sind bei der Dokumentation der Versuche näher zu charakterisieren, am einfachsten durch exakte Nennung der Produktbezeichnung und -herkunft, da jede Firma bemüht ist, die Eigenschaften und die Qualität ihrer Produkte zu garantieren.

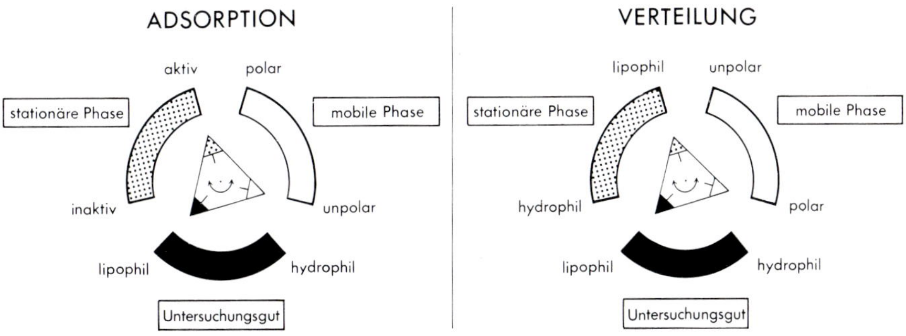

Abb. 55: Dreieck-Schema zur Phasenauswahl.

So reagieren beispielsweise zehnprozentige, wäßrige Sorbens-Anschüttelungen der verschiedenen Hersteller unterschiedlich (Tab. 25). Es ist auch nicht gleichgültig, ob auf Kieselgel 60 oder Kieselgel 60 W (wasserfest) gearbeitet wird, denn beide unterscheiden sich deutlich sowohl im pH-Wert als auch in der Laufzeit und damit auch in ihrer Selektivität [6].

Tabelle 25: Zusammenstellung der pH-Werte einiger Schichtmaterialien von Fertigplatten, gemessen in 10proz. wäßriger Suspension (Doppelbestimmung: 2 verschiedene DC-/HPTLC-Platten der gleichen Charge)

Schichttyp	Firma und Artikelnummer	pH-Wert	Schichttyp	Firma und Artikelnummer	pH-Wert
Aluminiumoxid 60, Type E	MERCK 5713	9,7	Kieselgel G 1500	SCHLEICHER & SCHÜLL	6,2
Aluminiumoxid 150, Type T	MERCK 5727	8,9	Kieselgel G 1570	SCHLEICHER & SCHÜLL	7,5
Cellulose	MERCK 5786	6,6	Kieselgur	MERCK 5738	7,6
Cellulose	SCHLEICHER & SCHÜLL 3793	6,8	Si 50000	MERCK 15132	7,9
Kieselgel	MACHEREY & NAGEL 809023	6,4	Kieselgel 60 silanisiert	MERCK 5747	7,6
Kieselgel	MACHEREY & NAGEL 811022	6,3	Kieselgel RP-8	MERCK 13725	4,7
Kieselgel 60	MERCK 5713	7,8	Kieselgel RP-18	MERCK 13724	5,0*
Kieselgel 60	MERCK 5721	7,6	Kieselgel RP-18 W	MERCK 13124	4,4
Kieselgel 60	MERCK 5628	7,7	CN-Phase	MERCK 16464	5,1
Kieselgel 60 reinst	MERCK 15552	4,7	Diol-Phase	MERCK 12668.0001	3,6
Konz.-Zone einer Kieselgel 60-Platte	MERCK 11798	6,8	NH_2-Phase	MERCK 15647	9,9
Kieselgel 60	RIEDEL de HAËN 37643	7,6	Polyamid 11	MERCK 5557	6,9
Kieselgel	RIEDEL de HAËN 37601	6,4			

* Suspension gut geschüttelt, RP-18 Material schwamm anschließend auf der Oberfläche.

Aluminiumoxide werden als neutral, sauer oder basisch reagierende Sorbentien angeboten, die sich zudem noch in der spezifischen Oberfläche und der Porenweite unterscheiden können. Folglich fallen auch die Trennungen verschieden aus, so daß bei der Dokumentation hierauf exakt zu achten ist.

Polyamid ist als Polyamid 6 (Basis: ε-Aminocaprolactam, MACHEREY-NAGEL) und als Polyamid 11 (Basis: 11-Aminoundecansäure, MERCK) im Handel. Entsprechend unterscheiden sich die lipophilen Eigenschaften und damit deren chromatographische Selektivität.

Cellulose-Schichten werden aus nativer, faserförmiger oder mikrokristalliner Cellulose (Avicel®) hergestellt. Ihr Trennverhalten ist natürlich unterschiedlich, weil Korngröße (Faserlänge), Oberfläche, Polykondensationsgrad und damit auch das Quellverhalten verschieden sind.

Bei *RP-Phasen* wird am ehesten darauf geachtet, welche Kettenlänge vorliegt. Nicht beachtet wird dabei häufig, daß diese RP-Phasen in unterschiedlichen Belegungsgraden verfügbar sind, die sich bezüglich Wasserfestigkeit und -benetzbarkeit sowie im Trennverhalten (R_f-Werte, Entwicklungszeit) unterscheiden. Auch diese Angaben sollten daher dokumentiert werden.

Bei Reaktionen können in Abhängigkeit vom verwendeten Schichtmaterial Unterschiede bei den Umsetzungen auftreten. So gibt MACHEREY-NAGEL an, daß der Ninhydrin-Nachweis von Aminosäuren und Peptiden auf *leuchtstoffhaltigen Cellulose-Schichten* weniger empfindlich ausfällt als auf dem indikatorfreien Sorbens [7].

Deshalb sind die Angaben bei den Reagenzmonographien einerseits referierend aus der Literatur übernommen, andererseits beim „geprüften Beispiel" nachgearbeitete Ergebnisse, die möglicherweise von den Literaturangaben abweichen.

Daß auch das *Bindermaterial* der Schicht Einfluß auf die Reagenzanwendung haben kann, zeigt die Monographie von 4-(4-Nitrobenzyl)pyridin (S. 354). Dieses Reagenz kann auf Nano-SIL C 18-100 UV_{254} Platten (MACHEREY-NAGEL) nicht eingesetzt werden, weil sich die gesamte Schicht blauviolett färbt. Auf den entsprechenden wasserbenetzbaren Schichten der gleichen Firma treten dagegen keine Schwierigkeiten auf.

Diese wenigen Anmerkungen mögen zeigen, wie wichtig eine umfassende Kenntnis der verschiedenen Schichtmaterialien und eine exakte Dokumentation sind. Bereits bei der Wahl der Sorbentien ist auf derartige Unterschiede zu achten, damit später nicht der Eindruck entsteht, daß Phase A besser oder schlechter als Phase B ist.

4.1.3 Vorwaschen der Schicht

Alle im Handel befindlichen Fertigplatten sind mit größter Sorgfalt hergestellt. Es sind aktive Schichten, die aufgrund der Porenanzahl und -struktur eine große innere Oberfläche besitzen, auf der sich Wasserdampf und andere flüchtige Substanzen niederschlagen, insbesondere sobald die Packung offensteht. Damit dies weitgehend verhindert wird, liegen die Fertigplatten mit der Glas- oder Folienseite nach oben gerichtet in der Verpackung.

Möglicherweise werden auch bereits während der Lagerung Weichmacher oder Monomeranteile aus den Verpackungsmaterialien (Klebstoffe etc.) adsorbiert. Damit solche „Verunreinigungen" sowie oligomere Anteile des Bindermaterials bei der Entwicklung nicht stören, werden sie besonders beim quantitativen Arbeiten vor der eigentlichen Chromatographie herausgewaschen. Dazu werden die DC-Platten entweder in einem Methanol-Chloroform-Gemisch (1+1) oder im später verwendeten Fließmittel ein- oder mehrmals vorchromatographiert. Dabei soll die Fließmittelfront deutlich oberhalb der späteren Chromatographiefront liegen. Saure oder basische Fließmittel können Schwierigkeiten bereiten, weil sie beim nachfolgenden Aktivieren (30 min bei 110 °C) im Trockenschrank nicht restlos von der Schicht entfernt werden und somit die stationäre Phase „imprägnieren".

Ein Aktivieren im Kalt- oder Heißluftstrom (Fön) ist niemals ratsam, weil damit auch Labordämpfe auf die Schicht geblasen werden. Auch derartige Hinweise gehören zur Dokumentation einer Arbeitsvorschrift.

4.1.4 Auswahl des Kammersystems

In kaum einem Bereich fällt es stärker auf, daß die Dünnschicht-Chromatographie das Erbe der Papier-Chromatographie angetreten hat, als im Bereich der Entwicklungskammern (Abb. 56). Im Grunde wird auch heute noch vorwiegend in verkleinerten PC-Trögen entwickelt. Diese besaßen von Anfang an einen Dampfraum, um bei verteilungschromatographischen Trennungen eine Äquilibrierung des gesamten Entwicklungssystems zu erreichen. Die organische mobile Phase wurde erst in den oberen Flüssigkeitstrog gegeben, wenn der Kammerinnenraum – und damit auch die Cellulose – vom Boden her über die Gasphase mit der hydrophilen Unterphase gesättigt war.

In der Dünnschicht-Chromatographie wird vor Beginn der Entwicklung eine vollständige Äquilibrierung des Kammersystems häufig gar nicht abgewartet. Zumeist wird die mit Filterpapier U-förmig ausgekleidete Kammer nach dem Einfüllen des Fließmittels mehrfach seitlich geneigt, um das Filterpapier zu benetzen und adhäsiv an der Kammerwand zu fixieren. Von dem feuchten Filterpapier dunstet das Fließmittel in Abhängigkeit von der Zeit in den Kammerinnenraum. Von einer vollständigen Sättigung kann beim direkt anschließenden Einstellen der DC-Platte keine Rede sein. Allerdings wird das Abdunsten von Fließmittelkomponenten von der Schicht verringert. Gleichzeitig werden Fließmittelanteile auf die Schicht transportiert (Abb. 57). Damit wird die Ausbildung von β-Fronten bei Mehrkomponenten-Fließmitteln reduziert.

Außer diesen Trogkammern gibt es, bevorzugt für adsorptive Trennungen, S-Kammersysteme (small chamber, Sandwich-Kammer) mit bewußt verringertem Dampfraum. Derartige Kammern werden für vertikale und horizontale Entwicklungen angeboten (Abb. 58). Natürlich werden in Trog- und S-Kammern unterschiedliche Trennergebnisse erzielt [8].

Deshalb muß in der Versuchsbeschreibung angegeben werden, welcher Kammertyp benutzt wurde und ob mit oder ohne „Kammersättigung" gearbeitet wurde.

Abb. 56: Gebräuchliche Trogkammern (DESAGA).

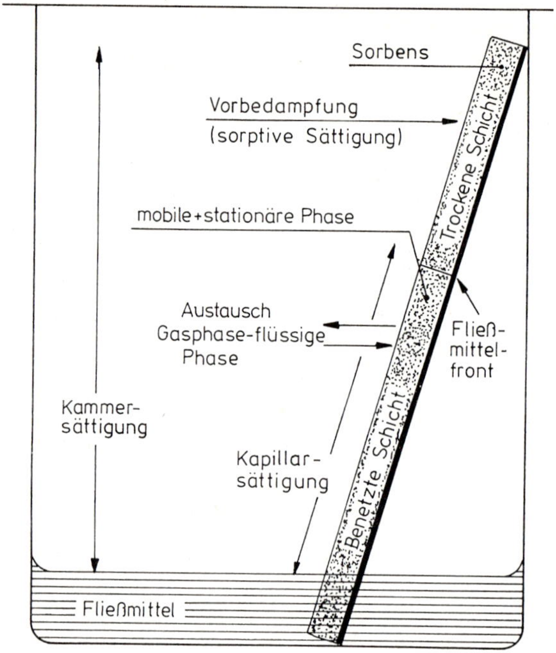

Abb. 57: Schematische Darstellung der Zusammenhänge von Entwicklung, Kammersättigung und Vorbedampfung nach [8].

Die Doppeltrogkammer (Abb. 43 A) wurde nicht nur zur Einsparung von Fließmitteln entwickelt; sie erlaubt zusätzlich eine gezielte Imprägnierung der Schicht über die Dampfphase. Bei sauren oder basischen Fließmitteln kommt es während der Entwicklung nicht selten zur Entmischung der mobilen Phase im unteren Bereich des Chromatogrammes. Wenn jedoch über die Dampfphase z. B. Essigsäure- oder Ammoniakdämpfe auf die stationäre Phase gelangen können, kann anstelle des Säure- oder Ammoniak-haltigen Fließmittels häufig sogar ein neutrales Fließmittel gewählt werden. Im einen Trog befindet sich dann die Imprägnierflüssigkeit, im zweiten das Fließmittel und die DC/HPTLC-Platte.

Zur exakten Beherrschung eines chromatographischen Systems gehört auch die Kontrolle der relativen Luftfeuchtigkeit. Genügend Beispiele zeigen, daß eine reproduzierbare Entwicklung nur gelingt, wenn Temperatur und relative Feuchte konstant gehalten werden. Der Einfluß der letzteren auf das chromatographische Verhalten kann mit Hilfe der Vario-KS-Kammer (Abb. 59 A) untersucht werden. Bei anderen Feuchtig-

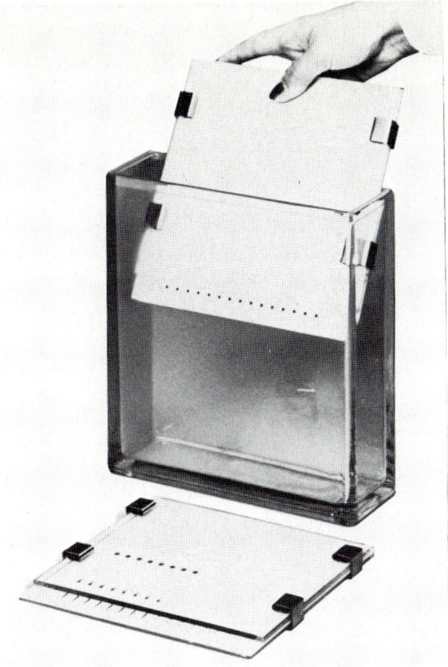

A

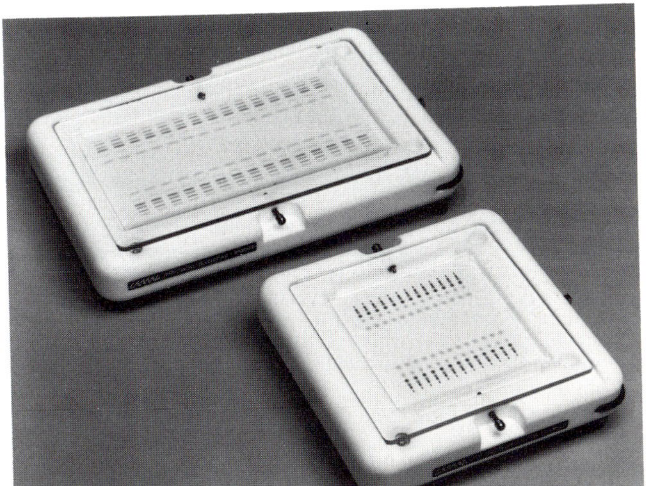

B

Abb. 58: (A) S-Kammer, (B) Horizontalkammer (CAMAG).

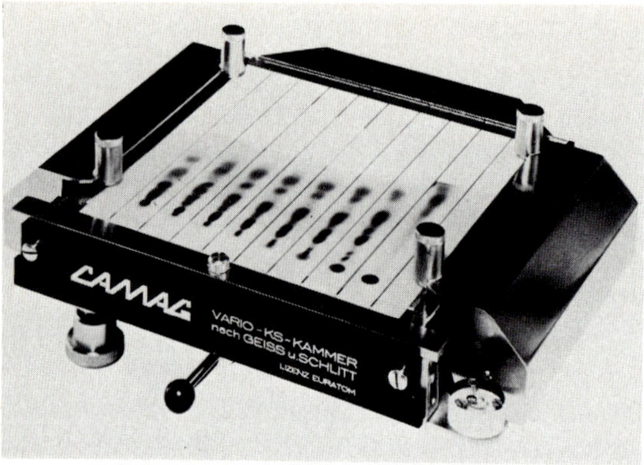

A

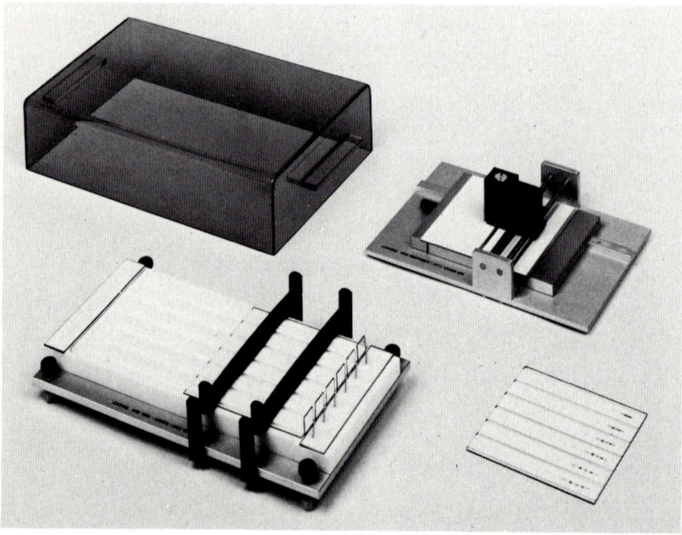

B

Abb. 59: Vario-Kammern (CAMAG) für die Plattenformate 20 cm × 20 cm (A) und 10 cm × 10 cm (B).

keitsverhältnissen ändert sich möglicherweise nicht nur die Zonenausbildung (Abb. 60), sondern auch ihre Reihenfolge im Chromatogramm.

Eine Kontrolle der Feuchte kann über bestimmte Schwefelsäurekonzentrationen (Tab. 26) oder über gesättigte Salzlösungen mit Bodenkörper erreicht werden (Tab. 27). Diese Flüssigkeiten werden in eine Konditionierkammer (Abb. 43 B) oder in eine Trog-

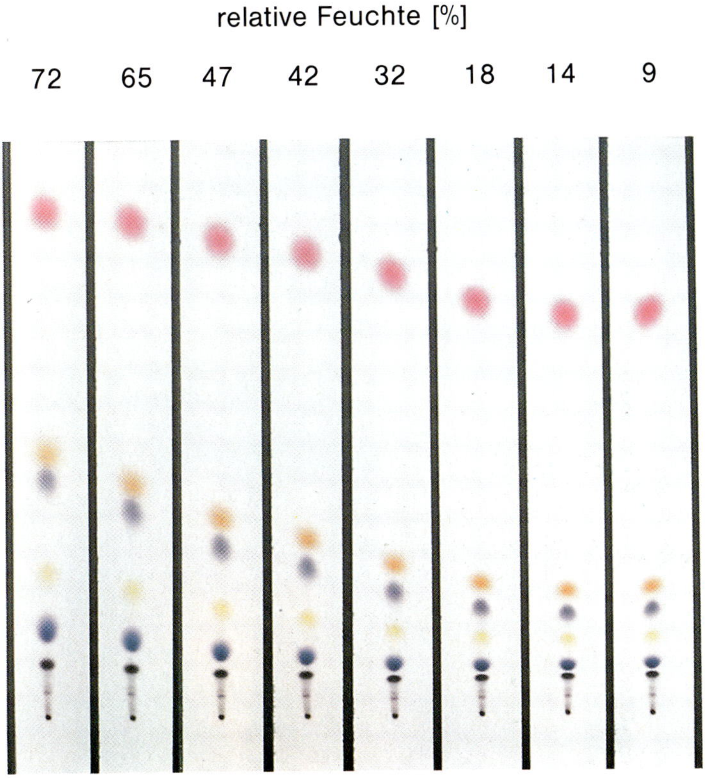

Abb. 60: Chromatogramm eines 6-Farbstoffgemisches bestehend aus (geordnet nach fallenden R_f-Werten) Sudanrot 7B, Sudanorange G, Sudanschwarz B, Sudangelb, Artisilblau 2RP und Sudanschwarz B (2 Komponenten) unter verschiedenen Feuchtebedingungen. Schicht: Kieselgel 60; Fließmittel: Toluol.

hälfte einer Doppeltrogkammer (Abb. 43 A) gegeben. Im Falle der Konditionierkammer muß die äquilibrierte DC-Platte unverzüglich in den Chromatographie-Tank überführt werden. Bei Verwendung der Doppeltrogkammer kann die Chromatographie nach der Äquilibrierung durch Zugabe des Fließmittels in die zweite Troghälfte gestartet werden.

Auch derartige Vorgehensweisen müssen dokumentiert werden, damit sie vom „Nacharbeiter" übernommen werden können.

Tabelle 26: Relative Feuchten des Dampfraumes über verschiedenen Schwefelsäurekonzentrationen bei 20 °C.

Schwefelsäure-konzentration [%]	relative Luftfeuchte [%]	Herstellung: ml konz. Schwefelsäure + ml Wasser
98	0	100 + 0
62,5	9	100 + 60
55	15	100 + 82
50	20	100 + 100
40	32	68 + 100
36	42	57 + 100
33	47	50 + 100
28	58	39,5 + 100
25	65	34 + 100
22	72	27,5 + 100

Tabelle 27: Relative Feuchten des Dampfraums über gesättigten Salzlösungen mit Bodenkörper [8].

Salz	rel. Feuchte [%]	Salz	rel. Feuchte [%]
$ZnCl_2 \cdot 1\,1/2\ H_2O$	10	$NaHSO_4 \cdot H_2O$	52
$LiCl \cdot H_2O$	15	$Na_2Cr_2O_7 \cdot 2\ H_2O$	52
$CaBr_2$	16,5	$Ca(NO_3)_2 \cdot 4\ H_2O$	54
K(HCOO)	21,3	$Mg(NO_3)_2 \cdot 6\ H_2O$	54
$K(CH_3COO)$	22,7	$FeCl_2 \cdot 4\ H_2O$	55
$NiBr_2$	27,1	$NaBr \cdot 2\ H_2O$	58
$NaCl + KNO_3 + NaNO_3$ (16 °C)	30,5	$NaNO_2$	66
KF	30,5	$CuCl_2 \cdot 2\ H_2O$	67
$MgBr_2$	31,8	$NH_4Cl + KNO_3$	72,6
$CaCl_2 \cdot 6\ H_2O$	32,3	$NaClO_3$	75
$MgCl_2 \cdot 6\ H_2O$	32,4	NaCl	75,7
$NaCl + KNO_3$ (16 °C)	32,6	$H_2C_2O_4 \cdot 2\ H_2O$	76
CrO_3	35	$Na(CH_3COO) \cdot 3\ H_2O$	76
NaSCN	35,7	$Na_2S_2O_3 \cdot 5\ H_2O$	78
$NaCl + KClO_3$ (16 °C)	36,6	NH_4Cl	79,2
NaI	38,4	$(NH_4)_2SO_4$	79,5
$Zn(NO_3)_2 \cdot 6\ H_2O$	42	KBr	84
$K_2CO_3 \cdot 2\ H_2O$	44	KCl	85
KNO_2	45	$KHSO_4$	86
KSCN	47	$BaCl_2 \cdot 2\ H_2O$	88

Tabelle 27: (Fortsetzung)

Salz	rel. Feuchte [%]	Salz	rel. Feuchte [%]
K_2CrO_4	88	KNO_3	93,2
$ZnSO_4 \cdot 7\ H_2O$	90	$Na_2HPO_4 \cdot 12\ H_2O$	95
$Na_2CO_3 \cdot 10\ H_2O$	90	$Na_2SO_3 \cdot 7\ H_2O$	95
$NaBrO_3$	92	K_2SO_4	97,2
K_2HPO_4	92	$CaSO_4 \cdot 5\ H_2O$	98
$Na_2SO_4 \cdot 10\ H_2O$	93	$Pb(NO_3)_2$	98
$NH_4H_2PO_4$	93		

4.2 Protokollieren am Chromatogramm

Ein großer Vorteil der Dünnschicht-Chromatographie besteht darin, daß gleichzeitig mehrere (auch verschiedene) Proben zusammen mit den zugehörigen Referenzsubstanzen auf der gleichen DC/HPTLC-Platte entwickelt werden können. In einer Linearkammer (Abb. 58B) können beispielsweise bis zu 70 Chromatogramme simultan erzeugt werden, wobei die Entwicklung antiparallel von zwei gegenüberliegenden Plattenseiten erfolgt und weniger als 20 ml Fließmittel erfordert.

Damit sich beim Auftragen für Proben und Referenzsubstanzen in der Startzone vergleichbare Substanzverteilungen ergeben, sollten diese jeweils im gleichen Lösungsmittel gelöst werden. Um die Startzonen möglichst klein zu halten (Fleckdurchmesser DC: 2 bis 4 mm, HPTLC: 0,5 bis 1 mm) werden die Auftragevolumina normalerweise bei punktförmiger Applikation auf maximal 5 µl bei DC-Schichten bzw. 500 nl bei HPTLC-Schichten begrenzt. Eine andere Möglichkeit zur Erzielung kleiner Startzonen bieten Schichten mit Konzentrierungszone, die ihre volle Wirksamkeit (Zusammenschieben der Auftragezonen zu schmalen Bändern beim Erreichen der aktiven Chromatographie-Schicht) besonders in adsorptionschromatographischen Systemen zeigen.

Durch das Benutzen von Applikationsschemata und das Beschriften der einzelnen Chromatogrammbahnen lassen sich Verwechslungen bezüglich Auftragereihenfolgen und -positionen vermeiden. Bei der zur Verringerung des Auftrage- und Chromatographiefehlers schon seit den sechziger Jahren praktizierten Data-Pair-Methode [9] wird jede Probe und jede Vergleichslösung doppelt, und zwar jeweils um eine Plattenhälfte versetzt, aufgetragen (Abb. 61). Die Auftragepositionen sind natürlich so zu wählen, daß die Startzonen nicht in das Fließmittel eintauchen.

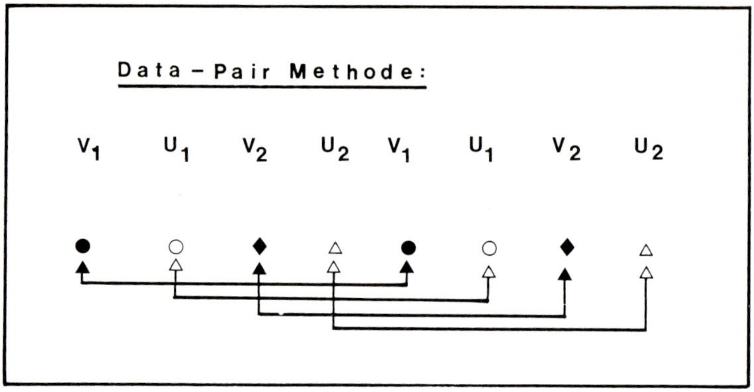

Abb. 61: Auftrageschema nach der Data-Pair-Methode. – V_1 und V_2 = Vergleichslösungen, U_1 und U_2 = Untersuchungslösungen.

Zur Beschriftung der Chromatogramme kann ein weicher Bleistift benutzt werden. Markierungen sollten jedoch *nicht unterhalb* der Startpunkte erfolgen, weil dabei möglicherweise die Schicht beschädigt wird. Als Folge davon können Unregelmäßigkeiten bei der Substanzverteilung in den Chromatogramm-Zonen auftreten. Dies führt zu Fehlern bei der photometrischen Direktauswertung [10]. Zweckmäßigerweise erfolgt die Beschriftung der DC-Platten oberhalb der zukünftigen Fließmittelfront, deren Laufstrecke zur Berechnung der R_f-Werte unverzüglich nach Beendigung der Entwicklung am linken und rechten Plattenrand markiert wird. Auch wenn mit einem „Fließmittelwächter" gearbeitet wird [11], oder wenn die Entwicklung zeitgesteuert mittels AMD- [12–15] oder PMD-System [16–18] erfolgt, sollte die Lage der Fließmittelfront gekennzeichnet werden. Ein Durchritzen der Sorbensschicht über die gesamte Plattenbreite zu diesem Zweck – besonders vor der Entwicklung – ist obsolet.

Verwendeter Plattentyp, Kammersystem, Zusammensetzung des Fließmittels, Laufzeit und Nachweisreagenz müssen selbstverständlich ebenfalls vermerkt werden. Dazu kann das in Abb. 62 gezeigte Muster-Protokoll dienen.

Bei der Herstellung von Fließmittelgemischen wird zweckmäßigerweise jede Einzelkomponente für sich allein abgemessen und in das Mischgefäß überführt. Auf diese Weise werden sowohl Verunreinigungen der Lösungsmittel durch Dämpfe aus einem zuvor bereits teilweise befüllten Meßgefäß (z. B. Ammoniak!) als auch Volumenfehler infolge Volumenkontraktion oder -ausdehnung vermieden.

Alle Angaben zu den Fließmitteln bei den Reagenzmonographien beziehen sich auf Volumenteile, sofern nichts ausdrücklich anderes vermerkt ist.

Aufgabe:	Analysen-Nr. ....
....	
....	Name: ....
....	Datum: ....

Chromatographische Bedingungen:

Methode:		....	
Stationäre Phase:		....	
Mobile Phase:		....	
Laufstrecke:		....	Laufzeit: ....
Nachweis:	a)	....	
	b)	....	
	c)	....	
Auswertung:		....	
und		....	
Bemerkungen		....	

Herstellung der Untersuchungslösung: ....

Auftragevolumen: ....

Herstellung der Vergleichslösung: ....

Auftragevolumen: ....

Abb. 62: Muster eines Protokoll-Blattes.

4.3 Fixierung des visuellen Chromatogramm-Eindrucks

Nach der Entwicklung einer DC/HPTLC-Platte liegt ein Chromatogramm vor, das möglicherweise erst mit Hilfe eines der beschriebenen Reagenzien sichtbar gemacht werden muß, damit die Lage, Ausbildung und Größe der Chromatogramm-Zonen beurteilt und im Versuchsprotokoll festgehalten werden kann. Ein Vergleich der Fleckgrößen von Probe- und Vergleichssubstanzen liefert – bei gleichen R_f-Werten – Hinweise zur

Mengenabschätzung. Haben Probe- und Vergleichssubstanzen infolge von Matrixeffekten keine identischen R_f-Werte, dann unterscheiden sich aufgrund unterschiedlicher Streudiffusion auch ihre Fleckgrößen und ihre Substanzverteilungen in den Chromatogramm-Zonen. Auch diese Beobachtungen gehören in das Protokoll einer chromatographischen Trennung.

Ein Aufbewahren entwickelter Original-Chromatogramme ist in der Regel nur möglich, wenn DC-Folien eingesetzt werden oder wenn die Sorbensschicht fixiert und als ganzes von der Trägerplatte abgehoben wird. Mit ein wenig Geduld gelingt dies durch Behandeln der Chromatogramme mit Kollodium [19], „Klebstoff" [20] oder Kunststoffdispersionen.

4.3.1 Neatan-Konservierung

Chromatogramme können durch Behandeln mit Kunststoffdispersionen auf Basis Polyacrylsäureester, Polyvinylchlorid oder Polyvinylpropionat, wie z. B. mit Neatan® (MERCK), „griffest" und haltbar gemacht werden [21–23]. Um ein Verstopfen des Sprühkopfes mit Resten der Kunststoffdispersion zu vermeiden, empfiehlt es sich, diesen sofort nach Gebrauch mit Tetrahydrofuran durchzuspülen oder Einwegdüsen einzusetzen [24].

Nach dem Trocknen bei Temperaturen unterhalb 50 °C (höhere Temperaturen führen zu Gelbfärbung!) wird eine Klebefolie über die Schicht gewalzt und das so abgedeckte Chromatogramm entlang der Plattenkanten im Abstand von ca. 2 bis 3 mm mit einer Rasierklinge bis auf die Glasplatte durchgetrennt und an einer Ecke angehoben. Durch Einlegen in Wasser (bei Polyamidschichten in Methanol [23]) kann die „polymerisierte" Schicht von der Glasplatte abgelöst und nach dem Trocknen in das Laborjournal eingeklebt und beschriftet werden (Vorsicht bei aggressiven Reagenzien!).

Diese Art der Chromatogramm-Konservierung hat mit der zunehmenden Perfektion der Photographie stark an Bedeutung verloren, insbesondere seit farbgetreue Papier- und Diapositiv-Sofort-Bilder möglich geworden sind. Wenn eine entsprechende Fotoausrüstung zur Verfügung steht, ist das Photographieren die schnellere Dokumentationsmethode.

4.3.2 Dokumentation durch Abzeichnen, Photokopieren oder Photographieren

Zur Fixierung der phänomenologischen Analysenergebnisse können die Chromatogramme auch abgezeichnet oder auf Transparentpapier durchgepaust und zur Wiedergabe des Farbeindrucks mit Farbstiften koloriert werden. Fluoreszierende Zonen erhalten dabei zweckmäßigerweise einen „Strahlenrand“, und phosphoreszenzmindernde Flecke werden mit durchgezogener Linie markiert. Zusätzlich können Punktierungen oder Schraffierungen etc. in der Arbeitsgruppe zur weiteren Informationsübertragung dienen.

Auch Direkt-Kopierverfahren im Maßstab 1:1 auf Ozalid- oder Ultrarapid-Blaupapier werden zur Dokumentation eingesetzt [25–27]. Dazu werden die Chromatogramme mit der Schichtseite nach oben auf einen Leuchtkasten gelegt und ggf. mit einer 1 mm dicken Glasplatte abgedeckt. Darüber wird das Ozalid-Papier mit der gelb beschichteten Seite nach unten ausgebreitet und mit einer entsprechend zugeschnittenen Holzplatte abgedeckt (Schutz vor Tageslicht, Erzeugung des Kontaktdrucks). Je nach Untergrund der Chromatogramme beträgt die Belichtungszeit 8 bis 10 Minuten; sie kann sich bei schwach gefärbten Zonen auf 3 bis 4 Minuten verkürzen oder bei stark gefärbtem Untergrund entsprechend verlängern. Nach der Belichtung wird das Ozalid-Papier Ammoniak-Dämpfen ausgesetzt. Im Bereich der Chromatogramm-Zonen resul-

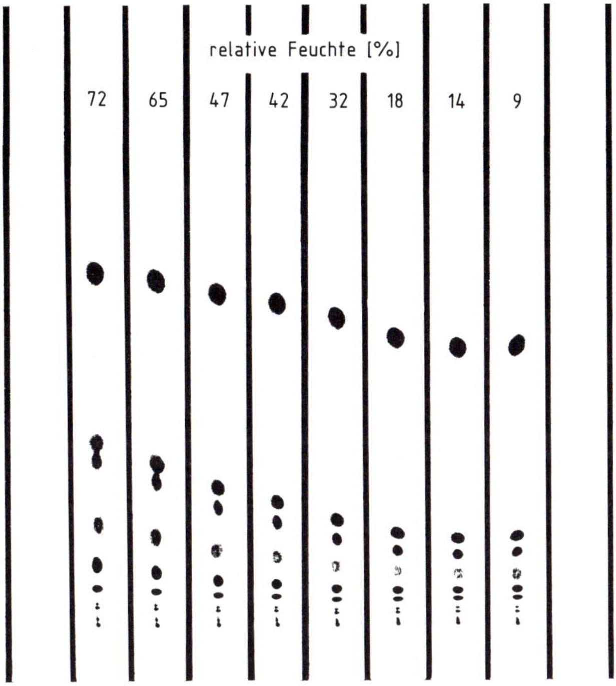

Abb. 63: Photokopie des Chromatogramms von Abbildung 60.

tieren rotviolette Flecke auf hellem Untergrund. Auch AGFA-Copyrapid CpP- oder CpN-Papiere lassen sich verwenden [37].

Heute gelingt selbst die Dokumentation farbiger Chromatogramme am einfachsten mit herkömmlichen Photokopiergeräten (Abb. 63).

Anstelle der Photokopien können von den Chromatogrammen auch Durchlichtaufnahmen auf normalem Fotopapier (z. B. Ilfospeed 2.1 M, glossy 2, Ilford, Essex [28] oder Kodak-Papier [29]) angefertigt werden. Dazu wird, wie beim Ozalid-Verfahren, aus Chromatogramm und Fotopapier ein Sandwich hergestellt (Dunkelkammer!), das von der Chromatogramm-Seite her etwa 1 s mit einer 25 W Birne (Abstand: 1,5 m) belichtet wird. Anschließend wird das Negativ-Papierbild entwickelt.

Eine farbige Wiedergabe der Chromatogramme gelingt mit Hilfe der Farbphotographie – dem besten, allerdings auch teuersten Verfahren zur Dokumentation von Dünnschicht-Chromatogrammen. Damit können – z. B. unter Einsatz des Reprostars

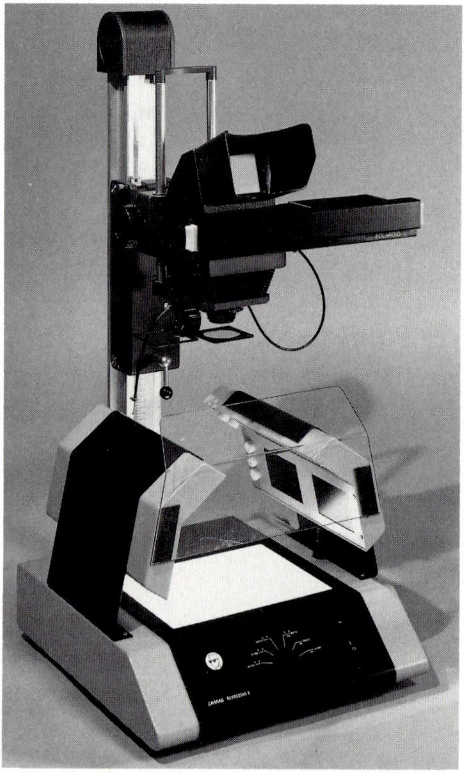

Abb. 64: Reprostar (CAMAG).

(Abb. 64) oder der UVIS-Analysenlampen (Abb. 6) – neben farbigen auch fluoreszierende oder fluoreszenzgeminderte Zonen farbgetreu wiedergegeben werden. Dabei muß bei Fluoreszenzaufnahmen für eine optimale Filterdurchlässigkeit der UV-Lampen gesorgt werden, damit die Chromatogramm-Ausleuchtung gleichmäßig ist [30] (vgl. Kap. 2.2.2 und Abb. 8). Außerdem muß sichergestellt werden, daß keine Anregungsstrahlung auf den Film trifft [31–33].

Bei Aufnahmen von Fluoreszenzminderungen (Anregung bei λ = 254 nm) reicht häufig der Vorsatz eines Glasfilters des Typs GG 435 (SCHOTT, Scheibenstärke: 4 mm) vor das Kameraobjektiv. Für Fluoreszenzaufnahmen (Anregung bei λ = 365 nm) wird dagegen ein Wratten 2 E Filter empfohlen [34]. Ein durch die black-light-Filter der UV-Lampen auf den Filmen entstehender leichter Blaustich läßt sich durch Gelb- oder helle Orangefilter vermeiden.

Die erforderlichen Belichtungszeiten sind nur schwer abzuschätzen. Sie werden am besten durch Versuche ermittelt. Für die Aufnahme von Fluoreszenzminderungen bei λ = 254 nm genügt meist ein einziger Versuch. Die dabei für geeignet befundene Belichtungszeit ist in der Regel für alle nachfolgenden Aufnahmen von Fluoreszenzminderungen immer wieder einsetzbar, sofern die Aufnahmebedingungen beibehalten werden (Kameratyp, Filmtyp, Filter, Objekt- bzw. Lampenabstand, Blendenöffnung etc.). Die Belichtungszeit für die Aufnahme fluoreszierender Chromatogramm-Zonen hängt vor allem von deren Fluoreszenzintensität ab und muß daher für jedes Chromatogramm immer wieder aufs neue optimiert werden. Zweckmäßigerweise wird dabei mit einer Belichtungsreihe gearbeitet, z. B. bei Blende 8 mit 15, 30, 60, 120 und 240 Sekunden Belichtungszeit. Erfahrungsgemäß wird dabei immer eine Aufnahme optimal belichtet.

Günstige Einstellbedingungen für eine Polaroid-Land CU-5 Kamera mit 127 mm-Objektiv bei Verwendung eines Polaroid-Colorfilms Typ 669 sind in Tabelle 28 angegeben.

Tabelle 28: Einstellbedingungen für eine Polaroid-Land CU-5 Kamera mit Vorsatzlinse (0,5 Dioptrien) zum Photographieren von DC-Platten des Formats 20 cm × 20 cm auf Polaroid Colorfilm Typ 669.

Objekt	Blende	Belichtungszeit	Farbkorrektur
farbige Zonen, weißes Durch- *oder* Auflicht	11	1/8 s	nein
farbige Zonen, weißes Durch- *und* Auflicht	16	1/8 s	nein
fluoreszierende Zonen, Auflicht bei λ = 365 nm	8	30 s	ja
fluoreszenzmindernde Zonen, Auflicht bei λ = 254 nm	8	30 s	ja

Weitere detaillierte Einzelheiten auch bezüglich anderer Kamera- und Filmtypen sind in der Literatur beschrieben [30–32, 35, 36]. Die Erstellung von Autoradiogrammen wird in Band 2 besprochen.

Für die Farbaufnahmen der bei den Reagenzmonographien wiedergegebenen Chromatogramme wurde eine Olympus OM-4 Kamera mit 50-mm-Objektiv in Verbindung mit einem Reprostativ mit TTL-Makroblitz T 28 (OLYMPUS) eingesetzt.

4.4 Dokumentation nach in-situ-Auswertung mit dem Computer

Die zuletzt besprochenen Möglichkeiten der Dokumentation von Dünnschicht-Chromatogrammen beziehen sich auf die photographische Fixierung der visuell erfaßbaren Chromatogramme. Die dabei gewonnenen Filmnegative oder Diapositive können densitometrisch ausgewertet [26, 38, 39] und protokollarisch festgehalten werden. Dieser Umweg bei der quantitativen Auswertung von Dünnschicht-Chromatogrammen über photographische Zwischendarstellungen erscheint heute – im Zeitalter der computergesteuerten Chromatogramm-Spektralphotometer – vollkommen obsolet.

Besonders elegant dokumentiert werden die Ergebnisse der quantitativen DC durch Abspeichern der Meßwerte auf Disketten. Sie stehen damit noch nach Jahren abrufbereit zur Verfügung und ergänzen die qualitativen Angaben in hervorragender Weise. Außerdem können sie immer wieder neu nach den Methoden der statistischen Mathematik ausgewertet werden und tragen so zu einer umfassenden Dokumentation bei.

Literatur

[1] Vavruch, J.: *CLB Chem. Labor Betr.* **1984,** *35,* 536–543.
[2] Reichardt, C.: *Lösungsmittel-Effekte in der organischen Chemie.* Verlag Chemie, Weinheim 1979.
[3] Hampel, B., Maas, K.: *Chem. Ztg.* **1971,** *95,* 316–325.
[4] Koch, F., Plein, G.: *GIT Fachz. Lab. Supplement 3 „Chromatographie"* **1988,** 52–56.
[5] Stahl, E.: *Dünnschicht-Chromatographie, ein Laboratoriumshandbuch.* 2. Aufl., Springer, Berlin–Heidelberg–New York 1967.
[6] E. MERCK: Firmenschrift *„Wasserfeste, wasserbenetzbare DC-Fertigschichten Kieselgel 60 W"*, Darmstadt 1985.
[7] MACHEREY-NAGEL: Firmenschrift *„Fertigprodukte für die Dünnschicht-Chromatographie"*, 1985.

[8] Geiss, F.: *Fundamentals of Thin Layer Chromatography (Planar Chromatography).* Hüthig-Verlag, Heidelberg-Basel-New York 1987.
[9] Bethke, H., Santi, W., Frei, R. W.: *J. Chromatogr. Sci.* **1974,** *12*, 392-397.
[10] Jork, H., Wimmer, H.: *Quantitative Direktauswertung von Dünnschicht-Chromatogrammen* (Loseblatt-Sammlung). GIT-Verlag, Darmstadt 1982ff.
[11] Omori, T.: *J. Planar Chromatogr.* **1988,** *1*, 66-69.
[12] Burger, K.: *Fresenius Z. Anal. Chem.* **1984,** *318*, 228-233.
[13] Burger, K.: *GIT Fachz. Lab. Supplement „Chromatographie"* **1984,** 29-31.
[14] Jänchen, D. E.: *Proc. Int. Symp. Instrum. High Perform. Thin-Layer Chromatogr. (HPTLC), 3rd, Würzburg,* 1985, 71-82.
[15] Jork, H.: *Proc. Int. Symp. Instrum. High Perform. Thin-Layer Chromatogr., 4th, Selvino* 1987, 193-239.
[16] Jupille, T. H., Perry, J. A.: *Science* **1976,** *194*, 288-293.
[17] Issaq, H. J., Barr, E. W.: *Anal. Chem.* **1977,** 83A-97A.
[18] Jupille, T. H., Perry, J. A.: *J. Chromatogr.* **1975,** *13*, 163-167.
[19] Barrollier, J.: *Naturwissenschaften* **1961,** *48*, 404.
[20] Lüdy-Tenger, F.: *Schweiz. Apoth. Ztg.* **1967,** *105*, 197-198.
[21] Lichtenberger, W.: *Fresenius Z. Anal. Chem.* **1962,** *185*, 111-112.
[22] Foner, H. A.: *Analyst (London)* **1965,** *91*, 400-401.
[23] E. MERCK: Firmenschrift *„Neatan"*, 1975.
[24] Stuart-Thomson, J.: *J. Chromatogr.* **1975,** *106*, 423-424.
[25] Sprenger, H. E.: *Fresenius Z. Anal. Chem.* **1964,** *204*, 241-245.
[26] Rasmussen, H.: *J. Chromatogr.* **1967,** *27*, 142-152.
[27] Abbott, D. C., Blake, K. W., Tarrant, K. R., Thomson, J.: *J. Chromatogr.* **1967,** *30*, 136-142.
[28] Engström, N., Hellgren, L., Vincent, J.: *J. Chromatogr.* **1980,** *189*, 284-285.
[29] Steinfeld, R.: *KODAK-Bulletin* **1947,** *57*, (1), 1-3.
[30] Scholtz, K. H.: *Dtsch. Apoth. Ztg.* **1974,** *114*, 589-592.
[31] Heinz, D. E., Vitek, R. K.: *J. Chromatogr. Sci.* **1975,** *13*, 570-576.
[32] Eggers, J.: *Photogr. Wiss.* **1961,** *10*, 40-43.
[33] Zimmer, H.-G., Neuhoff, V.: *GIT Fachz. Lab.* **1977,** *21*, 104-105.
[34] Rulon, P. W., Cardone, M. J.: *Anal. Chem.* **1977,** *49*, 1640-1641.
[35] Michaud, J. D., Jones, D. W.: *Am. Lab.* **1980,** *12*, 104-107.
[36] Romel, W. C., Adams, D., Jones, D. W.: Privatmitteilung.
[37] Gänshirt, H.: *Arch. Pharmaz.* **1963,** *296*, 73-79.
[38] Andreev, L. V.: *J. Liq. Chromatogr.* **1982,** *5*, 1573-1582.
[39] Colarow, L., Pugin, B., Wulliemier, D.: *J. Planar Chromatogr.* **1988,** *1*, 20-23.
[40] Weiss, M., Jork, H.: *GIT Arbeitsblatt 093*, GIT-Verlag, Darmstadt 1982.

Teil II

Reagenzien in alphabetischer Reihenfolge

Alizarin-Reagenz

Reagenz für:

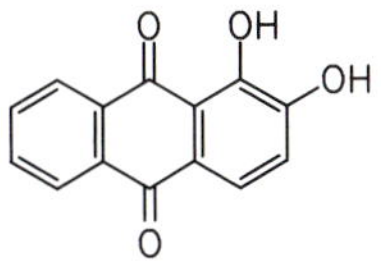

- Kationen [1-7]

$C_{14}H_8O_4$

$M_r = 240.22$

Herstellung des Reagenzes

Tauchlösung: 100 mg Alizarin werden in 100 ml Ethanol gelöst.

Sprühlösung: 0.25proz. [3] bzw. gesättigte Lösung von Alizarin [4] in Ethanol.

Aufbewahrung: Die Lösungen sind mehrere Tage bei Raumtemperatur haltbar.

Substanzen: Alizarin
Ethanol
Ammoniaklösung 25%

Reaktion

Metall-Kationen ergeben mit Alizarin farbige Komplexe:

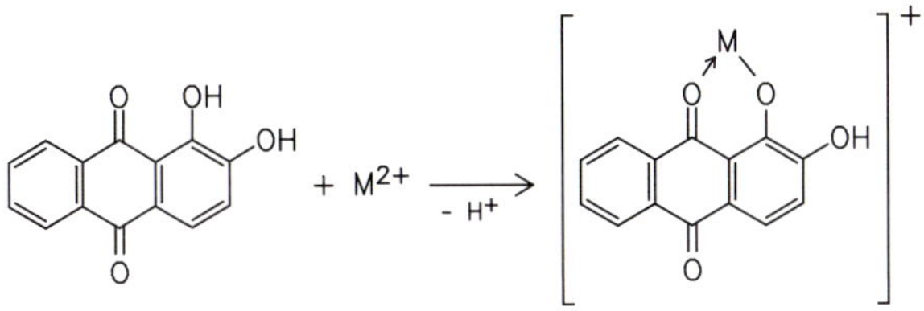

Durchführung

Die im Warmluftstrom 10 min lang getrockneten Chromatogramme werden entweder in die Tauchlösung getaucht (1 s) oder mit der Sprühlösung gleichmäßig besprüht. Die noch feuchten DC-Platten werden anschließend 1 min lang in die freie Troghälfte einer mit Ammoniak-Lösung (25%) beschickten Doppeltrogkammer gestellt. Es resultieren nach einigen Minuten rotviolette Zonen auf violettem Untergrund. Durch anschließendes Tauchen entweder in eine 0.1–1proz. Lösung von Essigsäure in Diethylether oder in eine 1proz. Lösung von Borsäure in Methanol-Wasser (9+1) färbt sich der Untergrund gelb, und die Chromatogramm-Zonen erscheinen dann zumeist als rot bis violette Flecke. Folgende Kationen (geordnet nach dem Periodensystem) ließen sich so nachweisen:

I	II	III	IV	V	VI	VII	VIII
Li	Be			NH_4			
	Mg	Al					
Cu	Ca Zn	Ga Sc	Ti	As V	Se Cr	Mn	Fe Co Ni
Ag	Sr Cd	In	Sn Zr	Sb			Pd
Au	Ba Hg	La	Pb	Bi			Pt

sowie Ce, Th, U und andere seltene Erden

Anmerkung: Das Reagenz kann auf Kieselgel-Schichten, die z. B. auch mit 8-Hydroxychinolin oder Dibenzoylmethan [3] bzw. mit 2,2′-Dipyridyl oder Iminodiessigsäure [4] imprägniert sein können, oder auf Cellulose-Schichten eingesetzt werden.

Anstatt das Chromatogramm abschließend in eine Säure-Lösung zu tauchen, wird es besser 2–5 min auf 100 °C erhitzt (Abzug!), damit der Ammoniak verfliegt und die Untergrundfärbung in gelb umschlägt. Bei einigen Kationen, z. B. Sr^{2+} und Ba^{2+}, läßt sich so auch eine Empfindlichkeitssteigerung des Nachweises erreichen. Allerdings verblassen diese Zonen nach einiger Zeit, so daß eine in-situ-Auswertung sofort nach dem Erhitzen erfolgen sollte.

Geprüftes Beispiel

Nickel-, Kupfer-, Berylliumnitrat; Calcium-, Magnesium-, Strontium- und Bariumchlorid [5, 7]

Methode: Aufsteigende, eindimensionale Entwicklung in einer HPTLC-Trogkammer bei Kammersättigung.

Schicht: HPTLC-Fertigplatten Cellulose (MERCK).
Vor dem Auftragen der Probe wird die Platte im Fließmittel vorgewaschen und anschließend 10 min im Warmluftstrom getrocknet.

Fließmittel: 1. Ni-, Cu- und Be-Kationen: Aceton-Salpetersäure (25%) (35+15)
2. Erdalkali-Kationen [5]: Methanol-Salzsäure (25%) (80+20)

Laufstrecke: 5–7 cm

Laufzeit: 20 min

Nachweis und Ergebnis: Die Trennung ist in den angegebenen Systemen ausreichend. Nach 2–5 min Erhitzen auf 100 °C wurden folgende hR_f-Wert-Bereiche ermittelt: *Fließmittel 1:* Ni^{2+} (blauviolett, hR_f: 40–45); Cu^{2+} (violett, hR_f: 55–60); Be^{2+} (violett): hR_f: 80–85).

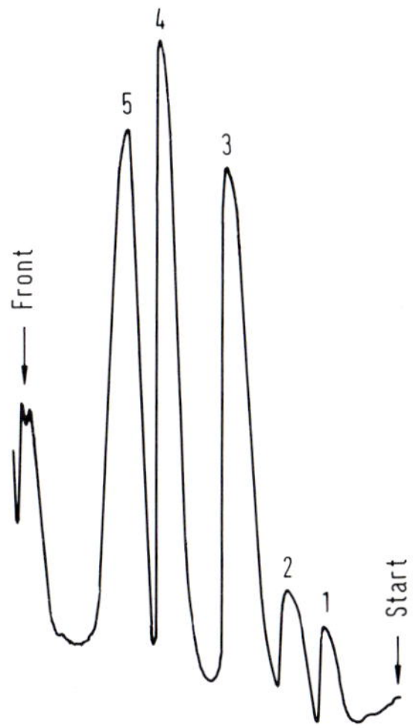

Abb. 1: Absorptions-Ortskurve der Alizarin-Komplexe von Barium- (1), Strontium- (2), Calcium- (3), Magnesium- (4) und Beryllium-Kationen (5); aufgetragen wurden jeweils 2 μg.

Fließmittel 2: Ba^{2+} (schwach blauviolett, hR_f: 15–20); Sr^{2+} (schwach blauviolett, leicht schwänzend, hR_f: 30–35); Ca^{2+} (violett, hR_f: 50–55); Mg^{2+} (violett, hR_f: 75–80); Be^{2+} (violett, hR_f: 93–98).

Die visuelle Nachweisgrenze liegt bei Nickel und Kupfer zwischen 30 und 50 ng pro Chromatogramm-Zone, bei den Erdalkalien um den Faktor 10 schlechter. Zuweilen findet sich im hR_f-Bereich des Berylliums eine „Schmutzfront".

In-situ-Messung: Die absorptionsphotometrische Auswertung erfolgt in Remission bei $\lambda = 550$ nm (Abb. 1).

Literatur

[1] De Vries, G., Schütz, G. P., Van Dalen, E.: *J. Chromatogr.* **1964**, *13*, 119–127.
[2] Hammerschmidt, H., Müller, M.: *Papier Darmstadt* **1963**, *17*, 448–450.
[3] Srivastava, S. P., Bhushan, R., Chauhan, R. S.: *J. Liq. Chromatogr.* **1984**, *7*, 1341–1344.
[4] Srivastava, S. P., Bhushan, R., Chauhan, R. S.: *J. Liq. Chromatogr.* **1985**, *8*, 571–574.
[5] Gagliardi, E., Likussar, W.: *Mikrochim. Acta (Wien)* **1965**, 765–769.
[6] Bhushan, R., Srivastava S. P., Chanhan, R. S.: *Anal. Letters* **1985**, *18*, 1549–1553.
[7] Kany, E., Jork, H.: GDCH-Fortbildungskurs Nr. 300 „Einführung in die Dünnschicht-Chromatographie", Universität des Saarlandes, Saarbrücken 1987.

Aluminiumchlorid-Reagenz

Reagenz für:

- ungesättigte 1,2- und 1,3-Dihydroxyketone, z. B. Flavonoide [1-4]
- Mykotoxine: Zearalenon [5, 6, 10]; Ochratoxin [5]; Sterigmatocystin [7-11]; Citrinin [12]
- Trichothecene: Deoxynivalenol (Vomitoxin) [13]
- Cholesterin und Ester [14]
- Phospholipide und Triglyceride [14]

$AlCl_3 \cdot 6H_2O$

$M_r = 241,45$

Herstellung des Reagenzes

Lösung I: 0.2 bis 1 g Aluminiumchlorid werden in 100 ml Ethanol gelöst.

Lösung II: 20 g Aluminiumchlorid werden in 100 ml Ethanol gelöst.

Aufbewahrung: Die Lösungen sind längere Zeit im Kühlschrank haltbar.

Substanzen: Aluminiumchlorid-Hexahydrat
Ethanol absolut

Reaktion

Aluminiumchlorid bildet z. B. mit Flavonoiden fluoreszierende Komplexe:

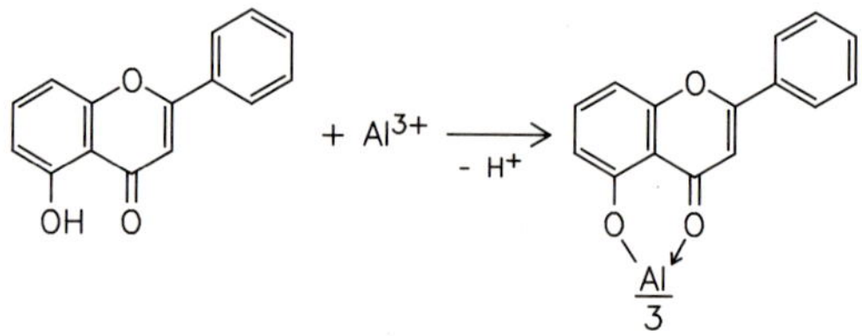

Durchführung

Die entwickelten Chromatogramme werden kurz in die entsprechende Reagenzlösung getaucht oder gleichmäßig damit besprüht. Für Flavonoide wird Lösung I [1, 3] und für Mycotoxine [5, 8, 12], Phospholipide, Triglyceride und Cholesterin [14] Lösung II verwendet.

Nach dem Trocknen der besprühten oder getauchten Chromatogramme im Kaltluftstrom resultieren im langwelligen UV-Licht (λ = 365 nm) gelb fluoreszierende Zonen (Flavonoide). Sterigmatocystin, das aufgrund seiner roten Eigenfluoreszenz (Nachweisgrenze: 0.5 µg) auch ohne Derivatisierung nachgewiesen werden kann, fluoresziert nach 10 min Erhitzen auf 80 °C [9] bzw. 100 °C [13] ebenfalls hellgelb; Citrinin, Zearalenon und Vomitoxin fluoreszieren dagegen blau.

Die Nachweisgrenzen liegen bei 20 ng pro Chromatogramm-Zone.

Anmerkung: Das Reagenz kann auf Kieselgel-, Kieselgur-, Polyamid-, RP-, CN-, NH_2- und Cellulose-Schichten eingesetzt werden.

Die Farben der fluoreszierenden Zonen können von der Konzentration der Aluminiumchloridlösung abhängig sein.

Hypericin als Hydroxyanthrachinon und das Antibiotikum Nystatin ergeben ebenfalls fluoreszierende Zonen. Statt des einfachen Trocknens bei Raumtemperatur bringt 2–5 min Erwärmen auf 80 °C häufig eine bessere Fluoreszenzausbeute.

Geprüftes Beispiel

Flavonoide (Quercetin, Rutin, Hyperosid, Quercitrin) [15]

Methode: Aufsteigende, eindimensionale Entwicklung bei Kammersättigung in einer Trogkammer.

Schicht: HPTLC-Fertigplatten Kieselgel 60 (MERCK), vorgereinigt durch einmaliges Entwickeln mit Chloroform – Methanol (1+1).
Die Schicht wird nach dem Auftragen der Proben 30 min über Wasser vorkonditioniert.

Fließmittel: Ethylacetat – Ameisensäure (98–100%) – Wasser (85+10+15)

Laufstrecke: 6 cm

Laufzeit: 18 min

Nachweis und Ergebnis: Das fließmittelfreie Chromatogramm wird 1 s in Lösung I getaucht und nach 1 min Trocknen im Kaltluftstrom zur Stabilisierung und Steigerung der Fluoreszenzintensität um den Faktor 1.5–2.5 in eine Lösung von Paraffin dünnflüssig – *n*-Hexan (1+2) getaucht. Die nach dem Trocknen im Tageslicht schwach gelben Derivate fluoreszieren im langwelligen UV-Licht (λ = 365 nm) hellblau bis türkisfarbig:

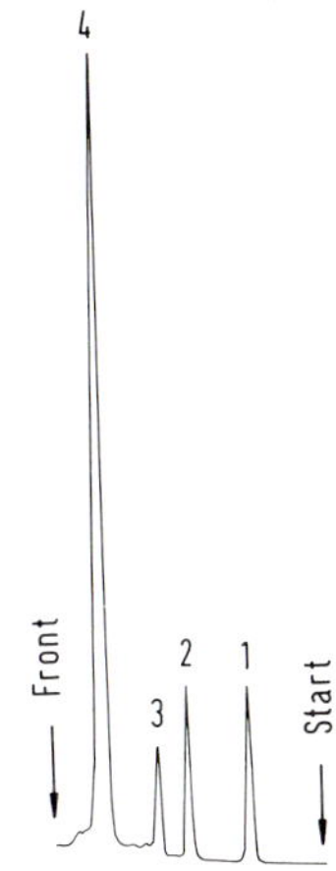

Abb. 1: Trennung von Flavonoiden: Fluoreszenz-Ortskurven von Rutin (1), Hyperosid (2), Quercitrin (3) und Quercetin (4).

Rutin (*hR*$_f$: 25–30), Hyperosid (*hR*$_f$: 45–50), Quercitrin (*hR*$_f$: 60–65) und Quercetin (*hR*$_f$: 85–90). Die Nachweisgrenzen liegen bei 10 ng Substanz pro Chromatogramm-Zone.

In-situ-Messung: Die in-situ-Fluoreszenzmessung wird bei λ_{exc} = 436 nm und λ_{fl} = 546 nm (Monochromatfilter M 546) durchgeführt (Abb. 1).

Literatur

[1] Gage, T. G., Douglas, C. H., Wender, S. H.: *Anal. Chem.* **1951,** *23* 1582–1585.

[2] Zaprjanowa, A. Z, Angelowa, M. K.: *Mikrochim Acta (Wien)* **1976,** *II,* 481–486.

[3] Förster, H., Ziege, M.: *Fortschr. Med.* **1971,** *89,* 672–675.

[4] Willuhn, G., Röttger, P. M.: *Dtsch. Apoth. Ztg.* **1980,** *120,* 1039–1042.

[5] Fonseca, H., Nogueira, J., Graner, M.: Proc. of the 6th Int. Congress of Food Science and Technology Dublin, **1983,** *3,* 53–54.

[6] Takeda, Y., Isohata, E., Amano, R., Uchiyama, M.: *J. Assoc. Off. Anal. Chem.* **1979,** *62,* 573–578.

[7] Majerus, P., Woller, R., Leevivat, P., Klintrimas, T.: *Fleischwirtschaft* **1985,** *65,* 1155–1158.

[8] Kiermeier, F., Kraus, P. V.: *Z. Lebensm.-Unters. Forsch.* **1980,** *170,* 421–424.

[9] Johann, J., Dose, K.: *Fresenius Z. Anal. Chem.* **1983,** *314,* 139–142.

[10] Josefsson, B. G., Möller, T. E.: *J. Assoc. Off. Anal. Chem.* **1977,** *60,* 1369–1371.

[11] Egmond, H. P. van, Paulsch, W. E., Deijll, E.: *J. Assoc. Off. Anal. Chem.* **1980,** *63,* 110–114.

[12] Gimeno, A.: *J. Assoc. Off. Anal. Chem.* **1979,** *62,* 579–585; **1980,** *63,* 182–186: **1984,** *67,* 194–196.

[13] Eppley, M. R., Trucksess, M. W., Nesheim, S., Thorpe, C. W., Wood, G. F., Pohland, A. E.: *J. Assoc. Off. Anal. Chem.* **1984,** *67,* 43–45.

[14] Segura, R., Navarro, X.: *J. Chromatogr.* **1981,** *217,* 329–340.

[15] Gilles, F.: Diplomarbeit, Universität Gießen, Fachbereich Agrarwissenschaft, 1986.

4-Aminoantipyrin–Kaliumhexacyanoferrat(III)-Reagenz
(Emerson-Reagenz)

Reagenz für:

- Arylamine [1, 2]
- Phenole [3–5]
- Salithion [6]
- Sympathicomimetica

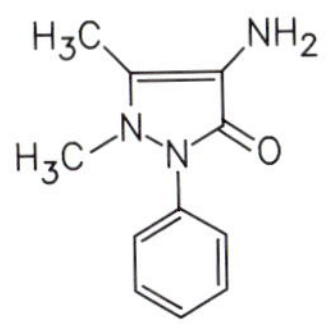

$C_{11}H_{13}N_3O$	$K_3[Fe(CN)_6]$
M_r = 203.25	M_r = 329.26
4-Aminoantipyrin	

Herstellung des Reagenzes

Tauchlösung I: 1 g 4-Aminoantipyrin (4-Aminophenazon; 4-Amino-2,3-dimethyl-1-phenyl-3-pyrazolin-5-on) wird in 100 ml Ethanol (80%) gelöst.

Tauchlösung II: 4 g Kaliumhexacyanoferrat(III) werden in 50 ml Wasser gelöst und mit Ethanol zu 100 ml aufgefüllt.

Sprühlösung I: 2 g 4-Aminoantipyrin werden in 100 ml Ethanol (80%) gelöst.

Sprühlösung II: Siehe Tauchlösung II.

Aufbewahrung: Die Tauchlösung und auch die Sprühlösung I sind etwa 1 Woche im Kühlschrank haltbar.

Substanzen: 4-Amino-2,3-dimethyl-1-phenyl-3-pyrazolin-5-on
Kaliumhexacyanoferrat(III)
Ammoniaklösung (25%)
Ethanol

Reaktion

4-Aminoantipyrin bildet z. B. mit Anilin unter Oxidation durch Eisen(III)-Ionen farbige Diimin-Derivate:

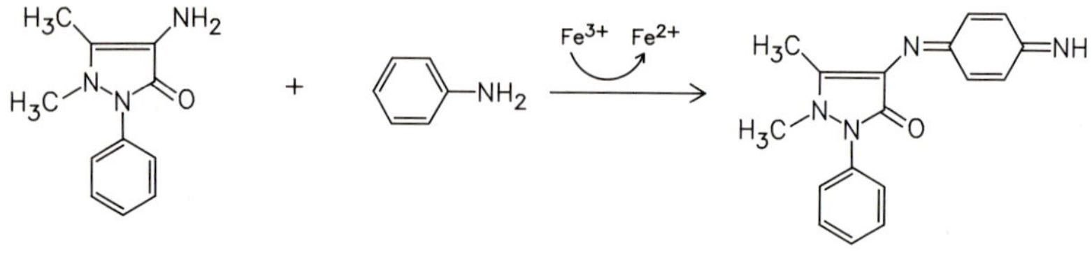

4-Aminoantipyrin Anilin Chinondiimin-Derivat

Durchführung

Die fließmittelfreien Chromatogramme werden 1 s in Tauchlösung I getaucht oder mit Sprühlösung I besprüht, dann 5 min im Warmluftstrom getrocknet und anschließend ebenfalls 1 s in Tauchlösung II getaucht oder mit Sprühlösung II besprüht. Nach erneutem Trocknen wird das Chromatogramm zur Entfärbung des Untergrundes in eine Doppeltrogkammer eingestellt, bei der eine Troghälfte mit Ammoniak-Lösung (25%) beschickt ist. Es bilden sich rot-orange gefärbte Zonen auf schwach gelbem Untergrund. Bei Phenolen wird dadurch zusätzlich die Farbintensität der Chromatogramm-Zone erhöht, da Phenole nur in alkalischem Milieu reagieren [4].

Anmerkung: Das Reagenz ist auf Kieselgel-, Kieselgur-, Aluminiumoxid- und Polyamid-Schichten genauso gut einsetzbar, wie auf RP- und NH_2-Phasen. Im letzten Fall kann die Nachbehandlung mit Ammoniak-Dämpfen zur Entfärbung des Untergrundes entfallen.

Anstelle von Kaliumhexacyanoferrat(III) kann auch eine Iod-Lösung als Oxidationsmittel verwandt werden. 4-Aminoantipyrin erzeugt auch ohne Oxidationsmittel mit 1- und 1,4-ungesättigten 3-Ketosteroiden (Pregnadiendiol-Derivate) farbige Zonen.

Für Sympathicomimetica wäre zu prüfen, ob die für Lösungen beschriebene Reaktion [Pfeifer, S., Manns, O.: Pharmazie **1957**, *12*, 401–408] auf die DC übertragbar ist.

Geprüftes Beispiel

Eugenol, Carvacrol und Thymol in Etherischen Ölen [7]

Methode: Aufsteigende, eindimensionale Entwicklung in einer Trogkammer bei Kammersättigung. Zur Trennung von Carvacrol/Thymol ist eine Zweifachentwicklung (5 min Zwischentrocknung im Warmluftstrom) notwendig.

Schicht: DC-Fertigplatten Kieselgel 60 W oder HPTLC-Fertigplatten Kieselgel 60 F_{254s} reinst (MERCK); SIL G-25 oder Nano-Sil-20 (MACHEREY-NAGEL)

Fließmittel: DC: Chloroform; HPTLC: Toluol (für Carvacrol/Thymol-Trennung)

Laufstrecke: DC: 10 cm; HPTLC: 6 cm

Laufzeit: DC: 20 min; HPTLC: 12 min

Nachweis und Ergebnis: Folgende hR_f-Werte (DC, Chloroform) werden erhalten: Carvacrol und Thymol (rot) 30–35, Eugenol (lachsrot) 40–45; der Plattenuntergrund ist in diesem Fall hellgelb gefärbt. Die visuelle Nachweisgrenze liegt bei 200–500 ng pro Chromatogramm-Zone. Nach 1 bis 2 h sind die gefärbten Zonen verblaßt.

Literatur

[1] Eisenstaedt, E.: *J. Org. Chem.* **1938**, *3*, 153–165

[2] Mordovina, L. L., Korotkova, V. I., Noskov, V. V.: *Zh. Anal. Khim.* **1974**, *29*, 580–583.

[3] Gabel, G., Müller, K. H., Schonknecht, J.: *Dtsch. Apoth. Ztg.* **1962**, *102*, 293–295.

[4] Emerson, E.: *J. Org. Chem.* **1943**, *8*, 417–428.

[5] Thielemann, H.: *Z. anal. Chem.* **1974**, *269*, 125–126; Pharmazie **1977**, *32*, 244.

[6] Murano, A., M. Nagase, S. Yamane: *Japan Analyst* **1971**, *20*, 565–569.

[7] Zentz, V.: Dissertation, Universität des Saarlandes, Fachbereich 14, Saarbrücken 1978.

4-Aminobenzoesäure-Reagenz

Reagenz für:

- Kohlenhydrate (Zucker)
  z. B. Monosaccharide [1-5]
  Disaccharide [2, 3]
  Uronsäuren [1-3]

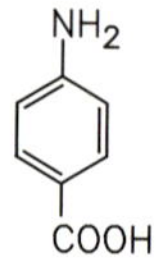

$C_7H_7NO_2$

$M_r = 137.14$

Herstellung des Reagenzes

Tauchlösung: 1 g 4-Aminobenzoesäure wird in 18 ml Eisessig gelöst und mit 20 ml Wasser und 1 ml 85proz. Phosphorsäure versetzt; unmittelbar vor Gebrauch wird mit Aceton im Verhältnis 2 + 3 verdünnt [2].

Aufbewahrung: Die Reagenzlösung ist im Dunkeln bei Raumtemperatur eine Woche haltbar.

Substanzen: 4-Aminobenzoesäure
Essigsäure
Orthophosphorsäure 85%
Aceton

Reaktion

Zucker reagieren mit dem Reagenz wahrscheinlich unter Bildung Schiffscher Basen:

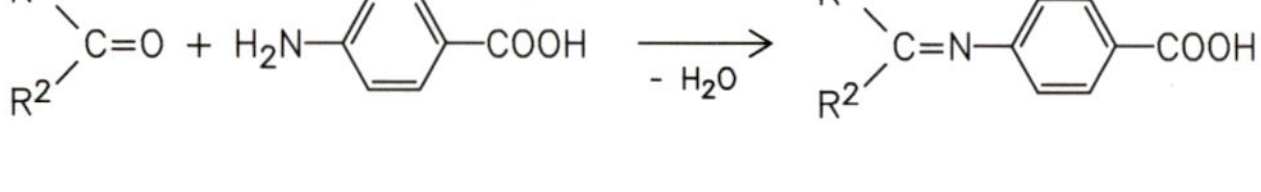

Durchführung

Die vom Fließmittel befreiten Chromatogramme werden 2 s in die Reagenzlösung getaucht oder homogen damit besprüht, einige Minuten im Kaltluftstrom getrocknet und 10–15 min auf 100 °C erwärmt. Es resultieren rötlich-braune Chromatogramm-Zonen auf farblosem bis hellbraunem Untergrund.

Anmerkung: Das Reagenz kann auf Cellulose-Schichten eingesetzt werden. Mit Natriumacetat gepufferte Kieselgur-Schichten sind weniger gut geeignet [6]. Ohne Säurezusatz im Reagenz lassen sich nur einige Zucker mit verminderter Nachweisempfindlichkeit anfärben [7].

Geprüftes Beispiel

Zucker in Diabetiker-Schokolade [8]

Methode:	Aufsteigende, eindimensionale Entwicklung in einer Trogkammer bei Kammersättigung.
Schicht:	DC-Fertigplatten Kieselgel 60 (MERCK)
Fließmittel:	Dichlorethan – Methanol – Eisessig – Wasser (50+50+25+10)
Laufstrecke:	15 cm
Laufzeit:	120 min

Nachweis und Ergebnis: Das vom Fließmittel befreite Chromatogramm wird 2 s in die Reagenzlösung getaucht und noch feucht in einen Trockenschrank gebracht. Nach 15 min Erhitzen auf 120 °C resultieren rotbraune (Fructose) bis graublaue (Lactose) Chromatogramm-Zonen, die im langwelligen UV-Licht (λ = 365 nm) türkisfarbig fluoreszieren. Die visuellen Nachweisgrenzen im sichtbaren Licht liegen bei 200–300 ng Substanz pro Chromatogramm-Zone. Bei fluorimetrischer Auswertung liegen die Nachweisgrenzen deutlich niedriger, nämlich unterhalb von 5 ng pro Chromatogramm-Zone.

In-situ-Messung: Die quantitative Bestimmung erfolgt fluorimetrisch (λ_{exc} = 365 nm, λ_{fl} > 560 nm). Bei der gewählten Meßwellenlänge ist die Basislinienstruktur am günstigsten (Abb. 1).

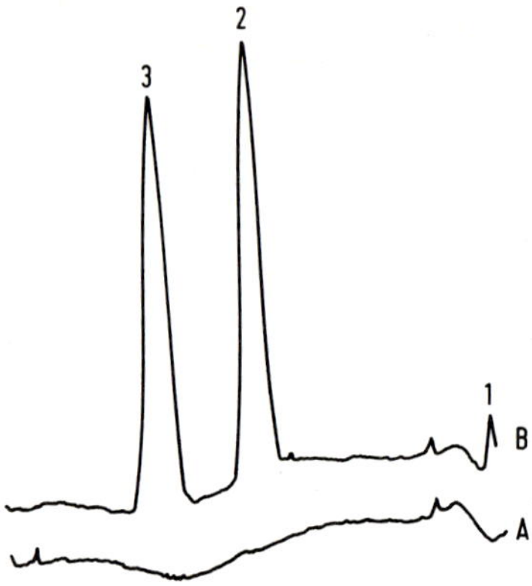

Abb. 1: Fluoreszenz-Ortskurven einer Leerbahn (A) und einer Chromatogrammbahn mit einem Diabetiker-Schokoladenextrakt (B). Aufgetragen wurden ca. 50 ng Lactose und Fructose. Start (1), Lactose (2), Fructose (3).

Literatur

[1] Metraux, J. P.: *J. Chromatogr.* **1982**, *237*, 525–527.
[2] Ersser, R. S., Andrew, B. C.: *Med. Lab. Technol.* **1971**, *28*, 355–359.
[3] Damonte, A., Lombard, A., Tourn, M. L., Cassone, M. C.: *J. Chromatogr.* **1971**, *60*, 203–211.
[4] Menzies, I. S., Mount, J. N.: *Med. Lab. Technol.* **1975**, *32*, 269–276.
[5] Kröplin, U.: *J. agric. Food Chem.* **1974**, *22*, 110–116.
[6] Bell, D. J., Talukder, M. Q.-D.: *J. Chromatogr.* **1970**, *49*, 469–472.
[7] Roy, J. K.: *Analyst* (London) **1960**, *85*, 294–295.
[8] Müller, E., Jork, H.: GDCh-Fortbildungskurs Nr. 302 „Möglichkeiten der Quantitativen Auswertung von Dünnschicht-Chromatogrammen", Universität des Saarlandes, Saarbrücken 1987.

2-Aminodiphenyl–Schwefelsäure–Reagenz

Reagenz für:

- Carbonyl-Verbindungen [1, 2]
  z.B. aliphatische Aldehyde ab C-8,
  Glycolaldehyd [5] Glyoxylsäure,
  2,3-Pentandion
- Vitamin B-6 (Pyridoxal) [2]
- Zucker [3, 4]

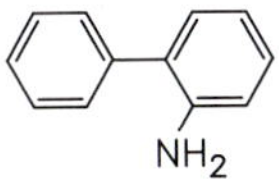

$C_{12}H_{11}N$ $M_r = 169.23$

H_2SO_4 $M_r = 98.08$

Herstellung des Reagenzes

Lösung I: 1 g 2-Aminodiphenyl (Biphenyl-2-ylamin) wird in 100 ml Ethanol gelöst.

Lösung II: 20proz. Schwefelsäure

Tauchlösung: Unmittelbar vor Beginn des Tauchvorgangs werden gleiche Volumina von Lösung I und II vorsichtig gemischt.

Sprühlösung: Für Zucker [3]: 3 g 2-Aminodiphenyl werden in 100 ml Eisessig gelöst und mit 1.3 ml 85proz. Orthophosphorsäure versetzt.

Aufbewahrung: Lösung I ist im Kühlschrank mehrere Tage haltbar.

Substanzen: Biphenyl-2-ylamin
Schwefelsäure (25%)
Ethanol
Essigsäure (Eisessig)
Orthophosphorsäure (85%)

Reaktion

2-Aminodiphenyl bildet mit Carbonyl-Verbindungen unter Wasserabspaltung farbige oder fluroreszierende Schiffsche Basen:

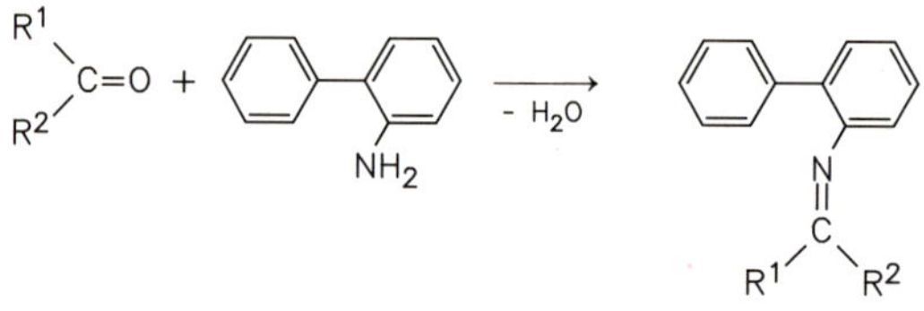

Durchführung

Die fließmittelfreien Chromatogramme werden 1 s in die frisch bereitete Reagenzlösung getaucht und anschließend 5 bis 10 min auf 105 bis 110 °C erhitzt. Es resultieren im langwelligen UV-Licht (λ = 365 nm) grüne, blaue oder purpurfarbene Fluoreszenzen auf dunklem Untergrund.

Anmerkung: Die Tauchlösung, die auch als Sprühlösung verwendbar ist, kann auf Kieselgel, Kieselgur-, Cellulose-, RP-, NH_2- und CN-Phasen eingesetzt werden. Zucker ergeben – mit Ausnahme von z. B. Fructose, Melezitose und Raffinose – bei Verwendung der Sprühlösung brillant gefärbte Zonen auf fast farblosem Untergrund: Aldohexosen erscheinen braun, Aldopentosen leuchtend rot und Hexuronsäuren orange gefärbt [3]. Die Nachweisgrenze ist für die einzelnen Substanzen unterschiedlich hoch; sie reicht von 10 ng (Pyridoxal) über 100 ng (Zimtaldehyd) bis zu 2 µg (Citral).

Geprüftes Beispiel

Citral, Citronellal, Zimtaldehyd [6]

Methode: Aufsteigende, eindimensionale Entwicklung in einer Trogkammer.

Schicht: HPTLC-Fertigplatten Kieselgel 60 F_{254} (MERCK)

Fließmittel: Toluol – Ethylacetat – Eisessig (90+5+5)

Laufstrecke: 5 cm

Laufzeit: 20 min

Nachweis und Ergebnis: Das fließmittelfreie Chromatogramm wird 1 s in die frisch bereitete Reagenzlösung getaucht und anschließend 5 bis 10 min auf 105 bis 110 °C erhitzt. Citral (hR_f: 60) und Citronellal (hR_f: 80) ergeben im sichtbaren Licht auf hellbraunem Untergrund braune Zonen, die im langwelligen UV-Licht (λ = 365 nm) purpurfarben fluoreszieren. Zimtaldehyd färbt sich kräftig gelb, zeigt jedoch keine Fluoreszenz.

In-situ-Messung: Die fluorimetische Auswertung kann im langwelligen UV-Licht erfolgen ($\lambda_{exc.}$ = 365 nm; λ_{fl} > 560 nm). Sie ist allerdings nicht empfindlich.

Literatur

[1] Nakai, T., Demura, H., Koyama, M.: *J. Chromatogr.* **1972,** *66,* 87–91.
[2] Nakai, T., Ohta, T., Takayama, M.: *Agric. Biol. Chem.* **1974,** *38,* 1209–1212.
[3] Timell, T. E., Glaudemans, C. P. J., Currie, A. L.: *Anal. Chem.* **1956,** *28,* 1916–1920.
[4] McKelvy, J. F., Scocca, J. A.: *J. Chromatogr.* **1970,** *51,* 316–318.
[5] Nakai, T., Ohta, T., Wanaka, N., Beppu, D.: *J. Chromatogr.* **1974,** *88,* 356–360.
[6] Kany, E., Jork, H.: GDCh-Fortbildungskurs Nr. 301, „Dünnschicht-Chromatographie für Fortgeschrittene“, Universität des Saarlandes, Saarbrücken 1986.

4-Aminohippursäure–Reagenz

Reagenz für:

- Zucker (Monosaccharide) [1, 2]

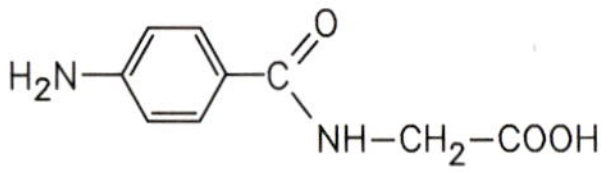

$C_9H_{10}N_2O_3$

M_r = 194.19

Herstellung des Reagenzes

Tauchlösung: 0.5 g 4-Aminohippursäure werden in 50 ml Ethanol gelöst und mit Toluol auf 100 ml aufgefüllt.

Sprühlösung: 0.5 g 4-Aminohippursäure werden in 100 ml Ethanol gelöst.

Aufbewahrung: Beide Lösungen sind mehrere Tage stabil.

Substanzen: 4-Aminohippursäure
Ethanol
Toluol

Reaktion

Zucker reagieren mit dem Reagenz wahrscheinlich unter Bildung Schiffscher Basen:

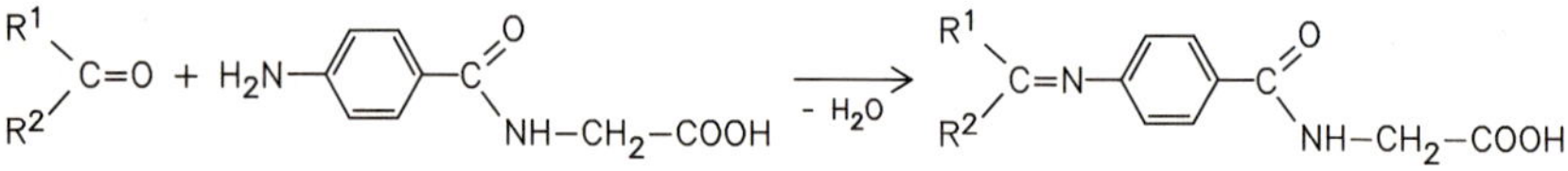

Durchführung

Die fließmittelfreien Chromatogramme werden 1 s in die Reagenzlösung getaucht bzw. homogen mit der Sprühlösung benebelt und anschließend 8 min auf 140 °C erhitzt [2]. Es resultieren für Hexosen und Pentosen orangefarbige Zonen auf fast farblosem Untergrund, die im langwelligen UV-Licht (λ = 365 nm) blau fluoreszieren.

Anmerkung: Das Reagenz kann u. a. auf Kieselgel-, Cellulose- und Polyamid-Schichten eingesetzt werden.

Geprüftes Beispiel

Hexosen und Pentosen [1]

Methode: Aufsteigende, eindimensionale Entwicklung in einer HPTLC-Trogkammer bei Kammersättigung.

Schicht: HPTLC-Fertigplatten Kieselgel 60 (MERCK)

Fließmittel: 2-Propanol – wässrige Borsäure-Lösung (0.75%) – Eisessig (40+5+1)

Laufstrecke: 8 cm

Laufzeit: 80 min

Nachweis und Ergebnis: Das fließmittelfreie Chromatogramm wird 1 s in die Reagenzlösung getaucht und 10 min auf 140 °C erhitzt. Als blau fluoreszierende Zonen erscheinen im langwelligen UV-Licht (λ = 365 nm): Lactose (hR_f: 25–30), Fructose (hR_f: 30–35), Arabinose (hR_f: 45–50), Xylose (hR_f: 55–60) und Rhamnose (hR_f: 60–65) (Abb. 1 A).

Tauchen in Paraffin dünnflüssig – *n*-Hexan (1+3) führt nicht zu einer nennenswerten Steigerung der Fluoreszenzintensität.

In-situ-Messung: Die fluorimetrische Auswertung erfolgt im UV-Licht (λ_{exc} = 313 nm, λ_{fl} > 460 nm; Fl 46-Filter). Oberhalb von λ = 460 nm ist das Signal/Rauschverhältnis besser als beim Arbeiten mit einem Fl 39 Filter.

Die Nachweisgrenzen liegen für Xylose bei 10–20 ng, für Fructose, Arabinose und Rhamnose bei 50–100 ng und für Lactose bei 1–2 µg pro Chromatogramm-Zone (Abb. 1 B).

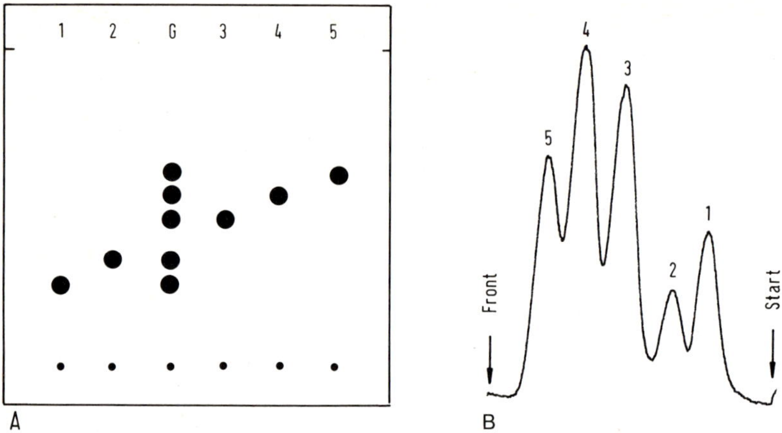

Abb. 1: Schemaskizze der chromatographischen Trennung (A) und der Fluoreszenz-Ortskurven (B) eines Zuckergemischs mit 1 µg Substanz pro Chromatogramm-Zone. Lactose (1), Fructose (2), Arabinose (3), Xylose (4), Rhamnose (5), Gemisch (G).

Literatur

[1] Jork, H., Kany, E.: GDCh-Fortbildungskurs Nr. 300 „Einführung in die Dünnschicht-Chromatographie", Universität des Saarlandes, Saarbrücken 1986.
[2] Sattler, L., Zerban, F. W.: *Anal. Chem.* **1952**, *24,* 1862.

4-Aminohippursäure–Phthalsäure-Reagenz

Reagenz für:

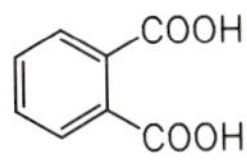

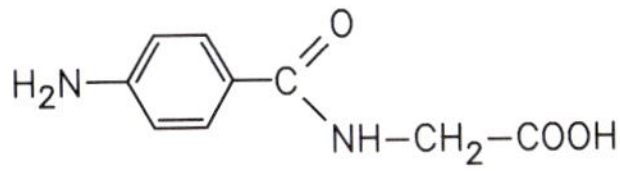

- Zucker (Mono- u. Disaccharide) [1–3] z. B. Hydrolysate von Traganth [4]

$C_8H_6O_4$	$C_9H_{10}N_2O_3$
M_r = 166.13	M_r = 194.19
Pthalsäure	4-Aminohippursäure

Herstellung des Reagenzes

Tauchlösung: 0.2 g 4-Aminohippursäure und 3 g Phthalsäure werden in 50 ml Ethanol gelöst und mit 50 ml Toluol verdünnt.

Sprühlösung: 0.3 g 4-Aminohippursäure und 3 g Phthalsäure werden in 100 ml Ethanol gelöst.

Aufbewahrung: Beide Lösungen sind mehrere Tage stabil.

Substanzen: 4-Aminohippursäure
Phthalsäure
Ethanol
Toluol

Reaktion

Zucker reagieren mit dem Reagenz wahrscheinlich unter Bildung Schiffscher Basen:

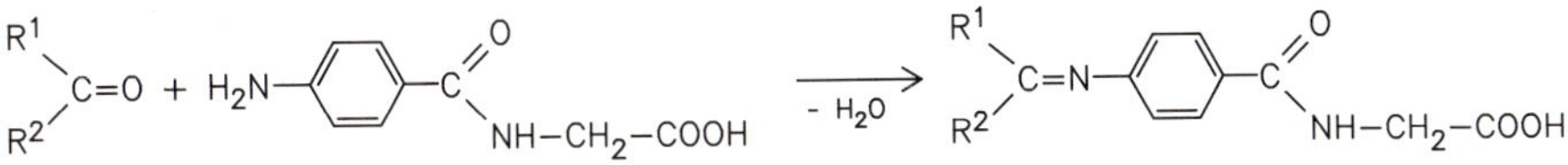

Durchführung

Die im Warmluftstrom getrockneten Chromatogramme werden 10 s in die Reagenzlösung getaucht bzw. homogen mit der Sprühlösung benebelt und anschließend 8–15 min auf 115–140 °C erhitzt [2, 4]. Es resultieren gelbe bis orangerot gefärbte Zonen auf fast farblosem Untergrund, die im langwelligen UV-Licht (λ = 365 nm) intensiv blau fluoreszieren.

Anmerkung: Ein zusätzliches Tauchen der Chromatogramme in Paraffin dünnflüssig – *n*-Hexan (1+2) führt bei verschiedenen Kohlenhydraten zu einer Fluoreszenzsteigerung um den Faktor 2.5 bis 4.5.

Im UV-Licht liegt die visuelle Nachweisgrenze der Zucker bei 250 ng pro Chromatogramm-Zone, im sichtbaren Licht ist erst die 4- bis 5-fache Menge erkennbar [2].

Das Reagenz kann auf Kieselgel-, Kieselgur-, Si 50000-, NH_2-, Cellulose- und Polyamid-Schichten eingesetzt werden.

Geprüftes Beispiel

Glucose, Fructose, Maltose [1]

Methode: Aufsteigende, eindimensionale Entwicklung in einer Trogkammer ohne Kammersättigung.

Schicht: HPTLC-Fertigplatten NH_2 F_{254s} (MERCK).

Fließmittel: Acetonitril – Wasser – Phosphatpuffer (pH = 5.9) (80+15+10).
Herstellung des Phosphatpuffers: 680 mg Kaliumdihydrogenphosphat werden in 50 ml Wasser gelöst und mit 4.6 ml 0.1 mol Natronlauge versetzt; anschließend wird mit Wasser im Verhältnis 1+9 verdünnt.

Laufstrecke: 7 cm

Laufzeit: 20 min

Nachweis und Ergebnis: Das fließmittelfreie Chromatogramm wird 10 s in die Reagenzlösung getaucht und 8 min auf 150 °C erhitzt. Als hellblau fluoreszierende Zonen auf schwach bläulich fluoreszierendem Untergrund erscheinen Maltose (hR_f: 10–15), Glucose (hR_f: 20–25) und Fructose (hR_f: 25–30) im langwelligen UV-Licht (λ = 365 nm).

Durch anschließendes Tauchen in Paraffin dünnflüssig – *n*-Hexan (1+2) kann die Fluoreszenzintensität der Chromatogramm-Zonen stabilisiert und um den Faktor 2.5 bis 3.5 gesteigert werden.

In-situ-Messung: Die fluorimetrische in-situ-Auswertung erfolgt im langwelligen UV-Licht (λ_{exc} = 365 nm, λ_{fl} > 560 nm) und ist in Abb. 1 dargestellt. Die Nachweisgrenzen für Maltose, Glucose und Fructose liegen bei ca. 10 ng Substanz pro Chromatogramm-Zone.

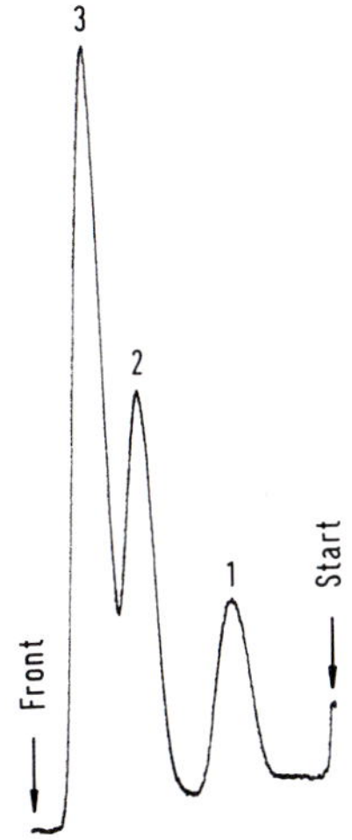

Abb. 1: Fluoreszenz-Ortskurven eines Zuckergemischs mit 50 ng Substanz pro Chromatogramm-Zone: Maltose (1), Glucose (2), Fructose (3).

Literatur

[1] Patzsch, K.: Diplomarbeit Fachhochschule Gießen, Fachbereich Technisches Gesundheitswesen, 1986.
[2] Sattler, L., Zerban, F. W.: *Anal. Chem.* **1952**, *24*, 1862.
[3] Kubelka, W., Eichhorn-Kaiser, S.: *Pharm. Acta Helv.* **1970**, *45*, 513–519.
[4] Stahl, E., Tugrul, L.: *Dtsch. Apoth. Ztg.* **1981**, *121*, 1409–1413.

Ammoniak-Dampf-Reagenz

Reagenz für:

- Alkaloide
  z. B. Morphin, Heroin [1, 2]
  6-Monoacetylmorphin [2]
- Mykotoxine
  z. B. Ochratoxin A [3–5]
- Flavonoide, Flavonoid-Glycoside [6–9]
- Sennoside [10]
- Naphthochinon-Glucoside [11]
- Valepotriate [12]
- Antibiotika
  z. B. Penicillinsäure [13]
  Rifamycin [14]
  Tetracycline [15]
- Anthracen-Derivate [16]
- Homogentisinsäure [17]

NH_3

$M_r = 17.03$

Herstellung des Reagenzes

Lösung: Ammoniak-Lösung (25%).

Aufbewahrung: Das Reagenz ist lange Zeit haltbar.

Substanzen: Ammoniak-Lösung (25%)

Reaktion

Morphin und Heroin wandeln sich in Gegenwart von Ammoniak in der Wärme in fluoreszierende Oxidationsprodukte um [1].

Durchführung

Die Chromatogramme werden im Kaltluftstrom getrocknet (Alkaloide: 25 min, 110–120 °C im Trockenschrank) und – im Falle der Alkaloide noch in heißem Zustand – 15 min in eine Doppeltrogkammer gestellt, deren zweite Troghälfte mit 10 ml Ammoniak-Lösung (25%) beschickt ist.

Zum Nachweis von Valepotriaten wird das Chromatogramm im Abstand von 0,3 mm auf einer mit konz. Ammoniak-Lösung besprühten DC-Platte (Sandwich-Konfiguration, Schicht gegen Schicht) mit Klammern befestigt und 10 min im Trockenschrank auf 110 °C erhitzt [12].

Es resultieren gewöhnlich im langwelligen UV-Licht (λ = 365 nm) gelb, grün oder blau fluoreszierende Chromatogramm-Zonen auf dunklem Untergrund, in einigen Fällen auch farbige Zonen im sichtbaren Licht (z. B. Homogentisinsäure [17], Sennoside [10], Rifamycin [14]).

Anmerkung: Nach der Ammoniak-Behandlung verändern sich bei einigen Flavonoiden [7, 9] und Anthracen-Derivaten [16] die Farbtöne ihrer natürlichen Fluoreszenzfarben. Dadurch sind Farbdifferenzierungen möglich. Als Nachweisgrenzen werden angegeben für Morphin und Heroin 2 ng [2], für Ochratoxin A 6 ng [5] und für Penicillinsäure 1 µg [13] Substanz pro Chromatogramm-Zone. Das Reagenz kann auf Kieselgel-, Kieselgur-, Si 50000-, Polyamid-, RP- und Cellulose-Schichten angewendet werden.

Geprüftes Beispiel

Alkaloide [2]

Methode: Aufsteigende, eindimensionale Entwicklung in einer Trogkammer ohne Kammersättigung.

Schicht: HPTLC-Fertigplatten Kieselgel 60 F_{254s} mit Konzentrierungszone (MERCK), die zur Vorreinigung einmal in Chloroform–Methanol (50+50) entwickelt und anschließend 30 min bei 110 °C getrocknet werden.

Auftragen: Die Proben werden bandförmig in Chromatographierichtung in die Konzentrierungszone aufgetragen, durch kurzes Entwickeln im unten angegebenen Fließmittel bis fast an die Grenze zwischen Konzentrierungszone und Chromatographie-Schicht vorkonzentriert und 5 min im Warmluftstrom getrocknet. Anschließend erfolgt die eigentliche chromatographische Trennung.

Fließmittel: Methanol – Chloroform – Wasser (12+8+2).

Laufstrecke: 4,5 cm

Laufzeit: 20 min

Nachweis und Ergebnis: Das Chromatogramm wird im Trockenschrank 25 min auf 110–120 °C erhitzt und sofort – noch in heißem Zustand – 15 min in eine Doppeltrogkammer gestellt, deren zweite Troghälfte mit 10 ml Ammoniak-Lösung (25%) beschickt ist. Danach wird das Chromatogramm 2 s in eine Lösung aus Paraffin dünnflüssig – *n*-Hexan (1+2) getaucht.

Morphin (hR_f: 20–25), 6-Monoacetylmorphin (hR_f: 35–40) und Heroin (hR_f: 50–55) erscheinen im langwelligen UV-Licht (λ = 365 nm) als blau fluoreszierende Zonen auf dunklem Untergrund. Die Nachweisgrenzen liegen jeweils bei 2 ng Substanz pro Chromatogramm-Zone (s. Abb. 1).

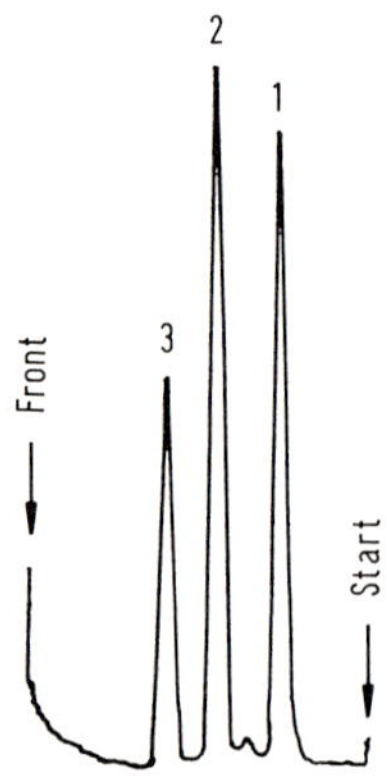

Abb. 1: Fluoreszenz-Ortskurve eines Alkaloidgemischs mit je ca. 50 ng Substanz pro Chromatogramm-Zone: Morphin (1), 6-Acetylmorphin (2), Heroin (3).

In-situ-Messung: Die fluorimetrische Auswertung erfolgt nach Anregung mit UV-Licht (λ_{exc} = 313 nm, λ_{fl} > 390 nm).

Literatur

[1] Wintersteiger, R., Zeipper, U.: *Arch. Pharm.* (Weinheim) **1982,** *315*, 657–661.
[2] Patzsch, K., Funk, W., Schütz, H.: *GIT Fachz. Lab. Supplement 3 „Chromatographie"* **1988,** *32*, 83–91.
[3] Majerus, P., Woller, R., Leevivat, P., Klintrimas, T.: *Fleischwirtschaft* **1985,** *65*, 1155–1158.
[4] Takeda, Y., Isohata, E., Amano, R., Uchiyama, M.: *J. Assoc. Off. Anal. Chem.* **1979,** *62*, 573–578.
[5] Asensio, E., Sarmiento, I., Dose, K.: *Fresenius Z. Anal. Chem.* **1982,** *311*, 511–513.
[6] Nilsson, E.: *Acta Chem. Scand.* **1969,** *23*, 2910–2911.
[7] Ulubelen, A., Kerr, K. M., Mabry, T.: *Phytochemistry* **1980,** *19*, 1761–1766; **1982,** *21*, 1145–1147.
[8] Henning, W., Herrmann, K.: *Phytochemistry* **1980,** *19*, 2727–2729.
[9] Theodor, R., Zinsmeister, H. D., Mues, R.: *Phytochemistry* **1980,** *19*, 1695–1700.
[10] Kobashi, K., Nishimura, T., Kusaka, M.: *Planta Med.* **1980,** *40*, 225–236.
[11] Steinerova, N., Cludlin, J., Vanek, Z.: *Collect. Czech. Chem. Commun.* **1980,** *45*, 2684–2687.
[12] Rücker, G., Neugebauer, M., El Din, M. S.: *Planta Med.* **1981,** *43*, 299–301.
[13] Vesely, D., Vesela, D.: *Chem. Listy* (CSSR) **1980,** *74*, 289–290.
[14] Jankova, M., Pavlova, A., Dimov, N., Boneva, V., Chaltakova, M.: *Pharmazie* **1981,** *36*, 380.
[15] Urx, M., Vondrackova, J., Kovarik, L.: *J. Chromatogr.* **1963,** *11*, 62–65.
[16] Sims, P.: *Biochem. J.* **1972,** *130*, 27–35; **1973,** *131*, 405–413.
[17] Treiber, L. R., Örtengren, B., Lindstein, R.: *J. Chromatogr.* **1972,** *73*, 151–159.

Ammoniumthiocyanat–Eisen(III)-chlorid–Reagenz

Reagenz für:

- Phosphate und Phosphonsäuren in Waschmitteln* [1]
- organische Säuren und Phosphorsäureester [2] z. B. Zuckerphosphate

NH_4SCN — M_r = 76.12

$FeCl_3$ — M_r = 162.22

Herstellung des Reagenzes

Tauchlösung I: 1 g Ammoniumthiocyanat (Ammoniumrhodanid) wird in 100 ml Aceton gelöst.

Tauchlösung II: 50 mg Eisen(III)-chlorid werden in 100 ml Aceton gelöst.

Aufbewahrung: Die Lösungen sind bei Raumtemperatur – im Dunkeln aufbewahrt – einen Monat haltbar [2].

Substanzen: Ammoniumthiocyanat
Eisen(III)-chlorid wasserfrei
Aceton

Reaktion

Eine Eisenthiocyanatbildung findet im Bereich der Chromatogramm-Zonen zumeist nicht statt. Deshalb resultieren weiße Zonen auf pink-farbenem Untergrund:

$$Fe^{3+} + 3\,SCN^- \not\longrightarrow Fe(SCN)_3$$

---

* Rüdt, U.: Privatmitteilung, Chemische Landesuntersuchungsanstalt, Stuttgart 1984.

Durchführung

Die im Warmluftstrom 10 min lang getrockneten Chromatogramme werden 1 s in die Lösung I getaucht. Anschließend wird 5 min im Warmluftstrom getrocknet und danach in Lösung II 1 s getaucht. Es resultieren weiße Zonen auf pink-farbigem Untergrund.

Anmerkung: Da die Farbreaktion nur im neutralen bis schwach sauren Milieu abläuft, müssen saure Fließmittel gut entfernt werden. Dies ist auf Cellulose-Schichten oft schwierig, so daß hier Störungen auftreten können.

Einige Säuren, wie Zimt-, Milch-, Oxal- und Chinasäure, ergeben gelbe Zonen. Malein-, Fumar- und *o*-Phthalsäure werden rot, Salicylsäure grau und 4-Aminobenzoesäure bläulich gefärbt.

Tauchlösung I, allein verwandt, ist ein empfindliches Nachweisreagenz für Phosphorsäureester. In Kombination mit Tauchlösung II steigt für die organischen Säuren die Nachweis-Empfindlichkeit zwar an, ist aber immer noch unzureichend für empfindliche Nachweise. Anorganische Anionen, die mit Eisen(III)-Ionen Komplexe bilden, stören u. U. den Nachweis. Die Reagenzlösung II muß jeweils erneuert werden, da durch das Tauchen Verunreinigungen verschleppt werden, die den Plattenuntergrund verfärben.

Das Reagenz ist auf Kieselgel-, Kieselgur-, Polyamid- und Cellulose-Schichten einsetzbar. Auf Aminophasen kann nur Tauchlösung I verwandt werden.

Geprüftes Beispiel

Anorganische Phosphate und Phosphonsäuren in Waschmitteln [1]

Methode: Aufsteigende, eindimensionale Entwicklung bei Kammersättigung in einer Trogkammer.

Schicht: HPTLC-Fertigplatten Cellulose (MERCK)

Fließmittel: Dioxan – Trichloressigsäure-Lösung (70 + 30)

Herstellung der Trichloressigsäure-Lösung: 16 g Trichloressigsäure werden in 50 ml Wasser gelöst. Nach vorsichtiger (!) Zugabe von 0.8 ml 33proz. Ammoniak-Lösung (Abzug) wird mit Wasser auf 100 ml aufgefüllt.

Laufstrecke: 6 cm

Laufzeit: 30 min

Nachweis und Ergebnis: Die im Warmluftstrom 10 min lang getrockneten Chromatogramme werden 1 s in die Lösung I getaucht, danach 5 min im warmen Ventilatorstrom getrocknet und anschließend 1 s in Lösung II getaucht.

Die Phosphate und Phosphonsäuren erscheinen als weiße Zonen auf rosa-farbigem Untergrund (Abb. 1 A). In Abb. 1 B ist die Remissionsgrad-Ortskurve (λ = 480 nm) dargestellt. Als Nachweisgrenzen wurden für PO_4^{3-} und $P_2O_7^{4-}$ 50 ng ermittelt. Bei $P_3O_9^{3-}$ und $P_3O_{10}^{5-}$ lag die Nachweisgrenze bei 125 ng pro Chromatogramm-Zone.

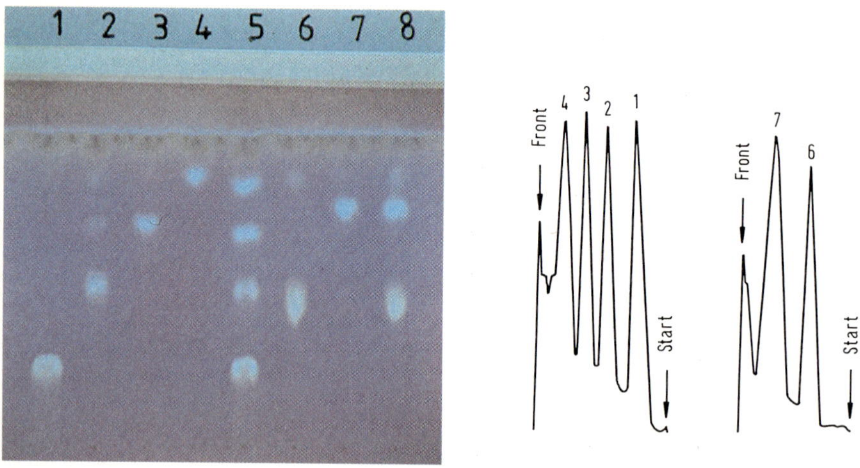

A B

Abb. 1: A) Trennung von Phosphaten und Phosphonsäuren; B) Absorptions-Ortskurven von Bahn 5 und Bahn 8. $P_3O_9^{3-}$ (1), $P_3O_{10}^{5-}$ (2), $P_2O_7^{4-}$ (3), PO_4^{3-} (4), Gemisch I (5), Aminotrimethylenphosphonsäure (6), 1-Hydroxyethan-1,1-diphosphonsäure (7), Gemisch II (8).

Literatur

[1] Mörsdorf, W.: Staatsexamensarbeit, Universität des Saarlandes, Saarbrücken 1986.
[2] Firmin, J. L., Gray D. O.: *J. Chromatogr.* **1974**, *94*, 294–297.

Amylose–Kaliumiodat/-iodid–Reagenz

Reagenz für:

- aliphatische und aromatische, nicht flüchtige Carbonsäuren [1]
- Ampicillin [2]
- Phenylethylamine z. B. Ephedrin [3]

KJ	KJO_3	Amylose
$M_r = 166.01$	$M_r = 214.00$	$M_r \approx 10^6$

Herstellung des Reagenzes

Lösung I: 1 g Amylose wird unter Erwärmen in 100 ml Wasser gelöst.

Lösung II: 2 g Kaliumiodat werden in 100 ml Wasser gelöst.

Lösung III: 8 g Kaliumiodid werden in 100 ml Wasser gelöst.

Tauchlösung: Je 10 ml der Lösungen I bis III werden direkt vor dem Tauchen zusammengegeben und mit Wasser auf 100 ml verdünnt.

Sprühlösung: Gleiche Volumina der Lösung I bis III werden direkt vor dem Sprühen zusammengegeben und gemischt.

Aufbewahrung: Die Lösungen I bis III sind im Kühlschrank mehrere Wochen lang haltbar.

Substanzen: Amylose
Kaliumiodid
Kaliumiodat

Reaktion

Aus Iodat- und Iodid-Ionen entstehen unter Einwirkung von Protonen Iodmoleküle, die mit Amylose blaugefärbte Chlatrat-Komplexe bilden:

$$IO_3^- + 5\,I^- + 6\,H^+ \longrightarrow 3\,I_2 + 3\,H_2O \xrightarrow{\text{Amylose}} \text{blauer Komplex}$$

Durchführung

Die gut getrockneten Chromatogramme (bei sauren oder basischen Fließmitteln 1 h bei 105 °C im Trockenschrank) werden zügig 1 s in die Tauchlösung getaucht bzw. homogen mit der Sprühlösung benebelt und anschließend im Kaltluftstrom getrocknet. Säuren ergeben blaue Zonen auf farblosem bis hellblauem Untergrund [1], der allmählich nachdunkelt.

Zum Nachweis von Ampicillin muß dem Sprüh- oder Tauchreagenz Essigsäure zugesetzt werden. Ampicillin ergibt helle Flecke auf blauem Untergrund [2].

Anmerkung: Das Reagenz ist auf Kieselgel- und Cellulose-Schichten einsetzbar. Anstelle von Amylose kann auch Stärke verwendet werden [2]. Die blaue Farbe des Amylose-Komplexes geht nach kurzer Zeit in braun über.

Saccharin sowie die drei Diphenole Brenzkatechin, Resorcin und Hydrochinon reagieren nicht oder nur schwach. Gleiches gilt auch für Pikrinsäure. Dagegen sind Cyclohexansulfaminsäure und Bis-(2-ethylhexyl)-phosphorsäure gut nachweisbar [1].

Für Ampicillin liegt die Nachweisgrenze bei 50 ng pro Chromatogramm-Zone.

Geprüftes Beispiel

Organische Säuren [4]

Methode: Aufsteigende, eindimensionale Entwicklung bei Kammersättigung in einer Trogkammer.

Schicht: DC-Fertigplatten Cellulose (MERCK)
HPTLC-Fertigplatten Kieselgel 60 WRF_{254s} (MERCK)
SIL G-25 (MACHEREY-NAGEL).

Fließmittel: *a) für Cellulose-Schichten:*
1. 1-Butanol – Ethanol (96%) – Ammoniak-Lösung (25%) – Wasser (60+60+60+15)
2. Ethanol (96%) – Ammoniak-Lösung (25%) (112+16)

b) für M & N SIL G-25 und MERCK HPTLC-Platten:
3. Diisopropylether – Ameisensäure – Wasser (90+7+3)

Laufstrecke: 6 cm

Laufzeit: 25–30 min

Nachweis und Ergebnis: Die zu tauchenden Chromatogramme müssen fließmittelfrei sein, andernfalls ensteht ein blauer Untergrund. Nach dem Tauchen wird das Chromatogramm im Kaltluftstrom getrocknet. Es resultieren anfangs braun gefärbte, später blaue Zonen auf hellem Untergrund, der sich allerdings nach 5 min dunkel färbt, so daß die Flecke kaum noch sichtbar sind. In Tab. 1 sind einige hR_f-Werte aufgezählt:

Tabelle 1: hR_f-Werte von Carbonsäuren

	hR_f-Wert	
Säure	Cellulose	Kieselgel
4-Aminobenzoesäure	55–60	–
2-Aminobenzoesäure	60–65	–
Fumarsäure	–	80–85
Benzoesäure	70–75	–
Äpfelsäure	–	15–20
Weinsäure	5–10	0
Phthalsäure	15–20	60–65
Adipinsäure	–	55–60
Salicylsäure	80–85	–

Anmerkung: Das Reagenz ist für Säuren nicht besonders empfindlich. Die Nachweisgrenze lag auf Cellulose-Schichten bei etwa 1 µg (Salicylsäure ≥ 5 µg), auf Kieselgel-Schichten bei 5 µg (Fumarsäure ca. 1 µg).

Literatur

[1] Chafetz, L, Penner M. H.: *J. Chromatogr.* **1970**, *49*, 340–342.
[2] Larsen, C., Johansen, M.: *J. Chromatogr.* **1982**, *246*, 360–362.
[3] Chafetz, L.: *J. pharmac. Sci.* **1971**, *60*, 291–294.
[4] Klein, I., Jork, H.: GDCh-Fortbildungskurs Nr. 301 „Einführung in die Dünnschicht-Chromatographie", Universität des Saarlandes, Saarbrücken 1985.

Anilin–Aldose–Reagenz

Reagenz für:

- Organische Säuren [1–4]
- N-acyl-glycin Konjugate [7]

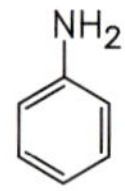

C_6H_7N

$M_r = 93.13$

Anilin

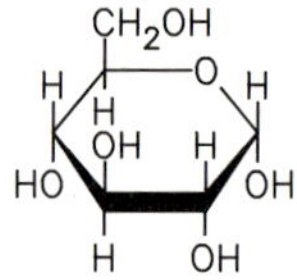

$C_6H_{12}O_6$

$M_r = 180.16$

Glucose

Herstellung des Reagenzes

Lösung I: 2 ml frisch destilliertes Anilin werden mit 18 ml Ethanol gemischt.

Lösung II: 2 g Aldose (z. B. Glucose) werden in 20 ml Wasser gelöst.

Tauchlösung: Unmittelbar vor Gebrauch werden je 20 ml Lösung I und II gemischt und mit 1-Butanol auf 100 ml aufgefüllt.

Aufbewahrung: Die Lösungen I und II sind im Kühlschrank längere Zeit haltbar.

Substanzen: D(+)-Glucose
Anilin
Ethanol
1-Butanol

Reaktion

Unter Säureeinwirkung entsteht aus Glucose Furfural, das mit Anilin farbige Reaktionsprodukte bildet [5]:

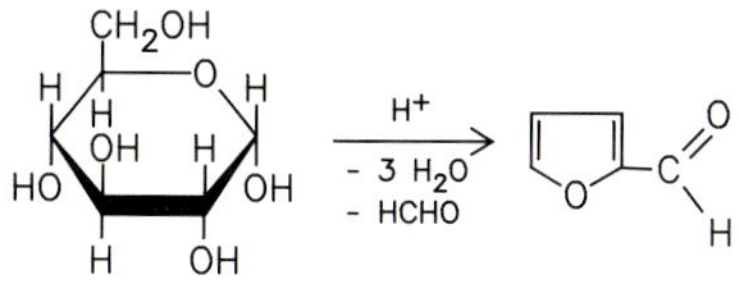

Glucose Furfural

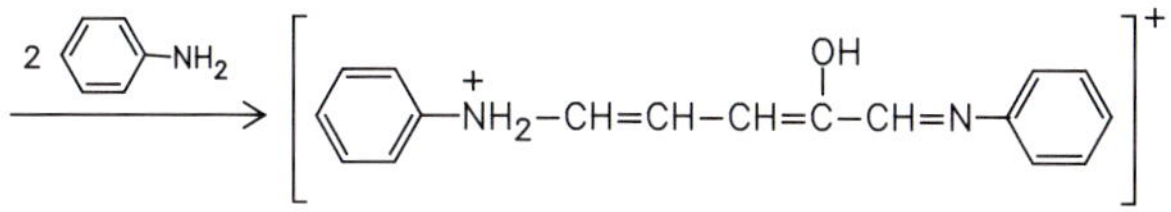

Durchführung

Die fließmittelfreien Chromatogramme werden 3 s in die Tauchlösung getaucht oder homogen damit besprüht und anschließend 5–10 min auf 90–140 °C erhitzt. Es resultieren braune Zonen auf beige-grauem Untergrund.

Anmerkung: Anstelle von Glucose können auch andere Aldosen im Reagenz verwendet werden, z. B. Arabinose [1], Xylose [2, 3, 7] oder Ribose [4]. Die Untergrundfärbung ist auf Cellulose-Schichten am geringsten ausgeprägt, bei Verwendung von Celluloseacetat-, Aluminiumoxid-150-, Kieselgel-, RP-. NH_2- und Polyamid-Schichten ergibt sich ein mehr oder weniger ocker gefärbter Untergrund. Auf Cellulose-Schichten liegt die Nachweisgrenze von Carbonsäuren bei ca. 0.5 μg Substanz pro Chromatogramm-Zone.

Woher die für das Reagenz gelegentlich verwendete Bezeichnung Schweppe-Reagenz stammt, konnte nicht geklärt werden.

Geprüftes Beispiel

Organische Säuren [6]

Methode: Aufsteigende, eindimensionale Entwicklung in einer Trogkammer bei Kammersättigung.

Schicht: DC-Fertigplatten Sil G-25 (MACHEREY-NAGEL)

Fließmittel: Diisopropylether – Ameisensäure – Wasser (90+7+3)

Laufstrecke: 10 cm

Laufzeit: 30 min

Nachweis und Ergebnis: Das vom Fließmittel befreite Chromatogramm wird 3 s in die Tauchlösung getaucht und 5–10 min auf 125 °C erhitzt. Die Carbonsäuren: Terephthalsäure (hR_f: 5), Bernsteinsäure (hR_f: 50–55), Phthalsäure (hR_f: 55–60), Korksäure (hR_f: 60–65), Sebacinsäure (hR_f: 65–70), Benzoesäure (hR_f: 75–80) und Salicylsäure (hR_f: 80–85) ergeben braune Zonen auf hellbraunem Untergrund. Die Nachweisgrenze liegt bei 2 μg Säure pro Chromatogramm-Zone.

Hinweis: Wird zum Nachweis eine Tauchlösung eingesetzt, deren Konzentration auf 1/10 der oben angegebenen Menge reduziert ist, erscheinen die Säuren als weiße Zonen auf hellbraunem Untergrund.

In-situ-Messung: Für eine empfindliche photometrische Direktauswertung ist das Reagenz nicht geeignet.

Literatur

[1] Bourzeix, M., Guitraud, J., Champagnol, F.: *J. Chromatogr.* **1970**, *50* 83–91.
[2] Köhler, F.: *J. Chromatogr.* **1972**, *68*, 275–279.
[3] Lin, L., Tanner, H.: *J. High Resolut. Chromatogr. Chromatogr. Commun.* **1985**, *8*, 126–131.
[4] Beaudoin, A. R., Moorjani, S., Lemonde, A.: *Can. J. Biochem.* **1973**, *51*, 318–320.
[5] Kakáč, B., Vejdělek, Z. J.: *Handbuch der photometrischen Analyse photometrischer Verbindungen.* Weinheim: Verlag Chemie, 1974.
[6] Jork, H., Klein, I: GDCh-Fortbildungskurs Nr. 300 „Einführung in die Dünnschicht-Chromatographie" Unversität des Saarlandes, Saarbrücken 1987.
[7] Berg, H. van den, Hommes, F. A.: *J. Chromatogr.* **1975**, *104*, 219–222.

Anilin-Diphenylamin-Phosphorsäure-Reagenz

Reagenz für:

- Zucker:
  Mono- und Disaccharide [1-5]
  Oligosaccharide [5-7]
  Stärkehydrolysate [8-12]
- Verdickungsmittel [13, 14]
- Glycoside [15, 18]
  z.B.: Arbutin, Prunasin,
  Amygdalin, Rutin

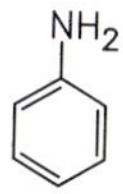

C_6H_7N

$M_r = 93.13$

Anilin

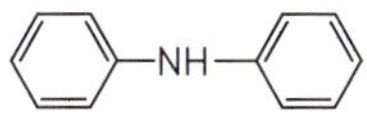

$C_{12}H_{11}N$

$M_r = 169.23$

Diphenylamin

H_3PO_4

$M_r = 98.00$

Herstellung des Reagenzes

Tauchlösung: 2 g Diphenylamin und 2 ml Anilin werden in 80 ml Aceton gelöst. Nach vorsichtiger Zugabe von 15 ml Phosphorsäure wird mit Aceton auf 100 ml aufgefüllt [2, 8].

Sprühlösung: 1 bis 2 g Diphenylamin und 1 bis 2 ml Anilin werden in 80 ml Methanol oder Ethanol gelöst. Nach Zugabe von 10 ml Phosphorsäure wird mit Methanol [3, 9] bzw. Ethanol [7] auf 100 ml aufgefüllt.

Aufbewahrung: Beide Reagenzien sind bei 4 °C im Dunkeln bis zu 14 Tage haltbar. Für quantitative in-situ-Messungen empfiehlt sich eine täglich frische Herstellung.

Substanzen: Diphenylamin
Anilin
Orthophosphorsäure (85%)

Reaktion (nach [16]):

Durch Erhitzen der Zucker mit starken Säuren entstehen Furfural-Derivate. Aldohexosen können unter diesen Bedingungen Formaldehyd und Wasser abspalten und in Furfural übergehen. Dieser Aldehyd reagiert nach I mit Aminen unter Bildung farbiger Schiffscher Basen. Ketohexosen kondensieren in saurem Milieu mit Diphenylamin unter gleichzeitiger Oxidation nach II zu dem angegebenen Kondensationsprodukt.

I:

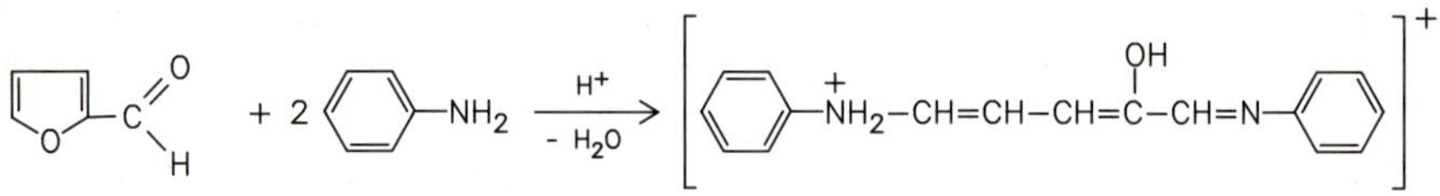

II:

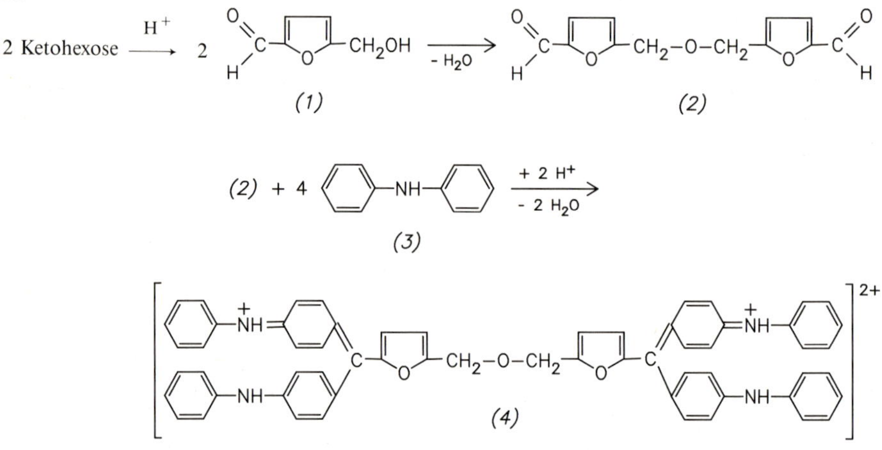

Durchführung

Die fließmittelfreien Chromatogramme werden homogen mit der Sprühlösung benebelt oder kurz 1 s in die Tauchlösung eingetaucht. Nach dem Trocknen werden die DC-Platten in der Regel 10 bis 15 min, in Ausnahmefällen bis zu 60 min auf 85 bis 120 °C erhitzt. Es empfiehlt sich, während dieser Reaktionszeit das Chromatogramm zu beobachten, weil Erhitzungsdauer und Temperatur die Farbausbildung stark beeinflussen.

Aldohexosen färben sich dunkelgrau bis graublau. 1,4-verknüpfte Aldohexose-Oligosaccharide erscheinen als blaue Zonen auf hellem Untergrund, wenn sie von der Maltose abgeleitet sind. Saccharose färbt sich braun, Lactose hellblau und Raffinose graugrün. Ketohexosen ergeben tief olivgrüne Flecke, während sich Pentosen graugrün bis hellgrün (Rhamnose) anfärben. Trehalose und Zuckeralkohole reagieren nicht. Glucuronsäure (tiefdunkelgrau) und Galacturonsäure (hellviolett) reagieren ebenfalls.

Anmerkung: Bei quantitativer in-situ-Auswertung sollten die Messungen 20 min nach der Detektion beginnen [7]. Als stationäre Phasen eignen sich Kieselgel [2, 8] – evtl. gepuffert mit 0.02 mol/l Natriumacetat-Lösung [9] –, Kieselgur-, Si 50000 [10] und besonders NH_2-Schichten [5]. Auf Amino-Schichten wird oft schon bei einmaliger Entwicklung eine ausreichende Trennung erzielt (vgl. geprüftes Beispiel).

Zum Nachweis der Glycoside werden die Chromatogramme 15 min auf 130–150 °C erhitzt. Es resultieren blaugraue Zonen (Nachweisgrenze Prunasin: 0.3–0.5 µg [18]. Flavonoide lassen sich besser mit einem modifizierten Reagenz folgender Zusammensetzung nachweisen: Phosphorsäure (85%) – Essigsäure – Anilin – Diphenylamin (20 ml + 100 ml + 5 ml + 5 g).

Absorptions-Ortskurven von Oligosaccharid-Trennungen sind in Abb. 1 (A: Maltodextrin, B: Glucosesirup), von Mono- und Disaccharid-Trennungen in Abb. 2 wiedergegeben.

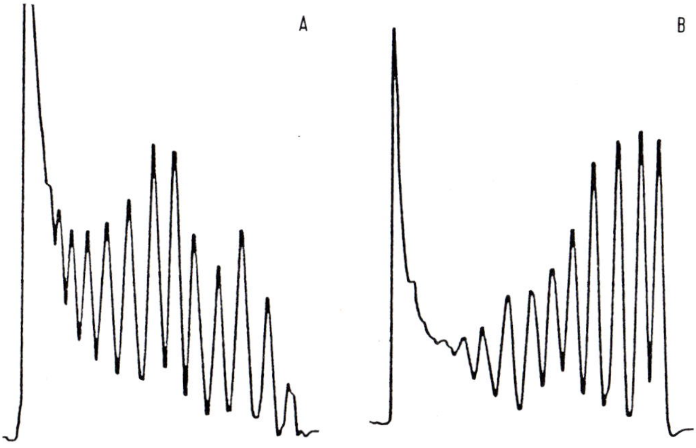

Abb. 1: Absorptions-Ortskurven (A) eines Maltodextrins und (B) eines Glucosesirups [8].

Geprüftes Beispiel

Glucose, Fructose, Maltose bzw. Lactose, Saccharose und Raffinose [17]

Nachfolgend sind unter A bzw. B die untereinander nicht austauschbaren Arbeitsschritte von zwei verschiedenen Beispielen zusammengefaßt.

Methode: A) Aufsteigende, eindimensionale Zweifachentwicklung in einer Trogkammer (5 min Zwischentrocknung im Warmluftstrom) bei Kammersättigung.
B) Aufsteigende, eindimensionale Entwicklung bei 20°C in einer Trogkammer.

Schicht: A) HPTLC-Fertigplatten Si 50000 (MERCK); zur Vorreinigung einmal in Chloroform – Methanol (1+1) entwickeln und 30 min bei 110°C trocknen.
B) HPTLC-Fertigplatten NH_2 F_{254s} (MERCK)

Fließmittel: A) Acetonitril – Wasser (17+3)
B) Acetonitril – Wasser – Phosphatpuffer (16+3+2)
Herstellung des Phosphatpuffers: 10 ml von einer Mischung aus 50 ml Kaliumdihydrogenphosphat-Lösung (c = 0.1 mol/l) und 4.6 ml Natronlauge (c = 0.1 mol/l) werden mit Wasser auf 100 ml aufgefüllt.

Laufstrecke: A) 2×7 cm
B) 7 cm

Laufzeit: A) 2×10 min
B) 15–20 min

Nachweis und Ergebnis: A) bzw. B): Das im Warmluftstrom 3 min lang getrocknete Chromatogramm wird 9 s in die Tauchlösung getaucht, dann 15 min auf 105–110°C erhitzt und zur Stabilisierung und Erhöhung der Fluoreszenzintensität (Faktor 2 bis 3) abschließend noch 2 s in eine Lösung Paraffin dünnflüssig – *n*-Hexan (1+2) getaucht.

Es resultieren grau-grüne Zonen auf weißem Untergrund, die im langwelligen UV-Licht (λ = 365 nm) schwach rot fluoreszieren; Glucose und Fructose fluoreszieren bei Methode B hellblau. In Tab. 1 sind einige hR_f-Werte aufgelistet:

Tabelle 1: hR_f-Werte einiger Zucker

Zucker	hR_f-Werte Methode A	Methode B
Fructose	45–50	25–30
Glucose	35–40	20–25
Saccharose	25–30	15–20
Lactose	15–20	–
Maltose	–	10–15
Raffinose	10–15	5–10

In-situ-Messung: Die quantitative Auswertung (vgl. Abb. 2 und 3) erfolgt im langwelligen UV-Licht sowohl absorptionsphotometrisch (λ = 385 nm) als auch fluorimetrisch (λ_{exc} = 436 nm; λ_{fl} = 546 nm [Monochromatfilter M 546], oder λ_{fl} > 560 nm).

Die Bestimmungsgrenze bei fluorimetrischer Auswertung liegt bei 10 ng Substanz pro Chromatogramm-Zone.

Anmerkung: Wird das nach Methode B entwickelte Chromatogramm vor dem Tauchen in Paraffin dünnflüssig – *n*-Hexan (1+2) zusätzlich noch 10 min lang Ammoniakdämpfen ausgesetzt, erscheinen die Fluoreszenzfarben der Chromatogramm-Zonen intensiver rot. Glucose und Fructose erscheinen jetzt ebenfalls rot.

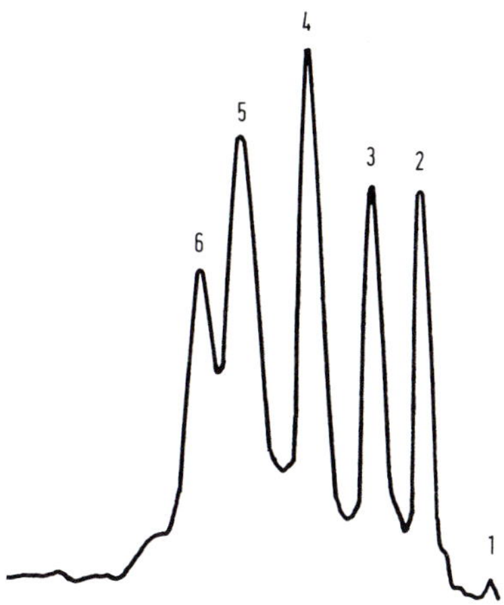

Abb. 2: Fluoreszenz-Ortskurven der Zucker nach Trennung auf der Si-50000-Schicht ohne Ammoniakdampf-Behandlung. Start (1), Raffinose (2), Lactose (3), Saccharose (4), Glucose (5), Fructose (6).

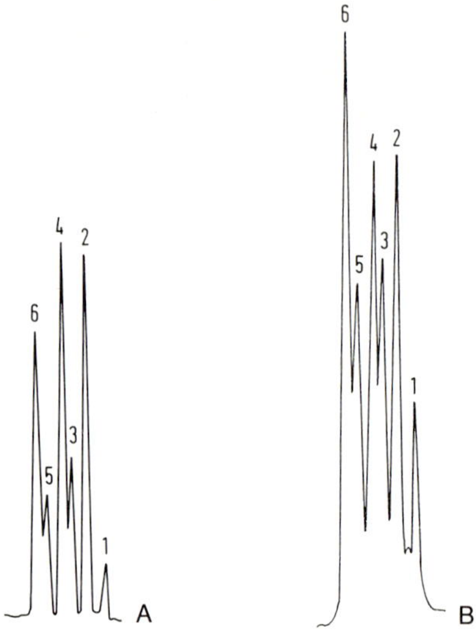

Abb. 3: Absorptions-Ortskurven (A) und Fluoreszenz-Ortskurven ohne Ammoniakdampf-Behandlung (B) nach Trennung der Zucker auf der NH_2-Schicht. Start (1), Raffinose (2), Maltose (3), Saccharose (4), Glucose (5), Fructose (6).

Literatur

[1] Bailey, R. W., Bourne E. J.: *J. Chromatogr.* **1960**, *4*, 206–213.
[2] Lee, K. Y., Nurok, D., Zlatkis, A.: *J. Chromatogr.* **1979**, *174*, 187–193.
[3] Kreuzig, F.: *J. Liq. Chromatogr.* **1983**, *6*, 1227–1238.
[4] Martinez-Castro, I., Olano, A.: *Chromatographia* **1981**, *14*, 621–622.
[5] Doner, L. W., Biller, L. M.: *J. Chromatogr.* **1984**, *287*, 391–398.
[6] Buffa, M., Congiu, G., Lombard, A., Tourn, M. L.: *J. Chromatogr.* **1980**, *200*, 309–312.
[7] Mansfield, C. T., McElroy, H. G. jr.: *Anal. Chem.* **1971**, *43*, 586–587.
[8] Schweizer, T. F., Reimann, S.: *Z. Lebensm. Unters. Forsch.* **1982**, *174*, 23–28.
[9] Conway, R. L., Hood, L. F.: *Die Stärke* **1976**, *28*, 341–343; *J. Chromatogr.* **1976**, *129*, 415–419.
[10] Koizumi, K., Utamura, T., Okada, Y.: *J. Chromatogr.* **1985**, *321*, 145–157.
[11] Stefanis, V. A., Ponte, J. G. jr: *J. Chromatogr.* **1968**, *34*, 116–120.
[12] Würsch, P., Roulet, P.: *J. Chromatogr.* **1982**, *244*, 177–182.
[13] Scherz, H., Mergenthaler, E.: *Z. Lebensm. Unters. Forsch.* **1980**, *170*, 280–286.
[14] Friese, P.: *Fresenius Z. Anal. Chem.* **1980**, *301*, 389–397.
[15] Wolf, S. K., Denford, K. E.: *Biochem. Syst. Ecol.* **1984**, *12*, 183–188.
[16] Kakáč, B., Vejdělek, Z. J.: *Handbuch der photometrischen Analyse organischer Verbindungen.* Weinheim, Verlag Chemie, 1974.
[17] Patzsch, K.: Diplomarbeit Fachhochschule Gießen, Fachbereich Technisches Gesundheitswesen, 1986.
[18] Jork, H.: Privatmitteilung, Universität des Saarlandes, Fachbereich 14, Saarbrücken 1986

Anilin-Phosphorsäure-Reagenz

Reagenz für:

- Kohlenhydrate (Zucker)
  z.B. Monosaccharide [1]
- Glucoside
  z.B. Aryl- u. Thioglucoside [2]

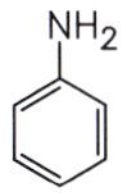

C_6H_7N
M_r = 93.13
Anilin

H_3PO_4
M_r = 98.00

Herstellung des Reagenzes

Lösung I: 15 ml Anilin werden im Meßkolben mit 1-Butanol auf 100 ml aufgefüllt.

Lösung II: 30 ml Orthophosphorsäure (88–90%) werden im Meßkolben vorsichtig mit 1-Butanol auf 100 ml aufgefüllt.

Tauchlösung: Unmittelbar vor Gebrauch werden 20 ml Lösung I mit 50 ml Lösung II vermischt und gut durchgeschüttelt, um den ausfallenden Bodenkörper wieder aufzulösen. Falls dieser nicht vollkommen in Lösung geht, wird abfiltriert.

Aufbewahrung: Die beiden Lösungen I und II sind mehrere Tage stabil.

Substanzen: Anilin
Orthophosphorsäure
1-Butanol

Reaktion (nach [3]):

Durch Erhitzen der Zucker mit starken Säuren entstehen Furfural-Derivate. Aldohexosen können unter diesen Bedingungen Formaldehyd und Wasser abspalten und in Furfural übergehen. Dieser Aldehyd reagiert mit Aminen unter Bildung farbiger Schiffscher Basen:

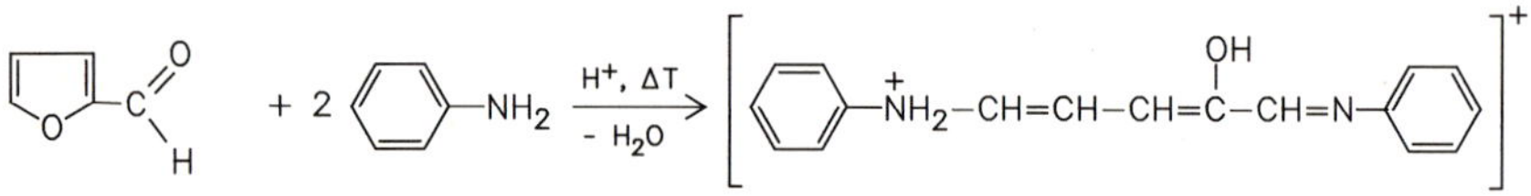

Durchführung

Die im Trockenschrank (10 min, 120 °C) vom Fließmittel befreiten Chromatogramme werden 1 s in die Reagenzlösung getaucht oder damit homogen bis zur beginnenden Transparenz besprüht, kurz im Warmluftstrom getrocknet und 45 min auf 125–130 °C erhitzt.

Es resultieren für viele Aryl- und auch Thio-*β*-D-Glucoside im langwelligen UV-Licht (λ = 365 nm) gelb fluoreszierende Chromatogramm-Zonen auf dunkel-violettem Untergrund, die manchmal auch im sichtbaren Licht als graubraune Zonen auf weißem Untergrund zu erkennen sind [2]. Monosaccharide ergeben dunkelbraune Chromatogramm-Zonen auf weißem Untergrund [1]

Anmerkung: Die Nachweisgrenzen der Aryl- und Thioglucoside liegen bei 100–200 ng Substanz pro Chromatogramm-Zone [2]. Verringerung des Phosphorsäureanteils im Reagenz führt zu einem Empfindlichkeitsverlust [2].

Das Reagenz kann auf Kieselgel-, RP-18-, CN- und NH_2-Schichten eingesetzt werden, nicht geeignet sind Cellulose- und Polyamid-Schichten.

Geprüftes Beispiel

Thioglucoside [4]

Methode: Aufsteigende, eindimensionale Entwicklung in einer Trogkammer bei Kammersättigung.

Schicht: HPTLC-Fertigplatten Kieselgel 60 F_{254} (MERCK)

Fließmittel: 1-Butanol – 1-Propanol – Eisessig – Wasser (30+10+10+10)

Laufstrecke: 5 cm

Laufzeit: 45 min

Nachweis und Ergebnis: Das im Trockenschrank (10 min, 125 °C) vom Fließmittel befreite Chromatogramm wird 1 s in die Reagenzlösung getaucht und anschließend 45 min auf 120 °C erhitzt.

Sinigrin (*hR_f*: 35–40) erscheint im langwelligen UV-Licht (λ = 365 nm) als gelb fluoreszierende Chromatogramm-Zone auf dunklem Untergrund. Die Nachweisgrenze liegt bei 25–50 ng Substanz pro Chromatogramm-Zone.

In-situ-Messung: Zur fluorimetrischen Auswertung wird bei λ_{exc} = 365 nm angeregt und bei λ_{fl} > 560 nm gemessen (Abb. 1).

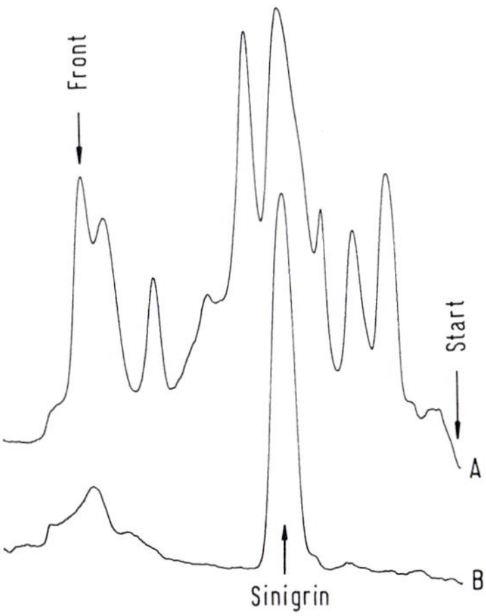

Abb. 1: Fluoreszenz-Ortskurven (A) der Chromatogrammbahn eines „ungereinigten" Extraktes von Sinapis Semen (Aufgetragen: 2 µl einer 1proz. Lösung in Methanol) und (B) einer Vergleichsbahn mit 1 µg Sinigrin pro Chromatogramm-Zone.

Literatur

[1] Ogan, A. U.: *Planta Med.* **1972**, *21*, 431–434.
[2] Garraway, J. L., Cook, S. E.: *J. Chromatogr.* **1970**, *46*, 134–136.
[3] Kakáč, B., Vejdělek, Z. J.: *Handbuch der photometrischen Analyse organischer Verbindungen.* Weinheim: Verlag Chemie, 1974.
[4] Kany, E., Jork, H.: GDCh-Fortbildungskurs Nr. 300 „Einführung in die DC" Universität des Saarlandes, Saarbrücken 1987.

Anilin–Phthalsäure–Reagenz
(Anilinphthalat–Reagenz)

Reagenz für:

- Halogensauerstoffsäuren [1]
  z. B. Chlorat, Chlorit, Perchlorat,
  Bromat, Bromit, Jodat
- reduzierende Kohlenhydrate (Zucker)
  z. B. Monosaccharide [2–8]
  Oligosaccharide [2, 8]
  Oligouronsäuren [9]
  Methylzucker [10, 11]

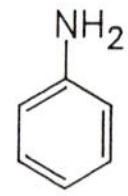

$C_5H_5NH_2$
$M_r = 93.13$
Anilin

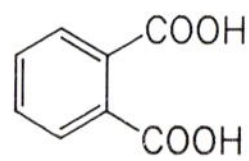

$C_8H_6O_4$
$M_r = 166.13$
Phthalsäure

Herstellung des Reagenzes

Tauchlösung: 0,9 ml Anilin und 1,66 g Phthalsäure werden in 100 ml Aceton gelöst.

Sprühlösung: 0,9 ml Anilin und 1,66 g Phthalsäure werden in 100 ml wassergesättigtem 1-Butanol gelöst [1].

Aufbewahrung: Die Reagenz-Lösungen sind einige Tage haltbar.

Substanzen: Anilin
Phthalsäure
1-Butanol
Aceton

Reaktion (nach [12]):

Durch Erhitzen der Zucker mit Säuren entstehen Furfural-Derivate (siehe Anilin–Diphenylamin–Phosphorsäure–Reagenz), die mit Anilin zu Schiffschen Basen kondensieren. Chlorat, Chlorit, Perchlorat usw. oxidieren Anilin zu 1,4-Chinon, das anschließend mit überschüssigem Anilin zu Indophenol kondensiert:

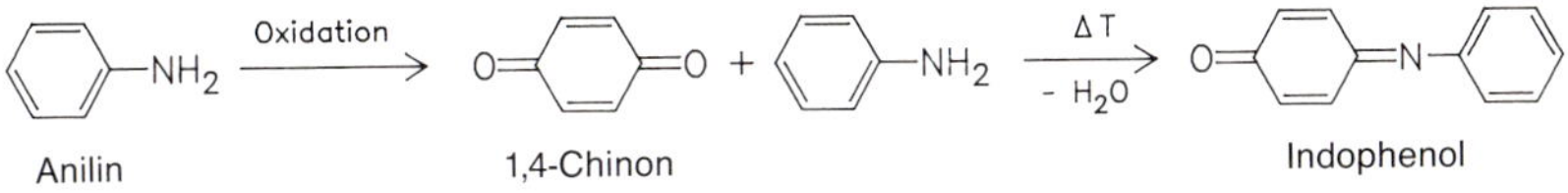

Durchführung

Die vom Fließmittel befreiten Chromatogramme werden 1 s in die Reagenzlösung getaucht oder homogen damit besprüht, kurz im Warmluftstrom getrocknet und 20–30 min auf 80–130 °C erwärmt.

Es resultieren verschieden gefärbte Chromatogramm-Zonen auf fast farblosem Untergrund [1, 4], die zum Teil nach Bestrahlen mit langwelligem UV-Licht (λ = 365 nm) fluoreszieren [5].

Anmerkung: Die Tauchlösung kann auch als Sprühreagenz verwendet werden. Die Nachweisgrenzen sollen für Halogensauerstoffsäuren bei 1–5 µg [1] und für reduzierende Zucker bei ca. 10 µg [4] Substanz pro Chromatogramm-Zone liegen.

Das Reagenz kann auf Kieselgel-, Kieselgur-, Aluminiumoxid-, Cellulose- und Polyamidschichten eingesetzt werden.

Geprüftes Beispiel

Halogenwasserstoff- und Halogensauerstoffsäuren [13]

Methode: Aufsteigende, eindimensionale Entwicklung in einer Trogkammer bei Kammersättigung.

Schicht: HPTLC-Fertigplatten Kieselgel 60 F_{254} (MERCK).

Fließmittel: 2-Propanol–Tetrahydrofuran–Ammoniak-Lösung (32%) (50+30+20).

Laufstrecke: 5 cm

Laufzeit: 25 min

Nachweis und Ergebnis: Das im Warmluftstrom vom Fließmittel befreite Chromatogramm wird 1 s in die Reagenzlösung getaucht und 20 min auf 120 °C erhitzt. Es resultieren unterschiedlich intensiv gelb bis braun gefärbte Zonen, die im langwelligen UV-Licht (λ = 365 nm) betrachtet, als dunkle Flecke auf fluoreszierendem Untergrund erscheinen.

Während Chlorat und Bromat kräftig braune Zonen ergeben, reagiert Iodat gar nicht. Iodid erscheint intensiv gelb; Chlorid, Bromid und Perchlorat färben sich nur schwach (Abb. 1).

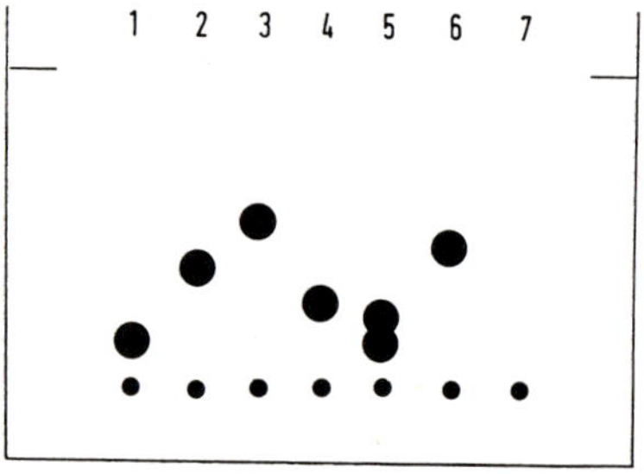

Abb. 1: Schemaskizze eines Chromatogrammes mit Halogenwasserstoff- und Halogensauerstoffsäuren: Chlorid (1), Chlorat (2), Perchlorat (3), Bromid (4), Bromat (5), Iodid (6), Iodat (7).

Literatur

[1] Peschke, W.: *J. Chromatogr.* **1965,** *20*, 572–579.
[2] Weicker, H., Brossmer, R.: *Klin. Wochenschrift* **1961,** *39*, 1265–1266.
[3] Scott, R. W.: *J. Chromatogr.* **1970,** *49*, 473–481.
[4] Young, D. S., Jackson, A. J.: *Clin. Chem.* **1970,** *16*, 954–959.
[5] Grafe, I., Engelhardt, H.: *Chromatographia* **1972,** *5*, 307–308.
[6] David, J., Wiesmeyer, H.: *Biochim. Biophys. Acta* **1970,** *208*, 68–76.
[7] Wolfrom, M. L., De Lederkremer, R. M., Schwab, G.: *J. Chromatogr.* **1966,** *22*, 474–476.
[8] Sinner, M., Dietrichs, H. H., Simatupang, M. H.: *Holzforschung* **1972,** *26*, 218–228.
[9] Markovic, O., Slezarik, A.: *J. Chromatogr.* **1984,** *312*, 492–496.
[10] Mergenthaler, E., Scherz, H.: *Z. Lebensm. Unters. Forsch.* **1978,** *166*, 225–227.
[11] Tschöpe, G.: *Hoppe-Seyler's Z. Physiol. Chem.* **1971,** *352*, 71–77.
[12] Kacáč, B., Vejdělek, Z. J.: *Handbuch der photometrischen Analyse organischer Verbindungen.* Weinheim: Verlag Chemie, 1974.
[13] Kany, E., Jork, H.: GDCh-Fortbildungskurs „Einführung in die Dünnschicht-Chromatographie", Universität des Saarlandes, Saarbrücken, 1986.

8-Anilinonaphthalin-1-sulfonsäure-Ammoniumsalz-Reagenz
(ANS-Reagenz)

Reagenz für:

- Lipide, Phospholipide [1-8]
- Cholesterin und Cholesterinester [1-2]
- Steroide [3]
- Detergentien [3]
- Kohlenwasserstoffe [3]

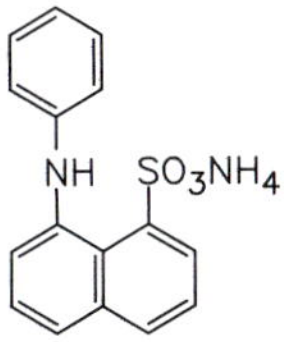

$C_{16}H_{16}N_2O_3S$

$M_r = 316.38$

Herstellung des Reagenzes

Tauchlösung: 100 mg 8-Anilinonaphthalin-1-sulfonsäure-Ammoniumsalz werden aufgelöst in einer Mischung aus 40 ml Natronlauge (c = 0.1 mol/l) und 57 ml einer wässrigen Lösung, die pro Liter 21 g Citronensäure-Monohydrat und 8 g Natriumhydroxid enthält.

Sprühlösung: 100 mg 8-Anilinonaphthalin-1-sulfonsäure-Ammoniumsalz werden in 100 ml Wasser gelöst [1].

Aufbewahrung: Vor Licht geschützt sind die Lösungen im Kühlschrank mindestens 3 Monate haltbar [3].

Substanzen: 8-Anilinonaphthalin-1-sulfonsäure-Ammoniumsalz
Citronensäure-Monohydrat
Natriumhydroxid Plätzchen
Natronlauge (0.1 mol/l)

Reaktion

8-Anilinonaphthalin-1-sulfonsäure Ammoniumsalz, das in wässriger Lösung fast überhaupt nicht fluoresziert, wird, gelöst in unpolaren Lösungsmitteln oder adsorptiv gebunden an unpolare Molekülregionen, von langwelligem UV-Licht (λ = 365 nm) zu intensiver Fluoreszenz angeregt [3].

Durchführung

Die entwickelten Chromatogramme werden durch 10 min Erhitzen auf 110°C im Trockenschrank vom Fließmittel befreit, nach dem Abkühlen 1 s in das Reagenz getaucht bzw. homogen damit besprüht und anschließend sofort (noch in feuchtem Zustand) ausgewertet.

Im langwelligen UV-Licht (λ = 365 nm) sind gelbgrün fluoreszierende Zonen auf dunklem Untergrund gut zu erkennen.

Anmerkung: Die entwickelten Chromatogramme müssen vor der Derivatisierung vollkommen von unpolaren Fließmittelkomponenten befreit werden, da sonst der gesamte Plattenuntergrund zur Fluoreszenz angeregt wird. Die Fluoreszenzintensität der Chromatogramm-Zonen bleibt etwa 40 min lang stabil; sie nimmt mit zunehmendem Austrocknen der Schicht langsam ab und kann durch erneutes Tauchen in die Reagenzlösung oder in Wasser zur ursprünglichen Intensität regeneriert werden.

Das Reagenz kann auf Kieselgel-, Kieselgur- sowie Si 50000-Schichten und notfalls auch auf RP-2- und RP-8-Phasen eingesetzt werden. Auf RP-18-Schichten ist es nicht anwendbar, da in diesem Fall der gesamte Plattenuntergrund fluoresziert.*)

Geprüftes Beispiel

Cholesterin [2]

Methode: Aufsteigende, eindimensionale Entwicklung in einer Doppeltrogkammer.

---

*) Jork, H.: Privatinformation, Universität des Saarlandes, 66 Saarbrücken 1987.

Schicht: HPTLC-Fertigplatten Kieselgel 60 F_{254s} reinst (MERCK). Nach dem Auftragen der Proben wird die Platte 30 min bei 0% rel. Feuchte vorkonditioniert.

Fließmittel: Cyclohexan – Diethylether (1+1)

Laufstrecke: 6 cm

Laufzeit: 15 min

Nachweis und Ergebnis: Das entwickelte Chromatogramm wird durch 15 min Trocknen bei 110 °C vom Fließmittel befreit und nach dem Abkühlen 1 s in die Reagenzlösung getaucht. Das Chromatogramm wird im feuchten Zustand möglichst rasch ausgewertet, da die Fluoreszenz des Plattenhintergrunds mit zunehmendem Trocknen der Platte zunimmt. Cholesterin (hR_f: 20–25) erscheint als gelbgrün fluoreszierende Zone.

In-situ-Messung: Die fluorimetrische Auswertung erfolgt im langwelligen UV-Licht (λ_{exc} = 365 nm, λ_{fl} > 430 nm). Die Nachweisgrenze liegt auf einer feucht ausgewerteten HPTLC-Platte bei 25 ng Cholesterin pro Chromatogramm-Zone (Abb. 1).

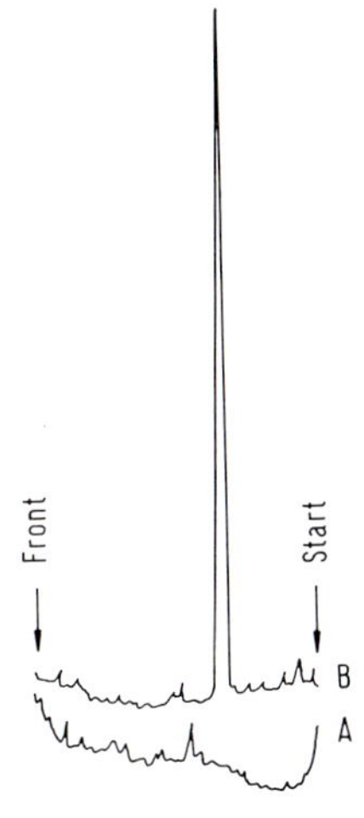

Abb. 1: Fluoreszenz-Ortskurven einer Leerbahn (A) und eines Cholesterin-Standards mit 200 ng pro Chromatogramm-Zone (B).

Literatur

[1] Vinson, J. A., Hooyman, J. E.: *J. Chromatogr.* **1977** *135,* 226-228.
[2] Zeller, M.: Diplomarbeit, Fachhochschule Gießen, Fachbereich Technisches Gesundheitswesen, 1986.
[3] Gitler, C.: *Anal. Biochem.* **1972,** *50,* 324-325.
[4] Gitler, C., in: *Biomembranes;* Manson, L., (Ed.). New York: Plenum, 1971; Vol. *2,* S. 41-47.
[5] Larsen, H. F., Trostmann, A. F.: *J. Chromatogr.* **1981,** *226,* 484-487.
[6] Blass, G., Ho, C. S.: *J. Chromatogr.* **1981,** *208,* 170-173.
[7] Lichtenthaler, H., Boerner, K.: *J. Chromatogr.* **1982,** *242,* 196-201.
[8] Ozawa, A., Jinbo, H., Takahashi, H., Fujita, T., Hirai, A., Terano, T., Tamura, Y., Yoshida, S.: *Bunseki Kagaku (Japan Anal. Chem.)* **1985,** *34,* 701-711.

Anisaldehyd–Schwefelsäure–Reagenz

Reagenz für:

- Antioxidantien [1]
- Steroide [2–4]
  z. B. Östrogene [2, 3], Androgene [3]
  Sterine, Gallensäuren [3]
- Prostaglandine [5]
- Kohlenhydrate (Zucker) [4, 6]
- Phenole [4, 7]
  z. B. Salicylalkohol, Salicylsalicin [8]
- Glycoside
  z. B. Herzglycoside [4, 12]
  Diterpenglycoside [17]
- Sapogenine
  z. B. Polygalasäure [8], Diosgenin,
  Tigogenin, Gitogenin [9]
- Etherische Öl-Komponenten oder Terpene [4, 10, 11]
  z. B. aus Hedeoma pulegioides [10],
  Melissae folium [11]
- Antibiotika [13, 14]
  z. B. Macrolid-Antibiotika [13]
  Heptaen-Antibiotika [14]
  Tetracycline [15]
- Mykotoxine (Trichothecene) [16]

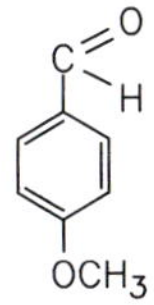

$C_8H_8O_2$	H_2SO_4
M_r = 136.15	M_r = 98.08
Anisaldehyd	

Herstellung des Reagenzes

Tauchlösung: 1 ml 4-Methoxybenzaldehyd (Anisaldehyd) und 2 ml konz. Schwefelsäure werden in 100 ml Eisessig gelöst.

Sprühlösung: Eine Mischung aus 85 ml Methanol und 10 ml Eisessig wird unter Eiskühlung vorsichtig mit 8 ml konz. Schwefelsäure und 0.5 ml Anisaldehyd versetzt [1, 4, 8, 11, 16].

Aufbewahrung: Die Reagenzlösungen sind im Kühlschrank mehrere Wochen haltbar [4].

Substanzen: 4-Methoxybenzaldehyd
Schwefelsäure
Essigsäure
Methanol
Ethanol

Reaktion

Der Reaktionsmechanismus bei Steroiden ist nicht geklärt. Verschiedene Reaktionsabläufe, die nicht quantitativ verlaufen, überlagern sich. Als Zwischenstufen werden Cyclopentenylkationen postuliert, die mit dem Anisaldehyd zu gefärbten Verbindungen kondensieren [4]. Mit aromatischen Verbindungen ist auch die Bildung von Triphenylmethan-Farbstoffen wahrscheinlich.

Durchführung

Die im Warmluftstrom vom Fließmittel befreiten Chromatogramme werden 1 s in die Tauchlösung getaucht oder homogen mit der Sprühlösung bis zur beginnenden Transparenz der Schicht besprüht und anschließend 1–15 min auf 90–125 °C erhitzt.

Es resultieren auf fast farblosem Untergrund unterschiedlich gefärbte Chromatogramm-Zonen, die häufig im langwelligen UV-Licht (λ = 365 nm) fluoreszieren (z. B. Prostaglandine, Salicylsalicin).

Anmerkung: Anisaldehyd – Schwefelsäure ist ein Universalreagenz für Naturstoffe, das Farbdifferenzierungen ermöglicht [6]. Bei zu langem Erhitzen färbt sich der Untergrund rötlich; durch Einwirkung von Wasserdampf kann er wieder entfärbt werden. Zum Nachweis von Glycosiden kann das Tauchreagenz durch Zugabe von *n*-Hexan modifiziert werden [17]. Die Nachweisgrenzen liegen bei Prostaglandinen und Zuckern bei 50 ng Substanz pro Chromatogramm-Zone [5, 6]. Keine Reaktion ergeben z. B. Bacitracin, Chloramphenicol und Penicillin [15].

Das Reagenz kann auf Kieselgel-, Kieselgur-, Si 50000- und RP-Schichten eingesetzt werden.

Geprüftes Beispiel

Etherische Öle [18]

Methode:	Aufsteigende, eindimensionale Entwicklung in einer Trogkammer bei Kammersättigung.
Schicht:	HPTLC-Fertigplatten Kieselgel 60 F_{254} (MERCK)
Fließmittel:	Toluol – Chloroform (10+10)
Laufstrecke:	2×6 cm mit Zwischentrocknung im Kaltluftstrom
Laufzeit:	2×10 min

Nachweis und Ergebnis: Das vom Fließmittel befreite Chromatogramm wird 1 s in die Tauchlösung getaucht und anschließend 10 min auf 100 °C erhitzt.

Menthol (hR_f: 15) und Menthylacetat (hR_f: 55) ergeben blaue Chromatogramm-Zonen; Caryophyllen (hR_f: 90) und Caryophyllenepoxid (hR_f: 20–25) erscheinen rotviolett gefärbt und Thymol (hR_f: 40–45) weist z. B. eine ziegelrote Farbe auf.

In-situ-Messung: Die absorptionsphotometrische Messung in Remission erfolgt bei einer mittleren Wellenlänge λ = 500 nm (Abb. 1).

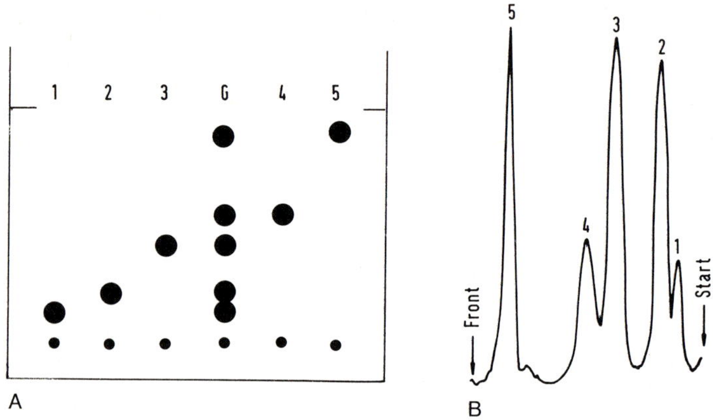

Abb. 1: Schemaskizze einer Trennung von etherischen Ölkomponenten (je ca. 500 ng) (A) und Remissionsgrad-Ortskurve des Gemischs (B). Menthol (1), Caryophyllenepoxid (2), Thymol (3), Menthylacetat (4), Caryophyllen (5), Gemisch (G).

Literatur

[1] Van der Heide, R. F.: *J. Chromatogr.* **1966,** *24,* 239–243.
[2] Jarc, H., Ruttner, O., Krocza, W.: *Fleischwirtschaft* **1976,** *9,* 1326–1328.
[3] Kritchefsky, D., Tepper, S. A.: *J. Chromatogr.* **1968,** *37,* 361–362.
[4] Stahl, E., Glatz, A.: *J. Chromatogr.* **1982,** *240,* 518–521; *243,* 139–143.
[5] Ubatuba, F. B.: *J. Chromatogr.* **1978,** *161,* 165–177.
[6] Stahl, E., Kaltenbach, U.: *J. Chromatogr.* **1961,** *5,* 351–355.
[7] Sancin, P.: *Planta Med.* **1971,** *20,* 153–155.
[8] Genius, O.-B.: *Dtsch. Apoth. Ztg.* **1980:** , *120,* 1417–1419 **1980,** *120,* 1739–1740.
[9] Dawidar, A. M., Fayez, M. B. E.: *Fresenius Z. Anal. Chem.* **1972,** *259,* 283–285.
[10] Sleckman, B. P., Sherma, J., Mineo, L. C.: *J. Liq. Chromatogr.* **1983,** *6,* 1175–1182.
[11] Kloeti, F., Christen P., Kapetanidis, I.: *Fresenius Z. Anal. Chem.* **1985,** *321,* 352–354.
[12] Bulger, W. H., Talcott, R. E., Stohs, S. J.: *J. Chromatogr.* **1972,** *70,* 187–189.
[13] Kibwage, I. O., Roets, E., Hoogmartens, J.: *J. Chromatogr.* **1983,** *256,* 164–171.
[14] Thomas, A. H., Newland, P.: *J. Chromatogr.* **1986,** *354,* 317–324.
[15] Langner, H. J., Teufel, U.: *Fleischwirtschaft* **1972,** *52,* 1610–1614.
[16] Martin, P. J., Stahr, H. M., Hyde, W., Domoto, M.: *J. Liq. Chromatogr.* **1986,** *9,* 1591–1602.
[17] Mätzel, U., Maier, H. G.: *Z. Lebensm. Unters. Forsch.* **1983,** *176,* 281–284.
[18] Kany, E., Jork, H.: GDCh-Fortbildungskurs Nr. 300 „Einführung in die Dünnschicht-Chromatographie“, Universität des Saarlandes, Saarbrücken 1987.

4-Anisidin–Phthalsäure–Reagenz

Reagenz für:

- Kohlenhydrate
  z. B. Monosaccharide [1–7, 12]
  Oligosaccharide [2, 6]
  Uronsäuren [1, 4, 6]

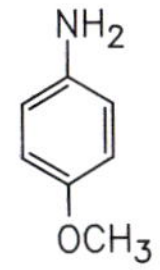

C_7H_9NO

M_r = 123.16

p-Anisidin

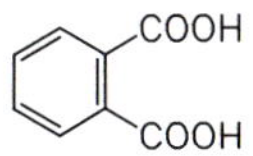

$C_8H_6O_4$

M_r = 166.13

Phthalsäure

Herstellung des Reagenzes

Lösung I: 1.25 g p-Anisidin (4-Methoxyanilin) werden in 25 ml Methanol gelöst und mit 25 ml Ethylacetat versetzt.

Lösung II: 1.5 g Phthalsäure werden in 25 ml Methanol gelöst und mit 25 ml Ethylacetat verdünnt.

Tauchlösung: Unmittelbar vor dem Tauchen werden gleiche Volumina der Lösungen I und II gemischt.

Aufbewahrung: Die beiden Lösungen I und II sind im Kühlschrank mehrere Wochen haltbar.

Substanzen: p-Anisidin
Phthalsäure
Methanol
Ethylacetat

Reaktion

Zucker reagieren mit dem Reagenz wahrscheinlich unter Bildung Schiffscher Basen:

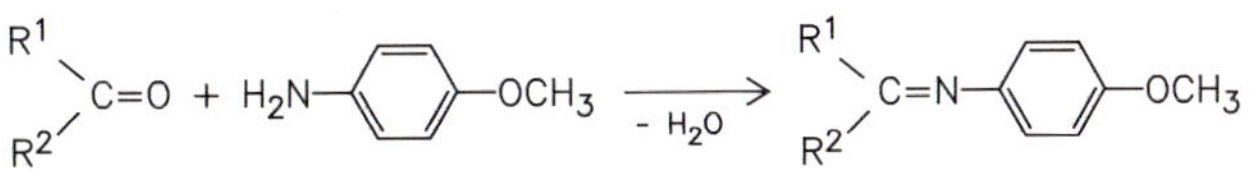

Durchführung

Die vom Fließmittel befreiten Chromatogramme werden 1 s in die Tauchlösung getaucht oder homogen damit besprüht und anschließend 10 min auf 100–130 °C erhitzt. Es resultieren rotbraune (Pentosen) bis braune Chromatogramm-Zonen auf hellem Untergrund, der sich, bei längerem Liegenlassen, ebenfalls braun verfärbt.

Anmerkung: Anstelle von Phthalsäure ist als Säurezusatz in der Literatur auch Phosphorsäure [8] oder Salzsäure [6, 9] angegeben. Gelegentlich wird auch ein Zusatz von Natriumdithionit erwähnt [9] oder auch ohne jeglichen Zusatz gearbeitet [10]. Die Reagenzvarianten besitzen gegenüber dem Phthalsäure enthaltenden Reagenz keine Vorteile, da sie meist eine stärkere Verfärbung des Untergrunds verursachen. Die Nachweisgrenzen liegen bei 0.1–0.5 µg Substanz pro Chromatogramm-Zone [5].

Das Reagenz kann auf Kieselgel-, Cellulose-, RP-, NH_2- und Polyamid-Schichten eingesetzt werden.

Geprüftes Beispiel

Monosaccharide [11]

Methode: Aufsteigende, eindimensionale Zweifachentwicklung in einer HPTLC-Trogkammer bei Kammersättigung.

Schicht: HPTLC-Fertigplatten Kieselgel 60 (MERCK)

Fließmittel: 2-Propanol – Borsäure-Lösung (2% in Wasser) – Eisessig (40+5+1)

Laufstrecke: 2×8 cm

Laufzeit: 2×90 min

Nachweis und Ergebnis: Das vom Fließmittel befreite Chromatogramm wird 1 s in die Reagenzlösung getaucht und anschließend 10 min auf 130 °C erhitzt. Rhamnose (hR_f: 35–40) und Fructose (hR_f: 70–75) ergeben braune, Xylose (hR_f: 45–50) und Arabinose (hR_f: 60–65) rotbraune Chromatogramm-Zonen auf hellem Untergrund. Die Nachweisgrenze für die Pentosen liegt bei 0.1 µg und für Fructose bei 0.5 µg Substanz pro Chromatogramm-Zone.

In-situ-Messung: Die absorptionsphotometrische Auswertung erfolgt in Remission bei $\lambda = 480$ nm (Abb. 1).

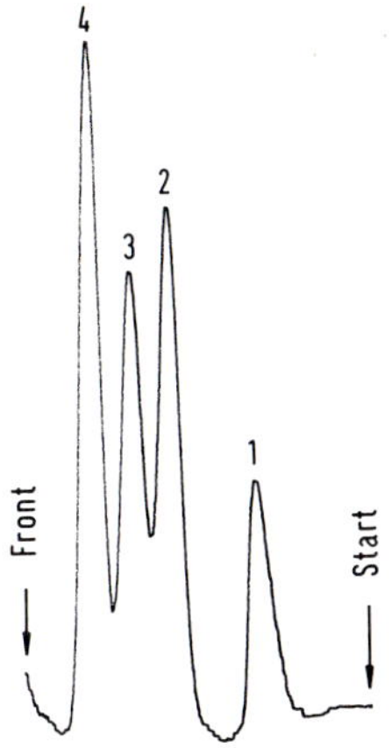

Abb. 1: Absorptions-Ortskurve einer Chromatogrammbahn mit je 4 µg Substanz pro Chromatogramm-Zone. Rhamnose (1), Xylose (2), Arabinose (3), Fructose (4).

Literatur

[1] Friese, P.: *Fresenius Z. Anal. Chem.* **1980**, *301*, 389–397.

[2] Damonte, A., Lombard, A., Tourn, M. L., Cassone M. C.: *J. Chromatogr.* **1971**, *60*, 203–211.

[3] Trachtenberg, S., Mayer, A. M.: *Phytochemistry* **1981**, *20*, 2665–2668.

[4] Metraux, J. P.: *J. Chromatogr.* **1982**, *237*, 525–527.

[5] Schweiger, A.: *J. Chromatogr.* **1962**, *9*, 374–376.

[6] Petre, R., Dennis, R., Jackson, B. P., Jethwa, K. R.: *Planta Med.* **1972**, *21*, 81–83.

[7] Dobson, R. L., Cooper, M. F.: *Biochim. Biophys. Acta* **1971**, *254*, 393–401.

[8] Niemann, G. J.: *J. Chromatogr.* **1979**, *170*, 227.

[9] Bell, D. J., Talukder, M. Q.-K.: *J. Chromatogr.* **1970**, *49*, 469–472.

[10] Loub, W. D., Fong, H. H. S., Theiner, M., Farnsworth, N. R.: *J. Pharm. Sci.* **1973**, *62*, 149–150.

[11] Jork, H., Kany, E.: GDCh-Fortbildungskurs Nr. 300 „Einführung in die Dünnschicht-Chromatographie“, Universität des Saarlandes, Saarbrücken 1986

[12] Hartley, R. D., Jones, E. C., Wood, T. M.: *Phytochemistry* **1976**, *15*, 305–307.

Anthron-Reagenz

Reagenz für:

- Ketosen [1]
- Glycolipide, Ganglioside [2-7]
- Cyclodextrine [8]

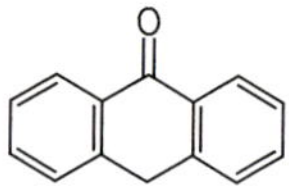

$C_{14}H_{10}O$

M_r = 194.24

Herstellung des Reagenzes

Tauchlösung: *Für Ketosen:* 300 mg Anthron werden in 10 ml Essigsäure gelöst und nacheinander mit 20 ml Ethanol, 3 ml Phosphorsäure (85%) und 1 ml Wasser versetzt [1].

Sprühlösung: *Für Glycolipide:* 28 ml Wasser werden vorsichtig unter Kühlung mit 72 ml konz. Schwefelsäure gemischt. In der Mischung werden 50 mg Anthron unter leichtem Erwärmen aufgelöst [5].

Aufbewahrung: Die Tauchlösung ist im Kühlschrank mehrere Wochen haltbar, die Sprühlösung sollte täglich frisch angesetzt werden.

Substanzen: Anthron
Schwefelsäure
Essigsäure
Ethanol
Orthophosphorsäure (85%)

Reaktion

Carbonylverbindungen reagieren im sauren Milieu mit Anthron zu Kondensationsprodukten des Typs 1 (aus Pentosen) bzw. 2 (aus Hexosen) [9]:

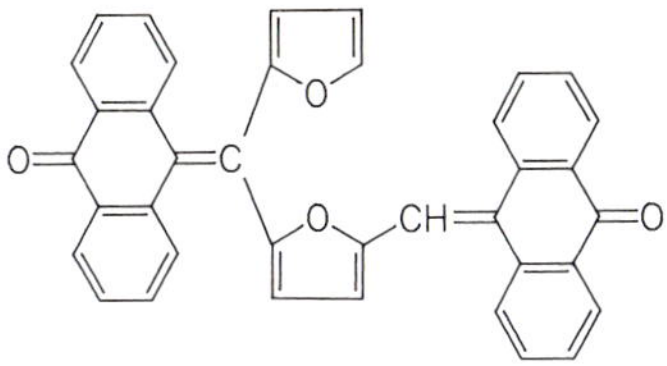

(1)

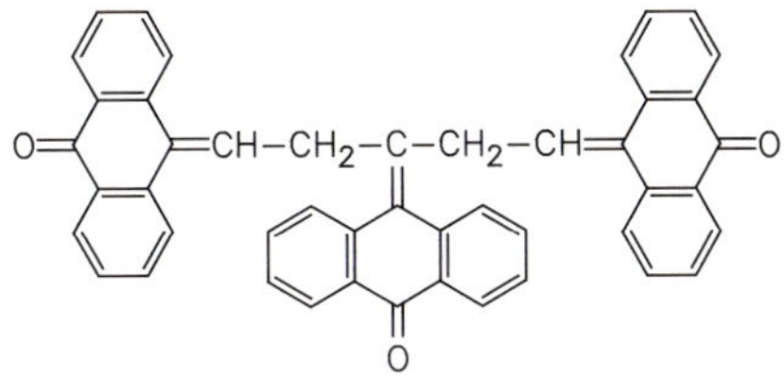

(2)

Durchführung

Die im Warmluftstrom vom Fließmittel befreiten Chromatogramme werden 4 s in die Tauchlösung getaucht oder homogen damit bis zur beginnenden Transparenz der Schicht besprüht (für Glycolipide wird die Sprühlösung verwendet) und 5–15 min auf 105–120 °C erhitzt.

Es resultieren farbige Chromatogramm-Zonen auf fast farblosem Untergrund; Ketosen färben sich z. B. gelb [1].

Anmerkung: Aldosen reagieren nicht oder nur mit stark reduzierter Empfindlichkeit. Das Reagenz kann auf Kieselgel-, Kieselgur- und Si 50000-Schichten eingesetzt werden. Auch Paraffin imprägnierte Kieselgel-Schichten lassen sich verwenden [8].

Geprüftes Beispiel

Raffinose, Saccharose, Fructose [10]

Methode: Aufsteigende, eindimensionale Entwicklung in einer Trogkammer bei Kammersättigung.

Schicht: HPTLC-Fertigplatten Si 50000 (MERCK); vor dem Auftragen der Proben wird die Schicht zur Vorreinigung einmal in Chloroform-Methanol (1+1) entwickelt und 30 min bei 110 °C getrocknet.

Fließmittel: Acetonitril – Wasser (85+15)

Laufstrecke: 2 × 7 cm mit 5 min Zwischentrocknung im Warmluftstrom

Laufzeit: 2 × 10 min

Nachweis und Ergebnis: Das 5 min im Warmluftstrom getrocknete Chromatogramm wird 4 s in das Reagenz getaucht und anschließend 8 min auf 110°C erhitzt. Nach dem Abkühlen auf Raumtemperatur wird es zur Stabilisierung der Fluoreszenzintensität 2 s in eine 20proz. Lösung von Dioctylsulfosuccinat in Chloroform getaucht.

Raffinose (hR_f: 10–15) Saccharose (hR_f: 30–35) und Fructose (hR_f: 45–50) ergeben im sichtbaren Licht gelbe Chromatogramm-Zonen auf hellem Untergrund, die im langwelligen UV-Licht (λ = 365 nm) als rot fluoreszierende Zonen auf schwach blauem Untergrund erscheinen. Die Nachweisgrenzen liegen unter 10 ng Substanz pro Chromatogramm-Zone (Abb. 1).

In-situ-Messung: Die absorptionsphotometrische Auswertung in Remission erfolgt bei λ = 435 nm (Nachweisgrenze: 20–30 ng pro Chromatogramm-Zone). Zur fluorimetrischen Auswertung wird bei λ_{exc} = 436 nm angeregt und bei λ_{fl} > 560 nm gemessen (Nachweisgrenzen: <10 ng pro Chromatogramm-Zone).

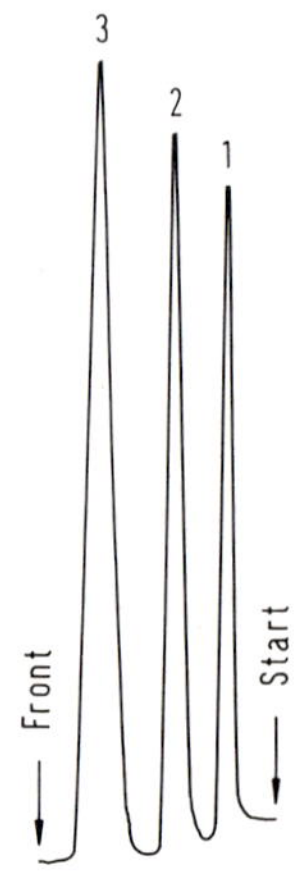

Abb. 1: Fluoreszenz-Ortskurve einer Chromatogrammbahn mit je 100 ng Substanz pro Chromatogramm-Zone. Raffinose (1), Saccharose (2), Fructose (3).

Literatur

[1] MERCK E.: Firmenschrift *"Anfärbereagenzien für Dünnschicht- und Papierchromatographie"*, Darmstadt 1980.

[2] Kasai, N., Sillerud, L. O., Yu, R. K.: *Lipids* **1982**, *17*, 107–110.

[3] Patton, S., Thomas, A. J.: *J. Lipid Res.* **1971**, *12*, 331–335.

[4] Stoffel, W., Hanfland, P.: *Hoppe-Seylers Z. Physiol. Chem.* **1973**, *354*, 21-31.

[5] Taketomi, T., Kawamura, N.: *J. Biochem.* **1972**, *72*, 791-798: **1972**, *72*, 799-806.

[6] Saito, S., Tamai, Y.: *J. Neurochem.* **1983**, *41*, 737-744.

[7] Koenig, F.: *Z. Naturforsch.* **1971**, *26b*, 1180-1187.

[8] Cserhati, T., Szente, L., Szeijtli, J.: *J. High Resolut. Chromatogr. Chromatogr. Commun.* **1984**, *7*, 635-636.

[9] Kakáč, B., Vejdělek, Z. J.: *Handbuch der photometrischen Analyse organischer Verbindungen.* Weinheim: Verlag Chemie, 1974.

[10] Patzsch, K., Netz, S., Funk, W.: *J. Planar Chromatogr.* **1988**, *1*, 39-45.

Antimon(III)-chlorid–Reagenz
(Carr-Price–Reagenz)

Reagenz für:

- Vitamin A und D [1, 2]
- Carotinoide [1, 2]
- Terpene, Triterpene [1–5]
- Sterine [6]
  z. B. β-Sitosterin [7]
- Steroide, Steroidhormone [8–10]
  z. B. Kontrazeptiva [10]
  Steroidalkaloide [11]
- Gallensäuren [12]
- Sapogenine, Steroidsapogenine [2, 13–16]
- Glycoside [1]
  z. B. Steroid-Glycoside [2]
  Digitalis-Glycoside [17, 18]
- Flavonoide [3]
- Phospholipide [19]

$SbCl_3$

$M_r = 228.11$

Herstellung des Reagenzes

Tauchlösung: 2 g Antimon(III)-chlorid werden in 50 ml Chloroform gelöst.

Sprühlösung: 10 g Antimon(III)-chlorid werden in 50 ml Chloroform oder Tetrachlorkohlenstoff gelöst.

Aufbewahrung: Die Lösung ist stets frisch herzustellen.

Substanzen: Antimon(III)-chlorid
Chloroform
Tetrachlorkohlenstoff

Reaktion

Antimon(III)-chlorid bildet mit Doppelbindungssystemen (z. B. Vitamin A) farbige π-Komplexe.

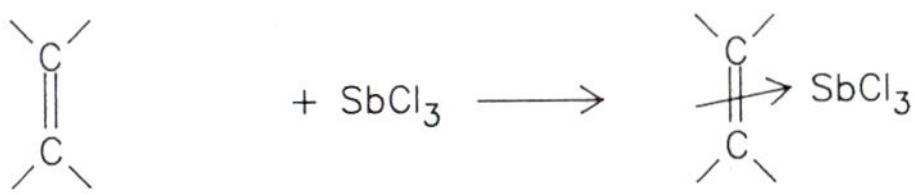

Doppelbindungssystem π-Komplex

Durchführung

Die vom Fließmittel befreiten Chromatogramme werden 1 s in das Tauchreagenz getaucht oder homogen mit der Sprühlösung benebelt und 5–10 min auf 110–120 °C erhitzt.

Es resultieren, manchmal schon vor dem Erhitzen, unterschiedlich gefärbte Chromatogramm-Zonen, die häufig im langwelligen UV-Licht (λ = 365 nm) fluoreszieren.

Anmerkung: Gelegentlich wird das Reagenz auch in salzsaurer [5, 14–16] oder essigsaurer [10] Lösung bzw. unter Zusatz von Essigsäureanhydrid [7] oder Schwefelsäure [12] angewendet. Die benutzten Lösungsmittel sollten möglichst wasserfrei sein.

Das Reagenz kann auf Kieselgel-, Kieselgur-, Si 50000- und Aluminiumoxid-Schichten eingesetzt werden.

Geprüftes Beispiel

Vitamin D_3 [20]

Methode: Aufsteigende, eindimensionale Entwicklung in einer Trogkammer bei Kammersättigung.

Schicht: HPTLC-Fertigplatten Kieselgel 60 (MERCK). Vor dem Auftragen der Proben wird die Schicht einmal in Chloroform-Methanol (50+50) entwickelt und 30 min bei 110°C getrocknet.

Fließmittel: Cyclohexan – Diethylether (40+20).

Laufstrecke: 6 cm

Laufzeit: 15 min

Nachweis und Ergebnis: Das entwickelte Chromatogramm wird 15 min im Kaltluftstrom getrocknet, dann 1 s in die Tauchlösung getaucht und, nach kurzem Trocknen im Warmluftstrom, 10 min auf 110°C erhitzt. Vitamin D_3 (hR_f: 15–20, Nachweisgrenze: ca. 1 ng pro Chromatogramm-Zone) erscheint im sichtbaren Licht als graue Chromatogramm-Zone auf weißem und im langwelligen UV-Licht (λ = 365 nm) als hellrot fluoreszierende Zone auf blauem Untergrund.

Zur Stabilisierung und Steigerung der Fluoreszenzintensität (ca. Faktor 2) wird das Chromatogramm 1 s in die Mischung Paraffin dünnflüssig – *n*-Hexan (1+2) getaucht.

In-situ-Messung: Die fluorimetrische Auswertung erfolgt bei λ_{exc} = 436 nm und λ_{fl} > 560 nm (Abb. 1).

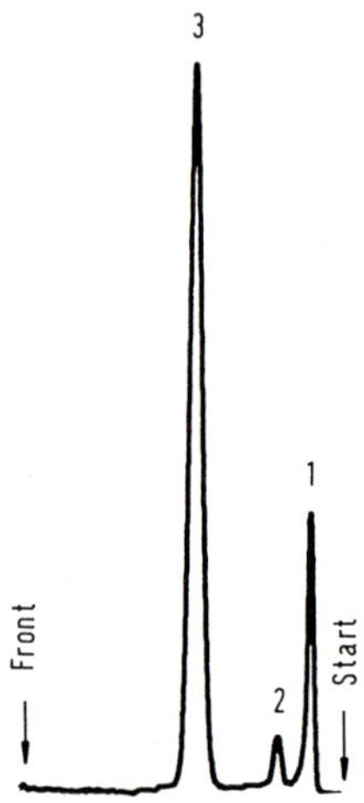

Abb. 1: Fluoreszenz-Ortskurve einer Chromatogrammbahn mit 50 ng Vitamin D_3 pro Chromatogramm-Zone: Nebenprodukte (1, 2), Vitamin D_3 (3).

Literatur

[1] Hörhammer, L., Wagner, H., Hein, K.: *J. Chromatogr.* **1964,** *13*, 235-237.
[2] Ikan, R., Kashman, J., Bergmann, E. D.: *J. Chromatogr.* **1964,** *14*, 275-279.
[3] Stahl, E.: *Chem.-Ztg.* **1958,** *82*, 323-329.
[4] Griffin, W. J., Parkin, J. E.: *Planta Med.* **1971,** *20*, 97-99.
[5] Auterhoff, H., Kovar, K.-A.: *Identifizierung von Arzneistoffen.* 4. Aufl., Stuttgart: Wissenschaftliche Verlagsgesellschaft, 1981; S. 69.
[6] Mermet-Bouvier, R.: *J. Chromatogr.* **1971,** *59*, 226-230.
[7] Elghamry, M. I., Grunert, E., Aehnelt, E.: *Planta Med.* **1971,** *19*, 208-214.
[8] Vaedtke, J., Gajewska, A.: *J. Chromatogr.* **1962,** *9*, 345-347.
[9] Abraham, R., Gütte, K.-F., Hild, E., Taubert, H.-D.: *Clin. Chim. Acta* **1970,** *28*, 341-347.
[10] Szekacs, I., Klembala, M.: *Z. Klin. Chem. Klin. Biochem.* **1970,** *8*, 131-133.
[11] Wagner, H., Seegert, K., Sonnenbichler, H., Ilyas, M., Odenthal, K. P.: *Planta Med.* **1987,** *53*, 444-446.
[12] Anthony, W. L., Beher, W. T.: *J. Chromatogr.* **1964,** *13*, 567-570.
[13] Takeda, K., Hara, S., Wada, A., Matsumoto, N.: *J. Chromatogr.* **1963,** *11*, 562-564.
[14] Blunden, G., Yi, Y., Jewers, K.: *Phytochemistry* **1978,** *17*, 1923-1925.
[15] Hardman, R., Fazli, F. R. Y.: *Planta Med.* **1972,** *21*, 131-138.
[16] Blunden, G., Hardman, R.: *J. Chromatogr.* **1968,** *34*, 507-514.
[17] Thieme, H., Lamchav, A.: *Pharmazie* **1970,** *25*, 202-203.
[18] Eder, S. R.: *Fette, Seifen, Anstrichm.* **1972,** *74*, 519-524.
[19] Horvath, P., Szepesi, G., Hoznek, M., Vegh, Z.: *Proc. Int. Symp. Instrum. High Perform. Thin-Layer Chromatogr. (HPTLC), 1st,* Bad Dürkheim 1980, S. 295-304.
[20] Netz, S., Funk, W.: Privatmitteilung, Fachhochschule Gießen, Fachbereich Technisches Gesundheitswesen, 1987.

Antimon(V)-chlorid–Reagenz

Reagenz für:

- Phenoxyalkancarbonsäureester
  z. B. Herbizide [1]
- Etherische Öl-Komponenten [2, 3, 4]
- Terpene, Triterpene [2, 5]
- Steroide [6, 7]
- Phenole, Phenolether [2, 8, 9]
- Antioxidantien [9]
- Aromatische Kohlenwasserstoffe [10]

$SbCl_5$

$M_r = 299.02$

Herstellung des Reagenzes

Tauchlösung: 2 ml Antimon(V)-chlorid werden mit 8 ml Tetrachlorkohlenstoff gemischt.

Aufbewahrung: Die Reagenzlösung sollte stets frisch angesetzt werden.

Substanzen: Antimon(V)-chlorid
Tetrachlorkohlenstoff

Reaktion

Antimon(V)-chlorid bildet mit Doppelbindungssystemen farbige π-Komplexe.

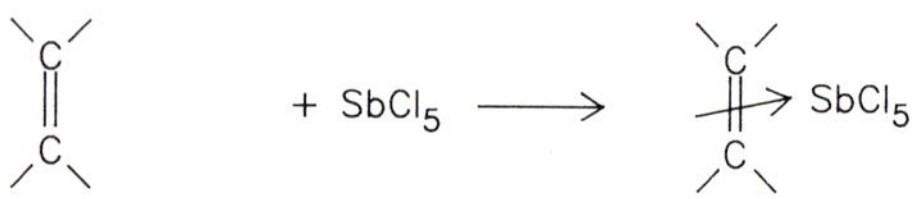

Doppelbindungssystem π-Komplex

Durchführung

Die vom Fließmittel befreiten Chromatogramme werden 1 s in die Reagenzlösung getaucht oder homogen damit bis zur beginnenden Transparenz besprüht und 5–10 min auf 105–120 °C erhitzt.

Es resultieren unterschiedlich gefärbte Chromatogramm-Zonen auf farblosem Untergrund, die teilweise im langwelligen UV-Licht (λ = 365 nm) fluoreszieren.

Anmerkung: Die verwendeten Lösungsmittel sollten wasserfrei sein. Phenoxyalkancarbonsäureester (Nachweisgrenze: 500 ng) [1] ergeben z. B. braun bis violett, Terpene violettgrau [2] und Triterpene gelb bis violett [5] gefärbte Chromatogramm-Zonen.

Das Reagenz kann auf Kieselgel-, Kieselgur-, Si 50000- und Aluminiumoxid-Schichten eingesetzt werden.

Geprüftes Beispiel

Etherisches Pfefferminzöl [11]

Methode:	Aufsteigende, eindimensionale Entwicklung in einer HPTLC-Trogkammer bei Kammersättigung.
Schicht:	HPTLC-Fertigplatten Kieselgel 60 F_{254} (MERCK)
Fließmittel:	Dichlormethan
Laufstrecke:	5 cm
Laufzeit:	8 min

Nachweis und Ergebnis: Das im Warmluftstrom getrocknete Chromatogramm wird 1 s in die Reagenzlösung getaucht und 5 min auf 120 °C erhitzt. Menthol (hR_f: 15–20), Cineol (hR_f: 20–25), Menthon (hR_f: 35–40), Menthylacetat (hR_f: 45–50) und Menthofuran (hR_f: 80–85) ergeben auf hellem Untergrund graue bis braune Chromatogramm-Zonen, die im langwelligen UV-Licht (λ = 365 nm) gelb fluoreszieren. Die Nachweisgrenze von Menthol liegt bei 15 ng Substanz pro Chromatogramm-Zone (Abb. 1).

In-situ-Messung: Die fluorimetrische Auswertung erfolgt bei λ_{exc} = 365 nm und λ_{fl} > 560 nm (Abb. 2).

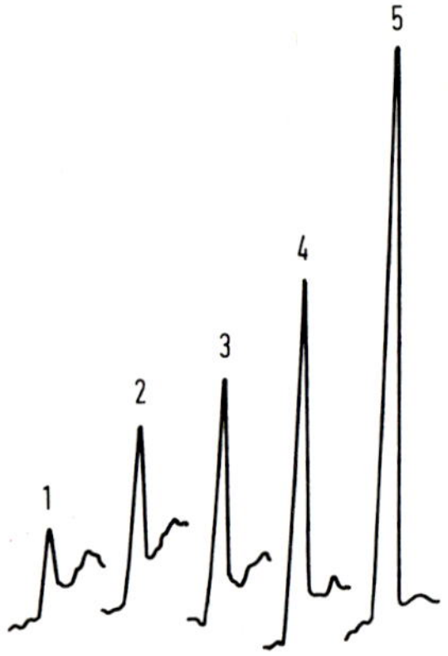

Abb. 1

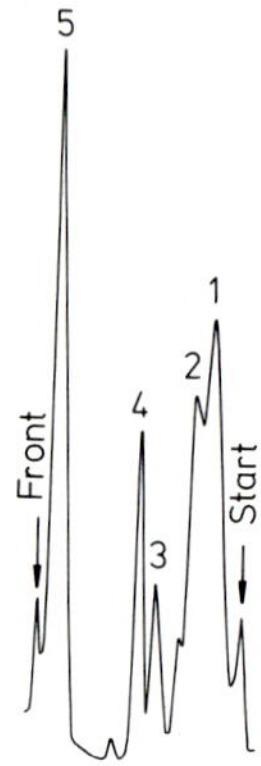

Abb. 2

Abb. 1: Fluoreszenz-Ortskurven einer Verdünnungsreihe zur Bestimmung der Nachweisgrenze von Menthol: 15 ng (1), 30 ng (2), 75 ng (3), 150 ng (4), 300 ng (5).

Abb. 2: Fluoreszenz-Ortskurve eines aufgetrennten Pfefferminzöls: Menthol (1), Cineol (2), Menthon (3), Menthylacetat (4), Menthofuran/Terpene (5).

Literatur

[1] Henkel, H. G., Ebing, W.: *J. Chromatogr.* **1964,** *14*, 283–285.
[2] Stahl, E.: *Chem.-Ztg.* **1958,** *82*, 323–327.
[3] Szejtli, J., Szente, L., Banky-Elöd, E.: *Acta Chim. Hung.* **1979,** *101*, 27–46.
[4] Lindner, K., Szente, L., Szejtli, J.: *Acta Alimentaria* **1981,** *10*, 175–186.
[5] Ikan, R., Kashman, J., Bergmann, E. D.: *J. Chromatogr.* **1964,** *14*, 275–279.
[6] Neder, A., Uskert, A., Nagy, E., Mehesfalvi, Z., Kuszmann, J.: *Acta Chim. Hung.* **1980,** *103*, 231–240; **1980,** *104*, 123–140..
[7] Neder, A., Pelczer, I., Mehesfalvi, Z., Kuszmann, J.: *Acta Chim. Hung.* **1982,** *109*, 275–285.
[8] Thielemann, H.: *Mikrochim. Acta (Wien)* **1971,** 717–723.
[9] Van der Heide, R. F.: *J. Chromatogr.* **1966,** *24*, 239–243.
[10] Thielemann, H.: *Mikrochim. Acta (Wien)* **1971,** 838–840.
[11] Kany, E., Jork, H.: GDCh-Forbildungskurs Nr. 301 „Dünnschicht-Chromatographie für Fortgeschrittene", Universität des Saarlandes, Saarbrücken 1988.

Berberin–Reagenz

Reagenz für:

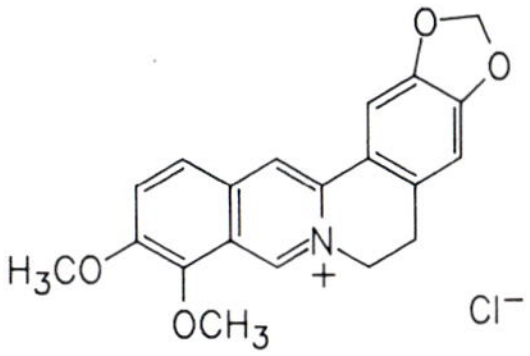

- Sterine [1–3]
  z. B. Sitosterin, Stigmasterin,
  Campesterin, Cholesterin
- Gesättigte Verbindungen [4]

$C_{20}H_{18}ClNO_4 \cdot 2H_2O$

$M_r = 407.86$

Herstellung des Reagenzes

Tauchlösung: 10 mg Berberinchlorid werden in 100 ml Ethanol gelöst.

Aufbewahrung: Die Tauchlösung ist einige Tage haltbar.

Substanzen: Berberinchlorid
Ethanol

Reaktion

Der Mechanismus der Reaktion ist nicht geklärt. Möglicherweise reichert sich Berberin in lipophilen Chromatogramm-Zonen an, die dann stärker als ihre Umgebung fluoreszieren.

Durchführung

Die vom Fließmittel befreiten Chromatogramme werden 1 s in die Reagenzlösung getaucht oder homogen damit besprüht und im Kaltluftstrom getrocknet. Es resultieren im UV-Licht (λ = 254 nm bzw. 365 nm) hellgelb fluoreszierende Chromatogramm-Zonen auf schwächer gelb fluoreszierendem Plattenuntergrund.

Anmerkung: Das Reagenz kann auch vor der Chromatographie z. B. durch Imprägnieren in die vorzugsweise fluoreszenzindikatorfreie Schicht eingearbeitet werden; es wird von den meisten Fließmitteln nicht eluiert [4].

Das Reagenz kann auf Kieselgel-, mit Silbernitrat imprägnierten Kieselgel-, Carboxymethylcellulose enthaltenden Kieselgel-, Kieselgur- und Si 50000-Schichten eingesetzt werden; nicht geeignet sind RP-Phasen.

Geprüftes Beispiel

Sterine, Fettsäuren, Triglyceride, Kohlenwasserstoffe [5]

Methode: Aufsteigende, eindimensionale Entwicklung in einer Trogkammer bei Kammersättigung.

Schicht: HPTLC-Fertigplatten Kieselgel 60 F_{254} (MERCK).

Fließmittel: *n*-Hexan – Diethylether – Eisessig (80+20+1).

Laufstrecke: 5 cm

Laufzeit: 7 min

Nachweis und Ergebnis: Das Chromatogramm wird 5 min im kalten Ventilatorstrom getrocknet und 1 s in die Reagenzlösung getaucht. Cholesterin (hR_f: 10–15), Stearin-

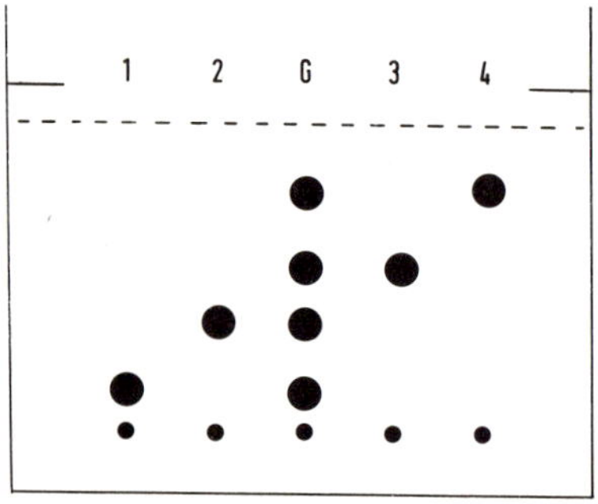

Abb. 1: Schemaskizze der chromatographischen Trennung eines Gemischs (G) aus Cholesterin (1), Stearinsäure (2), Tripalmitat (3) und Caryophyllen (4).

säure (hR_f: 20–25), Tripalmitat (hR_f: 45–50) und Caryophyllen (hR_f: 90–95) ergeben hellgelb fluoreszierende Zonen auf weniger intensiv gelb fluoreszierendem Untergrund. Als visuelle Nachweisgrenzen wurden für Cholesterin 10 ng, für Stearinsäure und Tripalmitat 50 ng und für Caryophyllen 100 ng pro Chromatogramm-Zone ermittelt (Abb. 1).

In-situ-Messung: Das Reagenz ist für in-situ-Messungen nicht geeignet.

Literatur

[1] Misso, N. L. A., Goad, L. J.: *Phytochemistry* **1984,** *23*, 73–82.
[2] Huang, L.-S., Grunwald, C.: *Phytochemistry* **1986,** *25*, 2779–2781.
[3] Heintz, R., Benveniste, P., Robinson, W. H., Coates, R. M.: *Biochem. Biophys. Res. Commun.* **1972,** *49*, 1547–1553.
[4] Mamlok. L.: *J. Chromatogr. Sci.* **1981,** *19*, 53.
[5] Kany, E., Jork, H.: GDCh-Fortbildungskurs Nr. 301 „Dünnschicht-Chromatographie für Fortgeschrittene", Universität des Saarlandes, Saarbrücken 1988.

2,2′-Bipyridin–Eisen(III)-chlorid–Reagenz

Reagenz für:

- Phenole [1]
- Vitamin E (Tocopherole) [2–4]
- Antioxidantien [5]
- reduzierende Substanzen z. B. Ascorbinsäure [6]

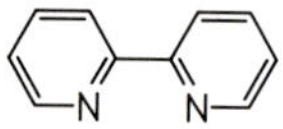

$C_{10}H_8N_2$	$FeCl_3 \cdot 6H_2O$
M_r = 156.19	M_r = 270.30
2,2′-Bipyridin	

Herstellung des Reagenzes

Lösung I: 0.1 g Eisen(III)-chlorid-Hexahydrat wird in 50 ml Ethanol gelöst.

Lösung II: 0.25 g 2,2′-Bipyridin (α, α'-Dipyridyl) werden in 50 ml Ethanol gelöst.

Tauchlösung: Unmittelbar vor Gebrauch werden gleiche Volumina von Lösung I und Lösung II gemischt.

Aufbewahrung: Lösung I ist vor Licht geschützt aufzubewahren.

Substanzen: 2,2′-Bipyridin
Eisen(III)-chlorid-Hexahydrat
Ethanol

Reaktion

Ascorbinsäure beispielsweise wird durch Fe(III)-Ionen zu Dehydroascorbinsäure oxidiert. Die dabei entstehenden Fe(II)-Ionen bilden mit 2,2′-Bipyridin farbige Komplexe

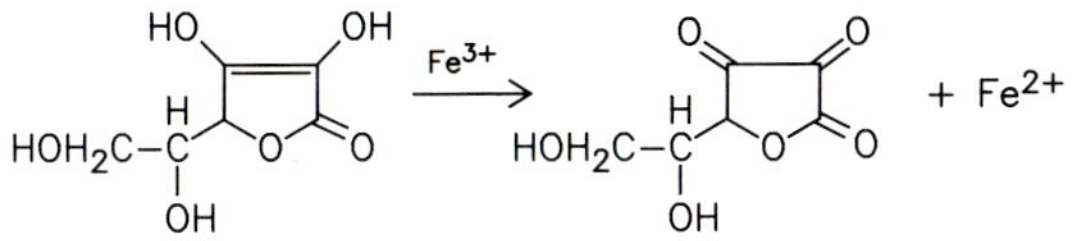

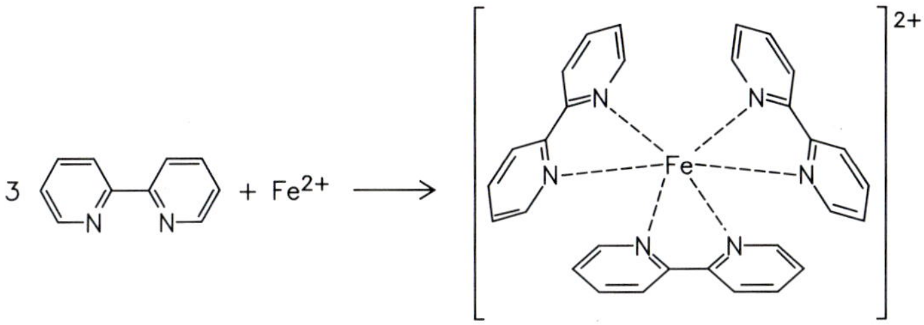

Durchführung

Die im Warmluftstrom vom Fließmittel befreiten Chromatogramme werden 1 s in die Reagenzlösung getaucht und dann im Kaltluftstrom getrocknet. Es resultieren oft sofort, manchmal auch erst nach einigen Minuten, rot bis rotbraun gefärbte Zonen auf farblosem Untergrund, deren Farbintensität erst nach etwa 30 min voll entwickelt ist [1]. Sie können quantitativ ausgewertet werden.

Anmerkung: Das Tauchreagenz, das auch als Sprühreagenz verwendbar ist, kann auf Cellulose- und Kieselgel-Schichten eingesetzt werden. Eine 3proz. Lösung von 2,2'-Bipyridin in 40proz. Thioglykolsäure kann als Sprühreagenz zum spezifischen Eisennachweis (Rotfärbung) dienen [7].

Geprüftes Beispiel

α-Tocopherol [3]

Methode: Horizontale, eindimensionale Entwicklung in einer Linearkammer (CAMAG)

Schicht: HPTLC-Fertigplatten Kieselgel 60 F_{254} (MERCK)

Fließmittel: Toluol – Chloroform (10+10)

Laufstrecke: 5 cm

Laufzeit: 10 min

Nachweis und Ergebnis: Das im Warmluftstrom vom Fließmittel befreite Chromatogramm wird 1 s in die frisch angesetzte Reagenz-Mischung getaucht und im Kaltluftstrom getrocknet. α-Tocopherol ergibt nach kurzer Zeit bei hR_f: 35–40 eine rote Chromatogramm-Zone auf farblosem Untergrund. Die visuelle Nachweisgrenze liegt auf der HPTLC-Schicht bei 20–25 ng pro Chromatogramm-Zone.

In-situ-Messung: Die quantitative Auswertung in Remission wird im sichtbaren Licht (λ = 520 nm) durchgeführt (Abb. 1).

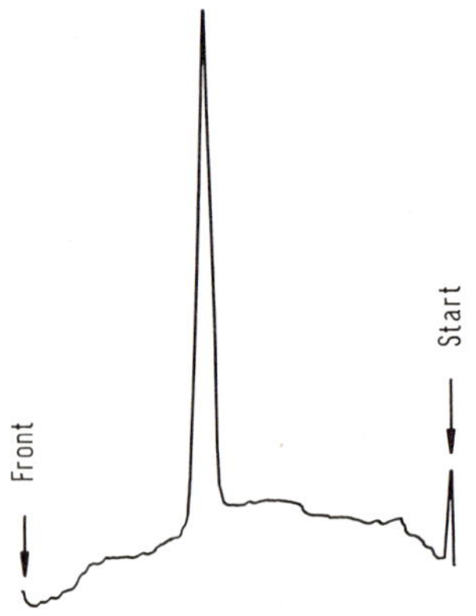

Abb. 1: Remissionsgrad-Ortskurve einer Chromatogramm-Bahn mit 200 ng D-α-Tocopherol pro Chromatogramm-Zone.

Literatur

[1] BARTON, G. M.: *J. Chromatogr.* **1965,** *20,* 189.
[2] STROHECKER, R., HENNING, H. M.: *Vitaminbestimmungen.* Weinheim: Verlag Chemie 1963, S. 311–312.
[3] KOOP, R.: Dissertation, Universität Gießen, Fachbereich Ernährungswissenschaften, 1984.
[4] PEREDI, J., BALOGH, A.: *Olaj, Szappan, Kozmet.* **1981,** *30,* 1–5.
[5] HEIDE, R. F. VAN DER: *J. Chromatogr.,* **1966,** *24,* 239–243.
[6] SCHNEKENBURGER, G.: Diplomarbeit, Fachhochschule Gießen, Fachbereich Technisches Gesundheitswesen, 1987.
[7] FEIGL, F.: *Fresenius Z. Anal. Chem.* **1956,** *152,* 52–55.

Blei(II)-acetat (basisch) – Reagenz

Reagenz für:

- Flavonoide [1–3]
- Arylsubstituierte Thioharnstoff-Derivate (Thiocarbamid-Derivate) [4]
- Oligogalactosid-Uronsäuren [5]

$Pb(CH_3COO)_2 \cdot n\,Pb(OH)_2$

Herstellung des Reagenzes

Tauchlösung: Basische Blei(II)-acetat-Lösung (Bleiessig, Bleigehalt: 17,5–19%).

Aufbewahrung: Die Reagenzlösung ist, gut verschlossen, längere Zeit haltbar.

Substanzen: Bleiessig 17,5–19% Pb (Blei(II)-acetat-Lösung, basisch)

Reaktion

Blei(II)-acetat bildet mit Flavonoiden und Thioharnstoff-Derivaten farbige Bleisalze.

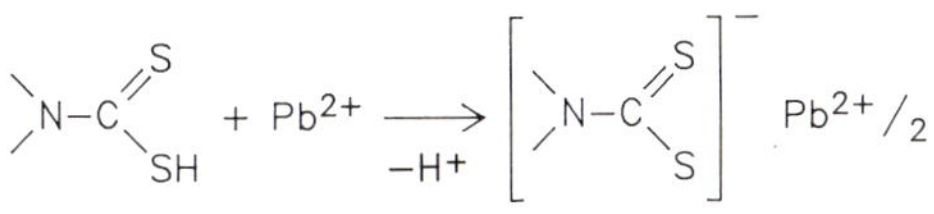

Thioharnstoff-Derivat Bleisalz

Durchführung

Die im Warmluftstrom vom Fließmittel befreiten Chromatogramme werden 1 s in die Reagenzlösung getaucht oder homogen damit bis zur beginnenden Transparenz der Schicht besprüht und 5–20 min auf 50–80 °C erwärmt.

Es resultieren, gelegentlich schon vor dem Erwärmen, unterschiedlich gefärbte Chromatogramm-Zonen, die bei manchen Substanzen im langwelligen UV-Licht (λ = 365 nm) fluoreszieren.

Anmerkung: Die Nachweisgrenzen für arylsubstituierte Thiocarbamide sollen bei ca. 1 µg Substanz pro Chromatogramm-Zone liegen [4]. Diallat und Triallat zeigten auch bei 50 µg pro Fleck keine Reaktion [6]. Das Reagenz sollte unverdünnt angewendet werden (vgl. „Geprüftes Beispiel", Abb. 2).

Das Reagenz kann auf Kieselgel-, Kieselgur-, Si 50000-, Cellulose- und Polyamid-Schichten eingesetzt werden.

Geprüftes Beispiel

Flavonglucoside [7]

Methode: Aufsteigende, eindimensionale Entwicklung in einer HPTLC-Trogkammer bei Kammersättigung.

Schicht: HPTLC-Fertigplatten Kieselgel 60 (Merck).

Fließmittel: Ethylacetat – Dichlormethan – Ameisensäure – Wasser (35+15+5+3).

Laufstrecke: 5 cm

Laufzeit: 13 min

Nachweis und Ergebnis: Das vom Fließmittel befreite Chromatogramm wird 1 s in die Reagenzlösung getaucht und anschließend 10 min auf 80 °C erwärmt. Rutin (hR_f: 5–10), Kämpferolglucosid (hR_f: 10–15), Hyperosid (hR_f: 20–25), Isoquercetrin (hR_f: 25–30), Quercetrin (hR_f: 40–45), Luteolin (hR_f: 75–80), Quercetin (hR_f: 80–85) und Isorhamnetin (hR_f: 80–85) ergeben auf hellem Untergrund gelbe bis braune Chromatogramm-Zonen, die im langwelligen UV-Licht (λ = 365 nm) gelb bis orange fluoreszieren. Die Nachweisgrenzen liegen bei 50–100 ng Substanz pro Chromatogramm-Zone (Abb. 1). Der Einfluß der Reagenzkonzentration auf die Nachweisempfindlichkeit ist in Abb. 2 dargestellt.

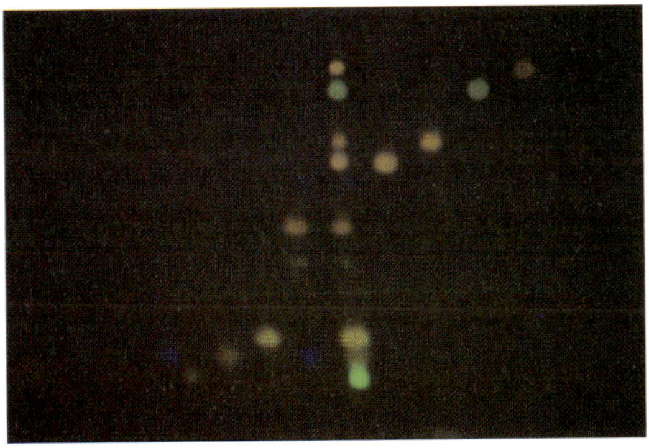

Abb. 1

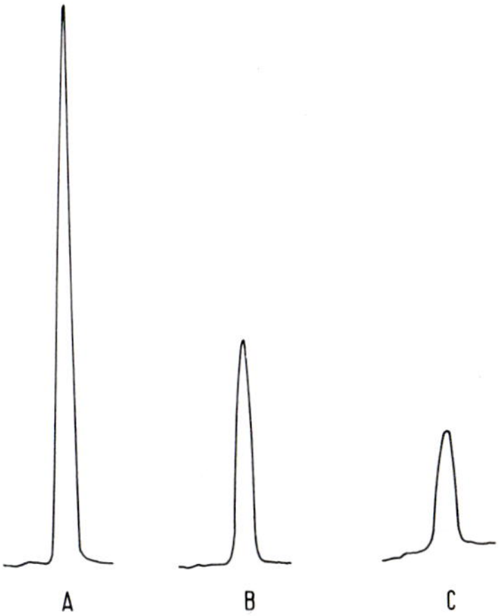

Abb. 2

Abb. 1: Chromatographische Trennung von Flavonglucosiden.

Abb. 2: Einfluß der Reagenzkonzentration auf die Nachweisempfindlichkeit: Nachweis gleicher Mengen Luteolin mit (A) unverdünnter, (B) 1+4 und (C) 1+50 verdünnter Bleiessig-Lösung.

Literatur

[1] Hörhammer, L., Wagner, H., Hein, K.: *J. Chromatogr.* **1964,** *13*, 235–237.
[2] Poethke, W., Schwarz, C., Gerlach, H.: *Planta Med.* **1971,** *19*, 177–188.
[3] Willuhn, G., Röttger, P.-M.: *Dtsch. Apoth. Ztg.* **1980,** *120*, 1039–1042.
[4] Upadhyaya, J. S., Upadhyaya, S. K.: *Fresenius Z. Anal. Chem.* **1979,** *294*, 407; **1980,** *304*, 144.
[5] Markovic, O., Slezarik, A.: *J. Chromatogr.* **1984,** *312*, 492–496.
[6] Jork, H.: Privatmitteilung, Universität des Saarlandes, Fachbereich 14.5 „Pharmazie und Biologische Chemie", Saarbrücken 1988.
[7] Kany, E., Jork, H.: GDCh-Fortbildungskurs Nr. 301 „Dünnschicht-Chromatographie für Fortgeschrittene", Universität des Saarlandes, Saarbrücken 1988.

Blei(IV)-acetat–Dichlorfluorescein–Reagenz

Reagenz für:

- Vicinale Diole [1–5]
  z. B. Zuckersäuren [1, 2]
  Monosaccharide [2–4]
  Oligosaccharide [2, 3]
  Zuckeralkohole [2–4]
  Cyclite [5]
  Glycerin [2, 3]
- Glycoside
  z. B. Menthylglucosid [6]
  Arbutin [7]
- Phenole [8]

$(CH_3COO)_4Pb$

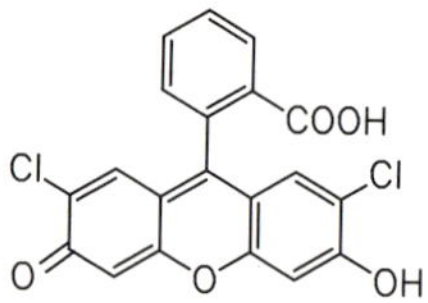

Blei(IV)-acetat	Dichlorfluorescein
$C_8H_{12}O_8Pb$	$C_{20}H_{10}Cl_2O_5$
M_r = 401.21	M_r = 443.37

Herstellung des Reagenzes

Lösung I: Zweiprozentige bis gesättigte Lösung von Blei(IV)-acetat in Eisessig.

Lösung II: 0.2–1 g 2′,7′-Dichlorfluorescein werden in 100 ml Ethanol gelöst.

Tauchlösung: Unmittelbar vor Gebrauch werden 5 ml Lösung I und 5 ml Lösung II gemischt und mit Toluol auf 200 ml aufgefüllt.

Aufbewahrung: Die beiden Lösungen I und II sind getrennt mehrere Tage stabil, die Tauchlösung ist stets frisch anzusetzen.

Substanzen: Blei(IV)-acetat
2′,7′-Dichlorfluorescein

Essigsäure (Eisessig) 100%
Ethanol
Toluol

Reaktion

Die Reaktion basiert einerseits auf der oxidativen Spaltung vicinaler Diole durch Blei(IV)-acetat und andererseits auf der Reaktion von Dichlorfluorescein mit Blei(IV)-acetat zu einem nichtfluoreszierenden Oxidationsprodukt. Die Fluoreszenz des Dichlorfluoresceins bleibt nur in den Chromatogramm-Zonen erhalten, in denen das Blei(IV)-acetat für die Glycolspaltungsreaktion verbraucht wurde [1].

Durchführung

Die vom Fließmittel befreiten Chromatogramme werden 8–10 s in die Reagenzlösung getaucht, kurz im Warmluftstrom getrocknet und 3–30 min im Trockenschrank auf 100 °C erwärmt.

Es resultieren im kurzwelligen UV-Licht (λ = 254 nm) gelb fluoreszierende Chromatogramm-Zonen, die manchmal auch im sichtbaren Licht als orangerote Flecke zu erkennen sind [4].

Anmerkung: Die volle Fluoreszenzintensität ist in der Regel erst etwa 30 min nach dem Tauchvorgang entwickelt; sie bleibt dann mehrere Tage stabil, wenn die Chromatogramme im Dunkeln aufbewahrt werden [1, 5]. Anstelle von 2′,7′-Dichlorfluorescein kann auch Fluorescein-Natrium im Reagenz verwendet werden [5]. Die Nachweisgrenzen liegen im unteren Nanogramm- bis Picogrammbereich [1, 5].

Das Reagenz kann auf Kieselgel-, Si 50000- und Kieselgur-Schichten eingesetzt werden.

Hinweis: Mit diesem Reagenz ergeben alle Substanzen mit vicinalen Diolgruppen eine gelbgrüne Fluoreszenz (Zucker, Zuckeralkohole, Glycoside etc.). Um zu erkennen, welche Zonen von Zuckern herrühren, kann mit Naphthalin-1,3-diol – Schwefelsäure – Reagenz nachgesprüht werden. Damit färben sich nur die Zucker, nicht jedoch die Zuckeralkohole [4, 9].

Geprüftes Beispiel

Mono- und Sesquiterpenglucoside [6], Arbutin und Methylarbutin [7]

Methode: Aufsteigende, eindimensionale Entwicklung in einer Trogkammer bei Kammersättigung.

Schicht: HPTLC-Fertigplatten Kieselgel 60 (MERCK)

Fließmittel: *Terpenglucoside:* Chloroform – Methanol (80+20).
Arbutin: Ethylacetat – Methanol – Wasser (100+17+14).

Laufstrecke: 5 cm

Laufzeit: 15 min

Nachweis und Ergebnis: Das vom Fließmittel befreite Chromatogramm wird 1 s in die Reagenzlösung getaucht, kurz im Warmluftstrom getrocknet und 5 min auf 100 °C erwärmt.

Es resultieren für die Glucoside des Menthols, Citronellols, Nerols, Geraniols, cis-Myrtenols, L-Borneols, Linalools und α-Terpineols im langwelligen UV-Licht (λ = 365 nm) gelbgrün fluoreszierende Chromatogramm-Zonen. Das gleiche gilt für Arbutin (hR_f: 45–50).

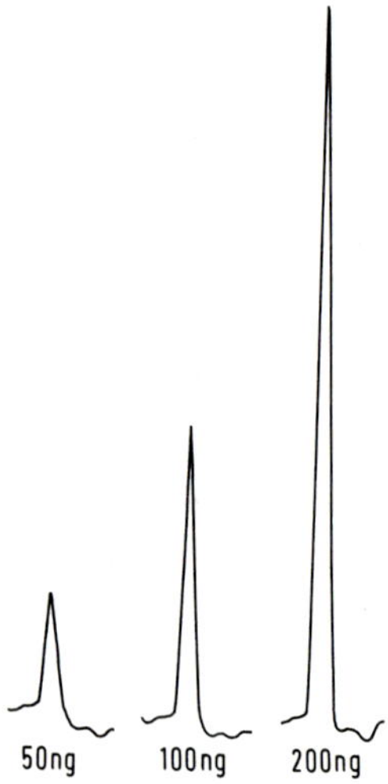

Abb. 1: Fluoreszenz-Ortskurven von Chromatogrammbahnen mit 50, 100 und 200 ng Arbutin pro Chromatogramm-Zone.

In-situ-Messung: Die fluorimetrische Auswertung von Monoterpenglucosiden erfolgt zweckmäßigerweise bei λ_{exc} = 313 nm und λ_{fl} > 390 nm. Die Nachweisgrenzen von Arbutin und L-Menthylglucosid liegen bei 1–5 ng bzw. bei 15 ng Substanz pro Chromatogramm-Zone (Abb. 1).

Literatur

[1] Gübitz, G., Frei, R. W., Bethke, H.: *J. Chromatogr.* **1976,** *117,* 337–343.
[2] Klaus, R., Ripphahn, J.: *J. Chromatogr.* **1982,** *244,* 99–124.
[3] Klaus, R., Fischer, W.: *Chromatographia* **1987,** *23,* 137–140.
[4] Schmoldt, A., Machut, M.: *Dtsch. Apoth. Ztg.* **1981,** *121,* 1006–1009.
[5] Stepanek, J.: *J. Chromatogr.* **1983,** *257,* 405–410.
[6] Ishag, K. E. A.: Dissertation, Universität des Saarlandes, Saarbrücken 1984.
[7] Jork, H., Kany, E.: GDCh-Fortbildungskurs Nr. 301 „Dünnschicht-Chromatographie für Fortgeschrittene“, Universität des Saarlandes, Saarbrücken 1986.
[8] Klaus, R., Fischer, W., Bayer, H.: *J. Chromatogr.* **1987,** *398,* 300–308.
[9] Wimmer, T.: Dissertation, Universität München, 1985.

Blei(IV)-acetat–Fuchsin–Reagenz

Reagenz für:

- α-Diolgruppierungen
  z.B. Zuckeralkohole [1]
  Zucker [4]

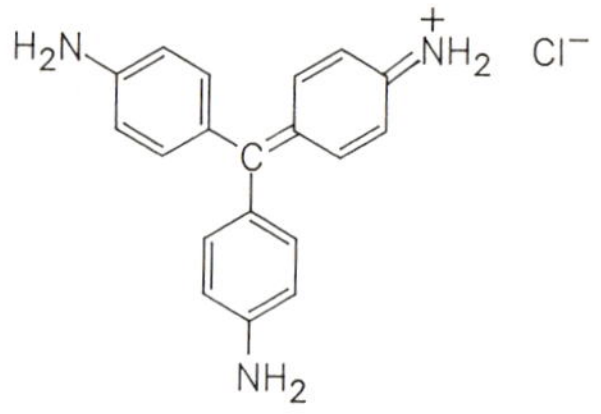

$(CH_3COO)_4Pb$

Blei(IV)-acetat	Fuchsin
$C_8H_{12}O_8Pb$	$C_{20}H_{20}ClN_3$
M_r = 443.37	M_r = 337.85

Herstellung des Reagenzes

Tauchlösung I: 1 g Blei(IV)-acetat wird in 100 ml Ethanol gelöst.

Tauchlösung II: 10 mg Fuchsin werden in 100 ml Methanol gelöst.

Sprühlösung I: 1 g Blei(IV)-acetat wird in 100 ml Toluol gelöst.

Sprühlösung II: 50 mg Fuchsin werden in 100 ml Methanol gelöst.

Aufbewahrung: Lösung I sollte stets frisch angesetzt werden, Lösung II ist längere Zeit haltbar.

Substanzen: Blei(IV)-acetat
Fuchsin
Toluol
Methanol
Ethanol

Reaktion

Der Nachweis beruht auf dem Phänomen, daß einerseits Fuchsin von Oxidationsmitteln (z. B. Blei(IV)-acetat) entfärbt wird und andererseits Blei(IV)-acetat von Substanzen mit α-ständigen Diolgruppen reduziert wird. Damit steht es nicht mehr für die Entfärbung des Fuchsins zur Verfügung. Fuchsin setzt sich mit den gebildeten Aldehyden anschließend in einer Schiff-Reaktion weiter um [2].

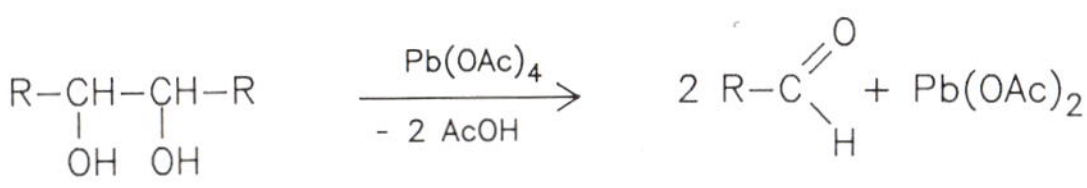

Diol Aldehyd Blei(II)-acetat

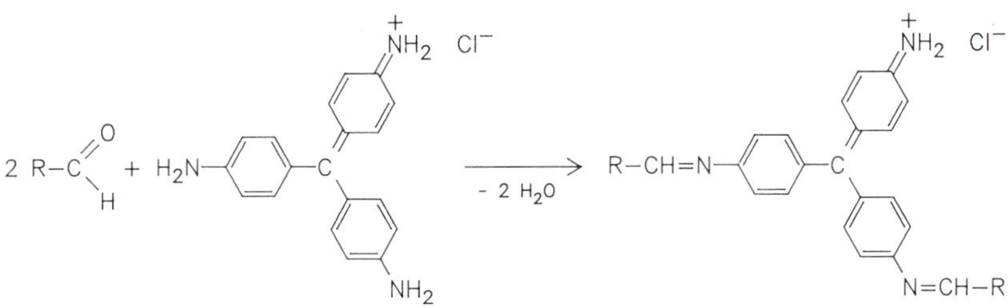

Aldehyd Fuchsin Schiffsche Base

Durchführung

Die vom Fließmittel befreiten Chromatogramme werden zunächst 3 s in die Tauchlösung I getaucht oder homogen mit der Sprühlösung I benebelt und ca. 10 min im Kaltluftstrom getrocknet. Anschließend werden sie 1 s in die Tauchlösung II getaucht oder gleichmäßig mit der Sprühlösung II benebelt.

Es resultieren meist sofort, gelegentlich erst nach kurzem Erhitzen auf 140 °C, rotviolette Chromatogramm-Zonen auf schwach gelb-beigem Untergrund.

Anmerkung: Die Farbe der Zonen ist lange Zeit beständig, verändert sich jedoch nach blauviolett [1]. Anstelle von Fuchsin kann auch Rosanilin eingesetzt werden [1, 2]. Blei(IV)-acetat allein ergibt mit Zuckeralkoholen weiße Zonen auf braunem Untergrund (Nachweisgrenzen: 1–2 µg pro Chromatogramm-Zone) [3].

Das Reagenz kann auf Kieselgel-, Kieselgur- und Si 50000-Schichten eingesetzt werden.

Geprüftes Beispiel

Mono, Di- und Trisaccharide [4]

Methode: Aufsteigende, eindimensionale Zweifachentwicklung in einer Trogkammer ohne Kammersättigung bei 80 °C.

Schicht: HPTLC-Fertigplatten Si 50000 (MERCK), die zur Vorreinigung einmal in Chloroform-Methanol entwickelt und anschließend 30 min bei 110 °C getrocknet werden.

Fließmittel: Acetonitril – Wasser (85 + 15).

Laufstrecke: 2 × 6 cm

Laufzeit: 2 × 8 min (5 min Zwischentrocknung im Warmluftstrom)

Nachweis und Ergebnis: Das 15 min im Kaltluftstrom getrocknete Chromatogramm wird 3 s in die Tauchlösung I getaucht und 10 min im Kaltluftstrom getrocknet. Anschließend wird es kurz 1 s in das Tauchreagenz II getaucht und, nach kurzer Trocknung im Warmluftstrom, 1 min auf 140 °C (Heizplatte) erhitzt.

Raffinose (hR_f: 5–10), Lactose (hR_f: 15–20), Saccharose (hR_f: 30–35), Glucose (hR_f: 45–50) und Fructose (hR_f: 60–65) ergeben auf hellbeigem Untergrund violette Chromatogramm-Zonen, die schwach hellblau fluoreszieren. Die Nachweisgrenzen liegen bei 20 ng Substanz pro Chromatogramm-Zone.

Wird das Chromatogramm anschließend noch 15 min mit Salzsäuredämpfen behandelt (Doppeltrogkammer, 32proz. Salzsäure in der freien Troghälfte), entstehen intensiver violett gefärbte Zonen auf schwach violettem Untergrund, die im langwelligen UV-Licht (λ = 365 nm) auf dunklem Untergrund rot fluoreszieren. Auch hier liegen die Nachweisgrenzen bei 20 ng pro Chromatogramm-Zone.

In-situ-Messung: Die absorptionsphotometrische Messung in Remission wird bei λ = 560 nm durchgeführt, die fluorimetrische Auswertung erfolgt bei λ_{exc} = 436 nm und λ_{fl} > 560 nm (Abb. 1).

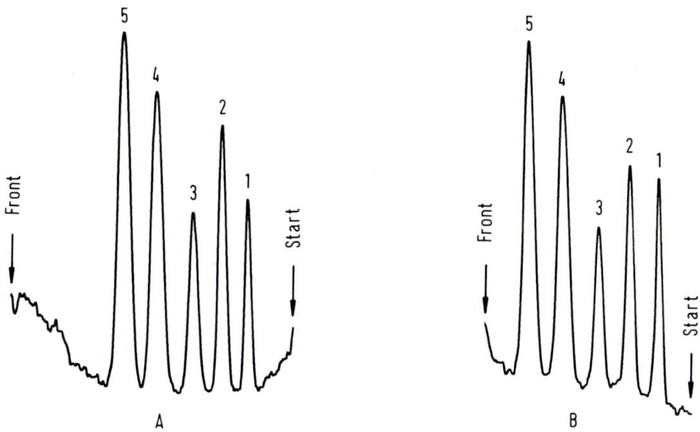

Abb. 1: Absorptions-Ortskurve (A) und Fluoreszenz-Ortskurve (B) einer Chromatogramm-Bahn mit je 200 ng Zucker pro Chromatogramm-Zone: Raffinose (1), Lactose (2), Saccharose (3), Glucose (4), Fructose (5).

Literatur

[1] Illner, E.: *Pharmazie* **1984,** *39*, 689–690.

[2] Sampson, K., Schild, F., Wicker, R. J.: *Chem. Ind.* (London) **1961,** 82.

[3] Wright, J.: *Chem. Ind.* (London) **1963,** 1125–1126.

[4] Netz, S., Funk, W.: Privatmitteilung, Fachhochschule Gießen, Fachbereich Technisches Gesundheitswesen, 1988.

Bratton-Marshall-Reagenz

Reagenz für:

- Primäre aromatische Amine [1–3]
  z. B. Benzodiazepine, Aminobenzophenone
  [3–5]
- Sulfonamide [6–10]
- Harnstoff-, Carbamat- und Anilid-Herbizide
  [11]
- Folsäure [12]
- Dulcin [13]

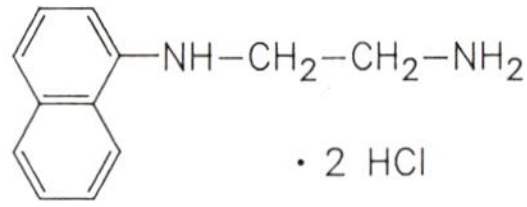

$C_{12}H_{16}Cl_2N_2$

$M_r = 259.18$

N-(1-Naphthyl)-ethylendi-
amindihydrochlorid

Herstellung des Reagenzes

Sprühlösung I: 1 g Natriumnitrit wird in 20 ml Wasser gelöst und mit einer Mischung aus 17 ml konz. Salzsäure und 83 ml Ethanol auf 100 ml aufgefüllt [11].

Sprühlösung IIa: 1 g N-(1-Naphthyl)-ethylendiamindihydrochlorid wird in 10 ml Wasser gelöst und mit Ethanol auf 100 ml aufgefüllt [11].

Sprühlösung IIb: 1 g N-(1-Naphthyl)-ethylendiamindihydrochlorid wird in 50 ml Dimethylformamid und 50 ml Salzsäure (c_{HCl} = 4 mol/l) unter Erwärmen gelöst. Falls die erkaltete Lösung nicht klar ist, wird filtriert. Eine schwache Violettfärbung stört nicht bei der Anwendung [4].

Aufbewahrung: Die beiden Sprühlösungen I und IIa sind nur kurze Zeit stabil und sollten daher stets frisch angesetzt werden [11], Sprühlösung IIb kann im Kühlschrank mehrere Wochen aufbewahrt werden [4].

Substanzen: Natriumnitrit
N-(1-Naphthyl)-ethylendiamindihydrochlorid
Salzsäure 32%
Ethanol
N,N-Dimethylformamid

Reaktion

Primäre aromatische Amine werden zuerst diazotiert und dann zu Azofarbstoffen gekuppelt [4].

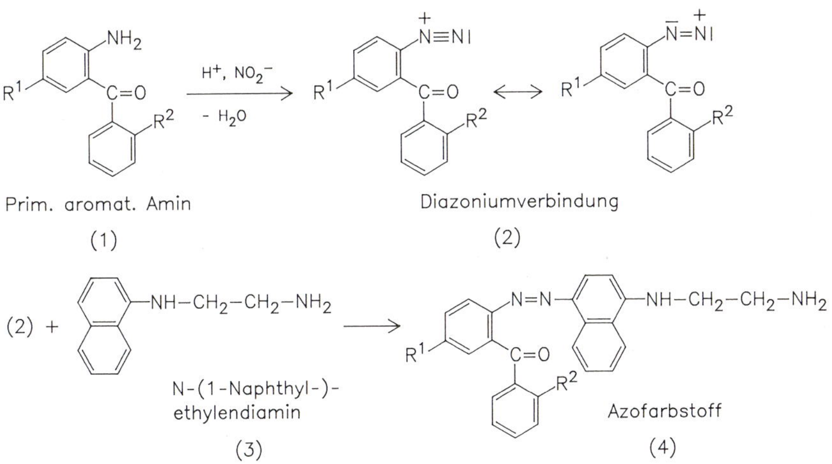

Durchführung

Die vom Fließmittel befreiten Chromatogramme werden zuerst mit Sprühlösung I bis zur beginnenden Transparenz der Schicht besprüht, dann 10 min im Kaltluftstrom getrocknet, anschließend mit Sprühlösung IIa oder IIb ebenfalls bis zur beginnenden Transparenz der Schicht besprüht und im Warmluftstrom getrocknet.

Es resultieren meist sofort rosarot bis violett gefärbte Chromatogramm-Zonen auf farblosem Untergrund.

Anmerkung: Die Diazotierung der primären aromatischen Amine kann auch durch Einstellen der Chromatogramme in eine Doppeltrogkammer mit nitrosen Gasen für 3–5 min erfolgen (Abzug!); die Erzeugung der nitrosen Gase erfolgt in der freien Troghälfte durch Zugabe von 25proz. Salzsäure zu einer 20proz. Natriumnitrit-Lösung [2, 4]. N-(1-Naphthyl)-ethylendiamin kann im Reagenz auch durch α- oder β-Naphthol ersetzt werden [10, 14]; dadurch soll sich jedoch die Nachweisempfindlichkeit verschlechtern [2]. Die Sprühlösungen II a und II b können auch als Tauchlösungen verwandt werden.

Eine Reihe von Benzodiazepinen, die keine freie aromatische Aminogruppe besitzen, können erst nach in-situ-Hydrolyse zu den entsprechenden Aminobenzophenonen mit dem Bratton-Marshall-Reagenz umgesetzt werden [4]. In diesen Fällen wird das fließmittelfreie Chromatogramm mit 25proz. Salzsäure besprüht und 10 min auf 110 °C erhitzt, bevor die Diazotierung erfolgt [4]. Einige Benzodiazepine bilden bei der Hydrolyse sekundäre Amine, die durch Bestrahlen mit UV-Licht photolytisch zu den entsprechenden primären Aminen desalkyliert werden können [4].

Harnstoff-, Carbamat- und Anilid-Herbizide, deren Nachweis nur auf Schichten mit Fluoreszenzindikator gelingen soll [11], müssen ebenfalls vor Anwendung des Bratton-Marshall-Reagenzes hydrolysiert werden; z. B. durch Besprühen des fließmittelfreien Chromatogramms mit einer Mischung aus 60 ml konz. Salzsäure und 50 ml Ethanol und anschließendes Erhitzen (10 min 180 °C, dabei Chromatogramm mit Glasplatte abdecken).

Zum Nachweis von Folsäure wird das Chromatogramm vor Anwendung des Bratton-Marshall-Reagenzes 30 min mit Breitband-UV-Licht bestrahlt (Nachweisgrenze: 200 ng) [12].

Die Nachweisgrenzen für Benzodiazepine, Aminobenzophenone und Sulfonamide liegen im unteren Nanogrammbereich.

Das Reagenz kann auf Kieselgel-, Cellulose- und RP-Schichten eingesetzt werden.

Geprüftes Beispiel

Hydrolyseprodukte von Benzodiazepinen [15]

Methode: Aufsteigende, eindimensionale Entwickung in einer Trogkammer ohne Kammersättigung.

Schicht: HPTLC-Fertigplatten Kieselgel 60 F_{254} (MERCK). Vor dem Auftragen der Proben wird die Schicht zur Vorreinigung einmal in Chloroform-Methanol (50+50) entwickelt und anschließend 30 min bei 110 °C getrocknet.

Fließmittel: Benzol.

Laufstrecke: 6 cm

Laufzeit: 15 min

Nachweis und Ergebnis: Das vom Fließmittel befreite Chromatogramm (10 min Warmluftstrom) wird 10 min in die leere Hälfte einer Doppeltrogkammer gestellt, in deren zweiten Troghälfte durch Zugabe von 10 Tropfen 37proz. Salzsäure zu 5 ml wäßriger 20proz. Natriumnitritlösung nitrose Gase erzeugt werden. Nach Abdunsten der nitrosen Gase (3–5 min an der Luft, Abzug!) wird das Chromatogramm 1 s in die Lösung IIa getaucht und im Kaltluftstrom getrocknet.

Es erscheinen als gefärbte Zonen auf weißem Untergrund: (2-Amino-5-bromphenyl)(pyridin-2-yl)methanon („ABP“, dunkelviolett, hR_f: <5), 2-Amino-5-nitrobenzophenon („ANB“, pink, hR_f: 15–20), 2-Amino-5-chlorbenzophenon („ACB“,

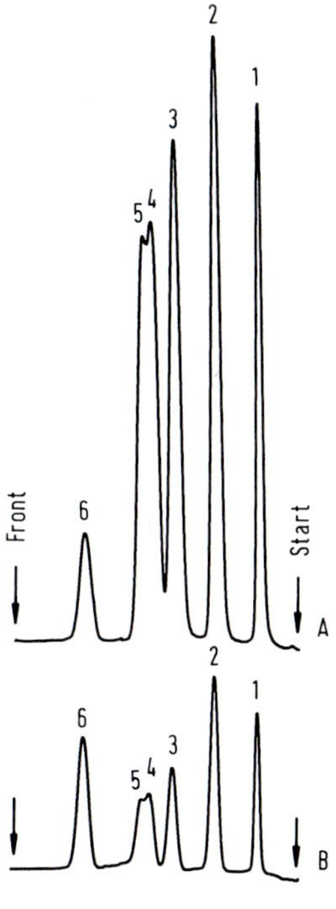

Abb. 1: Remissions-Ortskurven (A: Messung bei λ = 560 nm, B: Messung bei λ = 470 nm) einer Chromatogrammbahn mit je 100 ng ABP, ANB, ACB, ACFB und ADB sowie 500 ng MACB pro Chromatogramm-Zone: ABP (1), ANB (2), ACB (3), ACFB (4), ADB (5), MACB (6).

violett, hR_f: 30–35), 2-Amino-5-chlor-2′-fluorbenzophenon („ACFB", violett, hR_f: 35–40), 2-Amino-2′,5-dichlorbenzophenon („ADB", violett, hR_f: 40–45) und 5-Chlor-2-(methylamino)benzophenon („MACB", ocker, hR_f: 60–65). Die Nachweisgrenzen für ABP, ANB, ACB, ACFB und ADB liegen bei 5 ng, für MACB bei ca. 50 ng pro Chromatogramm-Zone.

In-situ-Messung: Die absorptionsphotometrische Messung in Remission erfolgt bei einer mittleren Wellenlänge von λ = 560 nm (λ_{max} (ABP) = 580 nm, λ_{max} (ANB) = 550 nm, λ_{max} (ACB, ACFB, ADB) = 560 nm, λ_{max} (MACB) = 470 nm, Abb. 1).

Literatur

[1] Bratton, A. C., Marshall, E. K., jr.: *J. Biol. Chem.* **1939,** *128,* 537–550.
[2] Narang, A. S., Choudhury, D. R., Richards, A.: *J. Chromatogr. Sci.* **1982,** *20,* 235–237.
[3] Ebel, S., Schütz, H.: *Dtsch. Apoth. Ztg.* **1977,** *117,* 1605–1609.
[4] Schütz, H.: *Dtsch. Apoth. Ztg.* **1981,** *121,* 1816–1823; *Fresenius Z. Anal. Chem.* **1979,** *294,* 135–139; **1985,** *321,* 359–362; Mitt. VI der Senatskommission für Klinisch-toxikologische Analytik, Verlag Chemie, Weinheim 1986.
[5] Chiarotti, M., De Giovanni, N., Fiori, A.: *J. Chromatogr.* **1986,** *358,* 169–178.
[6] Parks, O. W.: *J. Assoc. Off. Anal. Chem.* **1982,** *65,* 632–634; **1984,** *67,* 566–569; **1985,** *68,* 20–23; **1985,** *68,* 1232–1234.
[7] Heizmann, P., Haefelfinger, P.: *Fresenius Z. Anal. Chem.* **1980,** *302,* 410–412; *Experientia* **1981,** *37,* 806–807.
[8] Klein, S., Kho, B. T.: *J. Pharm. Sci.* **1962,** *51,* 966–970.
[9] Goodspeed, D. P., Simpson, R. M., Ashworth, R. B., Shafer, J. W., Cook, H. R.: *J. Assoc. Off. Anal. Chem.* **1978,** *61,* 1050–1053.
[10] Bican-Fister T., Kajganovic, V.: *J. Chromatogr.* **1963,** *11,* 492–495.
[11] Sherma, J., Boymel, J. L.: *J. Liq. Chromatogr.* **1983,** *6,* 1183–1192.
[12] Nuttall, R. T., Bush, J. E.: *Analyst* (London) **1971,** *96,* 875–878.
[13] Anonymous: MSZ (Hungarian Norm) 14474/1-81, S. 3.
[14] Jones, G. R. N.: *J. Chromatogr.* **1973,** *77,* 357–367.
[15] Netz, S., Funk, W.: *J. Planar Chromatogr.* **1988,** im Druck.

Brenzcatechinviolett-Reagenz

Reagenz für:

- Metallionen (Kationen) [1-4]
  z.B. Zinn in metallorganischen
  Verbindungen (Stabilisatoren) [1-3]
  Molybdän, Wolfram [4]

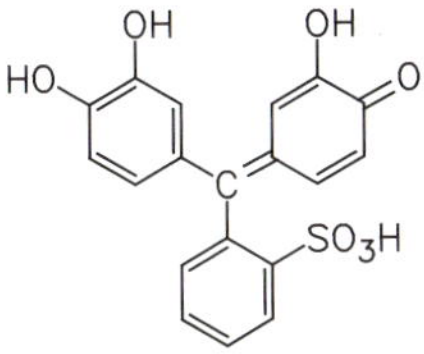

$C_{19}H_{14}O_7S$

$M_r = 386.38$

Herstellung des Reagenzes

Tauchlösung: 100 mg Brenzcatechinviolett (Brenzcatechinsulfonphthalein) werden in 100 ml Ethanol gelöst.

Aufbewahrung: Das Reagenz sollte stets frisch angesetzt werden.

Substanzen: Brenzcatechinviolett
Ethanol etwa 95%

Reaktion

Brenzcatechinviolett bildet mit einer Reihe von Metallionen farbige Komplexe, die in unterschiedlichen pH-Bereichen stabil sind.

Durchführung

Die vom Fließmittel befreiten Chromatogramme werden 1 s in die Reagenzlösung getaucht oder homogen bis zur beginnenden Transparenz damit besprüht und im Kaltluftstrom getrocknet.

Es resultieren gefärbte Zonen (Zinn: rotviolett bis blau) auf ockergelbem Untergrund [3].

Anmerkung: Die Tauchlösung kann auch als Sprühreagenz verwendet werden.

Zinnorganische Verbindungen müssen vor der Anfärbung mit dem Reagenz zerstört werden [1–3]. Hierzu wird das Chromatogramm nach der chromatographischen Entwicklung z.B. zunächst 30 min bei 110 °C getrocknet, dann 60 min in eine mit Bromdämpfen gesättigte Kammer (7–9 Tropfen Brom pro Kammer) eingestellt, anschließend zur Entfernung überschüssigen Broms 10 min an der Luft aufbewahrt und erst dann mit dem Anfärbereagenz behandelt [1, 3]. Quantitative Messungen erfolgen zweckmäßigerweise bei $\lambda = 580$ nm, die Nachweisgrenzen für zinnorganische Verbindungen liegen im Bereich von 10–20 ng pro Chromatogramm-Zone [3].

Das Reagenz kann auf Kieselgel-, Kieselgur-, Si 50000- und Cellulose-Schichten eingesetzt werden.

Geprüftes Beispiel

Zinnorganische Verbindungen [3, 5]

Methode:	Aufsteigende, eindimensionale Entwicklung in einer Trogkammer bei Kammersättigung.
Schicht:	HPTLC-Fertigplatten Kieselgel 60 (MERCK)
Fließmittel:	Methylisobutylketon – Pyridin – Eisessig (97,5 + 1,5 + 1)
Laufstrecke:	5 cm
Laufzeit:	10 min

Nachweis und Ergebnis: Das fließmittelfreie Chromatogramm (30 min auf 110 °C erhitzen) wird 1 h in eine Kammer mit Bromdämpfen gestellt und, nach Abblasen des überschüssigen Broms von der Schicht, 1 s in die Reagenzlösung getaucht. Nach dem Trocknen an der Luft resultieren für Dibutylzinndilaurat (hR_f: 25–30), Dibutylzinndichlorid (hR_f: 25–30), Dioctylzinnoxid (hR_f: 40), Tributylzinnoxid (hR_f: 80), Tributylzinnchlorid (hR_f: 80) und Tetrabutylzinn (hR_f: 85–90) blaue, beständige Zonen auf ockergelbem Untergrund (Abb. 1).

In-situ-Messung: Die Auswertung erfolgt bei $\lambda = 580$ nm. Die Nachweisgrenzen liegen für die Di- und Trialkylzinnverbindungen bei 10–20 ng und für das Tetrabutylzinn bei 500 ng pro Chromatogramm-Zone (Abb. 2).

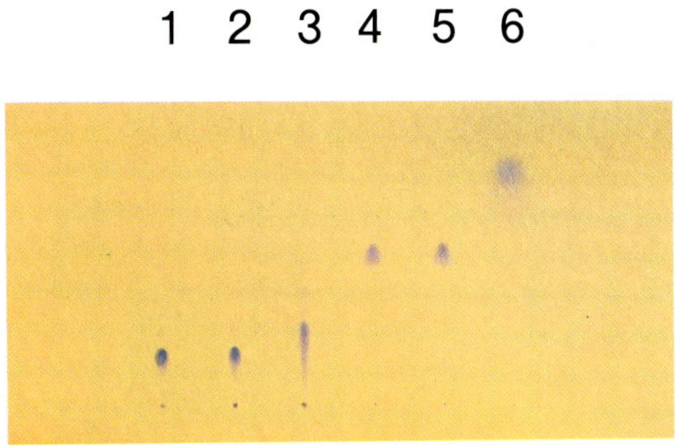

Abb. 1: Chromatogramm von zinnorganischen Verbindungen. Dibutylzinndilaurat (1), Dibutylzinndichlorid (2), Dioctylzinnoxid (3), Tributylzinnoxid (4), Tributylzinnchlorid (5), Tetrabutylzinn (6).

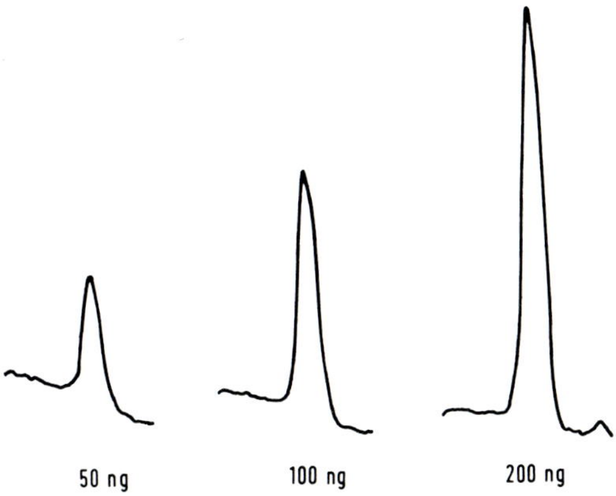

Abb. 2: Absorptions-Ortskurven von Chromatogrammbahnen mit 50, 100 und 200 ng Dibutylzinndichlorid pro Chromatogramm-Zone.

Literatur

[1] Herold, B., Droege, K. H.: *Fresenius Z. Anal. Chem.* **1978,** *289,* 285–286.

[2] Ohlsson, S. V., Hintze, W. W.: J. High Resolut. Chromatogr. Chromatogr. Commun. **1983,** *6,* 89–94.

[3] Woidich, H., Pfannhauser, W., Blaicher, G.: *Dtsch. Lebensm. Rundsch.* **1976,** *72,* 421–422.

[4] Kitaeva, L. P., Volynets, M. P., Suvorova, S. N.: *J. Anal. Chem.* (USSR) **1979,** *34,* 712–717: **1980,** *35,* 199–209.

[5] Kany, E., Jork, H.: GDCh-Fortbildungskurs Nr. 300 „Einführung in die Dünnschicht-Chromatographie“, Universitiät des Saarlandes, Saarbrücken 1987.

Bromkresolgrün–Bromphenolblau–Kaliumpermanganat-Reagenz

Reagenz für:

- Organische Säuren

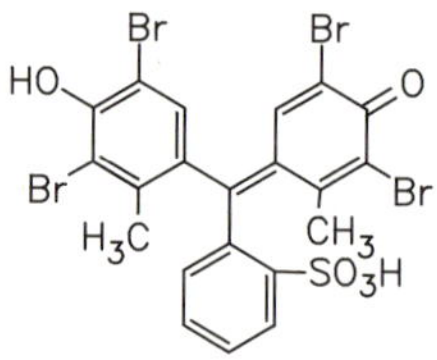

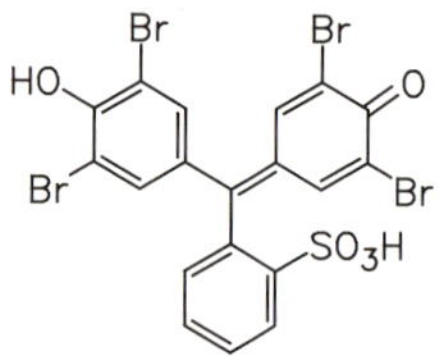

$KMnO_4$	$C_{21}H_{14}Br_4O_5S$	$C_{19}H_{10}Br_4O_5S$
$M_r = 158.04$	$M_r = 698.04$	$M_r = 669.96$
	Bromkresolgrün	Bromphenolblau

Herstellung des Reagenzes

Lösung I: 40 mg Bromkresolgrün und 15 mg Bromphenolblau werden in 100 ml Ethanol gelöst.

Lösung II: 250 mg Kaliumpermanganat und 500 mg Natriumcarbonat werden in 100 ml Wasser gelöst.

Tauchlösung: Unmittelbar vor dem Gebrauch werden die Lösungen I und II im Verhältnis 9 + 1 gemischt.

Aufbewahrung: Die Lösungen I und II sind im Kühlschrank längere Zeit haltbar. Die Tauchlösung ist nach dem Vermischen nur 5–10 min gebrauchsfähig.

Substanzen: Bromkresolgrün
Bromphenolblau
Kaliumpermanganat
Natriumcarbonat-Decahydrat
Ethanol

Reaktion

Der Nachweis der Säuren erfolgt aufgrund des pH-Wert-abhängigen Farbumschlags der beiden Indikatoren Bromkresolgrün (pH-Bereich: 3.8–5.4) und Bromphenolblau (pH-Bereich: 3.0–4.6) von gelb nach blau.

Durchführung

Die Chromatogramme werden im Warmluftstrom oder im Trockenschrank (5 min 100 °C) vom Fließmittel befreit, 1 s in die frisch bereitete Tauchlösung eingetaucht oder homogen damit besprüht und abschließend 5–10 min auf 100 °C erwärmt. Es resultieren gewöhnlich blaugrün gefärbte Zonen auf graublauem Untergrund.

Anmerkung: Das Reagenz kann auf Kieselgel-, Kieselgur-, RP- und, mit geringerer Nachweisempfindlichkeit, auch auf Cellulose-Schichten angewendet werden. Möglicherweise ergeben sich auf Cellulose-Schichten stärkere Farbdifferenzierungen [1]. Auf Polyamid-Schichten entsteht ein stark blau gefärbter Untergrund.

Geprüftes Beispiel

Organische Säuren [2]

Methode:	Aufsteigende, eindimensionale Entwicklung bei Kammersättigung
Schicht:	DC-Fertigplatten Kieselgel 60 F_{254} (MERCK)
Fließmittel:	Diisopropylether – Ameisensäure – Wasser (90+7+3)
Laufstrecke:	10 cm
Laufzeit:	30 min

Nachweis und Ergebnis: Das im Trockenschrank (5 min 100 °C) vom Fließmittel befreite Chromatogramm wird 1 s in das frisch angesetzte Tauchreagenz eingetaucht und anschließend 10 min auf 100 °C erwärmt.

Alle Säuren erscheinen schon vor dem Erwärmen rasch als blaue Zonen auf gelbblauem Untergrund. Nach dem Erwärmen behalten Weinsäure (hR_f: 2–5) und Äpfelsäure (hR_f: 5–10) ihre Farbe bei, dagegen erscheinen jetzt Milchsäure (hR_f: 30–35), Bernsteinsäure (hR_f: 35–40), Pimelinsäure (hR_f: 50), Maleinsäure (hR_f: 55), Korksäure (hR_f: 55–60), Benzoesäure (hR_f: 80–85), Stearinsäure (hR_f: 85–90) und Arachinsäure (hR_f: 85–90) als hellgelbe Zonen auf blaugelbem Untergrund (Abb. 1). Die Nachweisgrenzen liegen bei 1 bis 2 µg Substanz pro Chromatogramm-Zone.

In-situ-Messung: Zur exakten photometrischen Direktauswertung ist dieses Reagenz nicht geeignet.

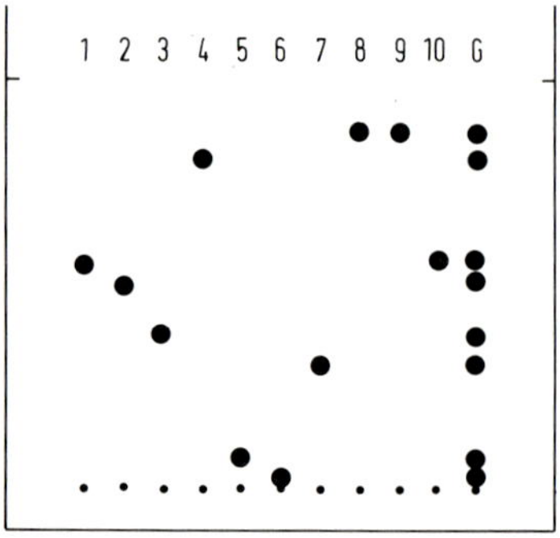

Abb. 1: Schemaskizze der chromatographischen Trennung der Carbonsäuren. Maleinsäure (1), Pimelinsäure (2), Bernsteinsäure (3), Benzoesäure (4), Äpfelsäure (5), Weinsäure (6), Milchsäure (7), Stearinsäure (8), Arachinsäure (9), Korksäure (10), Gemisch (G).

Literatur

[1] Paskova, J., Munk, V.: *J. Chromatogr.* **1960,** *4,* 241–243.

[2] Jork, H., Klein, I.: Privatmitteilung, Universität des Saarlandes, Fachbereich 14, Saarbrücken, 1987.

Bromkresolpurpur-Reagenz

Reagenz für:

- Organische Säuren [1-4]
- Halogen-Anionen [5]
- Phenole [6]
- 5-Aminodibenzo(a, d)cycloheptan-Derivate [7]

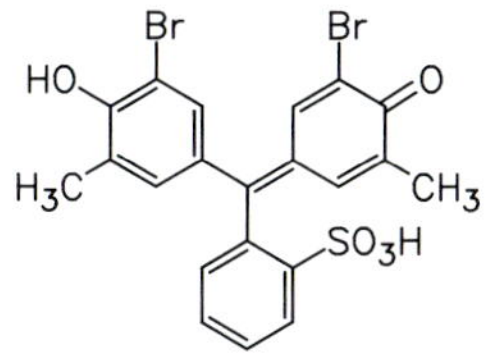

$C_{21}H_{16}Br_2O_5S$

$M_r = 540.24$

Herstellung des Reagenzes

Tauchlösung I: *Organische Säuren:* 40 mg Bromkresolpurpur werden in 100 ml 50proz. Ethanol gelöst und mit Natronlauge ($c = 0.1$ mol/l) auf pH = 10.0 eingestellt (Glaselektrode) [1].

Tauchlösung II: *Halogen-Anionen:* 100 mg Bromkresolpurpur werden in 100 ml Ethanol gelöst und mit wenigen Tropfen 10proz. Ammoniak-Lösung bis zum Farbumschlag versetzt.

Aufbewahrung: Ohne den Basenzusatz sind die Bromkresol-Lösungen im Kühlschrank gut haltbar.

Substanzen: Bromkresolpurpur
Natronlauge (0.1 mol/l)
Ammoniak-Lösung (25%)
Ethanol

Reaktion

Der pH-Indikator Bromkresolpurpur schlägt im pH-Bereich 5.2–6.8 von gelb nach purpur um.

Durchführung

Die Chromatogramme werden im Warmluftstrom oder im Trockenschrank (10 min 100 °C) vom Fließmittel befreit und nach dem Erkalten 1 s in die Tauchlösung I bzw. II getaucht oder homogen damit besprüht. Anschließend wird 10 min auf 100 °C erwärmt.

Organische Säuren ergeben zitronengelbe Zonen auf blauem [1] Untergrund. Halogen-Ionen wandern in ammoniakalischem Fließmittel als Ammoniumsalze, die ebenfalls gelb gefärbt werden. An der Luft verblassen die Farben rasch. Dies kann durch Abdecken der Chromatogramme mit einer Glasplatte um einige Tage verzögert werden.

Anmerkung: Die Untergrundfärbung ist abhängig vom pH-Wert der Schicht, sie wird daher auch vom Umfang der Entfernung saurer Fließmittelkomponenten vor der Detektion beeinflußt.

Dicarbonsäuren reagieren empfindlicher als Monocarbonsäuren. Fettsäuren und Aminosäuren können nicht nachgewiesen werden.

Das Reagenz kann auf Kieselgel-, Kieselgur- und Si 50000-Schichten (auch nach Imprägnierung mit Polyethylenglycol [1]) sowie auf Cellulose-Schichten eingesetzt werden.

Geprüftes Beispiel

Mehrbasige Carbonsäuren [8]

Methode: Aufsteigende, eindimensionale Entwicklung in einer Trogkammer bei Kammersättigung.

Schicht:
1. DC-Fertigplatten Kieselgel 60 (MERCK)
2. DC-Fertigplatten Kieselgel 60 (MERCK), imprägniert durch einmaliges Tauchen in eine 10proz. Lösung von Polyethylenglycol 1000 in Methanol

Fließmittel: Diisopropylether – Ameisensäure – Wasser (90+7+3)

Laufstrecke: 10 cm

Laufzeit: 30 min (Kieselgel-Schicht)
50 min (imprägnierte Schicht)

Nachweis und Ergebnis: Das im Warmluftstrom oder im Trockenschrank (10 min, 100 °C) vom Fließmittel befreite Chromatogramm wird 1 s in die Tauchlösung I getaucht und anschließend auf einer Heizplatte 15 min auf 100 °C erwärmt. Zitronensäure (hR_f: 0–5), Milchsäure (hR_f:30), Phthalsäure (hR_f: 40–45), Sebacinsäure (hR_f: 60–65) und Salicylsäure (hR_f: 80–85) ergeben auf Kieselgel-Schichten zitronengelbe Chromatogramm-Zonen auf gelbem Untergrund (Abb. 1). Eine analoge Trennung anderer Dicarbonsäuren zeigt die Abbildung 2.

In-situ-Messung: Das Reagenz ist zu einer exakten quantitativen Bestimmung der Säuren nicht geeignet, weil die Untergrundstruktur eine empfindliche, reproduzierbare Messung nicht zuläßt.

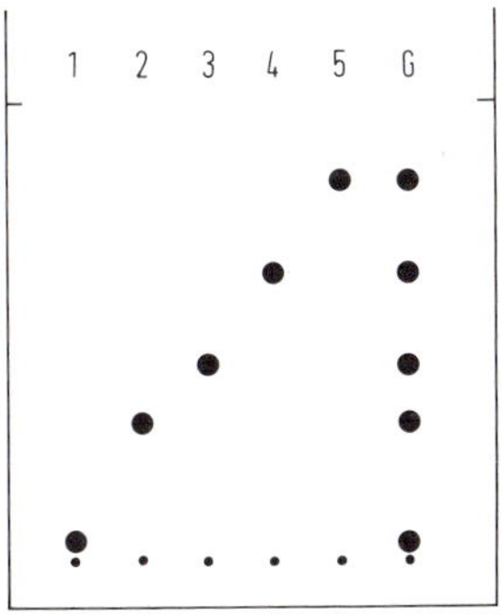

Abb. 1

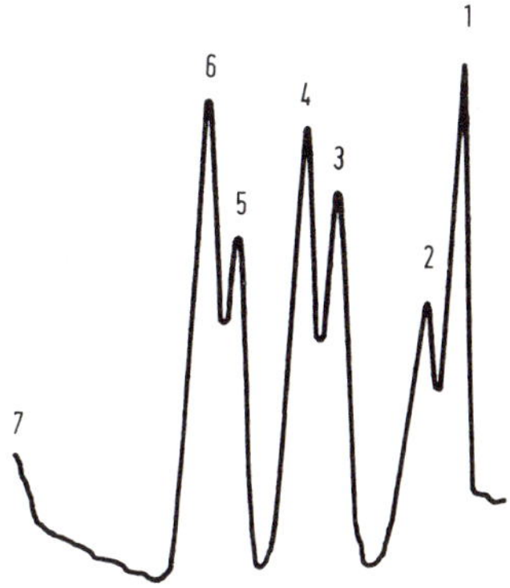

Abb. 2

Abb. 1: Trennung von Carbonsäuren (Schemaskizze). Zitronensäure (1), Milchsäure (2), Phthalsäure (3), Sebacinsäure (4), Salicylsäure (5), Gemisch (G).

Abb. 2: Trennung von Dicarbonsäuren (Remissionsgrad-Ortskurve). Start + Weinsäure (1), Äpfelsäure (2), Phthalsäure (3), Bernsteinsäure (4), Adipinsäure (5), Fumarsäure (6), Front (7).

Literatur

[1] Knappe, E., Peteri, D.: *Fresenius Z. Anal. Chem.* **1962,** *188,* 184–189; 352–355; **1962,** *190* 380–386.

[2] Fortnagel, P.: *Biochim. Biophys. Acta,* **1970,** *222,* 290–298.

[3] Tjan, G. H., Konter, T.: *J. Assoc. Off. Anal. Chem.* **1973,** *55,* 1223–1225.

[4] Yang Zuying: *Chinese Brew (Zhongguo Niangzao)* **1983,** *2,* 32–34.

[5] Seiler, H., Kaffenberger, T.: *Helv. Chim. Acta,* **1961,** *44,* 1282–1283.

[6] Braun, D. Lee, D. W.: *Kunststoffe* **1972,** *62,* 517–574.

[7] Maulding, H. V., Brusco, D., Polesuk, J., Nazareno, J., Michaelis, A. F.: *J. pharmac. Sci.* **1972,** *61,* 1197–1201

[8] Jork, H., Klein, I.: Privatmitteilung, Universität des Saarlandes, Fachbereich 14, Saarbrücken 1987.

tert-Butylhypochlorit-Reagenz

Reagenz für:

- Fettsäuren, Triglyceride, Aminosäuren, Zucker, Steroide [1]
- Peptide, Nucleotide [2]
- Vitamin B_1 [3]
- Alkaloide [5]
- Carbamazepin [4]

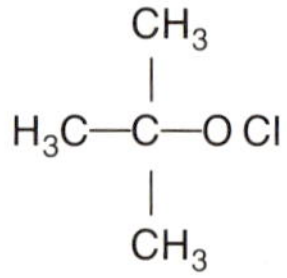

C_4H_9ClO

M_r = 108.57

Herstellung des Reagenzes

Tauchlösung I: 1 ml *tert*-Butylhypochlorit wird in 100 ml Tetrachlorkohlenstoff oder Cyclohexan gelöst.

Tauchlösung II: Chloroform, Paraffinöl und Triethanolamin werden im Volumenverhältnis 6+1+1 gemischt.

Aufbewahrung: Die Tauchlösung I ist einige Tage im Kühlschrank haltbar. Das *tert*-Butylhypochlorit sollte im Dunkeln unter Stickstoffatmosphäre kühl gelagert werden.
Vorsicht: *tert*-Butylhypochlorit reagiert z. B. heftig mit Gummidichtungen, insbesondere unter Lichteinwirkung.

Substanzen: *tert*-Butylhypochlorit
Tetrachlorkohlenstoff
Paraffin dickflüssig
Chloroform
Triethanolamin

Reaktion

Der Reaktionsmechanismus ist nicht geklärt.

Durchführung

Die entwickelten Chromatogramme werden im Warmluftstrom vom Fließmittel befreit und dann entweder 1 s in die Reagenzlösung I eingetaucht bzw. homogen damit besprüht oder zur Derivatisierung über die Gasphase 15 min lang in eine Doppeltrogkammer eingestellt, deren zweite Troghälfte etwa 10 min zuvor mit 5 ml Tauchlösung I beschickt wurde. Anschließend werden die Chromatogramme noch 1 s in die Reagenzlösung II getaucht und im Heißluftstrom getrocknet. Wird durch Tauchen derivatisiert, so müssen die Chromatogramme vor der zweiten Behandlung ca. 1 min im Heißluftstrom getrocknet und auf Raumtemperatur abgekühlt werden.

Es resultieren im langwelligen UV-Licht (λ = 365 nm) gelb bis violett fluoreszierende Zonen auf dunklem Untergrund, die quantitativ ausgewertet werden können.

Anmerkung: Das Reagenz ist auf Kieselgel- und Cellulose-Schichten einsetzbar. Bei einer Derivatisierung über die Gasphase liegt die Nachweisgrenze für Morphin bei 10 ng und für Papaverin bei 1 ng pro Chromatogramm-Zone [5]. In einigen Fällen wird der Zusatz von Ammoniumsulfat zur Schicht und als Nachbehandlung Erhitzen auf 150–180°C empfohlen [1]. Auch ein Nachsprühen mit einer wäßrigen Lösung von Kaliumiodid (1%) und Stärke (1%) ist möglich [2].

Geprüftes Beispiel

Vitamin B_1 [3]

Methode: Aufsteigende, eindimensionale Entwicklung in einer Doppeltrogkammer bei Kammersättigung, wobei die Schicht nach dem Auftragen der Probe 15 min lang durch Einstellen in die fließmittelfreie Troghälfte konditioniert wird.

Schicht: HPTLC-Fertigplatten Kieselgel 60 (MERCK), die zur Vorreinigung einmal in Chloroform – Methanol (1+1) bis zum oberen Plattenrand entwickelt und dann 30 min bei 110°C getrocknet werden.

Fließmittel: Methanol – Ammoniak-Lösung (25%) – Eisessig (8+1+1)

Laufstrecke: 6 cm

Laufzeit: ca. 20 min

Nachweis und Ergebnis: Das im Warmluftstrom getrocknete Chromatogramm wird entweder 1 s in die Reagenzlösung I eingetaucht oder zur Derivatisierung über die Gasphase 15 min lang in eine Doppeltrogkammer eingestellt, deren zweite Troghälfte etwa 10 min zuvor mit 5 ml Tauchlösung I beschickt wurde. Die mittels Tauchen derivatisierten Chromatogramme werden ca. 1 min im Heißluftstrom getrocknet und auf Raumtemperatur abgekühlt.

Anschließend wird das Chromatogramm zur Erhöhung und Stabilisierung der Fluoreszenz nochmals 1 s in die Reagenzlösung II getaucht und im Heißluftstrom getrocknet.

Thiamin (hR_f: 40–45) ergibt im langwelligen UV-Licht (λ = 365 nm) eine gelb fluoreszierende Zone auf dunklem Untergrund.

Hinweis: Die Derivatisierung über die Gasphase verläuft deutlich homogener als beim Tauchen, wobei sich gleichzeitig Präzision und Empfindlichkeit des Verfahrens deutlich verbessern.

In-situ-Messung: Die fluorimetrische Auswertung erfolgt im langwelligen UV-Licht (λ_{exc} = 365 nm, λ_{fl} > 430 nm). Die Nachweisgrenze von Thiamin liegt unter 3 ng pro Chromatogramm-Zone.

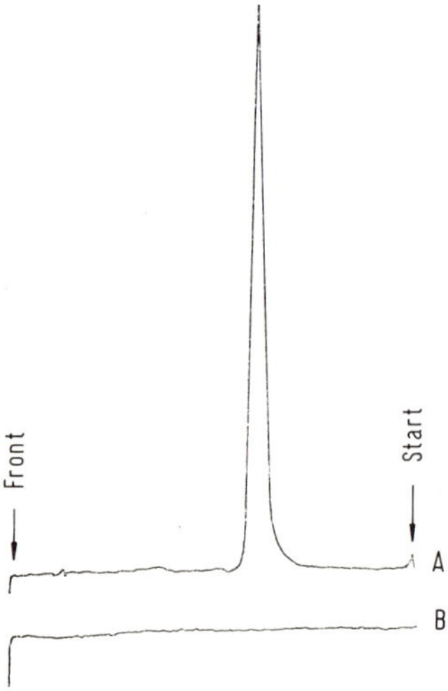

Abb. 1: Fluoreszenz-Ortskurve von 30 ng Thiamin nach Derivatisierung über die Gasphase (A) und zugehörige Leerbahn (B).

Literatur

[1] Smith, B. G.: *J. Chromatogr.* **1973,** *82,* 95-100
[2] Mazur, R. H., Ellis, B. W., Cammarata, P. S.: *J. Biol. Chem.* **1962,** *237,* 1619-1621
[3] Derr, P.: Diplomarbeit, Fachhochschule Gießen, Fachbereich Technisches Gesundheitswesen, 1985
[4] Canstein, M. von: Diplomarbeit, Fachhochschule Gießen, Fachbereich Technisches Gesundheitswesen, 1984
[5] Jork, H.: Privatmitteilung, Universität des Saarlandes, Fachbereich 14, Saarbrücken 1986.

7-Chlor-4-nitrobenzo-2-oxa-1,3-diazol–Reagenz (NBD-Chlorid–Reagenz)

Reagenz für:

- primäre und sekundäre aliphatische Amine [1–3]
- Aminosäuren und Peptide [1, 4, 5]
- Sulfonamide [6]
- Alkaloide [7]
- Phenole [7]

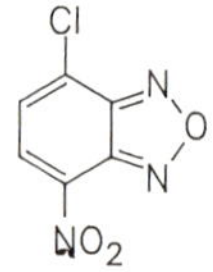

$C_6H_2ClN_3O_3$

M_r = 199.55

Herstellung des Reagenzes

Tauchlösung I: 10 g Natriumacetat werden in 20 ml Wasser gelöst und mit 40 ml Methanol verdünnt.

Tauchlösung II: 0,1 g NBD-Chlorid (7-Chlor-4-nitrobenzofurazan, 7-Chlor-4-nitro-2,1,3-benzoxadiazol) werden in 50 ml Ethanol gelöst.

Sprühlösung I: 2 g Natriumcarbonat bzw. 5 g Natriumhydroxid werden in 100 ml Wasser gelöst [6, 7].

Sprühlösung II: 0,1–0,5 g NBD-Chlorid werden in 100 ml Ethanol [5], Methanol [6] oder Acetonitril [7] gelöst.

Aufbewahrung: Sämtliche Lösungen sind längere Zeit haltbar.

Substanzen: 7-Chlor-4-nitrobenzofurazan
Natriumacetat-Trihydrat
Natriumcarbonat

Natriumhydroxid Plätzchen
Methanol
Ethanol

Reaktion

NBD-Chlorid reagiert mit nucleophilen Verbindungen (Amine, Mercaptane etc.) zu den entsprechenden in 7-Stellung substituierten 4-Nitrobenzofurazan-Derivaten.

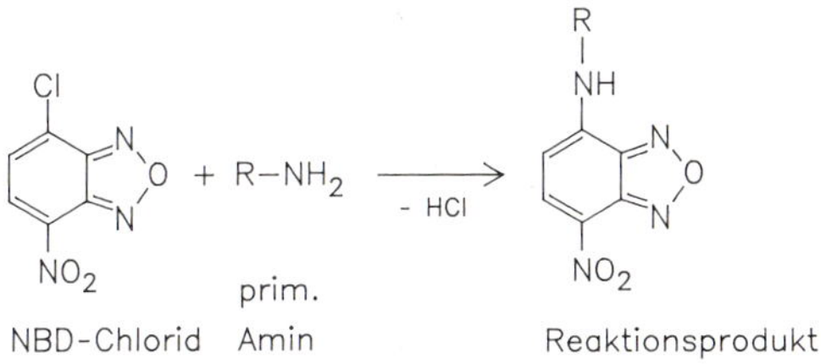

Durchführung

Die fließmittelfreien Chromatogramme werden 1 s in die Tauchlösung I getaucht, im Warmluftstrom getrocknet, nach dem Abkühlen sofort in die Tauchlösung II (1 s) getaucht und anschließend 2–3 min auf 100 °C erwärmt. Alternativ kann auch mit den entsprechenden Sprühlösungen besprüht werden.

Es resultieren im langwelligen UV-Licht (λ = 365 nm) gelb bis gelbgrün fluoreszierende Chromatogramm-Zonen, die gelegentlich schon im Tageslicht als farbige Zonen erkennbar sind.

Anmerkung: Das Reagenz ist auf Kieselgel- und RP-Schichten für qualitative und quantitative Untersuchungen einsetzbar. Ammoniak-, amin- und säurehaltige Fließmittel sind zuvor vollständig zu entfernen. Aminophasen lassen keinen Einsatz zu. Auf RP-Phasen ist das NBD-Chlorid-Reagenz nicht so empfindlich wie das DOOB-Reagenz (s. dort).

Es resultieren für primäre und sekundäre Amine sowie für Phenole im allgemeinen auf hellgelbem Untergrund gelbe bis rot-orange Zonen (Serotonin: violett), die im langwelligen UV-Licht (λ = 365 nm) gelbgrün fluoreszieren (Serotonin erscheint als dunkle Zone). Der Plattenuntergrund fluoresziert ebenfalls, aber deutlich schwächer. Noradrenalin, 5-Hydroxytryptophan und Dopamin ergeben rot- bis blauviolette Zonen auf gelbem Untergrund, eine Fluoreszenz tritt nicht auf*. Sulfonamide und Alkaloide färben sich grüngelb, olivbraun oder violett. Peptide und Aminosäuren (mit Ausnahme von Tryptophan) ergeben hellgelb fluoreszierende Zonen; Tryptophan und Prolin färben sich orange-rot. Die Nachweisgrenzen liegen bei 100–800 ng Substanz pro Chromatogramm-Zone, zum Teil auch deutlich darunter (vgl. „Geprüftes Beispiel").

Obwohl das Reagenz selbst nicht fluoresziert, können beim quantitativen Arbeiten Störungen durch einen Überschuß an NBD-Chlorid auftreten. In solchen Fällen ist zu prüfen, ob nicht eine prächromatographische Derivatisierung bessere Ergebnisse liefert [3, 4]. Die Umsetzungsprodukte lassen sich dann auch auf Polyamid-Schichten chromatographieren.

Geprüftes Beispiel

Prolin, Hydroxyprolin [8]

Methode: Aufsteigende, eindimensionale Entwicklung in einer Trogkammer ohne Kammersättigung.

Schicht: HPTLC-Fertigplatten Kieselgel 60 (MERCK), die vor dem Auftragen der Proben einmal in Chloroform–Methanol (50+50) entwickelt und anschließend 30 min bei 110°C getrocknet werden.

Fließmittel: Chloroform – Methanol – Ammoniak-Lösung (25%) (100+90+20).

Laufstrecke: 7 cm

Laufzeit: 40 min

Nachweis und Ergebnis: Das 15 min im Warmluftstrom vom Fließmittel befreite Chromatogramm wird 1 s in die Tauchlösung I getaucht, 90 s im Warmluftstrom getrocknet und nach dem Abkühlen 1 s in die Tauchlösung II getaucht. Nach kurzem Trocknen im Warmluftstrom wird es dann 2 min auf 110°C erhitzt und in einer Doppeltrogkammer 15 min mit Salzsäuredämpfen (37proz. Salzsäure in der freien Troghälfte) behandelt.

---

* Jork, H.: Privatmitteilung, Universität des Saarlandes, Fachbereich 14.5 „Pharmazie und Biologische Chemie", Saarbrücken 1988.

Es resultieren für Hydroxyprolin (hR_f: 20–25) und Prolin (hR_f: 25–30) orangefarbene Chromatogramm-Zonen auf hellgelbem Untergrund, die im langwelligen UV-Licht (λ = 365 nm) gelb auf blauem Untergrund fluoreszieren (Nachweisgrenze: ca. 5 ng Substanz pro Chromatogramm-Zone).

Zur Stabilisierung und Verstärkung der Fluoreszenz um etwa den Faktor 1,5 wird das Chromatogramm abschließend 1 s in eine Mischung Paraffin dünnflüssig – *n*-Hexan (1+2) getaucht. Die Nachweisgrenzen liegen jetzt bei 1 ng Substanz pro Chromatogramm-Zone.

In-situ-Messung: Die absorptionsphotometrische Messung in Remission wird bei λ = 490 nm durchgeführt, die fluorimetrische Auswertung erfolgt bei λ_{exc} = 436 nm und λ_{fl} > 560 nm (Abb. 1).

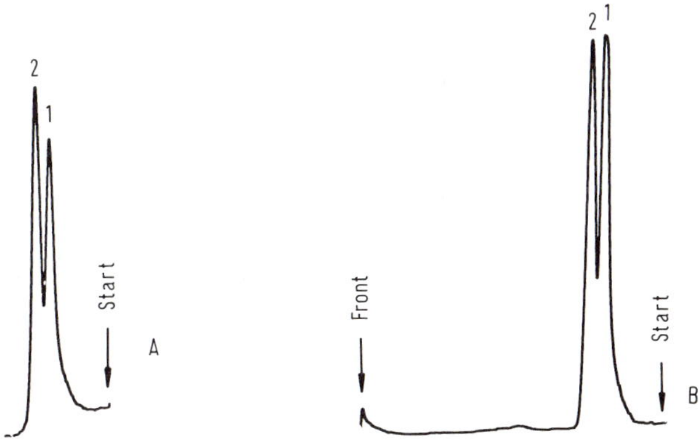

Abb. 1: Remissionsgrad-Ortskurve (A) und Fluoreszenz-Ortskurve (B) einer Chromatogrammbahn mit je 50 ng Aminosäure pro Chromatogramm-Zone: Hydroxyprolin (1), Prolin (2).

Literatur

[1] Ghosh, P. B., Whitehouse, M. W.: *Biochem. J.* **1968,** *108,* 155–156.
[2] Benjamin, D. M., McCormack, J. J., Gump, D. W.: *Anal. Chem.* **1973,** *45,* 1531–1534.
[3] Klimisch, H.-J., Stadler, L.: *J. Chromatogr.* **1974,** *90,* 141–148.
[4] Fager, R. S., Kutina, C. B., Abrahamson, E. W.: *Anal. Biochem.* **1973,** *53,* 290–294.
[5] Distler, W.: *Fresenius Z. Anal. Chem.* **1981,** *309,* 127–128.
[6] Reisch, J., Alfes, H., Kommert, H.-J.: *Fresenius Z. Anal. Chem.* **1969,** *245,* 390.
[7] Reisch, J., Kommert, H.-J., Clasing, D.: *Pharm. Ztg.* **1970,** *115,* 752–753.
[8] Netz, S., Funk, W.: Privatmitteilung, Fachhochschule Gießen, Fachbereich Technisches Gesundheitswesen, 1988.

2,6-Dibromchinon-4-chlorimid-Reagenz
(Gibbs'-Reagenz)

Reagenz für:

- Phenole [1–3, 5]
  z. B. Vitamin B_6 [1, 3]
- Cumarine [15]
- Thiol- und Thion-Verbindungen [4, 5]
- Antioxidantien [6]
- prim. u. sek. aliphatische Amine [7]
- prim., sek. u. tert. aromatische Amine [7]
- Carbazole u. aromat. Kohlenwasserstoffe [7]
- Indole u. a. N-haltige Heterocyclen [7]
- 2,4-Pentandion [7]
- Pestizide [8, 9, 13]
- Antiepileptika [10, 11]
- Barbiturate [10]

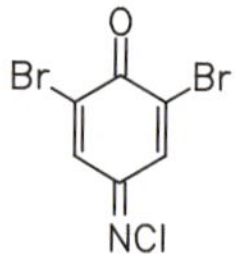

$C_6H_2Br_2ClNO$

M_r = 299.36

Herstellung des Reagenzes

Tauchlösung: 0.1 g 2,6-Dibromchinon-4-chlorimid werden in 10 ml mit Natriumhydrogencarbonat gesättigtem Dimethylsulfoxid gelöst. Anschließend wird mit Chloroform auf 100 ml aufgefüllt.

Sprühlösung: 0.4 bis 1 g 2,6-Dibromchinon-4-chlorimid werden in 100 ml Methanol oder Ethanol gelöst und, falls erforderlich, filtriert.

Aufbewahrung: Die Lösungen sind im Kühlschrank ca. 2 Wochen haltbar [3]. *Vorsicht:* 2,6-Dibromchinon-4-chlorimid kann sich explosiv zersetzen [9]; deshalb sollten immer nur kleine Mengen im Kühlschrank gelagert werden!

Substanzen: 2,6-Dibromchinon-4-chlorimid
Natriumhydrogencarbonat
Dimethylsulfoxid (DMSO)
Chloroform
Methanol
Ethanol

Reaktion

2,6-Dibromchinon-4-chlorimid, an dessen Stelle auch 2,6-Dichlorchinon-4-chlorimid eingesetzt werden kann (siehe dort), reagiert vorzugsweise mit Phenolen oder Anilinen, die in *p*-Stellung nicht substituiert sind.

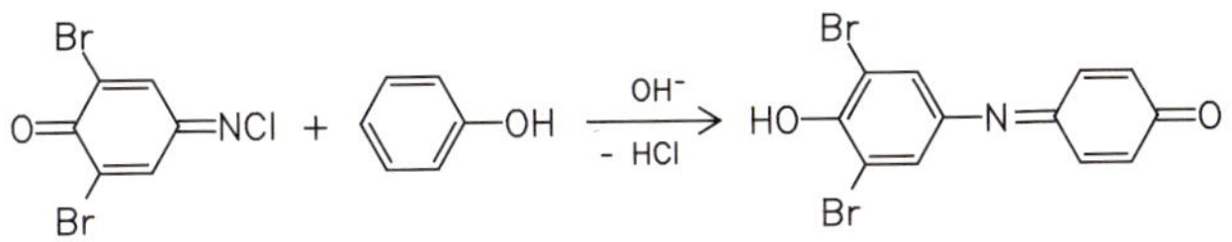

Durchführung

Die im Kaltluftstrom getrockneten und 10 min auf 110°C erhitzten Chromatogramme werden nach dem Abkühlen 5 s in die Tauchlösung getaucht oder mit der Sprühlösung besprüht und abschließend 2 min auf 110°C erhitzt.

Anmerkung: Wird die Sprühlösung oder eine nicht basische Tauchlösung [2] zur Detektion verwendet, so ist ein Nachsprühen mit einer 10proz. wäßrigen Natriumcarbonat-Lösung angezeigt. Häufig kann die notwendige Basizität auch durch Einstellen des behandelten Chromatogrammes in eine Doppeltrogkammer erreicht werden, deren eine Troghälfte mit 5 ml Ammoniak-Lösung (25%) beschickt ist.

Es resultieren i. allg. ohne Erwärmen farbige Zonen: Pyridoxin färbt sich intensiv blau, Pyridoxamin violett und Pyridoxal dunkelblau [1, 3]. Phenole, die in p-Stellung substituiert sind, weisen charakteristische Farbunterschiede auf. Thiol-Verbindungen und Substanzen mit Sulfhydryl-Gruppen ergeben gelbe Flecke, während Thione sich rot färben. Thioharnstoff erscheint als braune Zone auf hellem Untergrund [4].

In manchen Fällen, z. B. beim Nachweis von Antioxidantien [6], wird nach dem Sprühen 5 min auf 105 °C erwärmt und das noch warme Chromatogramm sofort in eine Ammoniak-Kammer gestellt. Auch die blaue Farbe der Tryptamin-Derivate wird durch Nachsprühen mit einer 5proz. methanolischen Ammoniak-Lösung stabilisiert [12].

Die Nachweisempfindlichkeit liegt zumeist zwischen 0.2 und 0.5 µg pro Chromatogramm-Zone. Das gilt auch für die organophosphorsäurehaltigen Pestizide [9].

Das Reagenz kann auf Kieselgel-, Cellulose- und Polyamid-Schichten verwendet werden.

Geprüftes Beispiel

Antiepileptika, Barbiturate [10]

Methode: Aufsteigende, eindimensionale Entwicklung in einer Trogkammer. Die HPTLC-Platten werden nach dem Auftragen der Probe 30 min in einer Konditionier-Kammer bei 42% rel. Feuchte äquilibriert und dann sofort entwickelt.

Schicht: HPTLC-Fertigplatten Kieselgel 60 (MERCK), die zur Vorreinigung dreimal in Chloroform – Methanol (1+1) entwickelt und 30 min bei 110 °C getrocknet werden.

Fließmittel: Chloroform – Aceton (80+15)

Laufstrecke: 7 cm

Laufzeit: 20 min

Nachweis und Ergebnis: Das fließmittelfreie Chromatogramm (zuerst 5 min im Kaltluftstrom trocknen, dann 10 min auf 110 °C erhitzen und abkühlen lassen) wird 5 s in die Reagenzlösung getaucht und anschließend 2 min auf 110 °C erhitzt. Es resultieren grau bis graublaue Zonen auf hellem Untergrund. Folgende hR_f-Werte wurden erhalten: Primidon (hR_f: 10–15); Carbamazepin (hR_f: 40–45); Phenytoin (hR_f: 50–55); Phenobarbital (hR_f: 60); Ethosuximid (hR_f: 75); Hexobarbital (hR_f: 90–95).

In-situ-Messung: Remissionsmessungen werden bei einer Wellenlänge von λ = 429 nm durchgeführt. Die Nachweisgrenze liegt bei 50 bis 200 ng pro Chromatogramm-Zone (Abb. 1).

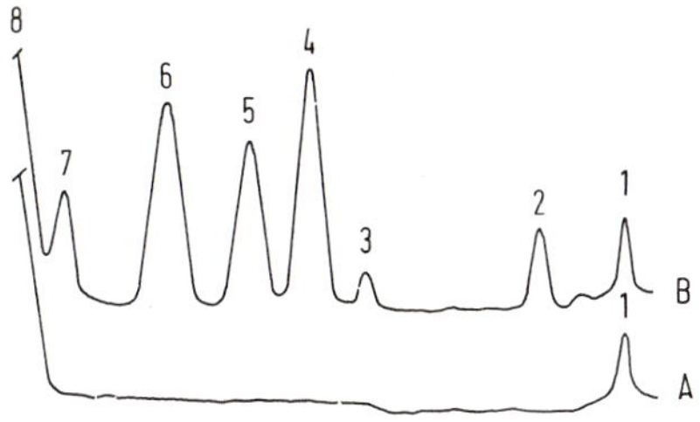

Abb. 1: Remissionsgrad-Ortskurve einer Leerbahn (A) und eines Antiepileptika-Gemisches mit je 500 ng Einzelsubstanz pro Chromatogramm-Zone (B). Start (1), Primidon (4), Carbamazepin (3), Phenytoin (4), Phenobarbital (5), Ethosuximid (6), Hexobarbital (7), Fließmittelfront (8).

Literatur

[1] Nürnberg, E.: *Dtsch. Apoth. Ztg.* **1961,** *101,* 268–269.
[2] Linnenbrink, N., Kraus, L.: *GIT Fachz. Lab.* **1979,** *23,* 666–667.
[3] Reio, L.: *J. Chromatogr.* **1958,** *1,* 338–373: **1960,** *4,* 458–476.
[4] Stenerson, J.: *J. Chromatogr.* **1971,** *54,* 77–81.
[5] Laub, E., Geisen, M.: *Lebensmittelchem. gerichtl. Chemie* **1976,** *30,* 129–132.
[6] Peteghem, C. H. van, Dekeyser, D. A.: *J. Assoc. Off. Anal. Chem.* **1981,** *64,* 1331–1335.
[7] Ross, J. H.: *Anal. Chem.* **1968,** *40,* 2138–2143.
[8] Chmil, V. D., Grahl, K., Stottmeister, E.: *J. Anal. Chem.* (USSR) **1978,** *33,* 1862–1866
[9] Kömives, T., Katona, A., Marton, A. F.: *Elelmiszervizsgalati Közl.* **1978,** *23,* 244–248.
[10] Canstein, M. von: Diplomarbeit, Fachhochschule Gießen, Fachbereich Technisches Gesundheitswesen, 1984.
[11] Funk, W., Canstein, M. von, Couturier, Th. Heiligenthal, M., Kiefer, U., Schlierbach, S. Sommer, D. in: Proceedings of the 3rd International Symposium on Instrumental HPTLC, Würzburg; Bad Dürkheim: IfC-Verlag 1985, S. 281–311.
[12] Studer, A., Traitler, H.: *J. High Resolut. Chromatogr. Chromatogr. Commun.* **1982,** *5,* 581–582.
[13] Stenerson, J., Gilman, A., Vardanis, A: *J. agric. Food Chem.* **1973,** *21,* 166–171.
[14] Kadoum, A. M.: *J. agric. Food Chem.* **1970,** *18,* 542–543.
[15] Daenens, P., Boven, M. van: *J. Chromatogr.* **1971,** *57,* 319–321.

2,6-Dichlorchinon-4-chlorimid – Reagenz

Reagenz für:

- Phenole [1–3, 6]
  z. B. auch Vitamin B_6
- Antioxidantien [2–4]
- primäre und sekundäre aliphatische Amine [5]
- primäre, sekundäre und tertiäre aromatische Amine [5]
- Carbazole und aromatische Kohlenwasserstoffe [5]
- Indole und andere N-haltige Heterocyclen [5]
- 2.4-Pentandion [5]
- Pharmaka [7]
  z. B. Barbiturate, Amphetamine, Diuretika, Antihistaminika, Narkotika etc. [7]
- Phenoxyessigsäure-Herbizide [8, 9]

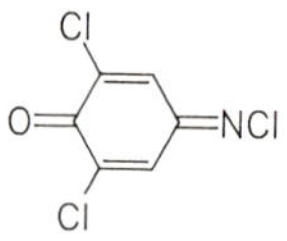

$C_6H_2Cl_3NO$

$M_r = 210.45$

Herstellung des Reagenzes

Tauchlösung: 0,1 g 2,6-Dichlorchinon-4-chlorimid wird in 10 ml mit Natriumhydrogencarbonat gesättigtem Dimethylsulfoxid gelöst. Anschließend wird mit Chloroform auf 100 ml aufgefüllt.

Sprühlösung: 1 bis 2 g 2,6-Dichlorchinon-4-chlorimid werden in 100 ml Ethanol [5, 6, 11] oder Toluol [8, 9] gelöst und, falls erforderlich, filtriert.

Aufbewahrung: Die Lösungen sollten stets frisch angesetzt werden.
Vorsicht: 2,6-Dichlorchinon-4-chlorimid kann sich exotherm zersetzen [5]; deshalb sollten immer nur kleine Mengen im Kühlschrank (!) gelagert werden!

Substanzen: 2,6-Dichlorchinon-4-chlorimid
Natriumhydrogencarbonat
Dimethylsulfoxid (DMSO)
Chloroform
Ethanol

Reaktion

2,6-Dichlorchinon-4-chlorimid, an dessen Stelle auch 2,6-Dibromchinon-4-chlorimid eingesetzt werden kann (siehe dort), reagiert vorzugsweise mit Phenolen oder Anilinen, die in *p*-Stellung nicht substituiert sind [2].

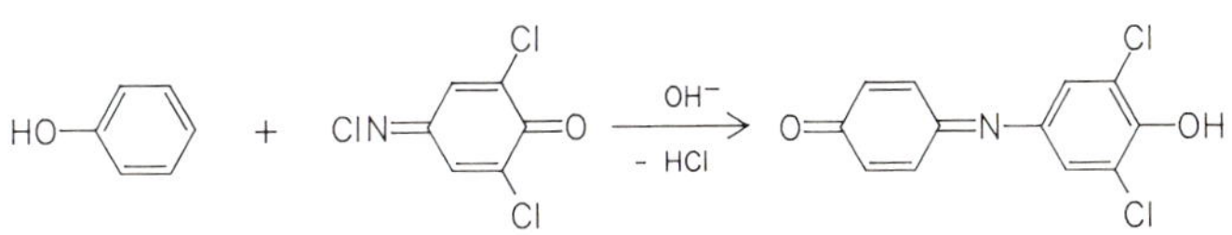

Phenol 2,6-Dichlorchinon-4-chlorimid Reaktionsprodukt

Harnsäure kuppelt an N-7 mit 2,6-Dichlorchinon-4-chlorimid zu einem gelben Farbstoff [10]:

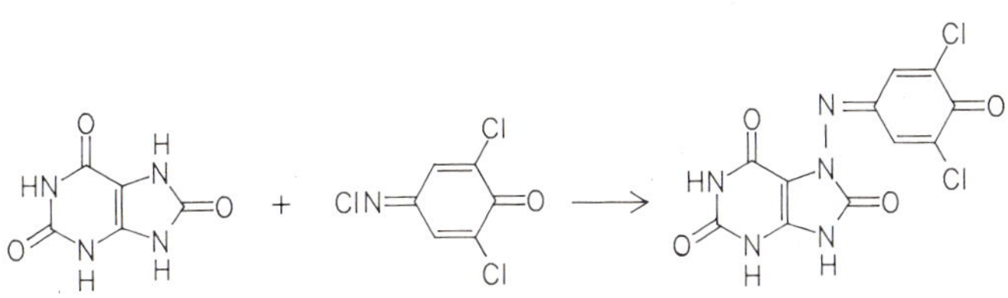

Harnsäure 2,6-Dichlorchinon-4-chlorimid gelbes Reaktionsprodukt

Durchführung

Die im Kaltluftstrom getrockneten und 10 min auf 110°C erhitzten Chromatogramme werden nach dem Abkühlen 5 s in die Reagenzlösung getaucht oder mit dieser besprüht und abschließend 2 min auf 110°C erhitzt.

Anmerkung: Wird die Sprühlösung oder eine nicht basische Tauchlösung zur Detektion verwendet, so ist ein Nachsprühen mit einer 10proz. wäßrigen Natriumcarbonat-Lösung oder mit einer 2proz. Lösung von Borax in Ethanol–Wasser (1+1) angezeigt. Häufig kann die notwendige Basizität auch durch Einstellen des behandelten Chromatogrammes in eine Doppeltrogkammer erreicht werden, deren eine Troghälfte mit 5 ml Ammoniak-Lösung (25%) beschickt ist. Dies gilt nicht für die Chiralplate® (MACHEREY-NAGEL), da sich in diesem Fall der Plattenuntergrund dunkelviolett färbt.

Es resultieren, im allgemeinen auch ohne Erwärmen, unterschiedlich gefärbte Chromatogramm-Zonen. So erscheinen Gallate als braune, Butylhydroxytoluol als orange und Butylhydroxyanisol als blaue Zonen auf hellem Untergrund [11]. Die Nachweisempfindlichkeit liegt zumeist zwischen 0,2 und 0,5 µg Substanz pro Chromatogramm-Zone; *o*-Phenylphenol und Cephaelin lassen sich zehnfach empfindlicher nachweisen. Serotonin soll keine Färbung ergeben [1].

Das Reagenz kann auf Kieselgel-, Kieselgur-, Si 50000-, NH_2-, Cellulose- und Polyamid-Schichten verwendet werden.

Geprüftes Beispiel

Isochinolin-Alkaloide [12]

Methode: Aufsteigende, eindimensionale Zweifachentwicklung in einer Trogkammer bei Kammersättigung.

Schicht: HPTLC-Fertigplatten Kieselgel 60 (MERCK).

Fließmittel: Chloroform – Methanol (15+5).

Laufstrecke: 2 × 5 cm

Laufzeit: 2 × 12 min

Nachweis und Ergebnis: Das Chromatogramm wird 5 min im Warmluftstrom getrocknet, 5 s in die Tauchlösung getaucht und anschließend 2 min auf 110°C erhitzt.

Cephaelin (*h*R_f: 40–45) ergibt spontan nach dem Tauchen, Emetin (*h*R_f: 60–65) dagegen erst nach dem Erhitzen eine blaue Färbung, die beim Aufbewahren des Chromatogramms an der Luft allmählich in braun umschlägt (Untergrund: hellbraun). Die Nachweisgrenze liegt für beide Stoffe bei ca. 10 ng Substanz pro Chromatogramm-Zone.

In-situ-Messung: Die absorptionsphotometrische Auswertung erfolgt bei λ = 550 nm (Abb. 1).

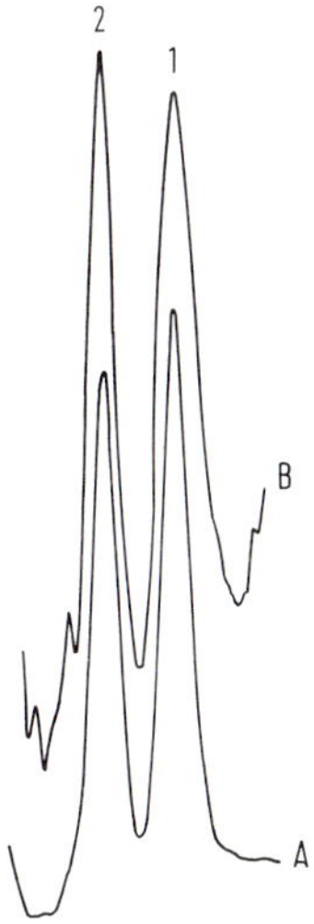

Abb. 1: Absorptions-Ortskurven der Reinsubstanzen (je ca. 500 ng) Cephaelin und Emetin (A) und eines Drogenextrakts von Ipecacuanhae Radix (B): Cephaelin (1), Emetin (2).

Literatur

[1] Studer, A., Traitler, H.: *J. High Resolut. Chromatogr. Chromatogr. Commun.* **1982,** *5,* 581–582; *Proc. Int. Symp. Instrum. High Perform. Thin-Layer Chromatogr. 2nd,* Interlaken 1982, S. 62–73.
[2] Josephy, P. D., Lenkinski, R. E.: *J. Chromatogr.* **1984,** *294,* 375–379.
[3] Van der Heide, R. F.: *J. Chromatogr.* **1966,** *24,* 239–243.
[4] Seher, A.: Fette, Seifen, Anstrichm. **1959,** *61,* 345–351.
[5] Ross, J. H.: *Anal. Chem.* **1968,** *40,* 2138–2143.
[6] Raghuveer, K. G., Govindarajan, V. S.: *J. Assoc. Off. Anal. Chem.* **1979,** *62,* 1333–1337.

[7] Vinson, J. A., Hooyman, J. E.: *J. Chromatogr.* **1975,** *105*, 415-417.
[8] Sattar, M. A., Paasivirta, J.: *J. Chromatogr.* **1980,** *189*, 73-78.
[9] Sattar, M. A.: *J. Chromatogr.* **1981,** *209*, 329-333.
[10] Kovar, K.-A., Teutsch, M.: *Arch. Pharm.* (Weinheim) **1986,** *319*, 81-83.
[11] Groebel, W., Wessels, A.: *Dtsch. Lebensm. Rundsch.* **1973,** *69*, 453-459.
[12] Kany, E., Jork, H.: GDCh-Fortbildungskurs Nr. 300 „Einführung in die Dünnschicht-Chromatographie", Universität des Saarlandes, Saarbrücken 1987.

2,6-Dichlorphenolindophenol – Reagenz
(Tillmanns – Reagenz)

Reagenz für:

- Organische Säuren [1, 2]
- Reduktone
  z. B. Ascorbinsäure (Vitamin C) [2, 3]

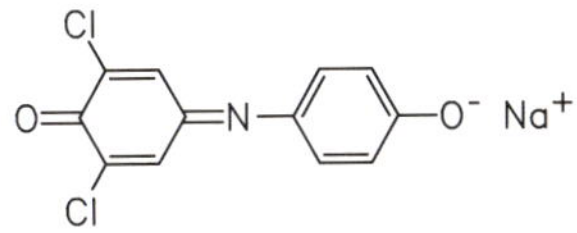

$C_{12}H_6Cl_2NNaO_2$

$M_r = 290.09$

Herstellung des Reagenzes

Tauchlösung: 40 mg 2,6-Dichlorphenolindophenol-Natrium werden in 100 ml Ethanol gelöst.

Sprühlösung: 100 mg 2,6-Dichlorphenolindophenol-Natrium werden in 100 ml Ethanol gelöst [1, 2].

Aufbewahrung: Im Kühlschrank sind die Reagenzlösungen mehrere Wochen haltbar.

Substanzen: 2,6-Dichlorphenolindophenol Natriumsalz
Ethanol

Reaktion

Organische Säuren setzen aus dem blauen mesomeriestabilisierten Phenolat-Anion die rote, undissoziierte Säure frei. Reduktone (z. B. Ascorbinsäure) reduzieren das Reagenz zu einem farblosen Salz.

Organische Säuren:

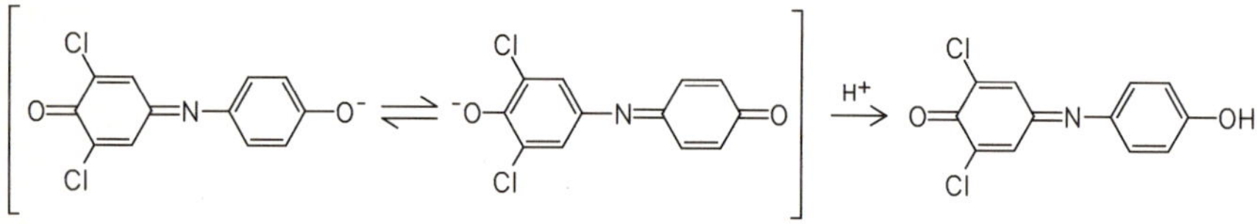

blau rot

Reduktone:

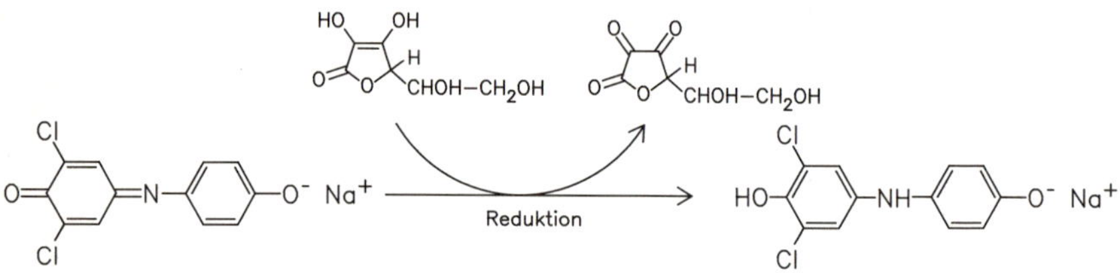

blau farblos

Durchführung

Die fließmittelfreien Chromatogramme werden 1 s in die Tauchlösung getaucht oder mit der Sprühlösung homogen benebelt und 5 min auf 100 °C erwärmt. Es resultieren für Carbonsäuren rot-orange Zonen und für Reduktone farblose Zonen auf blau-violettem Untergrund.

Anmerkung: Im Fließmittel enthaltene Säuren müssen vollständig entfernt werden, da sonst hellviolette Zonen anstelle der rot-orangen Zonen auf violettem Untergrund resultieren. Bei längerem Erwärmen schlägt die rosa Farbe von Keto-Säuren in weiß um [1]. Die gefärbten Zonen der Carbonsäuren erscheinen schärfer, wenn die Chromatogramme nach dem Erwärmen noch einige Sekunden in eine Ammoniak-Atmosphäre gebracht werden [1]. Ascorbinsäure und Dehydroascorbinsäure können auch fluorimetrisch nachgewiesen werden, wenn das Chromatogramm nach dem Erwärmen in eine Lösung Paraffin dünnflüssig – *n*-Hexan (1+2) getaucht wird. Sie erscheinen dann im langwelligen UV-Licht (λ = 365 nm) als grünfluoreszierende Zonen auf dunklem Untergrund [3].

Das Reagenz kann auf Kieselgel-, Kieselgur und Si 50000-Schichten sowie Cellulose- und Polyamid-Phasen eingesetzt werden.

Geprüftes Beispiel

Organische Säuren [4]

Methode: Aufsteigende, eindimensionale Entwicklung in einer Trogkammer bei Kammersättigung.

Schicht: DC-Fertigplatten Kieselgel 60 (MERCK)

Fließmittel: Diisopropylether – Ameisensäure – Wasser (90+7+3)

Laufstrecke: 10 cm

Laufzeit: 30 min

Nachweis und Ergebnis: Das fließmittelfreie Chromatogramm wird 1 s in das Tauchreagenz getaucht und anschließend 5 min auf einer Heizplatte auf 100°C erwärmt.

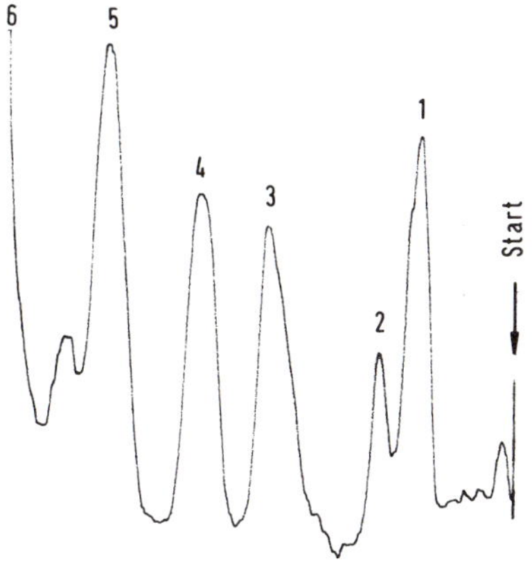

Abb. 1: Absorptions-Ortskurve einer Chromatogrammbahn mit je 10 µg (!) Carbonsäure pro Chromatogramm-Zone. Weinsäure (1), Äpfelsäure (2), Milchsäure (3), Bernsteinsäure (4), Fumarsäure (5), Stearinsäure + Front (6).

Die Carbonsäuren Weinsäure (hR_f: 15–20), Äpfelsäure (hR_f: 25–30), Milchsäure (hR_f: 45–50), Bernsteinsäure (hR_f: 60–65), Fumarsäure (hR_f: 80) und Stearinsäure (hR_f: 95–100) ergeben orange-rote Zonen auf violettem Untergrund.

In-situ-Messung: Die photometrische Auswertung erfolgt bei λ = 600 nm. Die Nachweisgrenzen der Säuren liegen bei 200–500 ng pro Chromatogramm-Zone (Abb. 1).

Literatur

[1] Passera, C., Pedrotti, A., Ferrari, G.: *J. Chromatogr.* **1964,** *14,* 289–291.
[2] Chan, H. T., Chang, T. S., Chenchin, E.: *J. Agric. Food Chem.* **1972,** *20,* 110–113.
[3] Schnekenburger, G.: Diplomarbeit, Fachhochschule Gießen, Fachbereich Technisches Gesundheitswesen, 1987.
[4] Jork, H., Kany, E., Klein, I.: GDCh-Fortbildungskurs Nr. 300 „Einführung in die Dünnschicht-Chromatographie“ Universität des Saarlandes, Saarbrücken, 1987.

2,5-Dimethoxytetrahydrofuran–4-(Dimethylamino)-benzaldehyd-Reagenz

Reagenz für:

- Primäre Amine [1]
- Aminosäuren [1]
- Benzodiazepine [1]
- Panthenol [1]

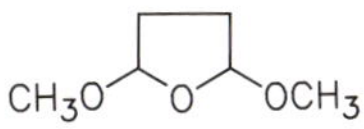

$C_6H_{12}O_3$

M_r = 132.16

2,5-Dimethoxytetra-hydrofuran

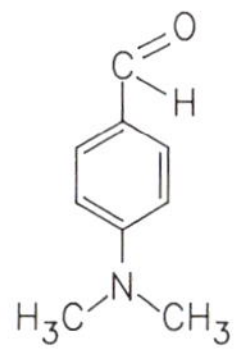

$C_9H_{11}NO$

M_r = 149.19

4-(Dimethylamino)-benzaldehyd

Herstellung des Reagenzes

Tauchlösung I: 1 ml 2,5-Dimethoxytetrahydrofuran wird mit 99 ml Eisessig [1] oder Ethylacetat – Eisessig (95+5) versetzt.

Tauchlösung II: 2 g 4-(Dimethylamino)-benzaldehyd werden in 100 ml einer Mischung aus Eisessig und 32proz. Salzsäure (85+15) gelöst.

Aufbewahrung: Tauchlösung I ist einige Tage, Tauchlösung II einige Wochen bei Raumtemperatur haltbar.

Substanzen: 2,5-Dimethoxytetrahydrofuran
4-(Dimethylamino)-benzaldehyd
Essigsäure (Eisessig)
Salzsäure (32%)
Ethylacetat

Reaktion

Dimethoxytetrahydrofuran bildet mit primären Aminen Pyrrol-Derivate, die anschließend mit 4-(Dimethylamino)-benzaldehyd im sauren Milieu zu farbigen Produkten kondensieren [1]:

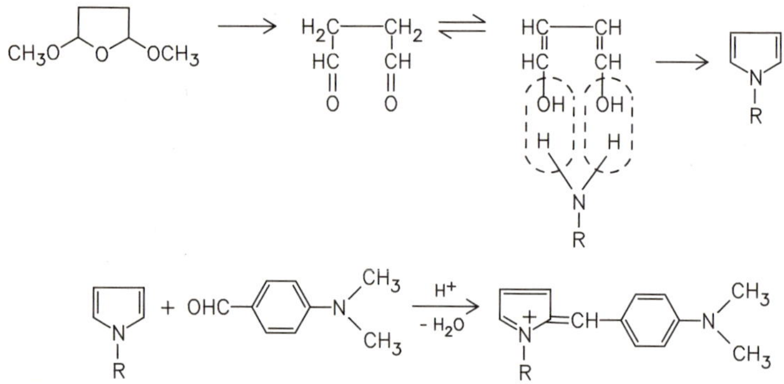

Durchführung

Die im Warmluftstrom vom Fließmittel befreiten Chromatogramme werden 3 s in die Reagenzlösung I getaucht, anschließend 5–10 min auf 120 °C erhitzt und nach dem Abkühlen auf Raumtemperatur 3 s in die Reagenzlösung II getaucht. Zur Vermeidung von stärkeren Untergrundfärbungen sollte das abschließende Trocknen der Chromatogramme im Kaltluftstrom erfolgen.
Es resultieren auf Kieselgel-Schichten innerhalb weniger Sekunden (< 30 s) rotviolette Chromatogramm-Zonen auf schwach ocker gefärbtem Untergrund.

Anmerkung: Zur Vermeidung von stärkeren Untergrundfärbungen müssen aus dem Fließmittel stammende Ammoniakspuren vor Anwendung des Reagenzes vollständig von den Chromatogrammen entfernt werden. Die Tauchlösungen können auch als Sprühlösungen verwendet werden. Sekundäre Amine, Amide, Pyrimidine und Purine reagieren nicht mit dem Reagenz [1]. Im Falle der Benzodiazepine reagieren nur solche, die das Strukturelement

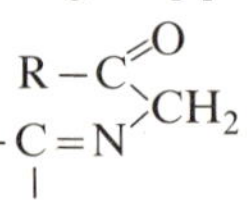

enthalten, wie z. B. Diazepam oder Nitrazepam;

andere Benzodiazepine, wie z. B. Chlordiazepoxid oder Medazepam, reagieren nicht [1]. Die Nachweisgrenzen liegen für Aminosäuren und Benzodiazepine bei 5–50 ng, für Panthenol bei 500 ng Substanz pro Chromatogramm-Zone [1].

Das Reagenz kann auf Kieselgel-, Kieselgur-, Si 50000-, RP- und CN-Schichten eingesetzt werden. Auf Cellulose-Schichten ist die Nachweisempfindlichkeit um den Faktor 100 verringert; NH_2-Schichten sind erwartungsgemäß nicht geeignet.

Zuweilen empfiehlt es sich zur Steigerung der Nachweisempfindlichkeit (z. B. bei Nitrazepam) anstelle von Tauchlösung I die folgende, mit Citratpuffer angesetzte alternative Tauchlösung Ia zu verwenden [1].

Tauchlösung Ia: 1 ml 2,5-Dimethoxytetrahydrofuran wird mit 99 ml Eisessig – Citratpuffer, pH = 6.6 (1+2) versetzt.

Citrat-Pufferlösung: 210 g Citronensäure werden in 400 ml Natronlauge (c = 5 mol/l) gelöst und mit Wasser auf 1 l aufgefüllt. 530 ml dieser Lösung werden mit 470 ml Natronlauge (c = 1 mol/l) gemischt und mit Natronlauge oder Citronensäure auf pH = 6.6 eingestellt [1].

Geprüftes Beispiel

Aminosäuren [2]

Methode: Aufsteigende, eindimensionale Entwicklung in einer Trogkammer bei Kammersättigung.

Schicht: HPTLC-Fertigplatten Kieselgel 60 F_{254} (MERCK)

Fließmittel: 2-Propanol – Eisessig – Wasser (16+3+3)

Laufstrecke: 5 cm

Laufzeit: 55 min

Nachweis und Ergebnis: Das im Warmluftstrom vom Fließmittel befreite Chromatogramm wird 3 s in die Reagenzlösung I getaucht, anschließend 5–10 min auf 120 °C erhitzt und nach dem Abkühlen auf Raumtemperatur 3 s in die Reagenzlösung II getaucht. Abschließend wird im Kaltluftstrom getrocknet.

Glycin (hR_f: 20–25), DL-Alanin (hR_f: 30–35), DL-Valin (hR_f: 45– 50) und L-Leucin (hR_f: 55–60) ergeben rotviolette Chromatogramm-Zonen auf schwach gelbem Untergrund. Die Nachweisgrenzen dieser Aminosäuren liegen bei 5 ng Substanz pro Chromatogramm-Zone. Die Nachweisempfindlichkeit ist mit Ausnahme von Glycin größer als mit dem Ninhydrin-Reagenz.

In-situ-Messung: Die photometrische Direktauswertung in Remission erfolgt bei λ = 580 nm (Abb. 1).

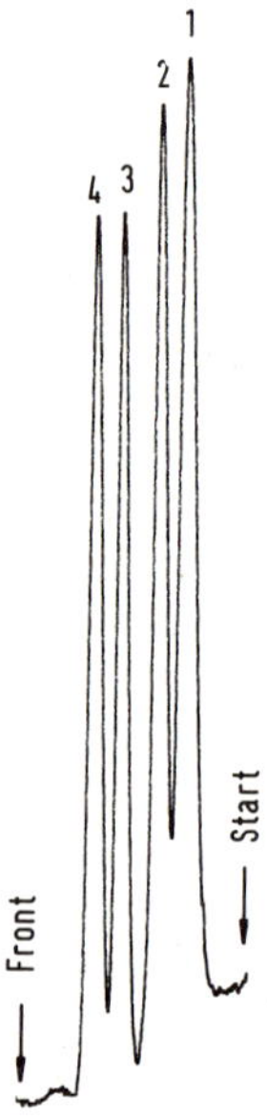

Abb. 1: Absorptions-Ortskurve einer Chromatogrammbahn mit je 100 ng Aminosäure pro Chromatogramm-Zone. Glycin (1), Alanin (2), Valin (3), Leucin (4).

Literatur

[1] Haeffelfinger, P.: *J. Chromatogr.* **1970,** *48,* 184–190.
[2] Jork, H., Klingenberg, R.: GDCh-Fortbildungskurs Nr. 300 „Einführung in die Dünnschicht-Chromatographie", Universität des Saarlandes, Saarbrücken 1987.

4-(Dimethylamino)-zimtaldehyd-Salzsäure-Reagenz

Reagenz für:

- primäre Amine [1, 2, 9]
- Hydrazine [3]
- Indole [4, 5, 13–15]
- Arsenorganische Verbindungen [6]
- Harnstoff- [7, 8] und Thioharnstoff-Derivate [9]
- Biotin [7]
- Sulfonamide [10]
- Pyrrole

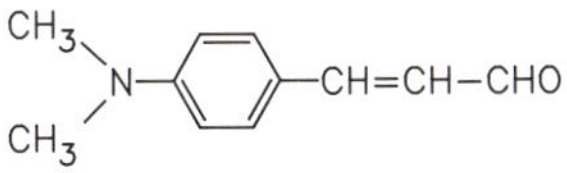

$C_{11}H_{13}NO$	HCl
M_r = 175.23	M_r = 36.46
4-(Dimethylamino)-zimtaldehyd	

Herstellung des Reagenzes

Tauchlösung: 0.5 g 4-(Dimethylamino)-zimtaldehyd werden in 50 ml Salzsäure (c = 5 mol/l) gelöst und mit Ethanol auf 100 ml aufgefüllt.

Sprühlösung: Zum Besprühen wird die Tauchlösung 1 + 1 mit Ethanol verdünnt.

Aufbewahrung: Beide Lösungen sind im Kühlschrank einige Tage haltbar.

Substanzen: 4-(Dimethylamino)-zimtaldehyd
Ethanol
Salzsäure 5 mol/l Combi-Titrisol

Reaktion [11]

4-(Dimethylamino)-zimtaldehyd reagiert mit primären Aminen zu farbigen oder fluoreszierenden Schiffschen Basen (I). Pyrrole setzen sich mit dem Reagenz zu farbigen oder fluoreszierenden Kondensationsprodukten um (II):

I:

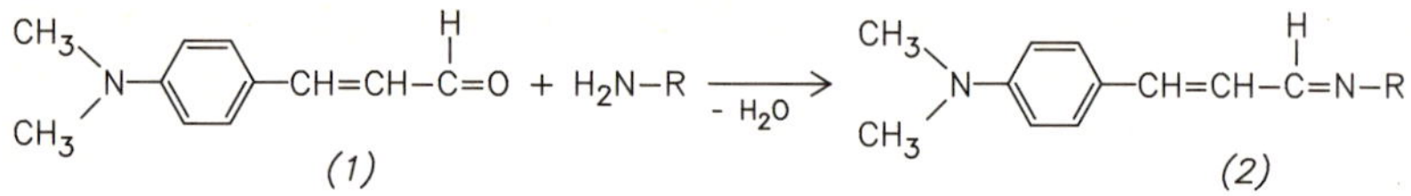

II:

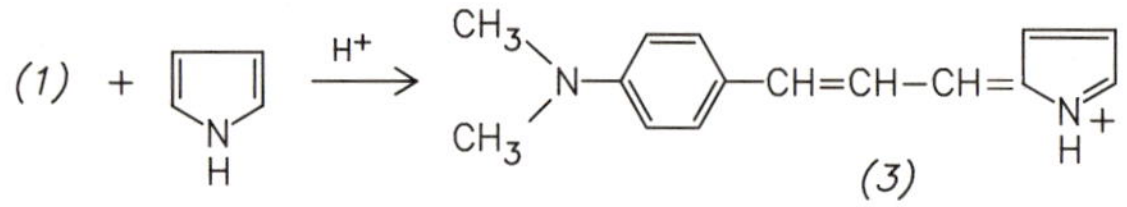

Durchführung

Die fließmittelfreien Chromatogramme werden 1 s in die Tauchlösung getaucht oder mit der Sprühlösung gleichmäßig besprüht und ca. 10 min auf 100 °C erwärmt. Es resultieren farbige Zonen auf farblosem bis gelbem Untergrund, die nach ca. 5 min Liegenlassen an der Luft im langwelligen UV-Licht (λ = 365 nm) grünlich-gelb fluoreszieren.

Anmerkung: Anstelle von Salzsäure kann auch Schwefelsäure (4%) eingesetzt werden [3]. Bei Verwendung ammoniakalischer Fließmittel sollte der Ammoniak vor dem Tauchen oder Besprühen vollständig entfernt werden (z. B. 10 min auf 105 °C erhitzen), da sich sonst auch der Untergrund anfärbt. Durch Zugabe von Titan(III)-chlorid zum Reagenz können auch aromatische Nitroverbindungen angefärbt werden [6].

Aminoglykosid-Antibiotika und β-substituierte Indole färben sich rot. Pyrrol-Derivate mit freier β-Stellung reagieren schon bei Raumtemperatur und ergeben blau gefärbte Zonen [11]. Ein Überblasen mit Königswasser-Dämpfen vertieft die Färbung. Zuweilen treten bei diesen Reaktionen Fluoreszenzen auf [3]. Die Nachweisgrenze von Monomethylhydrazin liegt z. B. bei 200 pg pro Chromatogramm-Zone [3].

Als stationäre Phasen können z. B. Kieselgel-, Cellulose- [3,13] sowie Ionenaustauscher-Schichten [10] eingesetzt werden.

Geprüftes Beispiel

Gentamycin-Komplex [1, 12]

Methode: Aufsteigende, eindimensionale Entwicklung bei 10–12 °C in einer Doppeltrogkammer mit 5 ml konz. Ammoniak-Lösung in dem fließmittelfreien Trog (Kammersättigung 15 min).

Schicht: HPTLC-Fertigplatten Kieselgel 60 (MERCK), durch dreimalige Entwicklung mit Chloroform – Methanol (1+1) vorgereinigt und 30 min. bei 110 °C getrocknet.

Fließmittel: Chloroform – Ethanol – Ammoniak-Lösung (25%) (10+9+10); verwendet wird die *organische Unterphase.*

Laufstrecke: 5 cm

Laufzeit: 20 min

Nachweis und Ergebnis: Das Chromatogramm wird 45 min im Kaltluftstrom vom Fließmittel (NH_3!) befreit. Anschließend wird es 1 s in die Tauchlösung getaucht und etwa 20 min auf 100 °C erwärmt. Wenn eine Untergrundfärbung nicht als störend empfunden wird, kann eine Nachbehandlung der Chromatogramme mit Ammoniak-Dämpfen vorgenommen werden. Die schwach roten Zonen werden dabei zu leuchtendroten

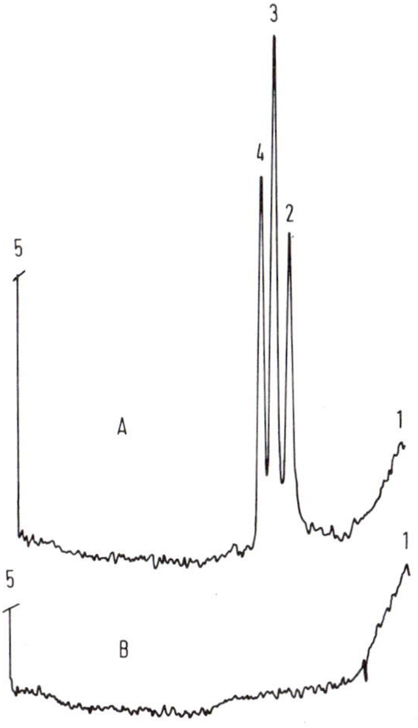

Abb. 1

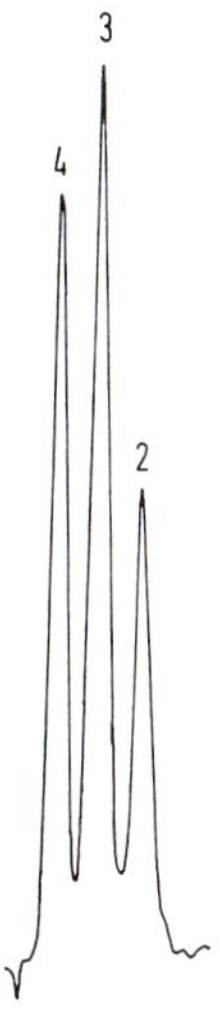

Abb. 2

Abb. 1: Absorptions-Ortskurve (A) und zugehörige Leerbahn (B) eines Gentamycin-Standards (600 ng Gentamycin-C-Komplex). Start (1), Gentamycin C_1 (2), Gentamycin C_2 und C_{2a} (3), Gentamycin C_{1a} (4), Fließmittelfront (5).

Abb. 2: Fluoreszenz-Ortskurve eines Gentamycin-C-Komplexes. Peakfolge und Auftragemenge wie in Abb. 1.

Flecken und der Untergrund erscheint häufig kräftig gelb. Nach ca. 5 min Liegenlassen an der Luft entstehen grünlich-gelb fluoreszierende Zonen.

In-situ-Messung: Die Gentamycine können sowohl absorptionsphotometrisch als auch fluorimetrisch erfaßt werden.

Die Absorptions-Ortskurven sind bei einer Wellenlänge von $\lambda = 505$ nm aufgenommen (Abb. 1). Die Bestimmungsgrenze liegt bei 100 ng Gentamycin-C-Komplex. Zur fluorimetrischen Messung (Abb. 2) wird am besten bei $\lambda_{exc} = 313$ nm angeregt und bei $\lambda_{fl} > 390$ nm gemessen.

Literatur

[1] Kiefer, U.: Diplomarbeit, Fachhochschule Gießen, Fachbereich Technisches Gesundheitswesen, 1984.
[2] Ritter, W.: *J. Chromatogr.* **1977,** *142,* 431–440. Außerdem in: *Proceedings of the 2nd. International Symposium on HPTLC,* Interlaken, Bad Dürkheim: IfC-Verlag 1982, S. 100–113.
[3] Andary, C., Privat, G., Bourrier, M. J.: *J. Chromatogr.* **1984,** *287,* 419–424.
[4] Harley-Mason, J., Archer, A. A. P. G.: *Biochem. J.* **1958,** *69,* 60p.
[5] Reio, L.: *J. Chromatogr.* **1960,** *4,* 458–476.
[6] Morrison, J. L.: *J. Agric. Food Chem.* **1968,** *16,* 704–705.
[7] Bikfalvi, B., Szep, E., Berndorfer-Kraszner, E.: *Szeszipar,* **1978,** *26,* 35–39.
[8] Maulding, H. V., Nazareno, J., Polesuk, J., Michaelis, A. F.: *J. pharmac. Sci.* **1972,** *61,* 1389–1393
[9] Marshall, W. D., Singh, J.: *J. Agric. Food Chem.* **1977,** *25,* 1316–1320.
[10] Pauncz, J. K.: *J. High Resolut. Chromatogr. Chromatogr. Commun.* **1981,** *4,* 287–291.
[11] Strell, M., Kalojanoff, A.: *Chem. Ber.* **1954,** *87,* 1025–1032.
[12] Funk, W., Canstein, M. von, Couturier, Th., Heiligenthal, M., Kiefer, U., Schlierbach, S., Sommer, D. in: *Proceedings of the 3rd International Symposium on HPTLC,* Würzburg. Bad Dürkheim: IfC-Verlag 1985, S. 281–311.
[13] Baumann, P. Matussek, N.: *Z. Klin. Chem. Klin. Biochem.* **1972,** *10,* 176.
[14] Baumann, P., Scherer, B., Krämer, W., Matussek, N. : *J. Chromatogr.* **1971,** *59,* 463–466.
[15] Narasimhachari, N., Plaut, J. M., Leiner, K. Y.:: *Biochem. Med.* **1971,** *5,* 304–310.

2,4-Dinitrophenylhydrazin-Reagenz

Reagenz für:

- freie Aldehyd- und Ketogruppen [1-3]
  z. B. in Aldosen und Ketosen
- *o*- und *m*-Dihydroxybenzole, Dinitrophenole [1]
- Dehydroascorbinsäure [4]
- Alkaloide [5, 6]
- Zearalenon [7, 8]
- Flavonoide
  z. B. Silymarin, Silydianin [9]
- Phospholipide [10]
- Prostaglandine [11, 12]
- Valepotriate [13]

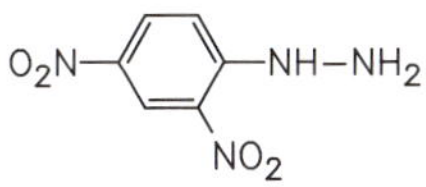

$C_6H_6N_4O_4$

$M_r = 198.14$

Herstellung des Reagenzes

Tauchlösung: 75 mg 2,4-Dinitrophenylhydrazin werden in einer Mischung aus 25 ml Ethanol und 25 ml Orthophosphorsäure (85%) gelöst.

Sprühlösung: 100 mg 2,4-Dinitrophenylhydrazin werden in einem Gemisch aus 90 ml Ethanol und 10 ml konz. Salzsäure gelöst.

Substanzen: 2,4-Dinitrophenylhydrazin
Salzsäure (32%)
Salzsäure (0.5 mol/l)
Ethanol
Orthophosphorsäure (85%)

Reaktion

2,4-Dinitrophenylhydrazin reagiert mit Carbonylverbindungen unter Abspaltung von Wasser zu folgenden Hydrazonen (I) und mit Aldosen oder Ketosen zu farbigen Osazonen (II):

I:

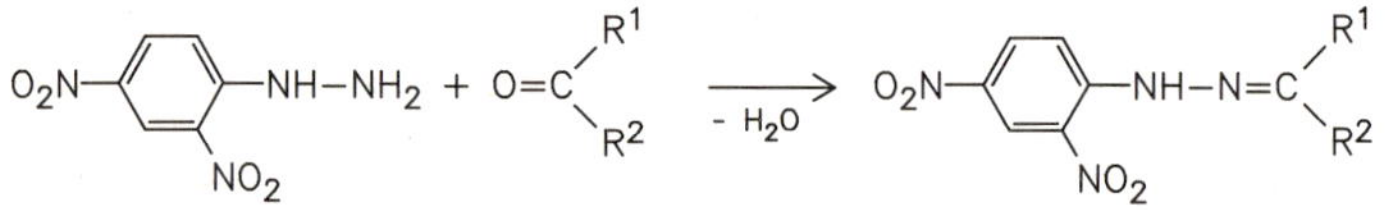

II:

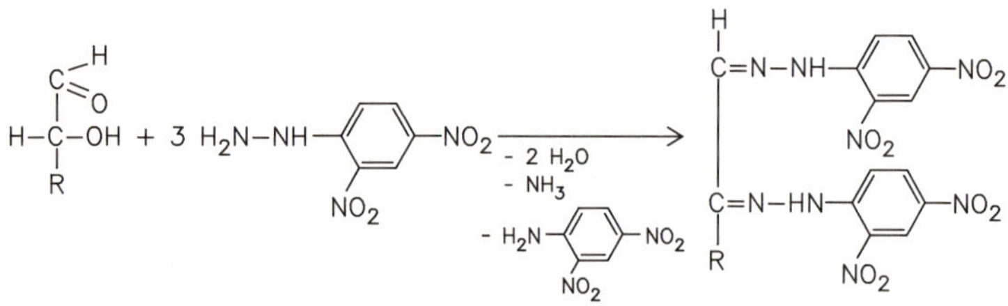

Durchführung

Die im Warmluftstrom (2 bis 10 min) vom Fließmittel befreiten Chromatogramme werden 2 s in die Tauchlösung getaucht bzw. homogen mit der Sprühlösung besprüht und im Warmluftstrom (oder 10–20 min bei 110 °C) getrocknet.

Es resultieren für Aldehyd- oder Ketogruppen enthaltende Substanzen gelbe bis orange-gelbe Chromatogramm-Zonen auf fast farblosem Untergrund [1, 11], Silymarin erscheint rotblau und Silydianin ockerfarben [9].

Anmerkung: Anstelle von Salzsäure kann auch Schwefelsäure im Sprühreagenz verwendet werden [9]. Im Gegensatz zu anderen Carbonylgruppen enthaltenden Prostaglandinen, die teilweise schon bei Raumtemperatur gelb-orange gefärbte Chromatogramm-Zonen ergeben, reagiert 6-oxo-PGF_1 auch in der Wärme nicht [11].

Das Reagenz kann z. B. auf Kieselgel- und Cellulose-Schichten eingesetzt werden.

Geprüftes Beispiel

Dehydroascorbinsäure [4]

Methode: Aufsteigende, eindimensionale Entwicklung bei Kammersättigung in einer Trogkammer.

Schicht: HPTLC-Fertigplatten Kieselgel 60 (MERCK)

Fließmittel: Aceton – Toluol – Ameisensäure (60+30+10)

Laufstrecke: 6 cm

Laufzeit: 11 min

Nachweis und Ergebnis: Das im Warmluftstrom (2 min) vom Fließmittel befreite Chromatogramm wird 5 s in die Reagenzlösung getaucht und im Warmluftstrom oder 10 min bei 110 °C getrocknet.

Dehydroascorbinsäure (hR_f: 45–50) erscheint als gelber Fleck auf farblosem Untergrund.

Die Nachweisgrenze für Dehydroascorbinsäure liegt bei 10 ng pro Chromatogramm-Zone.

In-situ-Messung: Zur quantitativen Auswertung wird die Absorption der Chromatogramm-Zonen in Remission bei $\lambda = 440$ nm gemessen (Abb. 1).

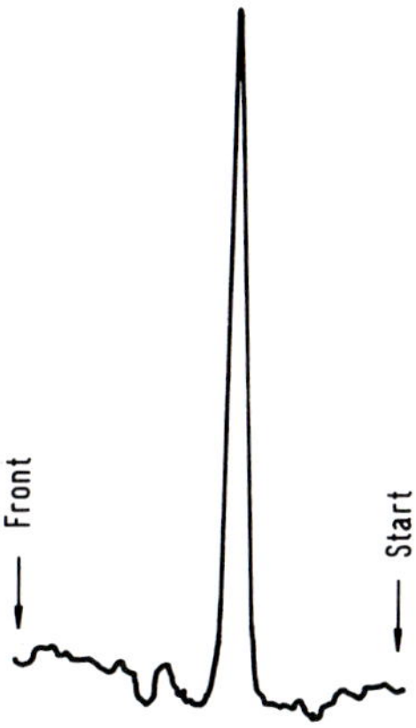

Abb. 1: Absorptions-Ortskurven eines Chromatogramms mit 200 ng Dehydroascorbinsäure pro Chromatogramm-Zone.

Literatur

[1] Reio, L.: *J. Chromatogr.* **1958,** *1,* 338–373; **1960,** *4,* 458–476.

[2] Lemberkovics, E., Verzar-Petri, G., Nagy, E.: *3rd Danube Symposium on Chromatography, Siofok* **1981,** 166–172.

[3] Peczely, P.: *Acta Biologica Hungarica* **1985,** *36,*, 45–70.
[4] Schnekenburger, G.: Diplomarbeit, Fachhochschule Gießen, Fachbereich Technisches Gesundheitswesen, 1987.
[5] Minh Hoang, P. T., Verzar-Petri, G., Fuggerth, E.: *Acta Pharm. Hung.* **1979,** *49,* 105–113.
[6] Verzar-Petri, G., Minh Hoang, P. T., Oroszlan, P., Meszaros, S.: *3rd Danube Symposium on Chromatography, Siofok* **1981,** 269–272.
[7] Harrach, B., Palyusik, M.: *Acta Vet. Hung.* **1979,** *27,* 77–82.
[8] Kamimura, H., Nishijima, M., Yasuda, K., Saito, K., Ibei, A., Nagayama, T., Ushiyama, H., Naoi, Y.: *J. Assoc. Off. Anal. Chem.* **1981,** *64,* 1067–1073.
[9] Halbach, G., Winkler, W.: *Z. Naturforsch.* **1971,** *26B,* 971–972.
[10] Aman, M. B., Alekaev, N. S., Bekhova, E. A.: *Izv. Vyssh. Uchebn. Zaved. Pishch. Tekhnol.* **1970,** *6,* 22–24.
[11] Ubatuba, F. B.: *J. Chromatogr.* **1978,** *161,* 165–177.
[12] Bygdeman, M., Svanborg, K., Samuelson, B.: *Clin. Chim. Acta* **1969,** *26,* 373 –379.
[13] Braun, R., Dittmar, W., Machut, M., Wendland, S.: *Dtsch. Apoth. Ztg.* **1983,** *123,* 2474–2477.

Diphenylborsäure-2-aminoethylester-Reagenz
(Naturstoffreagenz nach Neu)

Reagenz für:

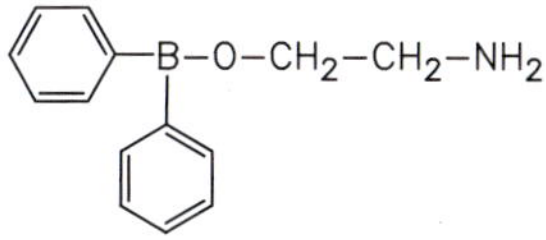

- Flavonoide [1–16]
- Penicillinsäure [17, 18]
- Kohlenhydrate [19]
  z. B. Glucose, Fructose, Lactose
- Anthocyanidine [20]
- Hydroxy- und Methoxyzimtsäuren [20]

$C_{14}H_{16}BNO$

$M_r = 225.10$

Herstellung des Reagenzes

Tauchlösung: 1 g Diphenylborsäure-2-aminoethylester (Diphenylborsäure-β-aminoethylester, Diphenylboryloxyethylamin, Naturstoffreagenz A, Flavognost[R]) wird in 100 ml Methanol gelöst.

Aufbewahrung: Die Reagenzlösung ist im Kühlschrank einige Tage haltbar. Sie sollte für quantitative Auswertungen jedoch stets frisch angesetzt werden.

Substanzen: Naturstoffreagenz A
Methanol

Reaktion

Diphenylborsäure-2-aminoethylester reagiert unter Komplexbildung z. B. mit 3-Hydroxyflavonen*, wobei deren Absorptionsmaximum bathochrom verschoben wird.

---

* Hohaus, E.: Privatmitteilung, Universität-GH Siegen, Analytische Chemie, Siegen 1987.

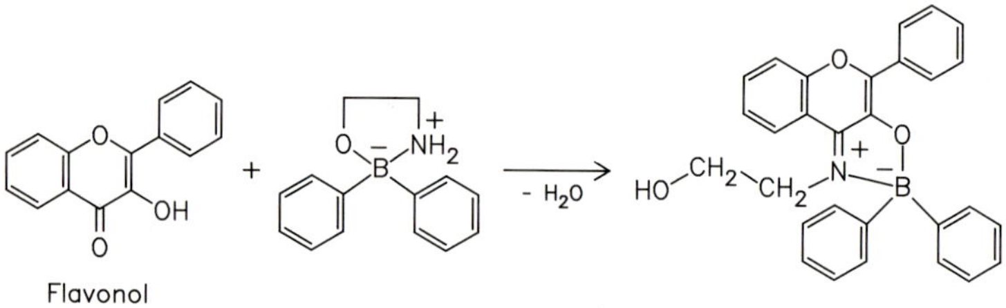

Durchführung

Die Chromatogramme werden nach 10 min Erwärmen auf 80 °C zum Abkühlen 10 min in einen Exsikkator gegeben, dann 1 s in die Reagenzlösung getaucht oder damit besprüht, im Warmluftstrom ca. 1 min getrocknet und 15 min im Exsikkator aufbewahrt. Abschließend wird dann zur Stabilisierung der Fluoreszenz noch 1 s in eine Lösung aus Paraffin dünnflüssig – *n*-Hexan (1+2) getaucht, 1 min im Warmluftstrom getrocknet und etwa 2 min lang mit intensivem, langwelligem UV-Licht (λ = 365 nm) bestrahlt.

Es resultieren im langwelligen UV-Licht (λ = 365 nm) charakteristisch fluoreszierende Substanzzonen.

Anmerkung: Anstatt in Paraffin dünnflüssig – *n*-Hexan (1+2) zu tauchen, kann zur Erhöhung und Stabilisierung der Fluoreszenz auch eine 5proz. Lösung von Polyethylenglycol 4000 in Ethanol aufgesprüht werden [2, 4]. In diesem Fall sollte die Auswertung erst nach etwa 30 min begonnen werden, da erst dann die volle Intensität der Fluoreszenz entwickelt ist [6].

Zum Nachweis von Penicillinsäure (Nachweisgrenze: ca 5 ng) wird nach dem Besprühen mit dem Reagenz 15min auf 110 °C erhitzt, wobei Penicillinsäure hellblau fluoreszierende Zonen ergibt [17, 18].

Kohlenhydrate, z. B. Glucose, Fructose und Lactose, ergeben im langwelligen UV-Licht (λ = 365 nm) hellblau fluoreszierende Derivate auf schwach fluoreszierendem Untergrund. Eine in-situ-Auswertung kann bei λ_{exc} = 365 nm und λ_{fl} = 546 nm (Monochromatfilter M 546) erfolgen [19]. Zur weiteren Differenzierung kann mit *p*-Anisidin-Phosphorsäure-Reagenz nachgesprüht werden [8].

Das Reagenz kann auf Kieselgel-, Kieselgur-, Cellulose-, RP-, NH_2- und Polyamid-11-Schichten angewendet werden.

Geprüftes Beispiel

Flavonoide [9]

Methode: Aufsteigende, eindimensionale Entwicklung in einer Trogkammer bei Kammersättigung. Zuvor wird die Schicht nach dem Auftragen der Proben 30 min über Wasser vorkonditioniert.

Schicht: HPTLC-Fertigplatten Kieselgel 60 (MERCK); Zur Vorreinigung wird die Schicht einmal in Chloroform – Methanol (1+1) entwickelt und anschließend 30 min bei 110 °C getrocknet.

Fließmittel: Ethylacetat – Ameisensäure – Wasser (85+10+15)

Laufstrecke: 6 cm

Laufzeit: 18 min

Nachweis und Ergebnis: Das entwickelte Chromatogramm wird 10 min auf 80 °C erwärmt, 10 min zum Abkühlen in einen Exsikkator gegeben, dann 1 s in die Reagenz-

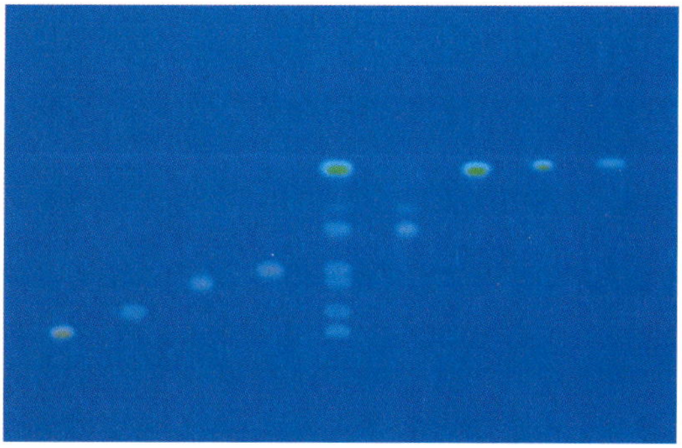

Abb. 1

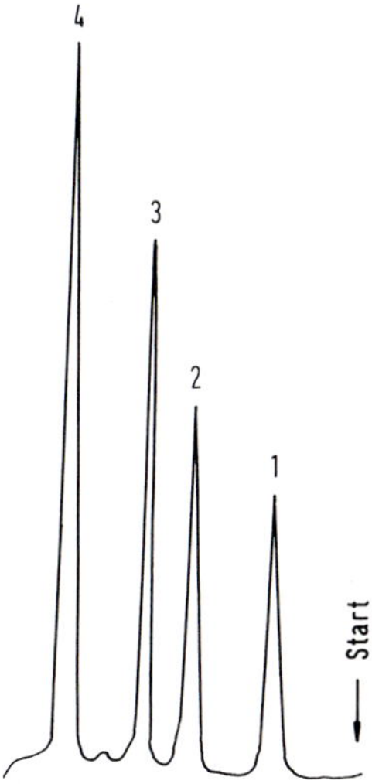

Abb. 2

Abb. 1: Chromatogramm von Flavonoiden. Von links nach rechts mit steigenden hR_f-Werten: Rutin, Kämpferol-rhamnosidoglucosid, Hyperosid, Isoquercetrin, Gemisch, Luteolin, Quercetin und Isorhamnetin.

Abb. 2: Fluoreszenz-Ortskurve einer Chromatogrammbahn mit je 30 ng Substanz pro Chromatogramm-Zone von Rutin (1), Hyperosid (2), Quercitrin (3), Quercetin (4).

Lösung getaucht, im Warmluftstrom nochmals ca. 1 min getrocknet und 15 min im Exsikkator aufbewahrt. Abschließend wird zur Stabilisierung der Fluoreszenz noch 1 s in eine Lösung von Paraffin dünnflüssig – *n*-Hexan (1+2) getaucht, 1 min im Warmluftstrom getrocknet und etwa 2 min lang mit langwelligem UV-Licht (λ = 365 nm) bestrahlt.

Es resultieren im langwelligen UV-Licht (λ = 365 nm) gelb fluoreszierende Substanzzonen, die quantitativ ausgewertet werden können. Die Nachweisgrenzen liegen für Quercetin (hR_f: 85) bei 8 ng, für Quercitrin (hR_f: 60–65), Hyperosid (hR_f: 45–50) und Rutin (hR_f: 25) zwischen 1 und 3 ng pro Chromatogramm-Zone (Abb. 1).

In-situ-Messung: Zur fluorimetrischen Auswertung wird bei λ_{exc} = 436 nm angeregt und bei λ_{fl} = 546 nm (Monochromatfilter M-546) gemessen (Abb. 2).

Literatur

[1] Neu, R.: *Naturwissenschaften* **1957,** *44,* 181–182.
[2] Wagner, H., Diesel, P., Seitz, M.: *Arzneim.-Forsch.* **1974,** *24,* 466–471; Wagner, H. Tittel, G. Bladt, S.: *Dtsch. Apoth. Ztg.* **1983,** *123* 515–521.
[3] Pachaly, P.: *Dtsch. Apoth. Ztg.* **1984,** *124,* 2153–2161.
[4] Hiermann, A., Karting, Th.: *J. Chromatogr.* **1977,** *140,* 322–326.
[5] Becker, H., Exner, J., Bingler, T.: *J. Chromatogr.* **1979,** *172,* 420–423.
[6] Stahl. E., Juell, S.: *Dtsch. Apoth. Ztg.* **1982,** *122,* 1951–1957.
[7] Wildanger, W., Herrmann, K.: *J. Chromatogr.* **1973,** *76,* 433–440.
[8] Niemann, G. J.: *J. Chromatogr.* **1979,** *170,* 227.
[9] Gilles, F.: Diplomarbeit, Univ. Gießen, Fachbereich Agrarwissenschaften, 1987.
[10] Chirikdjian, J. J.: *Pharmazie* **1974,** *29,* 292–293.
[11] Henning, W., Herrmann, K.: *Phytochemistry* **1980,** *19,* 2727–2729.
[12] Ulubelen, A., Kerr, K. M., Mabry, T. J.: *Phytochemistry* **1980,** *19,* 1761–1766; **1982,** *21,* 1145–1147.
[13] Kunde, R., Issac, O.: *Planta medica* **1979,** *37,* 124–130.
[14] Wollenweber, E., Seigler, D. S. : *Phytochemistry* **1982,** *21,* 1063–1066.
[15] Rauwald, H., Miething, H.: *Dtsch. Apoth. Ztg.* **1985,** *125,* 101–105.
[16] Brasseur, T., Augenot, L.: *J. Chromatogr.* **1986,** *351,* 351–355.
[17] Johann, H., Dose, K.: *Fresenius Z. Anal. Chem.* **1983,** *314,* 139–142.
[18] Ehnert, M., Popken, A. M., Dose, K.: *Z. Lebensm. Unters. Forsch.* **1981,** *172,* 110–114.
[19] Funk, W.: Privatmitteilung, Fachhochschule Gießen, Fachbereich: Technisches Gesundheitswesen 1988.
[20] Somaroo, B. H., Thakur, M. L., Grant, W. F.: *J. Chromatogr.* **1973,** *87,* 290–293.

Diphenylborsäureanhydrid-Reagenz (DBA-Reagenz)

Reagenz für:

- 2-(2-Hydroxyphenyl)-benztriazol-Derivate (UV-Absorber in Kunststoffen)*

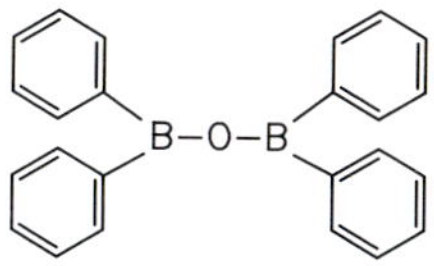

$C_{24}H_{20}B_2O$

$M_r = 346.04$

Herstellung des Reagenzes

Tauchlösung: 350 mg Diphenylborsäureanhydrid (DBA) werden in 100 ml Methanol gelöst.

Aufbewahrung: DBA wird trocken, kühl und dunkel aufbewahrt. Die Lösung ist täglich frisch herzustellen.

Substanzen: Diphenylborsäureanhydrid
Methanol

Reaktion

Die Reaktion verläuft nach folgendem Schema unter Bildung eines fluoreszierenden Chelates*:

---

* Hohaus, E.: Privatmitteilung, Universität-GH Siegen, Analytische Chemie, Siegen 1985.

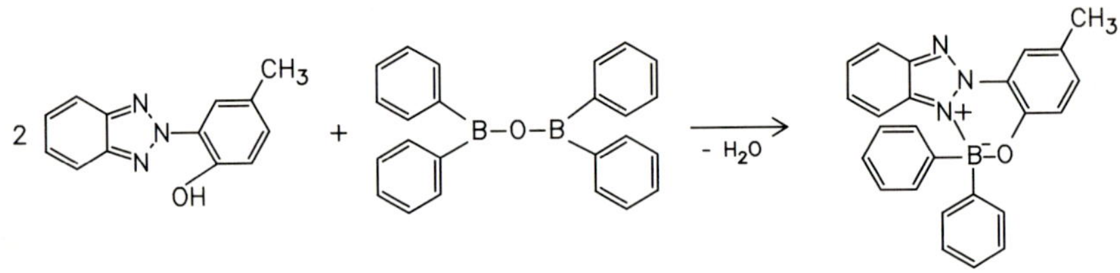

2-(2-Hydroxy-5-methyl-phenyl)-benztriazol (Tinuvin P, CIBA-GEIGY) — DBA — fluoreszierendes Reaktionsprodukt

Durchführung

Die im Warmluftstrom vom Fließmittel befreiten Chromatogramme werden 1 s in die Reagenzlösung getaucht oder homogen damit besprüht und im Kaltluftstrom getrocknet.

Es resultieren im langwelligen UV-Licht (λ = 365 nm) gelbgrün fluoreszierende Zonen auf dunklem Untergrund.

Anmerkung: Da weder das DBA-Reagenz noch die 2-(2-Hydroxyphenyl)-benztriazole eine Eigenfluoreszenz aufweisen, treten keinerlei Störsignale in den Chromatogrammen auf.

Das Reagenz kann z. B. auf Kieselgel-, Kieselgur- und Si 50000-Schichten eingesetzt werden.

Geprüftes Beispiel

2-(2-Hydroxy-5-methylphenyl)-benztriazol*

Methode: Aufsteigende, eindimensionale Entwicklung in einer Doppeltrogkammer bei Kammersättigung.

Schicht: DC-Fertigplatten Kieselgel 60 (MERCK)

---

* Hohaus, E., Monien, H., Overhohff-Pelkner, A.-P.: Privatmitteilung, Universität-GH Siegen, Analytische Chemie, Siegen 1985.

Fließmittel: Tetrachlorkohlenstoff

Laufstrecke: 10 cm

Laufzeit: ca. 12 min

Nachweis und Ergebnis: Das im Warmluftstrom vom Fließmittel befreite Chromatogramm wird 1 s in die Reagenzlösung getaucht und im Warmluftstrom getrocknet.

Die 2-(2-Hydroxyphenyl)-benztriazole ergeben im langwelligen UV-Licht (λ = 365 nm) gelbgrün fluoreszierende Chromatogramm-Zonen, die z. B. im Falle von Tinuvin P (hR_f: 20–25) und Tinuvin 343 (2-[2-Hydroxy-3-(1-methylpropyl)-5-tertbutylphenyl]-benztriazol) (hR_f: 45–50) quantitativ ausgewertet werden können.

In-situ-Messung: Die quantitative Bestimmung erfolgt fluorimetrisch (λ_{exc} = 365 nm, λ_{fl} = 535 nm), die Nachweisgrenze liegt bei 250 ng Substanz pro Chromatogramm-Zone.

Diphenylborsäureanhydrid–Salicylaldehyd–Reagenz (DOOB–Reagenz)

Reagenz für:

- Primäre (!) Amine
  z. B. Aminoglycosid-Antibiotika [1, 2]
  Alkylamine, biogene Amine [3]
  Alkanolamine,
  Polyamine, subst. Aniline,
  Hydrazine

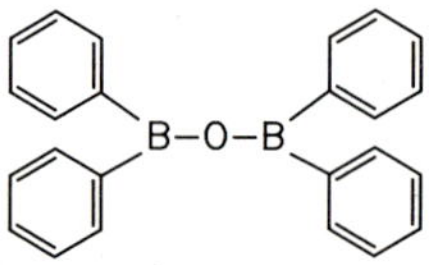

$C_{24}H_{20}B_2O$
M_r = 346.04
Diphenylborsäureanhydrid

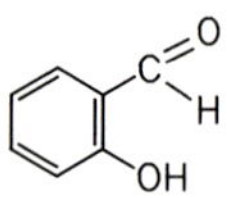

$C_7H_6O_2$
M_r = 122.12
Salicylaldehyd

Herstellung des Reagenzes

Tauchlösung: 35 mg Diphenylborsäureanhydrid (DBA) und 25 mg Salicylaldehyd werden in 100 ml Chloroform gelöst. Dabei bildet sich 2,2-Diphenyl-1-oxa-3-oxonia-2-boratanaphthalin (DOOB).

Aufbewahrung: DBA-Lösungen sind, auch im Kühlschrank, nur kurze Zeit haltbar. Die DOOB-Reagenzlösung bleibt dagegen, in Flaschen mit Schliffstopfen im Kühlschrank aufbewahrt, mindestens 2 Wochen einsatzfähig.

Substanzen: Diphenylborsäureanhydrid
Salicylaldehyd
Chloroform

Reaktion

Das aus Diphenylborsäureanhydrid und Salicylaldehyd entstehende DOOB-Reagenz bildet mit primären Aminen fluoreszierende Reaktionsprodukte*

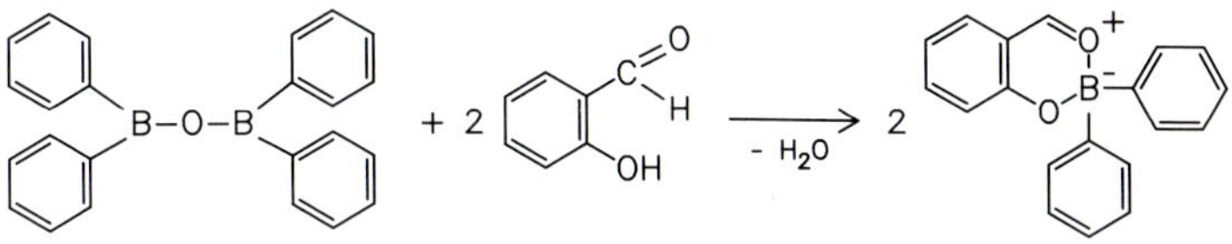

Diphenylborsäure-anhydrid — Salicyl-aldehyd — DOOB-Reagenz

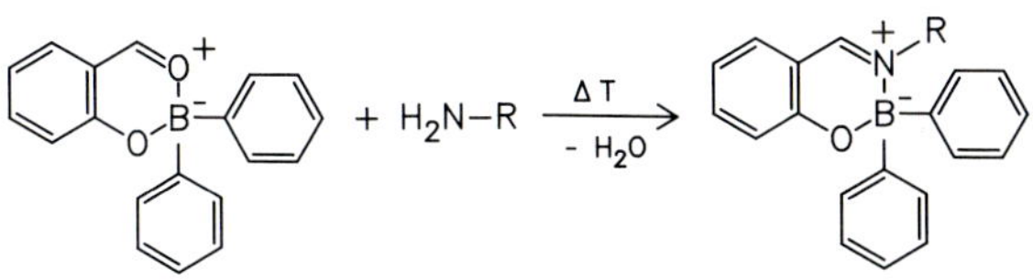

DOOB-Reagenz — Amin — fluoreszierendes Reaktionsprodukt

Durchführung

Die vom Fließmittel befreiten Chromatogramme (15 min Warmluftstrom) werden nach dem Abkühlen auf Raumtemperatur 2 s in die Reagenzlösung getaucht und 10–20 min auf 110–120 °C erhitzt. Abschließend werden die Chromatogramme zur Erhöhung und Stabilisierung der Fluoreszenz kurz in Paraffin dünnflüssig – *n*-Hexan (1+6) getaucht.

Nach dem Abdunsten des Hexans resultieren im langwelligen UV-Licht (λ = 365 nm) blaufluoreszierende Chromatogramm-Zonen auf dunklem Untergrund.

Anmerkung: Die Tauchlösung kann auch als Sprühlösung verwendet werden [5]. Das Reagenz kann auf RP-Schichten eingesetzt werden, für Amino-Phasen ist es nicht geeignet.

---

* Hohaus, E., Lenhardt, S., Monien, H.: Privatmitteilung, Universität-GH Siegen, Analytische Chemie, Siegen 1987.

Geprüftes Beispiel

Netilmicin und Gentamicin-C-Komplex [2]

Methode: Aufsteigende, eindimensionale Entwicklung in einer HPTLC-Trogkammer bei Kammersättigung.

Schicht: KC8F- oder KC18F-Fertigplatten (WHATMAN)

Fließmittel: 0.1 mol/l LiCl in 32proz. Ammoniak-Lösung – Methanol (25+5)

Laufstrecke: 10 cm

Laufzeit: 30 min

Nachweis und Ergebnis: Das Chromatogramm wird 15 min im Warmluftstrom getrocknet und nach dem Abkühlen 2 s in die Reagenzlösung getaucht. Dann wird 10–20 min auf 110–120 °C erhitzt und nach dem Abkühlen auf Raumtemperatur zur Stabilisierung und Erhöhung der Fluoreszenz 2 s in Paraffin dünnflüssig – *n*-Hexan (1+6) getaucht.

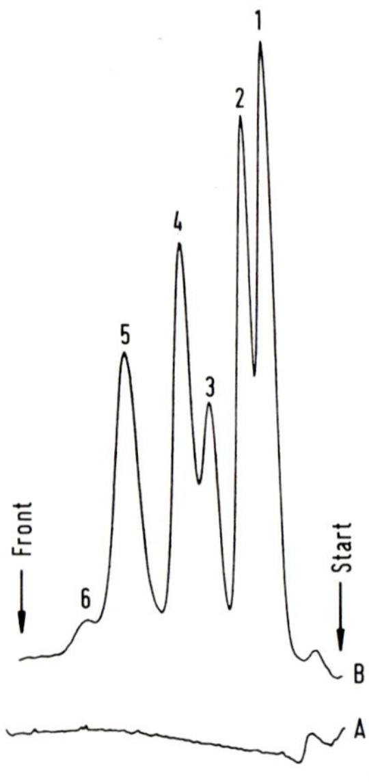

Abb. 1: Fluoreszenz-Ortskurve einer Leerbahn (A) und einer Chromatogrammbahn (B) mit 500 ng Netilmicin und 1 µg Gentamicin-C-Komplex pro Auftragezone. Netilmicin (1), Gentamicin C_1 (2), Gentamicin C_{2a} (3), Gentamicin C_2 (4), Gentamicin C_{1a} (5), Verunreinigung im Netilmicin (6).

Nach dem Verdunsten des *n*-Hexans erscheinen das Netilmicin und die Gentamicin-Komponenten im langwelligen UV-Licht (λ = 365 nm) als blau fluoreszierende Chromatogramm-Zonen auf dunklem Untergrund. Gleiches gilt für Neomycin. Die Nachweisgrenzen liegen für Netilmicin bei 10 ng und für die Gentamicin-Komponenten bei 15–20 ng Substanz pro Chromatogramm-Zone.

Anmerkung: Wird Netilmicin allein chromatographiert, so empfiehlt sich ein höherer Methanol-Gehalt im Fließmittel (z.B. 23 + 7), um den hR_f-Wert zu erhöhen. Der Nachweis der Substanzen des hier geprüften Beispiels ist auf RP-Schichten mit dem DOOB-Reagenz empfindlicher als mit NBD-Chlorid, Fluorescamin oder *o*-Phthalaldehyd. Die gebildeten Derivate sind stabil und fluoreszieren noch nach einigen Wochen, sofern sie vor Licht geschützt aufbewahrt werden.

In-situ-Messung: Die quantitative Auswertung erfolgt fluorimetrisch (λ_{exc} = 365 nm, λ_{fl} > 430 nm) (Abb. 1).

Literatur

[1] Kunz, F. R., Jork, H.: Proceedings of the 4th International Symposium on Instrumental TLC (Planar Chromatography), Selvino. Bad Dürkheim: IfC-Verlag **1987,** S. 437–451.

[2] Kunz, F. R., Jork, H.: *Fresenius Z. Anal. Chem.* **1988**, *329*, 773–777.

[3] Stark, G.: Staatsexamensarbeit, Universität des Saarlandes, Fachbereich 14, Saarbrücken 1988.

[4] Claas, K. E., Hohaus, E.: *Fresenius Z. Anal. Chem.* **1985,** *322,* 343–347.

[5] Hohaus, E: *Fresenius Z. Anal. Chem.* **1982,** *310*, 70–76.

Echtblausalz B–Reagenz

Reagenz für:

- Phenole
  z. B. *n*-Alkylresorcin-Homologe [1]
  Thymol-Derivate [2]
  Hydroxyanthrachinone [3]
  Ratanhia-Phenole [4]
  Cardol, Anacardol [5]
  Phloroglucin-Derivate [6, 7]
- Gerbstoffe [8, 9]
- *α*- und *γ*-Pyron-Derivate
  z. B. Cumarine [10]
  Flavonole [11]
- Phenolcarbonsäuren [12]
- Cannabinoide [13–18]
- kupplungsfähige Amine
  z. B. Carbamat-Pestizide [19]
  Pharmazeutika-Metaboliten [20–22]

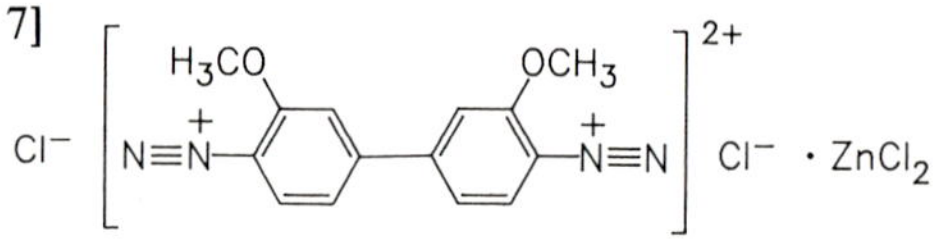

$C_{14}H_{12}Cl_2N_4O_2 \cdot ZnCl_2$

$M_r = 339.18$

Herstellung des Reagenzes

Tauchlösung: 140 mg Echtblausalz B (Fast Blue Salt B) werden in 10 ml Wasser gelöst und mit Methanol auf 40 ml aufgefüllt. 20 ml dieser Lösung werden unter Rühren zu einer Mischung aus 55 ml Methanol und 25 ml Dichlormethan zugegeben.

Sprühlösung I: 0,1–5 g Echtblausalz B werden in Wasser [7, 8], 70proz. Ethanol [17] oder Aceton–Wasser (9+1) [14] gelöst.

Sprühlösung II: Natronlauge (c = 0,1 mol/l).

Aufbewahrung: Die Reagenzlösungen sollten jeweils frisch hergestellt und Echtblausalz B im Kühlschrank aufbewahrt werden.

Substanzen: Echtblausalz B
Methanol
Dichlormethan
Natronlauge (0,1 mol/l)

Reaktion

Echtblausalz B kuppelt mit Phenolen am besten in alkalischem Milieu, z. B. mit 11-Nor-Δ^9-THC-9-carbonsäure zu folgendem rotgefärbten Produkt:

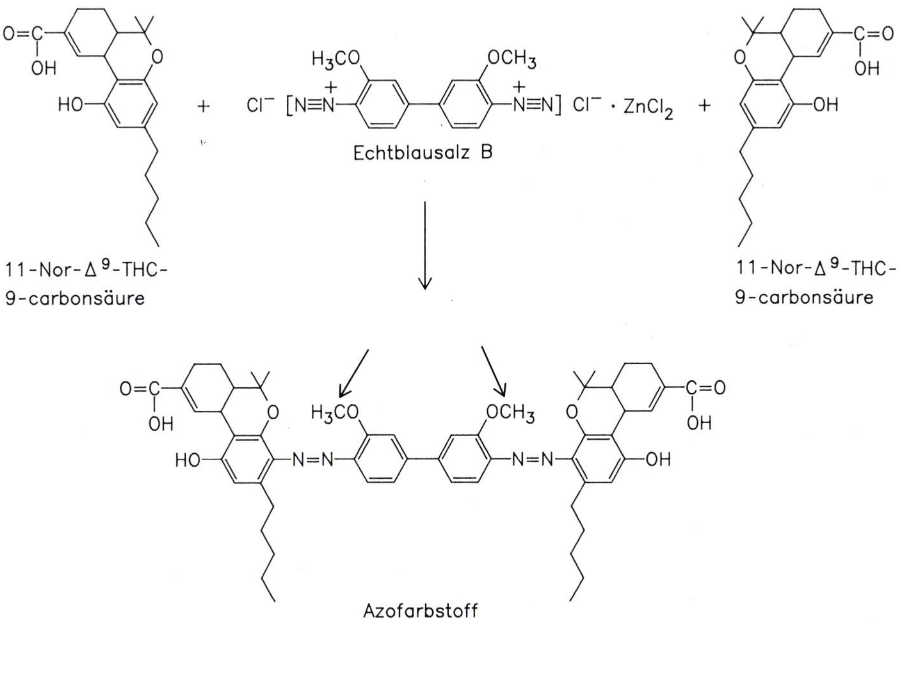

Durchführung

Die im Warmluftstrom getrockneten Chromatogramme werden zunächst 10–15 min in die leere Troghälfte einer Doppeltrogkammer gestellt, deren zweite Troghälfte mit 25 ml konz. Ammoniak-Lösung (60 min äquilibrieren!) beschickt ist, und dann sofort 5 s in das Tauchreagenz getaucht [18] und 5 min im Warmluftstrom getrocknet.

Alternativ können die getrockneten Chromatogramme auch nacheinander homogen mit den Sprühlösungen I und II benebelt werden.

Es resultieren unterschiedlich (gelb, rot, braun und violett) gefärbte Chromatogramm-Zonen auf fast farblosem Untergrund.

Anmerkung: Eine leichte opalisierende Trübung bei der Tauchlösung bringt keinen Nachteil bei der Detektion. Anstelle von Echtblausalz B kann im Reagenz auch Echtblausalz BB [18] und Echtblausalz RR verwendet werden [18, 19]. Zuweilen empfiehlt es sich, die Sprühlösungen I und II nicht getrennt anzuwenden, sondern direkt mit einer 0,1proz. Lösung von Echtblausalz B in Natronlauge (c = 1–2 mol/l) [13, 15] oder in 0,5proz. methanolischer Kalilauge [3] zu arbeiten.

Zum Nachweis von Resorcin-Homologen ist als Tauchlösung eine 0,2proz. Lösung von Echtblausalz B in Salzsäure (c = 0,5 mol/l, Tauchzeit: 30 s) beschrieben [1].

Als Nachweisgrenzen werden angegeben für THC-11-carbonsäure 250 ng [15] und für Carbamat-Pestizide 500 ng [19] Substanz pro Chromatogramm-Zone.

Das Reagenz kann auf Cellulose-, Kieselgel- und Polyamid-Schichten eingesetzt werden [11]; auch Kieselgur-, RP- und Si 50000-Schichten sind geeignet.

Vorsicht: Echtblausalz B wirkt möglicherweise cancerogen [23].

Geprüftes Beispiel

THC-Metaboliten im Harn nach Haschischkonsum [18]

Methode: Aufsteigende, eindimensionale Mehrfach-Entwicklung (Stufentechnik, nach jedem Lauf wird zwischengetrocknet) in zwei Fließmittelsystemen in einer Doppeltrogkammer ohne Kammersättigung (Äquilibrierung: 30 min bei 20–22 °C) bei 60–70% rel. Luftfeuchte.

Schicht: HPTLC-Fertigplatten Kieselgel 60 F_{254s} (MERCK) oder HPTLC-Fertigplatten Kieselgel 60 WRF_{254s} (MERCK).

Fließmittel 1: Toluol – Ethylacetat – Ameisensäure [16+4+0,5 (0,4*)].

Fließmittel 2: Toluol – Ethylacetat – Ameisensäure [17+3+0,25 (0,2*)].

Laufstrecken: Fließmittel 1: 7,5 mm, 15,0 mm und 22,5 mm
Fließmittel 2: 30,0 mm, 37,5 mm und 45 mm

Nachweis und Ergebnis: Das Chromatogramm wird 5 min im Warmluftstrom getrocknet (Ameisensäure muß völlig entfernt sein) und anschließend 10–15 min in die leere Hälfte einer Doppeltrogkammer gestellt, deren zweite Troghälfte mit 25 ml konz. Ammoniak-Lösung (60 min äquilibrieren!) beschickt ist. Unmittelbar danach wird es 5 s in das Tauchreagenz getaucht und 5 min im Warmluftstrom getrocknet.

Es resultieren im sichtbaren Licht rot gefärbte Chromatogramm-Zonen auf fast farblosem Untergrund (Abb. 1), die sich beim Liegen an der Luft langsam bräunlich verfärben, und die im UV-Licht auf der Fluoreszenzindikator-enthaltenden Schicht als dunkelblaue Zonen auf blaßblau fluoreszierendem Untergrund erkennbar sind.

Durch zusätzliches Tauchen in eine 0,001proz. Lösung von Dansylsemipiperazid oder Bis-Dansylpiperazid in Dichlormethan – Paraffin dünnflüssig (75+25) kann die Farbe der Chromatogramm-Zonen über mehrere Monate stabilisiert werden.

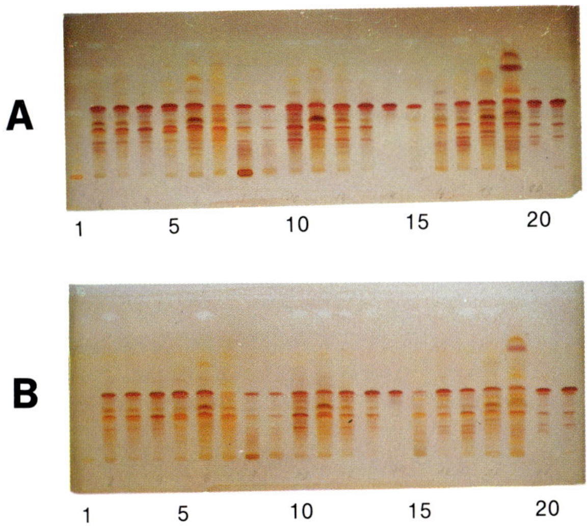

Abb. 1: Chromatogramme von THC-Metaboliten enthaltenden Harnproben; Nachweis mit Echtblausalz RR (A) bzw. mit Echtblausalz B (B): Bahn A1 und B1: Metabolitenfreie Harne; Bahn A16 und B15 entsprechen je ca. 60 ng Gesamtcannabinoide pro ml Harn (gemessen mit RIA).

---

* Diese Werte gelten für die WRF_{254s}-Schicht.

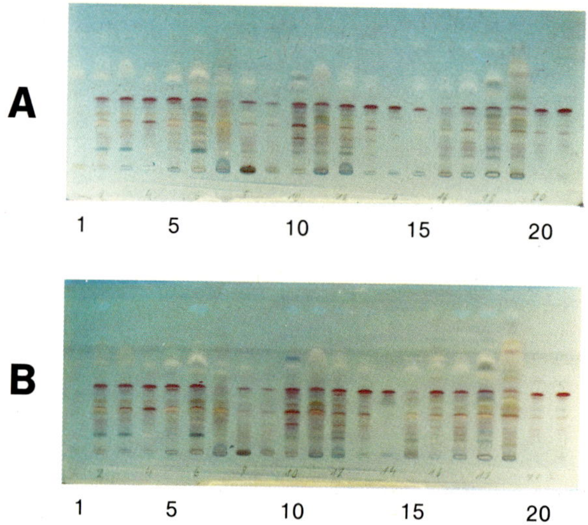

Abb. 2: Chromatogramme von Abb. 1 im langwelligen UV-Licht (λ = 365 nm) betrachtet.

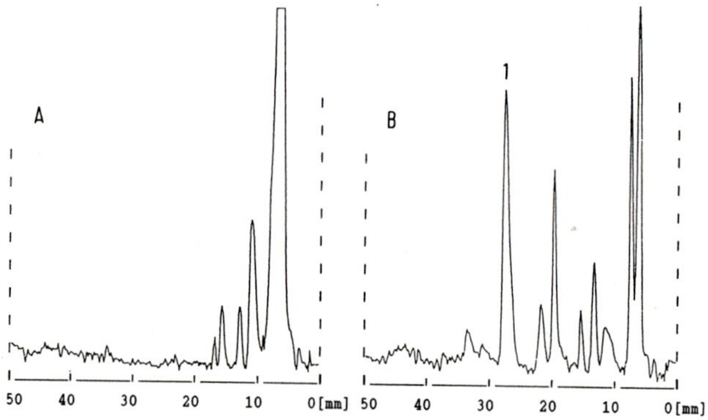

Abb. 3: Remissionsgrad-Ortskurve eines THC-metabolitenfreien (A) und eines THC-Metaboliten enthaltenden Harns (B): Peak 1 entspricht ca. 100 ng 11-Nor-Δ^9-THC-9-Carbonsäure pro ml Harn.

Anmerkung: Für die visuelle Auswertung im Tageslicht liefert das alternativ einsetzbare Echtblausalz BB die am intensivsten gefärbten Chromatogramm-Zonen, während die Fluoreszenzminderung im UV-Licht (λ = 254 nm) bei Echtblausalz B und Echtblausalz RR stärker ausgeprägt ist (Abb. 1 und 2).

In-situ-Messung: Die absorptionsphotometrische Messung in Remission erfolgt bei λ = 546 nm (Abb. 3).

Literatur

[1] Kozubek, A.: *J. Chromatogr.* **1984,** *295*, 304-307.
[2] Willuhn, G.: *Planta Med.* **1972,** *22*, 1-33.
[3] Van den Berg, A. J. J., Labadie, R. P.: *Planta Med.* **1981,** *41*, 169-173.
[4] Stahl, E., Ittel, I.: *Planta Med.* **1981,** *42*, 144-154.
[5] Stahl, E., Keller, K., Blinn, C.: *Planta Med.* **1983,** *48*, 5-9.
[6] Widen, C. J., Vida, G., von Euw, J., Reichstein, T.: *Helv. Chim. Acta* **1971,** *54*, 2824-2850.
[7] Von Euw, J., Reichstein, T., Widen, C. J.: *Helv. Chim. Acta* **1985,** *68*, 1251-1274.
[8] Byung-Zun Ahn, Gstirner, F.: *Arch. Pharm.* (Weinheim) **1973,** *306*, 6-17.
[9] Gstirner, F., Flach, G.: *Arch. Pharm.* (Weinheim) **1970,** *303*, 339-345.
[10] Reichling, J., Beiderbeck, R., Becker, H.: *Planta Med.* **1979,** *36*, 322-332.
[11] Hösel, W., Barz, W.: *Biochim. Biophys. Acta* **1972,** *261*, 294-303.
[12] Hartley, R. D.: *J. Chromatogr.* **1971,** *54*, 335-344.
[13] Scherrmann, J. M., Hoellinger, H., Sonnier, M., Hoffelt, J., Nguyen-Hoang-Nam: *J. Chromatogr.* **1980,** *196*, 342-346.
[14] Neuninger, H.: *Arch. Kriminol.* **1981,** *167*, 99-109.
[15] Kanter, S. L., Hollister, L. E.: *J. Chromatogr.* **1978,** *151*, 225-227; **1982,** *234*, 201-208.
[16] Nakamura, G. R., Stall, W. J., Folen, V. A., Masters, R. G.: *J. Chromatogr.* **1983,** *264*, 336-338.
[17] Verzar-Petri, G., Ladocsy, T., Oroszlan, P.: *Acta Botanica* **1982,** *28*, 279-290.
[18] Hänsel, W., Strömmer, R.: *GIT Fachz. Lab.* **1988,** *32*, 156-166.
[19] Tewari, S. N., Singh, R.: *Fresenius Z. Anal. Chem.* **1979,** *294*, 287; *J. Chromatogr.* **1979,** *172*, 528-530.
[20] Kröger, H., Bohn, G., Rücker, G.: *Dtsch. Apoth. Ztg.* **1977,** *117*, 1787-1789.
[21] Goenechea, S., Eckhardt, G., Goebel, K. J.: *J. Clin. Chem. Clin. Biochem.* **1977,** *15*, 489-498.
[22] Goenechea, S., Eckhardt, G., Fahr, W.: *Arzneim.-Forsch.* **1980,** *30*, 1580-1584.
[23] Hughes, R. B., Kessler, R. R.: *J. Forens. Sci.* **1979,** *24*, 842-846.

Eisen(III)-chlorid – Perchlorsäure – Reagenz
(FCPA – Reagenz)

Reagenz für:

- Indol-Alkaloide [1–10]
  z. B. aus Rauwolfia [1]
  Tabernaemontana [2, 7, 9]
  Mitragyna [3, 4]
  Strychnos [5]
  Synclisia [6]
  Cinchona [8]
- Indole

$FeCl_3 \cdot 6H_2O$	$HClO_4$
M_r = 270.30	M_r = 100.46
Eisen(III)-chlorid-Hexahydrat	Perchlorsäure

Herstellung des Reagenzes

Lösung I: 2 ml 70proz. Perchlorsäure werden vorsichtig mit 100 ml Ethanol vermischt.

Lösung II: 1.35 g Eisen(III)-chlorid-Hexahydrat werden in 100 ml Ethanol gelöst.

Tauchlösung: 100 ml Lösung I werden mit 2 ml Lösung II gemischt [10].

Sprühlösung: 5 g Eisen(III)-chlorid-Hexahydrat werden in einer Mischung aus 50 ml Wasser und 50 ml Perchlorsäure (70%) gelöst.

Aufbewahrung: Die Tauchlösung ist mindestens 1 Woche haltbar.

Substanzen: Eisen(III)-chlorid-Hexahydrat
Perchlorsäure (70%)
Ethanol

Reaktion

Der Reaktionsmechanismus ist ungeklärt.

Durchführung

Die im Warmluftstrom vom Fließmittel befreiten Chromatogramme werden 4 s in die Tauchlösung getaucht oder homogen mit der Sprühlösung bis zur beginnenden Transparenz benebelt und nach kurzer Trocknung an der Luft 20–60 min auf 100–120 °C erwärmt.

Es resultieren teilweise schon vor dem Erwärmen auf farblosem Untergrund unterschiedlich gefärbte Chromatogramm-Zonen, deren weitgehend strukturspezifische Farbtöne sich während des Erwärmens verändern und die nicht selten im kurz- oder langwelligen UV-Licht (λ = 254 bzw. 365 nm) fluoreszieren.

Anmerkung: Indole, die in 2- oder 3-Stellung mit Sauerstoff substituiert sind, reagieren nicht [11]. Das Reagenz kann auf Kieselgel-, Kieselgur- und Si 50000-Schichten eingesetzt werden. Nicht geeignet sind Aluminiumoxid-Schichten [3].

Gefahrenhinweis: Perchlorsäurenebel können in Abzugsschächten kondensieren und zu unkontrollierten Explosionen führen! Deshalb ist das Tauchen vorzuziehen.

Geprüftes Beispiel

Strychnin, Brucin [10]

Methode: Aufsteigende, eindimensionale Entwicklung in einer Trogkammer ohne Kammersättigung.

Schicht: HPTLC-Fertigplatten Kieselgel 60 (MERCK). Vor dem Auftragen der Proben wird die Schicht in Chloroform – Methanol (1+1) einmal vorgewaschen und anschließend 10 min bei 110 °C getrocknet.

Fließmittel: Aceton – Toluol – Ammoniak-Lösung (25%) (40+15+5)

Laufstrecke: 5 cm

Laufzeit: 10 min

Nachweis und Ergebnis: Das im Warmluftstrom vom Fließmittel befreite Chromatogramm (45 min) wird 4 s in die Tauchlösung getaucht und nach kurzem Trocknen an der Luft 20 min auf 110 °C erhitzt.

Strychnin (hR_f: 50–55) erscheint als rote und Brucin (hR_f: 35) als gelbe Chromatogramm-Zone auf farblosem Untergrund. Die Nachweisgrenze liegt für beide Substanzen bei 10 ng pro Chromatogramm-Zone.

In-situ-Messung: Gemessen wird die Lichtabsorption in Remission bei einer mittleren Wellenlänge λ = 450 nm (Abb. 1).

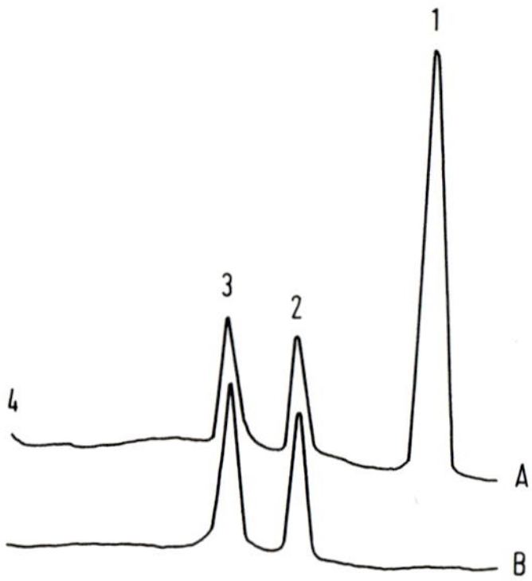

Abb. 1: Remissionsgrad-Ortskurven eines *Nux vomica*-Extrakts (A) und einer Vergleichsbahn mit je 1 µg Brucin und Strychnin pro Chromatogramm-Zone (B). Start (1), Brucin (2), Strychnin (3), Front (4).

Literatur

[1] Court, W. E., IWU, M. M.: *J. Chromatogr.* **1980,** *187,* 199–207.
[2] Beek, T. A. van, Verpoorte, R., Baerheim Svendsen, A.: *J. Chromatogr.* **1984,** *298,* 289–307; *J. Nat. Prod.* **1985,** *48,* 400–423.
[3] Shellard, E. J., Alam, M. Z.: *J. Chromatogr.* **1968,** *33,* 347–369.
[4] Shellard, E. J., Lala, P. K.: *Planta Med.* **1978,** *33,* 63–69.
[5] Verpoorte, R., Joosse, F. T., Groenink, H., Baerheim Svendsen, A.: *Planta Med.* **1981,** *42,* 32–36.
[6] Ohiri, F. C., Verpoorte, R., Baerheim Svendsen, A.: *Planta Med.* **1983,** *47,* 87–89.

[7] Beek, T. A. van, Kuijlaars, F. L. C., Thomassen, P. H. A. M., Braga, R. M., Leitão Filko, H. F., Reis, F. De A. M.: *Phytochemistry* **1984,** *23,* 1771–1778.

[8] Mulder-Krieger, T., Verpoorte, R., De Water, A., Gressel, M. van, Oeveren, B. C. J. A., Baerheim Svendsen, A.: *Planta Med.* **1982,** *46,* 19–24.

[9] Beek, T. A. van, Verpoorte, R., Baerheim Svendsen, A.: *Planta Med.* **1983,** *47,* 83–86.

[10] Müller, J.: Diplomarbeit, Fachhochschule Gießen, Fachbereich Technisches Gesundheitswesen, 1987.

[11] Clotten, R., Clotten, A.: *Hochspannungs-Elektrophorese.* Stuttgart, Thieme 1962.

Fluorescamin–Reagenz

Reagenz für:

- Primäre Amine, Aminosäuren [1–5]
  z.B. Histamin [4], Sympathomimetica [6],
  Catecholamine, Indolamine [5]
  Arylamine [7], Gentamycine [8]
- Peptide [2, 5]
- Sekundäre Amine [9]
- Sulfonamide [10–14]

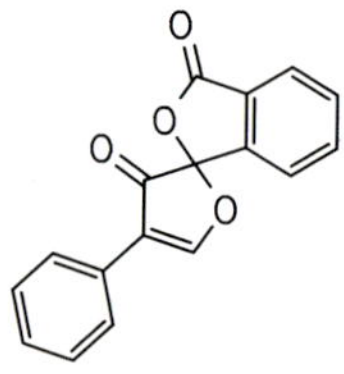

$C_{17}H_{10}O_4$

$M_r = 278.27$

Herstellung des Reagenzes

Tauchlösung I: 10–50 mg Fluorescamin (Fluram^R) werden in 100 ml Aceton gelöst [2, 9, 10].

Tauchlösung II: 10 ml Triethylamin werden mit Dichlormethan auf 100 ml aufgefüllt [2].

Sprühlösung I: 1.9 g Dinatriumtetraborat-Decahydrat werden in 100 ml Wasser gelöst und mit Natronlauge auf pH = 10.5 eingestellt.

Sprühlösung II: 3.6 g Dinatriumhydrogenphosphat-Dihydrat werden in 100 ml Wasser gelöst und mit Phosphorsäure auf pH = 7.5 eingestellt. Darin werden 2.5 g Taurin gelöst.

Aufbewahrung: Die Tauchlösungen und die Sprühlösungen sind im Kühlschrank etwa 1 Woche haltbar [2].

Substanzen: Fluorescamin
Triethylamin
Aceton
Dichlormethan

Dinatriumtetraborat-Decahydrat
Taurin
Dinatriumhydrogenphosphat-Dihydrat

Reaktion

Fluorescamin reagiert mit primären Aminen direkt zu fluoreszierenden Produkten. Sekundäre Amine ergeben nichtfluoreszierende Derivate, die durch eine weitere Reaktion mit primären Aminen in fluoreszierende Produkte überführt werden können.

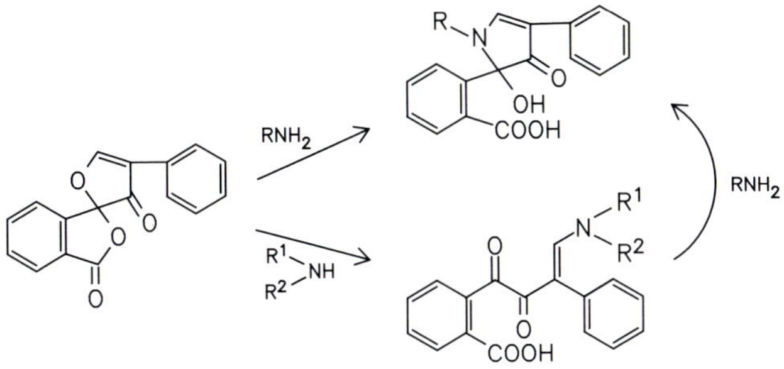

Fluorescamin

fluoreszierende Reaktionsprodukte

Durchführung

Primäre Amine: Die Chromatogramme werden 10 min bei 110 °C getrocknet und nach Abkühlen auf Raumtemperatur zunächst in Tauchlösung I getaucht oder homogen damit besprüht und einige Sekunden an der Luft getrocknet.

Anschließend werden sie 1 s in die Tauchlösung II getaucht oder damit besprüht.

Es resultieren im langwelligen UV-Licht (λ = 365 nm) blaugrün fluoreszierende Chromatogramm-Zonen auf dunklem Untergrund.

Sekundäre Amine: Die fließmittelfreien Chromatogramme werden zunächst homogen mit Sprühlösung I besprüht und 15 min auf 110 °C erhitzt.

Anschließend werden sie in die Tauchlösung I getaucht oder damit besprüht, 15 min im Dunkeln aufbewahrt, dann mit Sprühlösung II besprüht und 5 min auf 60 °C erwärmt.

Sulfonamide: Die vom Fließmittel befreiten Chromatogramme werden 1 s in die Tauchlösung I getaucht oder homogen damit besprüht [10, 11].

Es resultieren im langwelligen UV-Licht (λ = 365 nm) nach etwa 15 min grüngelb fluoreszierende Chromatogramm-Zonen auf dunklem Untergrund.

Anmerkung: Die Vor- und Nachbehandlung der Chromatogramme mit basischer Triethylaminlösung, an deren Stelle z. B. auch eine alkoholische Lösung von Natriumhydroxid [1, 4] oder eine Phosphatpufferlösung mit pH = 8.0 (c = 0.2 mol/l) [5] verwendet werden kann, dient zur Stabilisierung der Fluoreszenz der Aminderivate [2]. Durch Nachsprühen mit methanolischer Salzsäure (c_{HCl} = 5 mol/l) oder Perchlorsäure (70%) wird die Nachweisreaktion hochspezifisch für Histamin [4] bzw. für Catecholamine und Indolamine [5].

Das Reagenz kann auch zur prä-chromatographischen Derivatisierung mittels „Overspotting" [6] oder Tauchen [5] eingesetzt werden.

Die Nachweisgrenzen für Amine und Sulfonamide liegen im unteren Nanogrammbereich.

Das Reagenz kann u. a. auf Kieselgel-, Kieselgur-, Si 50000- und Cellulose-Schichten eingesetzt werden.

Geprüftes Beispiel

Primäre Amine [15]

Methode:	Aufsteigende, eindimensionale Entwicklung in einer Trogkammer bei Kammersättigung.
Schicht:	HPTLC-Fertigplatten Cellulose (MERCK)
Fließmittel:	1-Butanol – Eisessig – Wasser (15+5+5)
Laufstrecke:	5 cm
Laufzeit:	25 min

Nachweis und Ergebnis: Das vom Fließmittel befreite Chromatogramm wird 1 s in Tauchlösung I, kurz im Kaltluftstrom getrocknet und dann 1 s in Tauchlösung II getaucht. Zur Erhöhung und Stabilisierung der Fluoreszenz um 25–40% wird anschließend in eine Mischung Paraffin dünnflüssig – n-Hexan (1+5) getaucht.

Es resultieren für Glycin (hR_f: 20–25), Alanin (hR_f: 35–40), Valin (hR_f: 55–60) und Leucin (hR_f: 65–70) im langwelligen UV-Licht (λ = 365 nm) blaugrün fluoreszierende Chromatogramm-Zonen die nach 15 min quantitativ ausgewertet werden können (Abb. 1).

In-situ-Messung: Die fluorimetrische Auswertung erfolgt bei λ_{exc} = 365 nm und λ_{fl} > 460 nm. Die Nachweisgrenzen liegen bei 5–20 ng Substanz pro Chromatogramm-Zone.

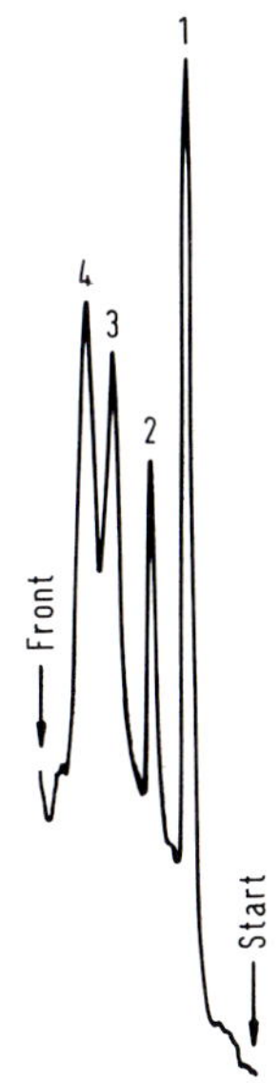

Abb. 1: Fluoreszenz-Ortskurve einer Chromatogrammbahn mit je 200 ng Substanz pro Chromatogramm-Zone. Glycin (1), Alanin (2), Valin (3), Leucin (4).

Literatur

[1] Sarhan, S., Seiler, N., Grove, J. Bink, G.: *J. Chromatogr.* **1979,** *162,* 561–572.
[2] Felix, A. M., Jimenez, M. H.: *J. Chromatogr.* **1974,** *89,* 361–364.
[3] Furlan, M., Beck, E. A.: *J. Chromatogr.* **1974,** *101,* 244–246.
[4] Lieber, E. R., Taylor, S. L.: *J. Chromatogr.* **1978,** *160,* 227–237.
[5] Nakamura, H., Pisano, J. J.: *J. Chromatogr.* **1976,***121,* 79–81; **1978,** *152,* 153–165; **1978,** *154,* 51–59.
[6] Wintersteiger, R., Gübitz, G., Hartinger, A.: *Chromatographia* **1980,** *13,* 291–294.
[7] Ha, Y.-D., Bergner, K. G.: *Dtsch. Lebensm. Rundsch.* **1980,** *76,* 390–394: **1981,** *77,* 102–106.

[8] Funk, W., Canstein, M. von, Couturier, T., Heiligenthal, M., Kiefer U., Schlierbach, S., Sommer, D.: Proceedings of the 3rd International Symposium on Instrumental HPTLC, Würzburg. Bad Dürkheim: IfC-Verlag 1985, S. 281-311.

[9] Nakamura, H., Tsuzuki, S., Tamura, Z. Yoda, R., Yamamoto, Y.: *J. Chromatogr.* **1980,** *200,* 324-329.

[10] Thomas, M. H., Epstein, R. L., Ashworth, R. B., Marks, H.: *J. Assoc. Off. Anal. Chem.* **1983,** *66,* 884-892.

[11] Knupp, G., Pollmann, H., Jonas, D.: *Chromatographia* **1986,** *22,* 21-24.

[12] Sherma, J., Duncan, M.: *J. Liq. Chromatogr.* **1986,** *9,* 1861-1868.

[13] Schlatterer, B.: *Z. Lebensm. Unters. Forsch.* **1982,** *175,* 392-398; **1983,** *176,* 20-26.

[14] Thomas, M. H., Soroka, K. E., Simpson, R. M., Epstein, R. L.: *J. Agric. Food Chem.* **1981,** *29,* 621-624.

[15] Kany, E., Jork, H.: GDCh-Fortbildungskurs Nr. 300: Einführung in die DC, Universität des Saarlandes, 66 Saarbrücken 1987.

Formaldehyd – Schwefelsäure – Reagenz
(Marquis'-Reagenz)

Reagenz für:

- Aromatische Kohlenwasserstoffe und Heterocyclen [1]
- β-Blocker
  z. B. Pindolol, Alprenolol, Propranolol, Oxprenolol, Nadolol u. a. [2, 3]
- Alkaloide
  z. B. Morphin, Codein, Heroin, 6-Monoacetylmorphin [4]
- Amphetamine
  z. B. 2,5-Dimethoxy-4-bromamphetamin [5]
- Fettsäuremethylester [6]
- Phenothiazine [7]
- Tannine [8]
- Guaifenesin [9]

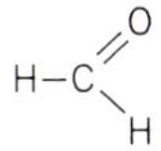

CH_2O	H_2SO_4
M_r = 30.03	M_r = 98.08
Formaldehyd	Schwefelsäure

Herstellung des Reagenzes

Tauchlösung: 10 ml Schwefelsäure (95–97%) werden vorsichtig mit 90 ml Methanol gemischt. Zu dieser Lösung werden 2 ml Formaldehyd-Lösung (37%) hinzugefügt.

Sprühlösung: 0,2–1 ml Formaldehyd-Lösung (37%) werden vorsichtig mit 10 ml konz. Schwefelsäure gemischt [1–3].

Aufbewahrung: Die Tauchlösung ist im Kühlschrank ca. 4 Wochen haltbar.

Substanzen: Formaldehyd-Lösung, min. (37%)
Schwefelsäure (95–97%)
Methanol

Reaktion

Unter Einwirkung von Formaldehyd in saurer Lösung entsteht aus Morphin (1) ein cyclisches Oxonol (2), das sich durch Säureeinwirkung in das farbige Oxonium- (3) bzw. Carbenium-Ion (4) umwandelt [10].

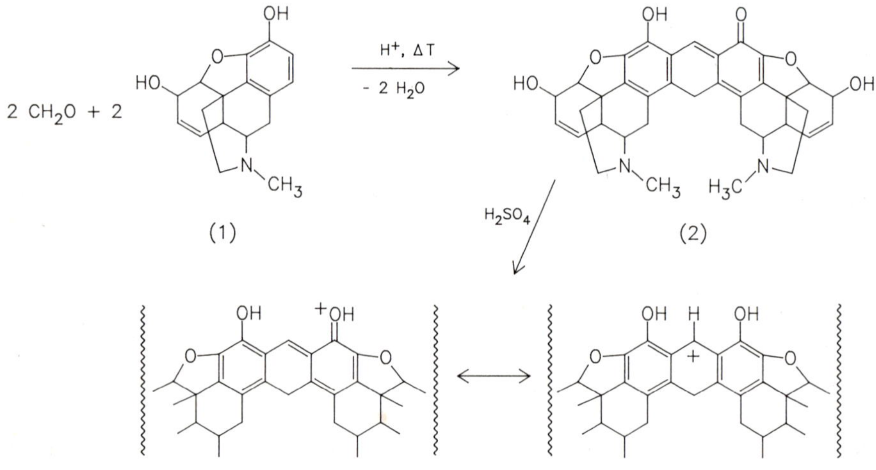

Durchführung

Die vom Fließmittel befreiten Chromatogramme (5 min Warmluftstrom) werden 4 s in die Tauchlösung getaucht oder homogen mit der Sprühlösung besprüht und anschließend 20 min auf 110 °C erhitzt (bei Fettsäuremethylestern wird 10 min auf 140 °C erhitzt [6]).

Es resultieren, teils schon vor dem Erwärmen, unterschiedlich gefärbte Chromatogramm-Zonen auf schwach rosa gefärbtem Untergrund, die häufig im langwelligen UV-Licht (λ = 365 nm) fluoreszieren.

Anmerkung: Wegen der starken Reizwirkung auf die Atmungsorgane sollte bevorzugt das Tauchreagenz verwendet werden. Als Nachweisgrenzen werden angegeben für Alkaloide ca. 10–40 ng [4] und für β-Blocker 50 ng – 1 µg [2, 3].

Das Reagenz kann auf Kieselgel-, Kieselgur-, Si 50000- und Aluminiumoxid-Schichten eingesetzt werden.

Geprüftes Beispiel

Morphin-Alkaloide [4]

Methode: Aufsteigende, eindimensionale Entwicklung in einer Trogkammer ohne Kammersättigung.

Schicht: HPTLC-Fertigplatten Kieselgel 60 (MERCK), die zur Vorreinigung einmal in Chloroform–Methanol (50+50) entwickelt und anschließend 20 min bei 110 °C getrocknet werden.

Fließmittel: Methanol – Chloroform – Wasser (12+8+2).

Laufstrecke: 6 cm

Laufzeit: 20 min

Nachweis und Ergebnis: Das 5 min im Warmluftstrom getrocknete Chromatogramm wird 6 s in die Tauchlösung getaucht und 20 min auf 110 °C erhitzt. Nach dem Trocknen im Kaltluftstrom resultieren für Morphin (hR_f: 20–25), 6-Monoacetylmorphin (hR_f: 40–45) und Heroin (hR_f: 50–55) rötliche und für Codein (hR_f: 30–35) blaue Chromatogramm-Zonen auf schwach rosa gefärbtem Plattenuntergrund.

Soll eine fluorimetrische Auswertung erfolgen, wird das Chromatogramm anschließend 20 min in eine Kammer mit Ammoniak-Dämpfen gestellt (Doppeltrogkammer mit 25proz. Ammoniak in der freien Troghälfte) und dann sofort 2 s in eine 20proz. Lösung von Dioctylsulfosuccinat in Chloroform getaucht. Nach dem Trocknen im Kaltluftstrom erscheinen die untersuchten Morphin-Alkaloide im langwelligen UV-Licht (λ = 365 nm) als rosa bis rot fluoreszierende Zonen auf blau fluoreszierendem Untergrund.

In-situ-Messung: Die absorptionsphotometrische Remissionsmessung erfolgt bei der Wellenlänge $\lambda = 330$ nm (Nachweisgrenzen: ca. 40 ng pro Fleck). Die fluorimetrische Auswertung läßt sich bei $\lambda_{exc} = 313$ nm und $\lambda_{fl} > 560$ nm (Nachweisgrenzen: ca. 10 ng pro Fleck) durchführen (Abb. 1).

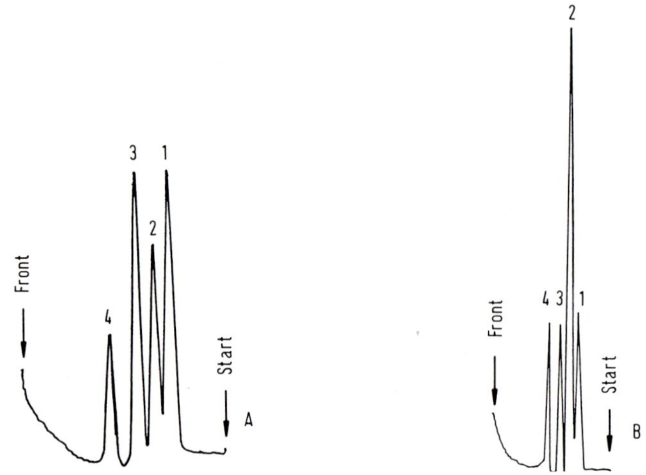

Abb. 1: Remissionsgrad-Ortskurve (A) und Fluoreszenz-Ortskurve (B) eines Alkaloidgemischs mit 725 ng (A) bzw. 100 ng (B) Substanz pro Chromatogramm-Zone: Morphin (1), Codein (2), 6-Monoacetylmorphin (3), Heroin (4).

Literatur

[1] Kucharczyk, N., Fohl, J., Vymetal, J.: *J. Chromatogr.* **1963,** *11*, 55-61.
[2] Jack, D. B., Dean, S., Kendall, M. J.: *J. Chromatogr.* **1980,** *187*, 277-280.
[3] Jack, D. B., Dean, S., Kendall, M. J., Laugher, S.: *J. Chromatogr.* **1980,** *196*, 189-192.
[4] Patzsch, K., Funk, W., Schütz, H.: *GIT Fachz. Lab., Supplement „Chromatographie“,* **1988,** *32*, 83-91.
[5] Gielsdorf, W., Klug, E.: *Dtsch. Apoth. Ztg.* **1981,** *121*, 1003-1005.
[6] Acher, A. J., Kanfer, J. N.: *J. Lipid Res.* **1972,** *13*, 139-142.
[7] Kraus, L., Richter, R.: *Dtsch. Apoth. Ztg.* **1980,** *120*, 2349-2350.
[8] Botha, J. J., Viviers, P. M., Ferreira, D., Roux D. G.: *Phytochemistry* **1982,** *21*, 1289-1294.
[9] Kauert, G., von Meyer, L., Drasch, G.: *Dtsch. Apoth. Ztg.* **1979,** *119*, 986-988.
[10] Pindur, U.: *Pharm. Unserer Zeit* **1982,** *11*, 74-82.

8-Hydroxychinolin–Reagenz

Reagenz für:

- Kationen [1–10]
- 1,4-Benzodiazepine [11]

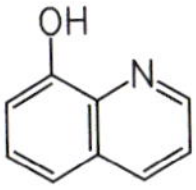

C_9H_7NO

M_r = 145.16

Herstellung des Reagenzes

Tauchlösung: 0.5 g 8-Hydroxychinolin werden in 100 ml Ethylacetat gelöst.

Aufbewahrung: Die Lösung ist mehrere Tage haltbar.

Substanzen: 8-Hydroxychinolin
Ethylacetat
Ethanol
Ammoniak-Lösung (25%)

Reaktion

8-Hydroxychinolin bildet mit zahlreichen Metall-Kationen farbige und fluoereszierende Komplexe:

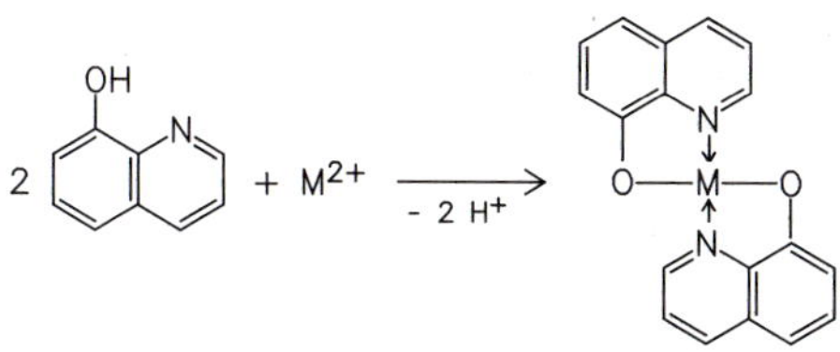

Durchführung

Die im Warmluftstrom getrockneten Chromatogramme werden 5 s in die Reagenzlösung getaucht, anschließend an der Luft getrocknet und dann 5 min in eine Doppeltrogkammer gestellt, deren zweite Troghälfte mit 5 ml Ammoniak-Lösung (25%) beschickt ist. Direkt nach dem Herausnehmen der DC-Platte wird im UV-Licht (λ = 254 nm bzw. 365 nm) ausgewertet. Es resultieren zumeist gelbgefärbte Zonen, deren Fluoreszenzfarben in Tab. 1 zusammengestellt sind.

Die Tauchlösung kann auch als Sprühreagenz verwendet werden, wobei in diesem Fall in der Literatur 60proz. [6], 80proz. [5] bis 95proz. Ethanol [9] als Lösungsmittel empfohlen wird. Das Reagenz kann auf Kieselgel, Dowex 50×4 (Na^+), Cellulose- und Stärke-Schichten eingesetzt werden. Bei den 1,4-Benzodiazepinen liegt die Nachweisgrenze bei 100 ng pro Chromatogramm-Zone [11].

Tabelle 1: Farben der 8-Hydroxychinolin-Komplexe

Ion	Farbe: Tageslicht	Farbe: Fluoreszenz (λ_{exc} = 365 nm)	Nachweisgrenze [ng]
Be^{2+}	grüngelb	gelb	200
Mg^{2+}	grüngelb	gelb	100
Ca^{2+}	gelb	gelb	500
Sr^{2+}	gelb	grünblau	200
Ba^{2+}	gelb	blau	500
$Sn^{2+/4+}$	gelb	*	*
$Cr^{3+/6+}$	schwarz	*	*
$Fe^{2+/3+}$	schwarz	purpur	*
Al^{3+}	gelb	gelb	*
Ni^{3+}	gelb	rot	*
Co^{2+}	gelb	rot	*
Cu^{2+}	gelb	rot	*
Bi^{2+}	gelb	rot	*
Zn^{2+}	gelb	gelb	*
Cd^{2+}	gelb	gelb	*
Hg^{2+}	gelb	rot	*

* = nicht angegeben

Geprüftes Beispiel

Erdalkali-Kationen [4, 12]

Methode: Aufsteigende, eindimensionale Entwicklung in einer HPTLC-Kammer bei Kammersättigung.

Schicht: HPTLC-Fertigplatten Cellulose (MERCK)

Fließmittel: Methanol – Salzsäure (25%) (80+20)

Laufstrecke: 5 cm

Laufzeit: 20 min

Nachweis und Ergebnis: Das Chromatogramm wird 15 min im Warmluftstrom getrocknet, dann 5 s in die Reagenzlösung getaucht, anschließend an der Luft getrocknet und zum Schluß 5 min in eine Ammoniak-Kammer gestellt. Sofort nach der Entnahme erfolgt die Betrachtung des Chromatogramms im langwelligen UV-Licht (λ = 365 nm). Die Trennung (Abb. 1) entspricht der Gruppenreihenfolge im Periodensystem: Be^{2+} (hR_f: 95–98); Mg^{2+} (hR_f: 75–80); Ca^{2+} (hR_f: 50–55); Sr^{2+} (hR_f: 30–35, leicht schwänzend); Ba^{2+} (hR_f: 15–20).

Der Anteil der Salzsäure im Fließmittel darf nicht über 20% erhöht werden, damit keine Komplexbildung erfolgt und sich die Zonenausbildung nicht verschlechtert. Ein Überschuß an begleitenden Erdalkalimetall-Ionen stört die Trennung nicht, wohl aber Alkali-Kationen. Das Lithium-Kation fluoresziert blau und liegt in der Höhe des Magnesium-Kations, Ammonium-Kationen stören die Calcium-Zonen.

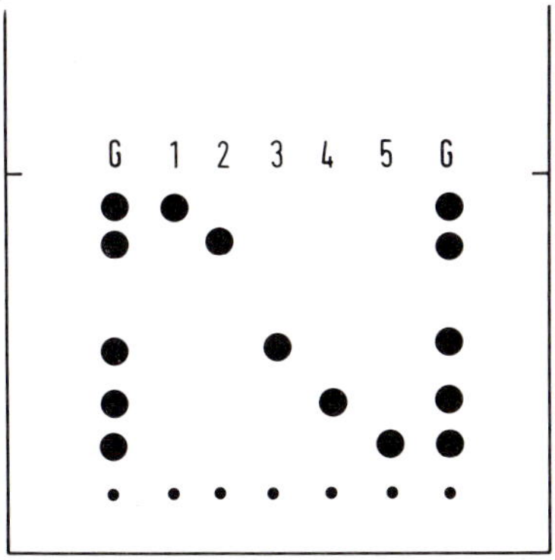

Abb. 1: Chromatographische Trennung der Erdalkali-Kationen. Gemisch (G), Be^{2+} (1), Mg^{2+} (2), Ca^{2+} (3), Sr^{2+} (4), Ba^{2+} (5).

Literatur

[1] Reeves, W. A., Crumler, Th. B.: *Anal. Chem.* **1952,** *23,* 1576-1578.
[2] Arden, T. V., Burstall, F. H., Davies, G. R., Lewis, J. A., Linstead, R. P.: *Nature* (London) **1948,** *162,* 691-692.
[3] Perisic-Janjic, N., Canic, V., Radosavljevic, S.: *Chromatographia,* **1983,** *17,* 454-455.
[4] Gagliardi, E., Likussar, W.: *Mikrochim. Acta* **1965,** 765-769.
[5] Vries, G. de, Schütz, G. P., Dalen, E. van: *J. Chromatogr.* **1964,** *13,* 119-127.
[6] Ryabchikov, D. J., Volynets, M. P., Kopneva, L. A.: *J. Anal. Chem.* (USSR) **1969,** *24,* 65-67.
[7] Rai, J., Kukreja, V. P.: VI. Intern. chromatogr. Symp., Brüssel **1970,** 453-461, *Chromatographia* **1970,** *3,* 499-500.
[8] Oguma, K., Kuroda, R.: *J. Chromatogr.* **1971,** *61,* 307-316.
[9] Lepri, L., Desideri, P. G., Mascherini, R: *J. Chromatogr.* **1972,** *70,* 212-215.
[10] Lederer, M., Rinalduzzi, B.: *J. Chromatogr.* **1972,** *68,,* 237-244.
[11] Kosa, Z.: *Gyogyszereszet* **1977,** *31,* 289-290.
[12] Kany, E., Jork, H.: GDCh-Fortbildungskurs Nr. 301 „Dünnschicht-Chromatographie für Fortgeschrittene", Universität des Saarlandes, Saarbrücken 1985.

Isonicotinsäurehydrazid-Reagenz
(INH-Reagenz)

Reagenz für:

- Δ^4-3-Ketosteroide [1-6]
  z. B.: Corticosteroide, Androgene, Gestagene

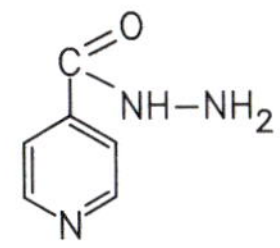

$C_6H_7N_3O$

M_r = 137.14

Herstellung des Reagenzes

Tauchlösung: 1 g Isonicotinsäurehydrazid (Pyridin-4-carbonsäurehydrazid, Isoniazid) wird in 100 ml Ethanol gelöst und mit 500 µl Trifluoressigsäure [1] oder 1 ml Eisessig versetzt.

Sprühlösung: 0.8 g Isonicotinsäurehydrazid werden in 200 ml Methanol gelöst und mit 1 ml Salzsäure (25%) [6] oder Essigsäure [2] versetzt.

Aufbewahrung: Beide Lösungen sind im Kühlschrank bei 4 °C acht Tage haltbar.

Substanzen: Pyridin-4-carbonsäurehydrazid
Salzsäure (25%)
Trifluoressigsäure
Ethanol
Methanol

Reaktion

Isonicotinsäurehydrazid bildet mit Ketosteroiden fluoreszierende Hydrazone:

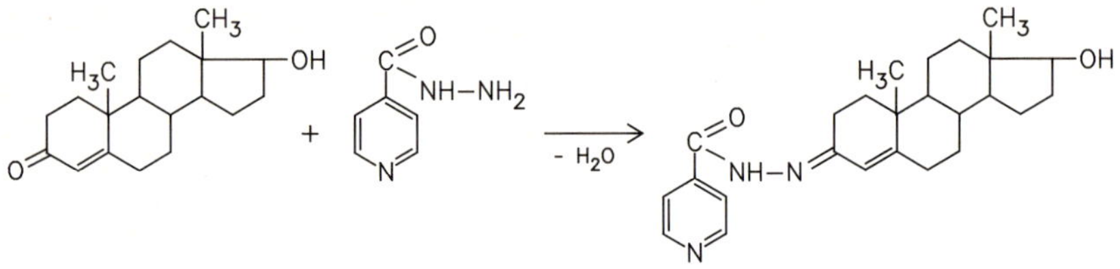

Testosteron Isonicotinsäure-hydrazid Testosteron-Isonicotin-säurehydrazon

Durchführung

Die im Kaltluftstrom getrockneten Chromatogramme werden 20 s in die Tauchlösung getaucht oder gleichmäßig mit der Sprühlösung benebelt, dann an der Luft getrocknet und einige Minuten bei Raumtemperatur belassen.

Anschließend kann zur Erhöhung der Fluoreszenzintensität in Paraffin dünnflüssig – *n*-Hexan (1+2) getaucht werden [1].

Es resultieren gefärbte Hydrazone, die im langwelligen UV-Licht (λ = 365 nm) auf dunklem Untergrund fluoreszieren.

Anmerkung: Δ^{4}-,$\Delta^{4,6}$-, $\Delta^{1,4}$- und Δ^{1}-3-Ketosteroide reagieren – u.a. auch in Abhängigkeit von der Säurestärke im Reagenz – verschieden schnell und können so differenziert werden [3, 5, 6]

Die Tauchlösung kann auch als Sprühreagenz verwendet werden. Damit läuft die Reaktion schneller ab, als für die alkoholischen Sprühlösungen in der Literatur angegeben wird.

Als stationäre Phasen können u.a. Kieselgel-, Kieselgur-, Si 50000- und Cellulose-Schichten eingesetzt werden.

Geprüftes Beispiel

Testosteron [1]

Methode: Aufsteigende, eindimensionale Entwicklung in einer Trogkammer bei Kammersättigung.

Schicht: HPTLC-Fertigplatten Kieselgel 60 (MERCK).
Zur Vorreinigung der Schicht wird einmal in Chloroform und anschließend zweimal in Toluol – 2-Propanol (10+1) entwickelt, wobei jeweils 30 min bei 110°C zwischengetrocknet wird.

Fließmittel: Toluol – 2-Propanol (10+1)

Laufstrecke: 5 cm

Laufzeit: 10 min

Nachweis und Ergebnis: Die fließmittelfreien Chromatogramme (Kaltluftstrom) werden 20 s in die Reagenzlösung getaucht und nach dem Trocknen an der Luft 20 min bei Raumtemperatur belassen. Testosteron (hR_f: 35–40) fluoresziert hellblau im langwelligen UV-Licht (λ = 365 nm, Abb. 1).

In-situ-Messung: Zur Stabilisierung der Fluoreszenz und Erhöhung der Empfindlichkeit um den Faktor 10 wird das Chromatogramm anschließend noch in Paraffin dünnflüssig – *n*-Hexan (10+20) getaucht. Die Nachweisgrenze für Testosteron liegt unter 500 pg pro Chromatogramm-Zone (Anregung: λ_{exc} = 365 nm; Fluoreszenz: λ_{fl} > 430 nm).
In Abb. 2 ist die Trennung eines Δ^4-3-Ketosteroid-Gemisches abgebildet.

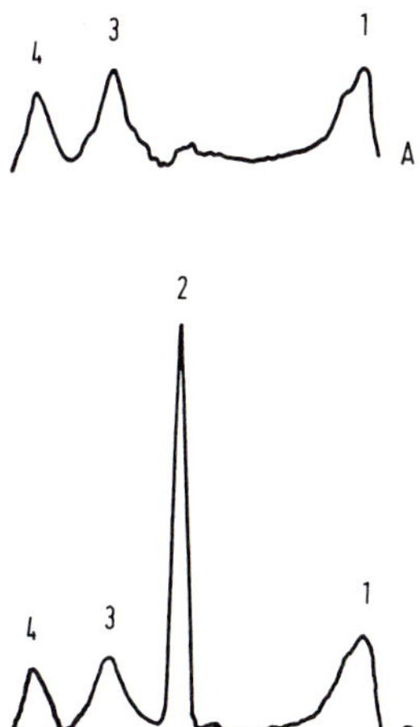

Abb. 1: Fluoreszenz-Ortskurve einer Leerbahn (A) und des Testosteron-Derivates (B). Start (1), Testosteron-Isonicotinsäurehydrazon-Derivat (hR_f: 39) (2); unbekannte Substanzen (3, 4).

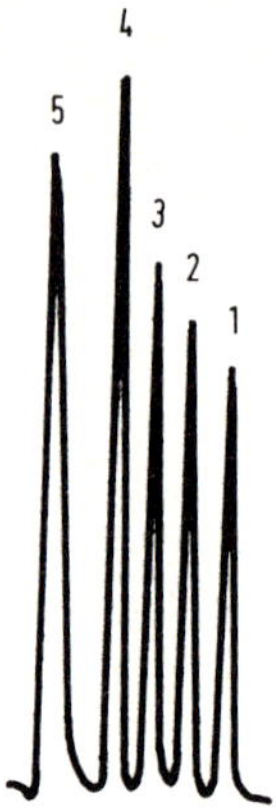

Abb. 2: Fluoreszenz-Ortskurve eines Δ^4-3-Ketosteroid-Gemischs nach INH-Behandlung. Aldosteron (1), Corticosteron (2), Cortexolon (3), Testosteron (4), Progesteron (5).

Literatur

[1] Funk, W.: *Fresenius Z. Anal. Chem.* **1984,** *318,* 206–219.
[2] Lisboa, B. P.: *Acta Endocrinol.* **1963,** *43,* 47–66
[3] Lisboa, B. P.: *J. Chromatogr.* **1964,** *16,* 136–151: **1965,** *19,* 81–104.
[4] Vaedtke, J., Gajewska, A.: *J. Chromatogr.* **1962,** *9,* 345–347.
[5] Weichselbaum, T. E., Margraf, H. W.: *J. Clin. Endocrinol. Metab.* (Copenhagen) **1957,** *17,* 959–965.
[6] Smith, L. L., Foell, T.: *Anal. Chem.* **1959,** *31,* 102–105.

Kaliumhexacyanoferrat(III)-Ethylendiamin-Reagenz

Reagenz für:

- Catecholamine [1–4]
- 3,4-Dihydroxyphenylessigsäure [5]
- 3-Hydroxytyramin [5]

	$H_2N\text{-}CH_2\text{-}CH_2\text{-}NH_2$
$K_3(Fe(CN)_6)$	$C_2H_8N_2$
M_r = 329.25	M_r = 60.10
Kaliumhexacyanoferrat(III)	Ethylendiamin

Herstellung des Reagenzes

Tauchlösung: 20 ml Methanol werden mit 5 ml Ethylendiamin gemischt und anschließend mit 5 ml einer Lösung von 0.5 g Kaliumhexacyanoferrat(III) in 100 ml Wasser versetzt.

Aufbewahrung: Die Lösung ist im Kühlschrank eine Woche haltbar; sie sollte für in-situ-Auswertungen jedoch stets frisch angesetzt werden [3].

Substanzen: Methanol
Ethylendiamin
Kaliumhexacyanoferrat(III)

Reaktion

Adrenalin wird durch Oxidation mit Kaliumhexacyanoferrat(III) in Adrenochrom überführt und kondensiert anschließend mit Ethylendiamin:

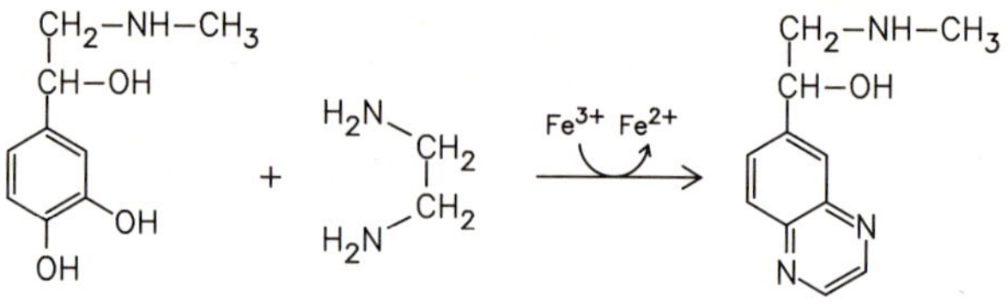

Durchführung

Die im Warmluftstrom gut getrockneten Chromatogramme werden 1 s in die Reagenzlösung getaucht und nach dem Trocknen an der Luft 30 min lang im Trockenschrank auf 65 °C erwärmt.

Es resultieren im langwelligen UV-Licht ($\lambda \geq 400$ nm) fluoreszierende Zonen, die quantitativ ausgewertet werden können [2].

Anmerkung: Die Tauchlösung kann auch als Sprühreagenz verwendet werden [2]. Auf Kieselgel-Schichten können Catecholamine nur in Form ihrer Triacetyl-Derivate, auf Cellulose-Schichten dagegen auch underivatisiert [4] getrennt werden.

Geprüftes Beispiel

Adrenalin, Noradrenalin, Dopamin, Dopa als Triacetyl-Derivate [6]

Methode: Aufsteigende, eindimensionale Entwicklung in einer Trogkammer. Nach dem Auftragen der Proben wird die Schicht 30 min bei 18% rel. Luftfeuchte in einer Konditionier-Kammer äquilibriert und dann sofort entwickelt.

Schicht: HPTLC-Fertigplatten Kieselgel 60 (Merck)

Fließmittel: Aceton – Dichlormethan – Ameisensäure (50+50+1)

Laufstrecke: 8 cm

Laufzeit: 20 min

Nachweis und Ergebnis: Das im Warmluftstrom getrocknete Chromatogramm wird 1 s in die frisch zubereitete Reagenzlösung getaucht und zur Nachbehandlung etwa 15 min auf 80 °C erwärmt. Es resultieren im langwelligen UV-Licht ($\lambda = 365$ nm) blaugelb fluoreszierende Zonen.

In-situ-Messung: Zur fluorimetrischen Auswertung wird bei $\lambda_{exc} = 405$ nm angeregt und das Fluoreszenzlicht $\lambda_{fl} > 460$ nm gemessen. Die Nachweisgrenzen liegen bei 200 pg Dopamin (*hR*$_f$: 65–70), 400 pg Adrenalin (*hR*$_f$: 55–60) oder Noradrenalin (*hR*$_f$: 45–50) und 1–2 ng Dopa (*hR*$_f$: 80–85) pro Chromatogramm-Zone (Abb. 1).

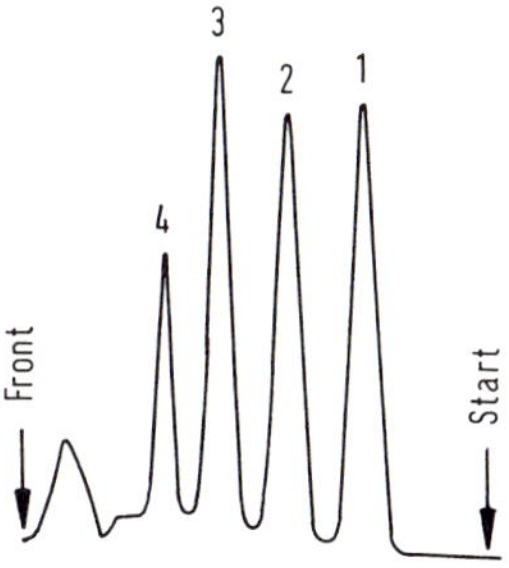

Abb. 1: Fluoreszenz-Ortskurven der Catecholamin-Derivate (je ca. 10 ng) von Noradrenalin (1), Adrenalin (2), Dopamin (3), Dopa (4).

Literatur

[1] Ellman, G. L.: *Nature* (London) **1958,** *181,* 768–769
[2] Geissler, H. E., Mutschler, E.: *J. Chromatogr.* **1971,** *56,* 271–279.
[3] Gerardy, J., Quinaux, N., Dresse, A.: *Experientia* **1971,** *27,* 112–113.
[4] Takahashi, S., Gjessing, L. R.: *Clin. Chim. Acta* **1972,** *36,* 369–378.
[5] Clotten, R., Clotten, A.: *Hochspannungs-Elektrophorese.* Stuttgart: Thieme, 1962.
[6] Wallenstein, B.: Diplomarbeit, Universität Gießen, Institut für Pflanzenbau und Pflanzenzüchtung I, 1985.

Kaliumhexacyanoferrat(III)-Natronlauge-Reagenz

Reagenz für:

- Vitamin B_1 und seine Phosphate [1-2]
- Adrenalin, Noradrenalin, Isoprenalin [3]

$K_3(Fe(CN)_6)$

$M_r = 329.25$

Herstellung des Reagenzes

Tauchlösung: In 7 ml Wasser werden zuerst 10 mg Kaliumhexacyanoferrat(III) und anschließend 1 g Natriumhydroxid-Plätzchen aufgelöst und die Lösung dann mit 20 ml Ethanol verdünnt.

Aufbewahrung: Die Tauchlösung sollte jeweils vor Gebrauch frisch angesetzt werden, da sie instabil ist.

Substanzen: Kaliumhexacyanoferrat(III)
Natriumhydroxid Plätzchen
Ethanol

Reaktion

Kaliumhexacyanoferrat(III) bildet z. B. mit Vitamin B_1 fluoreszierendes Thiochrom:

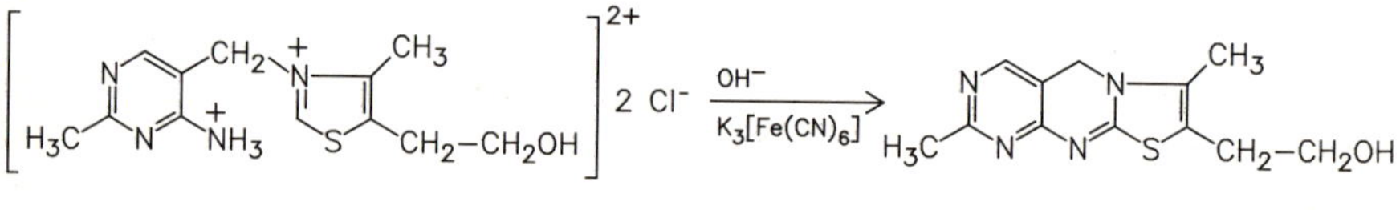

Durchführung

Die entwickelten Chromatogramme werden 1 min im Heißluftstrom getrocknet, dann nach dem Abkühlen 1 s in die Reagenzlösung getaucht und nochmals im Warmluftstrom 30 s getrocknet.

Die Tauchlösung kann als Sprühlösung verwendet werden; in der Literatur [1–3] sind auch andere Konzentrationen angegeben.

Es resultieren für Vitamin B_1 und seine Phosphorsäureester im langwelligen UV-Licht (λ = 365 nm) bläulich bis leuchtend blau fluoreszierende Zonen. Adrenalin, Noradrenalin, Dopa und Isoprenalin werden dagegen rot und Dopamin blau angefärbt. Noradrenalin zeigt im langwelligen UV-Licht (λ = 365 nm) eine orangefarbene Fluoreszenz.

Anmerkung: Das Reagenz ist u.a. auf Kieselgel-, Kieselgur-, Si 50000- und Cellulose-Schichten einsetzbar.

Geprüftes Beispiel

Vitamin B_1 [2]

Methode: Aufsteigende, eindimensionale Entwicklung in einer Doppeltrogkammer bei Kammersättigung. Nach dem Auftragen der Probe wird die HPTLC-Platte 15 min lang im fließmittelfreien Teil der Doppeltrogkammer vorkonditioniert.

Schicht: HPTLC-Fertigplatten Kieselgel 60 (MERCK), die zur Vorreinigung einmal in Chloroform – Methanol (1+1) bis zum oberen Plattenrand entwickelt und anschließend 30 min bei 110°C getrocknet werden.

Fließmittel: Methanol – Ammoniak-Lösung (25%) – Eisessig (8+1+1)

Laufstrecke: 6 cm

Laufzeit: ca. 20 min

Nachweis und Ergebnis: Das Chromatogramm wird 1 min im Warmluftstrom getrocknet und nach dem Abkühlen 1 s in die Reagenzlösung getaucht. Nach erneutem Trocknen im Warmluftstrom wird zur Erhöhung (Faktor 2) und Stabilisierung der Fluoreszenz 1 s in eine Mischung Chloroform – Paraffin dünnflüssig – Triethanolamin (6+1+1) getaucht und nochmals 30 s im Warmluftstrom getrocknet.

Thiamin (hR_f: 40–45) erscheint im langwelligen UV-Licht (λ = 365 nm) als bläulich fluoreszierende Zone, die quantitativ ausgewertet werden kann (Abb. 1). Die Nachweisgrenze liegt bei 500 pg Vitamin B_1 pro Chromatogramm-Zone.

In-situ-Messung: Die fluorimetrische Auswertung erfolgt im langwelligen UV-Licht (λ_{exc} = 365 nm, λ_{fl} > 430 nm).

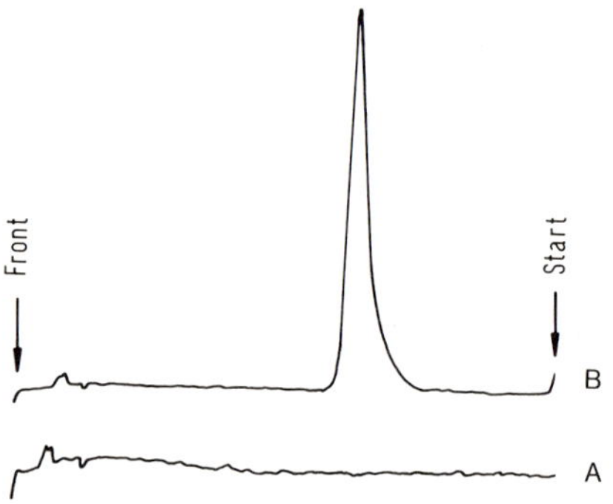

Abb. 1: Fluoreszenz-Ortskurven einer Leerbahn (A) und einer Chromatogrammbahn mit 5 ng Thiamin pro Chromatogramm-Zone (B).

Literatur

[1] Strohecker, R., Henning, H. M.: *Vitamin-Bestimmungen.* Weinheim: Verlag Chemie, 1963, S. 68ff.

[2] Derr, P.: Diplomarbeit, Fachhochschule Gießen, Fachbereich Technisches Gesundheitswesen, 1985.

[3] Beckett, A. H., Beaven, M. A., Robinson, A. E.: *J. Pharm. Pharmacol.* **1960,** *12,* 203T–216T.

Kupfer(II)-acetat-Phosphorsäure-Reagenz

Reagenz für:

- Prostaglandine [1-3]
- β-Sitosterin [4]
- polare Lipide [5]
- Phospholipide [5-17]
- Glycolipide [9]
- Fettsäureester [18 -19]

$(CH_3COO)_2Cu \cdot H_2O$	H_3PO_4
M_r = 199.65	M_r = 98.00
Kupfer(II)-acetat-Monohydrat	Orthoposphorsäure

Herstellung des Reagenzes

Tauchlösung: 3 g Kupfer(II)-acetat werden in 100 ml 8-15proz. wäßriger Phosphorsäure gelöst.

Aufbewahrung: Die Tauchlösung ist längere Zeit haltbar.

Substanzen: Orthophosphorsäure (85%)
Kupfer(II)-acetat-Monohydrat

Reaktion

Der Reaktionsmechanismus ist nicht geklärt.

Durchführung

Die im Warmluftstrom getrockneten Chromatogramme werden 2 s in die Reagenzlösung getaucht und anschließend 10–15 min auf 120–125 °C erhitzt. β-Sitosterin erscheint als graublaue Zone auf farblosem Untergrund [4] und für Prostaglandine resultieren unterschiedlich gefärbte Zonen [2], die langwelliges UV-Licht (λ = 365 nm) absorbieren.

Die Tauchlösung kann auch als Sprühlösung eingesetzt werden [11].

Anmerkung: Phospholipide und Glycolipide erscheinen nach 6–25 min [5–13], Fettsäureester erst nach 2 h [18] Erhitzen auf 180 °C (Verkohlen!) als grauschwarze Zonen auf fast farblosem Untergrund. Im Falle der Phospholipide ergeben nach Touchstone [7] nur die ungesättigten Phospholipide eine Reaktion, die gesättigten reagieren dagegen erst mit einem Kupfer(II)-sulfat-Phosphorsäure-Reagenz.

Das Reagenz kann auf Kieselgel-Schichten eingesetzt werden.

Geprüftes Beispiel

Prostaglandin E_1 [1]

Methode: Horizontale, eindimensionale Entwicklung in der Linearkammer (CAMAG).

Schicht: HPTLC-Fertigplatten Kieselgel 60 (MERCK).
Vor dem Auftragen der Probe wird die Schicht zweimal vorgereinigt, indem zunächst in Cyclohexan und, nach 30 min Trocknen bei 120 °C, nochmals in Methanol entwickelt wird, bevor abschließend 30 min bei 120 °C aktiviert wird.

Fließmittel: Ethylacetat – Ameisensäure (80+1)

Laufstrecke: ca. 5 cm

Laufzeit: 10–15 min

Nachweis und Ergebnis: Das im Warmluftstrom getrocknete Chromatogramm wird 2 s in die Reagenzlösung getaucht und dann 15 min auf 120 °C erhitzt. Prostaglandin E_1 erscheint als gelbbraune Zone (hR_f: 25–30) auf farblosem Untergrund.

In-situ-Messung: Eine quantitative Auswertung in Remission sollte möglichst rasch erfolgen, da die Farbintensität der Flecke innerhalb eines Tages um ca. 40% abnimmt. Meßwellenlänge: λ = 345 nm; Nachweisgrenze: 2.5 ng pro Chromatogramm-Zone (Abb. 1).

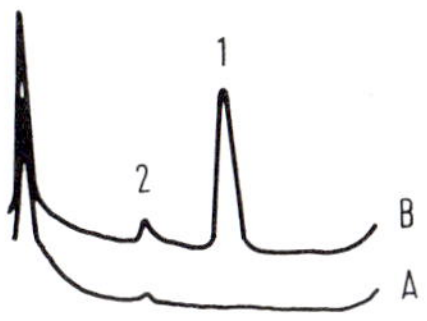

Abb. 1: Remissionsgrad-Ortskurve einer Leerbahn (A) und einer Chromatogrammbahn (B) mit 80 ng Prostagladin E_1 (1), β-Front (2).

Literatur

[1] Luitjens, K.-D., Funk, W., Rawer, P.: *J. High Resolut. Chromatogr. Chromatogr. Commun.* **1981,** *4,* 136–137.
[2] Ubatuba, F. B.: *J. Chromatogr.* **1978,** *161,* 165–177.
[3] Bruno, P., Caselli, M., Garappa, C., Traini, A.: *J. High Resolut. Chromatogr. Chromatogr. Commun.* **1984,** *7,* 593–595.
[4] Ronen, Z.: *J. Chromatogr.* **1982,** *236,* 249–253.
[5] Kolarovic, L., Traitler, H.: *J. High Resolut. Chromatogr. Chromatogr. Commun.* **1985,** *8,* 341–346.
[6] Touchstone, J. C., Chen, J. C., Beaver, K.: *Lipids* **1980,** , *15,* 61–62.
[7] Touchstone, J. C., Levin, S. S., Dobbins, M. F., Carter, P. J.: *J. Liq. Chromatogr.* **1983,** *6,* 179–192: *J. High Resolut. Chromatogr. Chromatogr. Commun.* **1981,** *4,* 423–424.
[8] Sherma, J., Bennett, S.: *J. Liq. Chromatogr.* **1983,** *6,* 1193–1211.
[9] Fewster, M. E., Burns, B. J., Mead, J. F.: *J. Chromatogr.* **1969,** *43,* 120–126.
[10] Kohl, H. H., Telander, D. H. jr., Roberts, E. C., Elliott, H. C. jr.: *Clin. Chem.* **1978,** *24,* 174–176.
[11] Mallikarjuneswara, V. R.: *Clin. Chem.* **1975,** *21,* 260–263.
[12] Pappas, A. A., Mullins, R. E., Gadsden, R. G.: *Clin. Chem.* **1982,** *28,* 209–211.
[13] Selvam, R., Radin, N. S.: *Anal. Biochem.* **1981,** *112,* 338–345.
[14] Sherma, J., Touchstone, J. C.: *J. High Resolut. Chromatogr. Chromatogr. Commun.* **1979,** *2,* 199–200.
[15] Watkins, T. R.: *J. High Resolut. Chromatogr. Chromatogr. Commun.* **1982,** *5,* 104–105.
[16] Spillman, T., Cotton, D., Lynn, S., Bretaudiere J.: *Clin. Chem.* **1983,** *29,*, 250–255.
[17] Seher, A., Spiegel, H., Könker, S., Oslage, H.: *Fette-Seifen-Anstrichm.* **1983,** *85,* 295–304
[18] Gosselin, L., Graeve, J. de: *J. Chromatogr.* **1975,** *110,* 117–124.
[19] Zeringue, H., J., Feuge, R. O.: *J. Assoc. Off. Anal. Chem.* **1976,** *53,* 567–571.

Kupfer(II)-nitrat-Reagenz

Reagenz für:

- Stabilisierung von „Ninhydrinflecken" [1–3]

$Cu(NO_3)_2$

M_r = 187.56

Herstellung des Reagenzes

Tauchlösung: 1 ml einer gesättigten, wäßrigen Kupfer(II)-nitrat-Lösung wird mit 0.2 ml 10proz. Salpetersäure versetzt und mit 95proz. Ethanol auf 100 ml aufgefüllt [1].

Aufbewahrung: Das Reagenz ist mehrere Tage haltbar.

Substanzen: Kupfer(II)-nitrat-Trihydrat
Salpetersäure
Ethanol
Ammoniak-Lösung (25%)

Reaktion

Der bei der Anfärbung von Aminosäuren mit Ninhydrin sich auf Dünnschicht-Chromatogrammen bildende blauviolette Farbstoff ist nur kurze Zeit stabil. Selbst auf Cellulose-Schichten beginnt er rasch zu verblassen. Durch Komplexbildung mit Metall-Ionen läßt sich die Stabilität deutlich erhöhen [3].

Durchführung

Die mit Ninhydrin angefärbten Chromatogramme werden 1 s in die Reagenzlösung getaucht oder homogen damit besprüht und anschließend sofort in die freie Troghälfte einer mit 25proz. Ammoniak-Lösung beschickten Doppeltrogkammer gestellt. Mit Ausnahme von Prolin und Hydroxyprolin, die gelbe Kupferkomplexe bilden, ergeben alle Aminosäuren rötlich gefärbte Chromatogramm-Zonen [3].

Anmerkung: Das Kupfer im Reagenz kann durch andere Metall-Ionen ersetzt werden. In Tab. 1 [3] sind die mit einigen Kationen erzielbaren Farbtöne angegeben.

Tabelle 1: Farbtöne der Metallkationen-Komplexe

Aminosäure	Zn^{2+}	Cd^{2+}	Co^{2+}	Cu^{2+}
Prolin	gelb	gelb	braun	ockergelb
Hydroxyprolin	grau	gelb	hellbraun	
Alanin	ziegelrot	weinrot	braun	lachs
Glycin	ziegelrot	weinrot	braun	lachs
Serin	ziegelrot	weinrot	braun	lachs
Threonin	ziegelrot	weinrot	braun	lachs
Phenylalanin	rot	ockerrot	braun	ockerrot
Tryptophan	rot	orange	braun	ockerrot
Andere Aminosäuren	rot	weinrot	braun	lachs

Im neutralen Bereich ist der Kupferkomplex recht stabil, dagegen verblaßt er sehr rasch in Anwesenheit von Wasserstoffionen. Andere Komplexbildner wie Weinsäure oder Zitronensäure und Thioharnstoff stören bei der Reaktion und sollten daher nicht in den Fließmitteln zur Aminosäuretrennung enthalten sein [3].

Geprüftes Beispiel

Valin, Phenylalanin, Leucin und Isoleucin [1]

Methode: Aufsteigende, eindimensionale Entwicklung in einer Trogkammer ohne Kammersättigung.

Schicht: HPTLC-Fertigplatten Cellulose (MERCK). Vor dem Auftragen der Proben wird die Schicht zur Vorreinigung einmal in Chloroform – Methanol (1+1) entwickelt und danach 30 min bei 110°C getrocknet.

Fließmittel: 2-Propanol – 1-Butanol – Trinatriumcitratlösung (c = 0.2 mol/l in Wasser) (50+30+20)

Laufstrecke: 9 cm

Laufzeit: 120 min

Nachweis und Ergebnis: Nach der Anfärbung mit Ninhydrin wird das auf Raumtemperatur abgekühlte Chromatogramm 1 s in die Reagenzlösung getaucht und, nach Trocknung an der Luft, 15 min in die freie Troghälfte einer mit 25proz. Ammoniak-Lösung beschickten Doppeltrogkammer gestellt.

Vor der Ammoniakbehandlung resultieren für Valin (hR_f: 45–50), Isoleucin (hR_f: 65–70) und Leucin (hR_f: 70–75) rote und für Phenylalanin (hR_f: 55–60) violette Chromatogramm-Zonen auf hellrosa Untergrund. Nach der Ammoniakbehandlung erscheinen alle 4 Aminosäuren als violette, über längere Zeit stabile Chromatogramm-Zonen auf fleischfarbenem Untergrund.

In-situ-Messung: Die absorptionsphotometrische Auswertung erfolgt in Remission bei λ = 540 nm. Die Nachweisgrenze liegt bei 5 ng Substanz pro Chromatogramm-Zone.

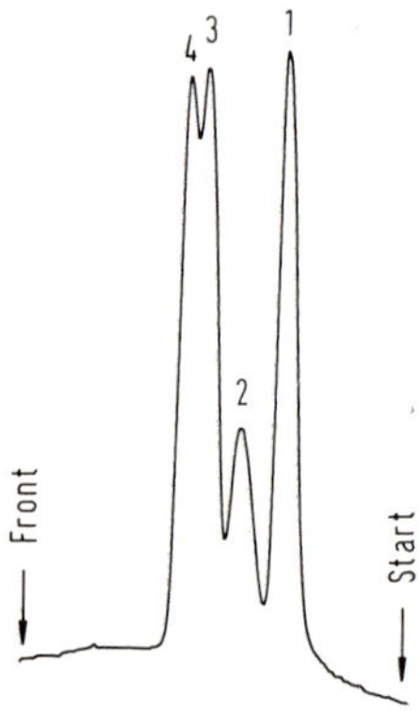

Abb. 1: Remissionsgrad-Ortskurve einer Chromatogrammbahn mit je ca. 100 ng Aminosäure pro Chromatogramm-Zone. Valin (1), Phenylalanin (2), Isoleucin (3), Leucin (4)

Literatur

[1] Netz, S., Funk, W.: Privatmitteilung, Fachhochschule Gießen, Fachbereich Technisches Gesundheitswesen, Gießen 1987.

[2] Andermann, G., Andermann, C.: *J. High Resolut. Chromatogr. Chromatogr. Commun.* **1980,** *3,* 36–37.

[3] Kawerau, E., Wieland, T.: *Nature* (London) **1951,** *168,* 77–78.

Kupfer(II)-sulfat–Reagenz

Reagenz für:

- Di-, Tri- und Poly-Carbonsäuren [1]
- Thioglycol- und Dithioglycolsäure [2]
- Diuretika [3]
- Antithyroid wirksame Pharmaka [4]
  z. B. N-Aryl-N'-benzolsulfonylthiocarbamide
- N-Arylthiosemicarbazide [5]
- Sterine und deren Ester [6]
  z. B. Cholesterin, Cholesterinester
- Metallchelate [7–9]

$Cu_2SO_4 \cdot 5H_2O$

$M_r = 249.68$

Herstellung des Reagenzes

Tauchlösung: 1.5 g Kupfer(II)-sulfat-Pentahydrat werden in wenigen Millilitern Wasser gelöst und mit Methanol auf 100 ml aufgefüllt.

Aufbewahrung: Die Lösung sollte jeweils frisch angesetzt werden.

Substanzen: Kupfer(II)-sulfat-Pentahydrat
Methanol

Reaktion

Mit den oben genannten Verbindungen entstehen farbige Kupfer-Komplexe.

Durchführung

Die vom Fließmittel befreiten Chromatogramme werden 10 s in die Reagenzlösung getaucht oder homogen damit besprüht und anschließend im Warmluftstrom getrocknet. Di- und Tricarbonsäuren erscheinen angeblich rasch als blaue Zonen auf gleichmäßig blaßblauem Untergrund [1]. Sie können auf Schichten mit Fluoreszenzindikator meistens auch im kurzwelligen UV-Licht (λ = 254 nm) als dunkle Flecken auf grünfluoreszierendem Untergrund erkannt werden [1]; Thioglycol- und Dithioglycolsäure ergeben grün gefärbte [2] und N-Aryl-N'-benzolsulfonylthiocarbamide gelb bis violett gefärbte Zonen [4].

Zum Nachweis von Sterinen und deren Estern wird das Chromatogramm in eine 10proz. wäßrige Kupfer(II)-sulfat-Lösung getaucht und anschließend 30 min auf 105 °C erhitzt. In diesem Fall resultieren im langwelligen UV-Licht (λ = 365 nm) grüngelb fluoreszierende Chromatogramm-Zonen [6].

Anmerkung: Als stationäre Phasen können Kieselgel-, Kieselgur- und Polyamid-Schichten eingesetzt werden. Auf RP-Phasen werden nicht alle Säuren angefärbt. Auf Amino-Schichten ergibt sich ein hellblauer Untergrund. Für Carbonsäuren [1], für Thioglycol- und Dithioglycolsäure [2] sowie für die antithyroid wirksamen Pharmaka [4] liegen die Nachweisgrenzen im µg-Bereich, für Sterine und Sterinester dagegen bei etwa 5 ng pro Chromatogramm-Zone [6].

Tabelle 1: Zusammenstellung der Carbonsäuren, die sich mit dem Kupfer(II)-sulfat – Reagenz nachweisen lassen [1]

Säure	Farbe	Fluoreszenz-minderung (λ = 254 nm)	Empfindlichkeit (µg/Zone) DC	HPTLC
Malonsäure	blaßblau	+ (schwach)	20	
Bernsteinsäure	blau	–	5	
Methyl-Bernsteinsäure	blau	–	10	
Adipinsäure	blau	–	15	5
Pimelinsäure	blau	–	5	
Suberinsäure	blau	–	5	
Sebacinsäure	blau	–	5	
Fumarsäure	blaßblau	+	10	2.5
Maleinsäure	blau	+	10	
Aconitsäure	blau	+	10	
Phthalsäure	blaßblau	+	30	20
Terephthalsäure	blau	+	15	
α-Ketoglutarsäure	blaßblau	+	25	

Zum Nachweis der Diuretika wird als Sprühlösung eine Mischung aus einer wäßrigen 10proz. Kupfer(II)-sulfat-Lösung und einer 25proz. Ammoniak-Lösung (100+15) empfohlen.

Geprüftes Beispiel

Organische Säuren [1]

Methode:	Aufsteigende, eindimensionale Entwicklung in einer Trogkammer bei Kammersättigung
Schicht:	DC-Alufolien, DC-Fertigplatten Kieselgel 60 F_{254} (MERCK)
Fließmittel:	Diisopropylether – Ameisensäure – Wasser (90+7+3)
Laufstrecke:	10 cm
Laufzeit:	40 min

Nachweis und Ergebnis: Um die Ameisensäure aus der Schicht zu entfernen, wird die DC-Platte 30 min lang an der Luft und 10 min bei 110 °C getrocknet, bevor das Chromatogramm 10 s in die Reagenzlösung getaucht wird.

Weinsäure (hR_f: 5), Äpfelsäure (hR_f: 15), Maleinsäure (hR_f: 35), Milchsäure (hR_f: 40), Adipinsäure (hR_f: 45) und Fumarsäure (hR_f: 55) ergeben blaue Zonen auf schwach bläulichem Untergrund, die noch nach Wochen unverändert zu erkennen sind.

In-situ-Messung: Die quantitative Auswertung (Abb. 1, Bernsteinsäure) erfolgt in Remission im sichtbaren Licht (λ = 690 nm).

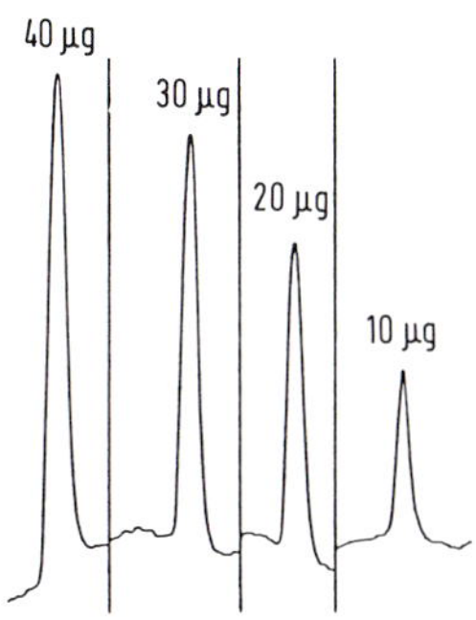

Abb. 1: Absorptions-Ortskurven einer Verdünnungsreihe von Bernsteinsäure [1].

Literatur

[1] Gaberc-Porekar, V., Socic, H.: *J. Chromatogr.* **1979,** *178,* 307-310.
[2] Klaus, R.: *Chromatographia* **1985,** *20,* 235-238.
[3] Guven, K. C., Cobanlar, S.: *Eczacilik. Bul.* **1967,** *9,* 98-103.
[4] Upadhyaya, J. S., Upadhyaya, S. K.: *Fresenius Z. Anal. Chem.* **1979,** *294,* 407.
[5] Srivastava, S. P., Dua, V. K., Upadhyaya, J. S.: *Fresenius Z. Anal. Chem.* **1977,** *286,* 249.
[6] Tiefenbacher, K., Woidich, H. in: Proceedings of the International Symposium on Instrumental HPTLC, Würzburg. Bad-Dürkheim: IfC-Verlag, 1985.
[7] König, K., Becker, J., Henke, W., Stenshorn, J., Werner, H., Ballschmiter, K.: *Z. Anal. Chem.* **1972,** *259,* 11-16.
[8] Malissa, H., Kellner, R., Prokopowski, P.: *Analyt. chim. Acta* **1973,** *63,* 225-229.
[9] Ballschmiter, K.: *Z. Anal. Chem.* **1971,** *254,* 348-353.

Mangan(II)-chlorid–Schwefelsäure-Reagenz

Reagenz für:

- Cholesterin, Cholesterinester [1–4]
- Phospholipide, Lipide [1, 5]
- Triglyceride, freie Fettsäuren [1]
- Gallensäuren [2]
- Ketosteroide [3]
- Östrogene [6]

$MnCl_2 \cdot 4H_2O$
M_r = 197.91
Mangan(II)-chlorid Tetrahydrat

H_2SO_4
M_r = 98.08
Schwefelsäure

Herstellung des Reagenzes

Tauchlösung: 0.2 g Mangan(II)-chlorid Tetrahydrat werden in 30 ml Wasser gelöst und mit 30 ml Methanol versetzt. Nach gutem Mischen werden vorsichtig tropfenweise 2 ml konz. Schwefelsäure zugegeben.

Aufbewahrung: Für quantitative Bestimmungen sollte die Lösung stets frisch angesetzt werden.

Substanzen: Mangan(II)-chlorid Tetrahydrat
Methanol
Schwefelsäure (95–97%)

Reaktion

Der Reaktionsmechanismus ist nicht geklärt.

Durchführung

Die im Kaltluftstrom vom Fließmittel befreiten Chromatogramme werden 1 s in die Reagenzlösung getaucht und anschließend 10–15 min auf 100–120 °C erhitzt. Es resultieren gefärbte Zonen [2] auf farblosem Untergrund (Tab. 1), die im langwelligen UV-Licht (λ = 365 nm) hellblau fluoreszieren [1].

Tabelle 1: Farben der Chromatogramm-Zonen

Substanz	Farbe
Cholesterin	rosa
Cholsäure	dunkelgelb
Chenodesoxycholsäure	graugrün
Desoxycholsäure	gelb
Hyodesoxycholsäure	braun
Lithocholsäure	hellrosa

Nach etwa 5 min beginnt die rosa Farbe des Cholesterins zu verblassen, während sich die Farben der Gallensäuren vertiefen [2]. Die visuelle Nachweisgrenze im sichtbaren Licht liegt für Cholesterin bei 1 µg und für Gallensäuren bei 2 µg pro Chromatogramm-Zone [2]. Die fluorimetrische Auswertung ist um den Faktor 1000 empfindlicher!

Anmerkung: Das Reagenz, das auch als Sprühlösung verwendbar ist, kann auf Kieselgel-, RP-2-, RP-8-, RP-18- und CN-Schichten eingesetzt werden.

Geprüftes Beispiel

Cholesterin, Koprostanon, Koprostanol, 4-Cholesten-3-on, 5α-Cholestan-3-on [3]

Methode: Aufsteigende eindimensionale Entwicklung in einer Trogkammer (CAMAG). Zur Vorkonditionierung werden die HPTLC-Platten nach dem Auftragen der Proben 30 min bei 0% rel. Luftfeuchte (über konz. Schwefelsäure) äquilibriert und dann sofort entwickelt.

Schicht: HPTLC-Fertigplatten Kieselgel 60 F_{254} (MERCK), die zur Vorreinigung einmal in Chloroform – Methanol (1+1) bis zum oberen Plattenrand entwickelt und anschließend 30 min bei 110 °C aktiviert werden.

Fließmittel: Cyclohexan – Diethylether (1+1)

Laufstrecke: 6 cm

Laufzeit: ca. 15 min

Nachweis und Ergebnis: Das entwickelte Chromatogramm wird nach Trocknung im Kaltluftstrom 1 s in die Reagenzlösung getaucht und zur Nachbehandlung 15 min auf 120 °C erhitzt.

Es resultieren im langwelligen UV-Licht (λ = 365 nm) hellblau fluoreszierende Zonen. Zur Steigerung (Faktor 2 bis 8) und Stabilisierung der Fluoreszenzintensität wird die HPTLC-Platte vor der fluorimetrischen Auswertung noch 1 s in eine Lösung Paraffin dünnflüssig – *n*-Hexan (1+2) getaucht und 1 min im Kaltluftstrom getrocknet. Die quantitative Auswertung (λ_{exc} = 365 nm; λ_{fl} > 430 nm) wird zweckmäßigerweise erst nach 1 h durchgeführt, da sich die Fluoreszenzintensität erst dann stabilisiert hat.

Anmerkung: Koprostanon, 4-Cholesten-3-on und 5α-Cholestan-3-on lassen sich empfindlicher nachweisen, wenn das getrocknete Chromatogramm vor dem Tauchen in die Reagenz-Lösung 2 min mit intensivem, langwelligem UV-Licht (λ = 365 nm) bestrahlt wird. Abb. 1 zeigt eine Trennung der genannten Substanzen. Die Nachweisgrenzen

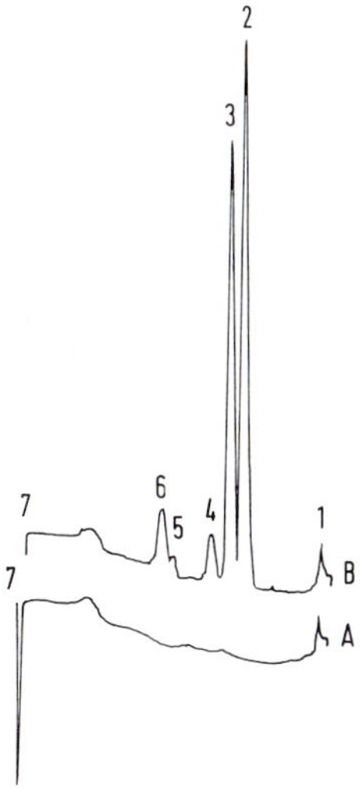

Abb. 1: Fluoreszenz-Ortskurven eines Leerwerts (A) und eines Gemischs (B) von Cholesterin (2), Koprostanol (3), 4-Cholesten-3-on (4), 5α-Cholestan-3-on (5) und Koprostanon (6), Start (1), Fließmittelfront (7).

liegen für Cholesterin (hR_f: 20–25) und Koprostanol (hR_f: 25–30) bei 1 ng und für 4-Cholesten-3-on (hR_f: 40–45), 5α-Cholestan-3-on (hR_f: 60–65) und Koprostanon (hR_f: 70–75) bei 50 ng pro Chromatogramm-Zone.

Literatur

[1] Halpaap, H.: *Kontakte* (MERCK) **1978,** 32–34.
[2] Goswami, S. K., Frey, C. F.: *J. Chromatogr.* **1970,** *53,* 389–390.
[3] Schade, M.: Diplomarbeit, Fachhochschule Gießen, Fachbereich Technisches Gesundheitswesen, 1986.
[4] Hauck, H. E., Jost, W.: *GIT Fachz. Lab. Suppl. 3 „Chromatographie“* **1983,** 3–7.
[5] Jork, H., Wimmer, H.: *Quantitative Auswertung von Dünnschicht-Chromatogrammen.* Darmstadt: GIT-Verlag Beispiel III./3 – 82.
[6] Jost, W., Hauck, H. E. in: Proceedings of the 3rd International Symposium on Instrumental HPTLC, Würzburg. Bad Dürkheim: IfC-Verlag, 1985, S. 83–91.

2-Methoxy-2,4-diphenyl-3(2H)-furanon-Reagenz
(MDPF-Reagenz)

Reagenz für:

- Amine
  z. B. Colchicin [1]

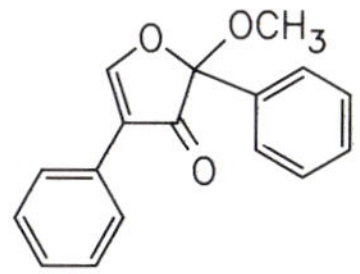

$C_{17}H_{14}O_3$

M_r = 266.30

Herstellung des Reagenzes

Tauchlösung: 25 mg 2-Methoxy-2,4-diphenyl-3(2H)-furanon werden in 50 ml Methanol gelöst.

Aufbewahrung: Die Tauchlösung ist mehrere Tage haltbar.

Substanzen: 2-Methoxy-2,4-diphenyl-3(2H)-furanon
Methanol

Reaktion

MDPF reagiert mit primären Aminen direkt zu fluoreszierenden Produkten. Sekundäre Amine ergeben nichtfluoreszierende Derivate, die durch eine weitere Reaktion mit primären Aminen in fluoreszierende Substanzen überführt werden können [2].

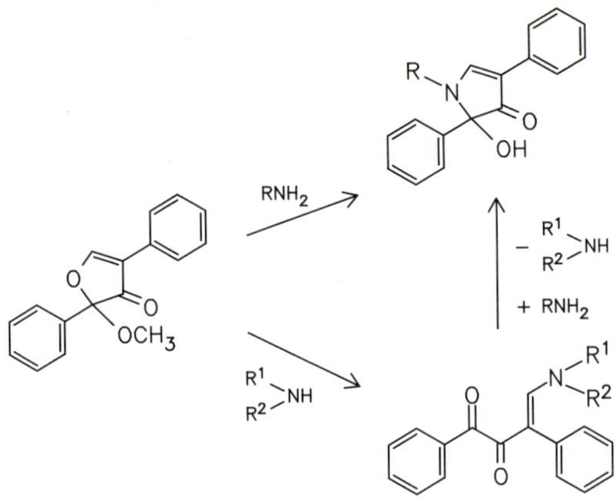

Durchführung

Die im Warmluftstrom vom Fließmittel befreiten Chromatogramme werden 4 s in die Reagenzlösung getaucht oder homogen damit besprüht und 20 min auf 110 °C erhitzt.

Es resultieren gelbe Chromatogramm-Zonen auf farblosem Untergrund, die im langwelligen UV-Licht (λ = 365 nm) gelb fluoreszieren.

Anmerkung: Das Reagenz kann auf Kieselgel-, Si 50000- und Kieselgur-Schichten eingesetzt werden.

Geprüftes Beispiel

Colchicin [1]

Methode: Aufsteigende, eindimensionale Entwicklung in einer Trogkammer ohne Kammersättigung.

Schicht: HPTLC-Fertigplatten Kieselgel 60 (MERCK). Vor dem Auftragen der Proben wird die Schicht zur Vorreinigung einmal in Chloroform – Methanol (1+1) entwickelt und danach 10 min bei 110 °C getrocknet.

Fließmittel: Aceton – Toluol – Ammoniak-Lösung (25%) (40+15+5)

Laufstrecke: 5 cm

Laufzeit: 10 min

Nachweis und Ergebnis: Das im Warmluftstrom (45 min) vom Fließmittel befreite Chromatogramm wird 4 s in die Reagenzlösung getaucht und anschließend 20 min auf 110 °C erhitzt.

Colchicin (hR_f: 35–40) erscheint im langwelligen UV-Licht (λ = 365 nm) als gelb fluoreszierende Zone auf dunklem Untergrund. Die Nachweisgrenze liegt bei 10 ng pro Chromatogramm-Zone.

In-situ-Messung: Zur fluorimetrischen Auswertung wird bei λ_{exc} = 313 nm angeregt und bei λ_{fl} > 390 nm gemessen (Abb. 1).

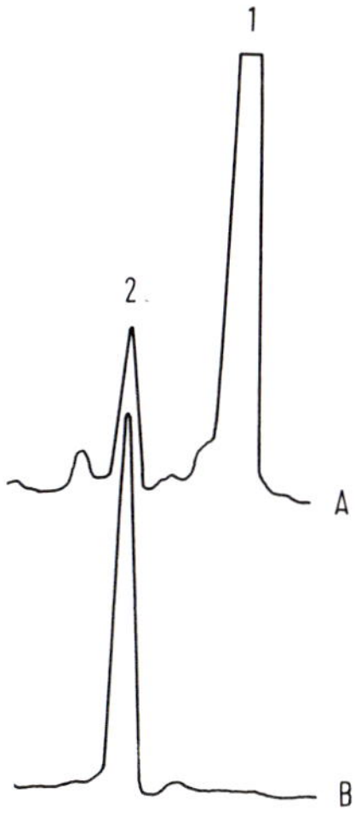

Abb. 1: Fluoreszenz-Ortskurven einer Chromatogrammbahn mit einem *Colchicum autumnale*-Extrakt (A) und einer Vergleichsbahn (B, 1 µg Colchicin), Start (1), Colchicin (2).

Literatur

[1] Müller, J.: Diplomarbeit, Fachhochschule Gießen, Fachbereich Technisches Gesundheitswesen, 1987.
[2] Nakamura, H., Tanii E., Tamura, Z.: *Anal. Chem.* **1982,** *54,* 2482–2485.

3-Methyl-2-benzothiazolinon-hydrazon–Reagenz
(MBTH–Reagenz, Besthorns–Reagenz)

Reagenz für:

- Carbonylverbindungen [1]
- Mykotoxine
  z. B. Patulin [2–10]
  Moniliformin [11]
- Penicillinsäure [12]

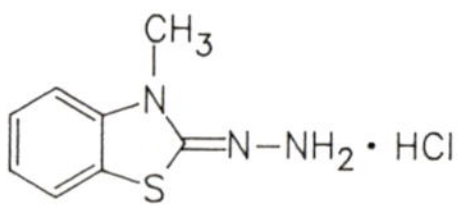

$C_8H_{10}ClN_3S$

$M_r = 215.71$

Herstellung des Reagenzes

Tauchlösung: 0,5–1 g 3-Methyl-2-benzothiazolinonhydrazonhydrochlorid (2-Hydrazono-2,3-dihydro-3-methylbenzothiazolhydrochlorid, Besthorns Hydrazon) werden in 100 ml Methanol–Wasser (1+1), Wasser [2, 4–8] oder Methanol [3, 11] gelöst. Im Falle einer auftretenden Trübung wird die Lösung vor Gebrauch filtriert.

Aufbewahrung: Die Tauchlösung ist nur wenige Tage stabil und sollte daher stets frisch angesetzt werden.

Substanzen: 2-Hydrazono-2,3-dihydro-3-methylbenzothiazolhydrochlorid

Methanol

Reaktion (nach [13])

Das Reaktionsprodukt aus MBTH und Carbonylverbindungen reagiert mit überschüssigem MBTH nach Oxidation zu einem gelborange fluoreszierenden Derviat.

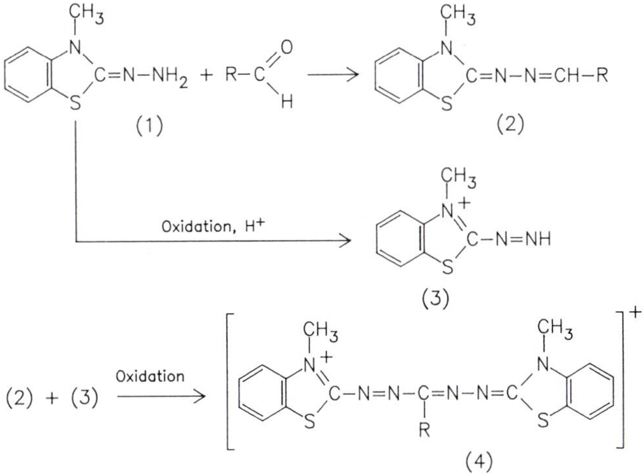

Durchführung

Die vom Fließmittel befreiten Chromatogramme werden 1 s in die Reagenzlösung getaucht oder homogen damit besprüht und bis zu 2 h auf 110–130 °C erhitzt. Es resultieren zumeist blauviolette Chromatogramm-Zonen (z. B. Patulin, Moniliformin) auf hellem Untergrund, die im langwelligen UV-Licht (λ = 365 nm) gelb bis gelborange fluoreszieren (Penicillinsäure, Patulin).

Anmerkung: Das Reagenz kann auf Kieselgel-, Kieselgur-, Cellulose- und Polyamid-Schichten eingesetzt werden. Beim Liegenlassen an der Luft färbt sich das gesamte Chromatogramm durch die Bildung des blauen Kations (3) (vgl. Reaktion) langsam blau. Die Nachweisgrenzen für Patulin, Moniliformin und Penicillinsäure liegen bei ca. 50 ng Substanz pro Chromatogramm-Zone.

Geprüftes Beispiel

Penicillinsäure [14]

Methode: Aufsteigende, eindimensionale Entwicklung in einer Trogkammer bei Kammersättigung.

Schicht: HPTLC-Fertigplatten Kieselgel 60 F_{254} (MERCK).

Fließmittel: Toluol – Ethylacetat – Ameisensäure (60+30+10).

Laufstrecke: 5 cm

Laufzeit: 10 min

Nachweis und Ergebnis: Das vom Fließmittel befreite Chromatogramm wird 1 s in die Reagenzlösung getaucht und 90–120 min auf 130°C erhitzt. Penicillinsäure (hR_f: 45–50) ergibt gelbe Chromatogramm-Zonen, die im langwelligen UV-Licht (λ = 365 nm) gelb fluoreszieren. Die Nachweisgrenze liegt bei 50 bis 100 ng pro Chromatogramm-Zone.

In-situ-Messung: Die fluorimetrische Messung erfolgt bei λ_{exc} = 365 nm und $\lambda_{fl} > 560$ nm (Abb. 1).

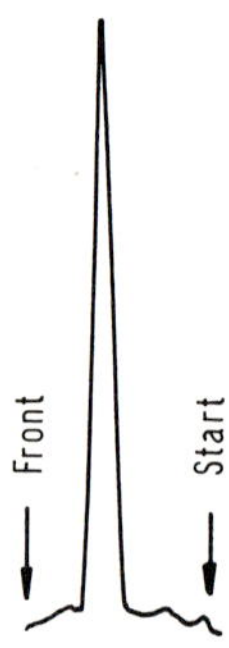

Abb. 1: Fluoreszenz-Ortskurve einer Chromatogrammbahn mit 5 µg Penicillinsäure.

Literatur

[1] Archer, A. W.: *J. Chromatogr.* **1978,** *152*, 290-292.
[2] Reiss, J.: *J. Chromatogr.* **1973,** *86*, 190-191.
[3] Johann, H., Dose, K.: *Fresenius Z. Anal. Chem.* **1983,** *314*, 139-142.
[4] Altmayer, B., Eichhorn, K. W., Plapp, R.: *Z. Lebensm. Unters. Forsch.* **1982,** *175*, 172-174.
[5] Scott, P. M., Kennedy, B. P. C.: *J. Assoc. Off. Anal. Chem.* **1973,** *56*, 813-816.
[6] Eyrich, W.: *Chem. Mikrobiol. Technol. Lebensm.* **1975,** *4*, 17-19.
[7] Dutton, M. F., Westlake, K.: *J. Assoc. Off. Anal. Chem.* **1985,** *68*, 839-842.
[8] Gimeno, A., Martins, M. L.: *J. Assoc. Off. Anal. Chem.* **1983,** *66*, 85-91.
[9] Bergner-Lang, B., Kächele, M., Stengel, E.: *Dtsch. Lebensm.-Rundsch.* **1983,** *79*, 400-404.
[10] Leuenberger, U., Gauch, R., Baumgartner, E.: *J. Chromatogr.* **1978,** *161*, 303-309.
[11] Jansen, C., Dose, K.: *Fresenius Z. Anal. Chem.* **1984,** *319*, 60-62.
[12] Wilson, D. M., Tabor, W. H., Trucksess, M. W.: *J. Assoc. Off. Anal. Chem.* **1976,** *59*, 125-127.
[13] Sawicky, E., Hauser, T. R., Stanley, T. W.: *Anal. Chem.* **1961,** *33*, 93-96.
[14] Kany, E., Jork, H.: GDCh-Kurs Nr. 302 „Möglichkeiten der quantitativen Direktauswertung", Universität des Saarlandes, Saarbrücken 1987.

Molybdatophosphorsäure-Reagenz

Reagenz für:

- reduzierende Substanzen
  z. B. Antioxidantien [1-3], Ascorbinsäure [4],
  Isoascorbinsäure [4, 5], Vitamin E [1]
- Steroide [6-8]
- Gallensäuren, Gallensäurenkonjugate [9, 10]
- Lipide [11-14], Phospholipide [11, 12]
- Fettsäuren [15] bzw. ihre Methylester [16]
- Triglyceride [14, 15]
- subst. Phenole [5]
- Indol-Derivate [5]
- Prostaglandine [17]
- Etherische Öl-Komponenten
  z. B. Carvon, Agarofuran [18]
- Morphin [5]

$H_3(P(Mo_3O_{10})_4)$

$M_r = 1825.28$

Herstellung des Reagenzes

Tauchlösung: 250 mg Molybdatophosphorsäure (Phosphormolybdänsäure) werden in 50 ml Ethanol gelöst.

Sprühlösung: 2-20 g Molybdatophosphorsäure werden in 100 ml Ethanol [1-3, 6-11, 13, 16], in 2-Propanol – Methanol [3, 7, 14] oder in Wasser [5, 12] gelöst.

Aufbewahrung: Die Lösungen sind, im Dunkeln aufbewahrt, nur ca. 10 Tage haltbar [14].

Substanzen: Molybdatophosphorsäure-Hydrat
Ethanol

Reaktion

Durch Molybdatophosphorsäure läßt sich eine Vielzahl organischer Substanzen oxidieren, wobei ein Teil des Mo (VI) zu Mo (IV) reduziert wird, das mit dem verbleibenden Mo (VI) blaugraue Mischoxide bildet.

$$2MoO_3 \xrightarrow[\text{Reduktion}]{} MoO_2 \cdot MoO_3$$

Durchführung

Die im Warmluftstrom getrockneten Chromatogramme werden 2–3 s in die Reagenzlösung getaucht oder bis zur gleichmäßigen Gelbfärbung der Schicht damit besprüht und im Warmluftstrom (ca. 2 min) getrocknet.

Es resultieren sofort bzw. nach wenigen Minuten blaue Zonen auf gelbem Untergrund. Der Plattenuntergrund kann anschließend noch aufgehellt werden [7], indem man die Chromatogramme in die leere Troghälfte einer mit 25proz. Ammoniak-Lösung beschickten Doppeltrogkammer stellt.

Anmerkung: Gelegentlich ist, zur optimalen Farbentwicklung nach dem Tauchen oder Besprühen, auch ein kurzes Erhitzen (i. allg. 10 min auf 105–120 °C bzw. bei gesättigten Lipiden auf 150–180 °C) empfehlenswert. Dabei werden auch Zucker zu blauen Derivaten umgesetzt. Zu langes Erhitzen kann zu einer Dunkelfärbung des Plattenuntergrunds führen [11]. Zur Steigerung der Nachweisempfindlichkeit können dem Reagenz 4 ml konz. Salzsäure pro 100 ml Reagenz-Lösung zugegeben werden.

Für Lipide liegt die Nachweisgrenze bei 50–200 ng [11], für Antioxidantien bei 0.2–0.4 µg [3] und für Ascorbinsäure bei einigen ng pro Chromatogramm-Zone.

Molybdatophosphorsäure-Reagenz kann auf Kieselgel-, Aluminiumoxid-, Polyamid-, RP-2-, RP-18- und Cellulose-Phasen sowie auf silbernitrat-imprägniertem [13] Kieselgel eingesetzt werden.

Geprüftes Beispiel

Lecithin, Sphingomyelin [19]

Methode: Horizontale, eindimensionale Entwicklung in einer Linearkammer (CAMAG).

Schicht: HPTLC-Fertigplatten Kieselgel 60 (MERCK).
Vor dem Auftragen der Probe wird die Platte zweckmäßigerweise im Fließmittel vorgewaschen (vgl. Abb. 1) und anschließend 15 min bei 120 °C aktiviert.

Fließmittel: Chloroform – Methanol – Wasser (30+10+1, 4)

Laufstrecke: 5 cm

Laufzeit: 10 min

Nachweis und Ergebnis: Das im Kaltluftstrom 2 min lang getrocknete Chromatogramm wird dreimal mit dem Sprühreagenz bis zur beginnenden Transparenz benebelt. Nach jedem Sprühvorgang wird im Kaltluftstrom getrocknet und abschließend wird 15 min auf 120 °C erhitzt. Lecithin (hR_f: 15) und Sphingomyelin (hR_f: 5–10) erscheinen als dunkelblaue Zonen auf gelbem Untergrund (Abb. 1).

In-situ-Messung: Die photometrische Auswertung erfolgt in Remission bei λ = 650 nm.

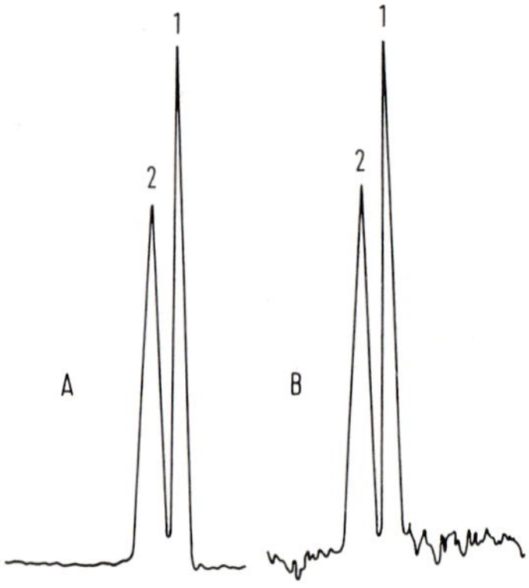

Abb. 1: Remissionsgrad-Ortskurven von Chromatogramm-Bahnen (A: Schicht mit Fließmittel; B: mit Methanol vorgewaschen) mit je 750 ng Substanz pro Chromatogramm-Zone. Sphingomyelin (1), Lecithin (2).

Literatur

[1] Seher, A.: *Fette, Seifen, Anstrichm.* **1959,** *61,* 345–351.
[2] Heide, R. F. van der: *J. Chromatogr.* **1966,** *24,* 239–243.
[3] Laub, E., Woller, R.: *Dtsch. Lebensm. Rundsch.* **1977,** *72,* 276–279.
[4] Kovatscheva, E., Popova, J., Kratschanova, M., Ivanova, V.: *Nahrung* **1983,** *27,* 9–13.

[5] Reio, L.: *J. Chromatogr.* **1958,** *1,* 338-373: **1960,** *4,* 458-476.
[6] Jarc, H., Ruttner, O., Krocza, W.: *Fleischwirtschaft* **1976,** *9,* 1326-1328.
[7] Neidlein, R., Koch, E.: *Arch. Pharm.* (Weinheim) **1980,** *313,* 498-508.
[8] Domnas, A. J., Warner, S. A., Johnson, S. L.: *Lipids* **1983,** *18,* 87-89.
[9] Raedsch, R., Hofmann A. F., Tserng, K. Y.: *J. Lipid Res.* **1979,** *20,* 796-800.
[10] Cass, O. W., Cowen, A. E., Hofmann A. F., Coffin, S. B.: *J. Lipid Res.* **1975,** *16,* 159-160.
[11] Sherma, J., Bennett, S.: *J. Liq. Chromatogr.* **1983,** *6,* 1193-1211.
[12] Vinson, J. A., Hooyman, J. E.: *J. Chromatogr.* **1977,** *135,* 226-228.
[13] Schieberle, P., Grosch, W.: *Z. Lebensm. Unters. Forsch.* **1981,** *173,* 192-198: 199-203.
[14] Studer, A., Traitler, H.: *J. High Resolut. Chromatogr. Chromatogr. Commun.* **1985,** *8,* 19-22.
[15] Bringi, N. V., Padley, F. B., Timms, R. E.: *Chem. Ind.* (London) **1972,** *20,* 805-806.
[16] Garssen, G. J., Vliegenthart, J. F. G., Boldingh, J.: *Biochem. J.* **1972,** *130,* 435-442.
[17] Goswami, S. K., Kinsella, J. E.: *J. Chromatogr.* **1981,** *209,* 334-336.
[18] Jork, H.: *Planta Med.* **1979,** *37,* 137-142.
[19] Miller, H., Wimmer, H. in: Jork, H., Wimmer, H.: *Quantitative Auswertung von Dünnschicht-Chromatogrammen.* Darmstadt: GIT, 1982. III/3-82.

1,2-Naphthochinon-4-sulfonsäure–Perchlorsäure–Formaldehyd–Reagenz

Reagenz für:

- Sterine
  z. B. Ergosterin,
  Stigmasterin,
  Cholesterin [1]
- Alkaloide
  z. B. Codein,
  Morphin,
  Heroin,
  6-Monoacetylmorphin [2]

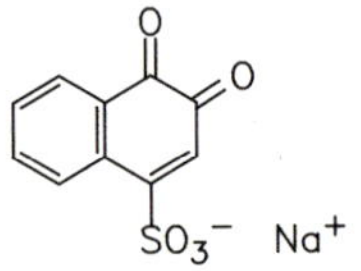

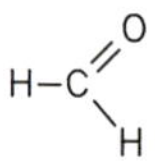

$C_{10}H_5NaO_5S$	$HClO_4$	CH_2O
M_r = 260.20	M_r = 100.46	M_r = 30.03
1,2-Naphthochinon-4-sulfonsäure Natriumsalz	Perchlorsäure	Formaldehyd

Herstellung des Reagenzes

Tauchlösung: 100 mg 1,2-Naphthochinon-4-sulfonsäure Natriumsalz werden in 40 ml Ethanol gelöst und nacheinander mit 20 ml Perchlorsäure (70%), 18 ml Wasser und 2 ml Formaldehyd-Lösung versetzt.

Aufbewahrung: Die Reagenzlösung ist im Kühlschrank ca. 4 Wochen haltbar.

Substanzen: 1,2-Naphthochinon-4-sulfonsäure Natriumsalz
Ethanol
Perchlorsäure (70%)
Formaldehyd-Lösung (37%)

Reaktion

Der Reaktionsmechanismus ist nicht geklärt. Möglicherweise reagiert Formaldehyd unter Oxidation nach der Marquis-Reaktion (s. Formaldehyd-Schwefelsäure-Reagenz), wobei mit der Naphthochinonsulfonsäure farbige Salze entstehen.

Durchführung

Die vom Fließmittel befreiten Chromatogramme (5 min Warmluftstrom) werden 4 s in die Reagenzlösung getaucht oder homogen damit bis zur beginnenden Transparenz der Schicht besprüht und ca. 10 min auf 70°C erwärmt.

Es resultieren zunächst rosa und mit zunehmender Erhitzungsdauer blaue Chromatogramm-Zonen auf schwach blauem Untergrund.

Anmerkung: Die Farbentwicklung ist abhängig von Temperatur und Erhitzungsdauer [1]. Die Nachweisgrenzen von Sterinen und Morphin-Alkaloiden liegen im unteren Nanogrammbereich [1, 2].

Das Reagenz kann auf Kieselgel-, Kieselgur- und Si 50000-Schichten eingesetzt werden.

Geprüftes Beispiel

Morphin-Alkaloide [2]

Methode: Aufsteigende, eindimensionale Entwicklung in einer Trogkammer ohne Kammersättigung.

Schicht: HPTLC-Fertigplatten Kieselgel 60 (MERCK), die zur Vorreinigung einmal in Chloroform – Methanol (50+50) entwickelt und anschließend 20 min bei 110°C getrocknet werden.

Fließmittel: Methanol – Chloroform – Wasser (12+8+2).

Laufstrecke: 6 cm

Laufzeit: 20 min

Nachweis und Ergebnis: Das Chromatogramm wird 5 min im Warmluftstrom getrocknet, 4 s in die Reagenzlösung getaucht und ca. 10 min auf 70 °C erwärmt.

Morphin (hR_f: 25–30), Codein (hR_f:30–35), 6-Monoacetylmorphin (hR_f: 40–45) und Heroin (hR_f: 50–55) ergeben blaue Chromatogramm-Zonen auf hellblauem Untergrund. Die Nachweisgrenzen liegen bei 10 bis 20 ng Substanz pro Chromatogramm-Zone.

In-situ-Messung: Die absorptionsphotometrische Auswertung in Remission erfolgt bei λ = 610 nm (Abb. 1).

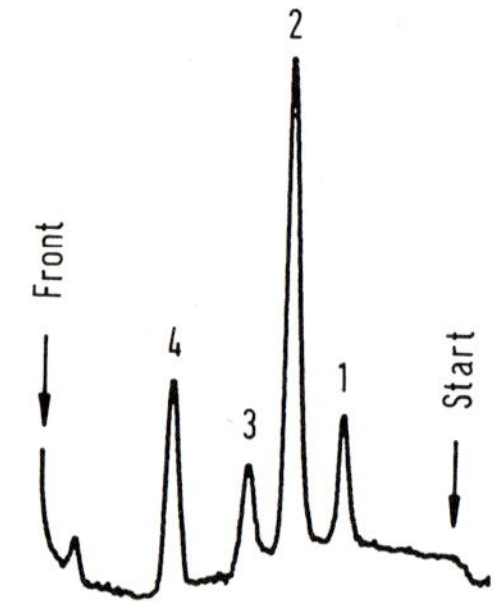

Abb. 1: Remissions-Ortskurve des Alkaloidgemisches mit je ca. 50 ng Substanz pro Chromatogramm-Zone. Morphin (1), Codein (2), 6-Monoacetylmorphin (3), Heroin (4).

Literatur

[1] Richter, E.: *J. Chromatogr.* **1965,** *18,* 164–167.

[2] Patzsch, K., Funk, W., Schütz, H.: *GIT Fachz. Lab., Supplement 3 „Chromatographie“* **1988,** *32,* 83–91.

Ninhydrin–Collidin–Reagenz

Reagenz für:

- Amine [1]
- Aminoglycosid-Antibiotika [2, 3]
- Aminosäuren [5–7]
- Peptide [6]

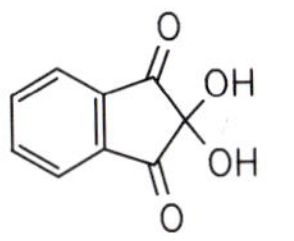

$C_9H_6O_4$

M_r = 178.15

Ninhydrin

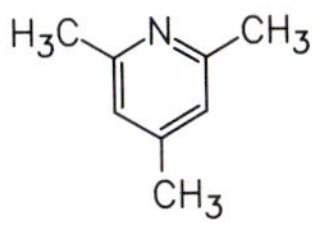

$C_8H_{11}N$

M_r = 121.18

Collidin

Herstellung des Reagenzes

Tauchlösung: 0.3 g Ninhydrin (2,2-Dihydroxyindan-1,3-dion) werden in 95 ml 2-Propanol gelöst und mit 5 ml Collidin (2,4,6-Trimethylpyridin) und 5 ml Essigsäure (96%) versetzt.

Aufbewahrung: Bei Verwendung nicht genügend gereinigter Lösungsmittel ist die Lösung nur kurze Zeit haltbar.

Substanzen: Ninhydrin
2,4,6-Trimethylpyridin
Essigsäure (96%)
2-Proponal

Reaktion

Der Reaktionsverlauf ist nicht völlig geklärt; ein möglicher Weg ist:

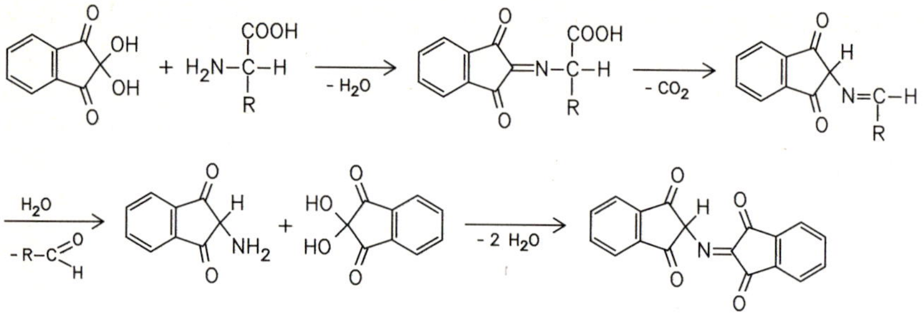

Durchführung

Die vom Fließmittel befreiten Chromatogramme werden 1 s in die Reagenzlösung getaucht und anschließend 5–10 min auf 95–120 °C erwärmt. Nach 15 min Stabilisierungszeit resultieren zumeist rötliche, gelegentlich auch blaue Substanz-Zonen auf hellem Untergrund.

Anmerkung: Das Reagenz kann auf Kieselgel- und Cellulose-Schichten eingesetzt und die Tauchlösung auch als Sprühlösung verwendet werden. Collidin-Zusätze puffern die

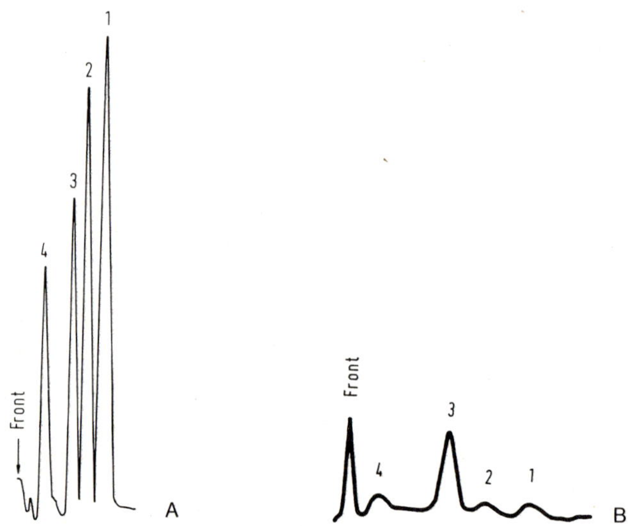

Abb. 1: Vergleichende Registrierung der Remissionsdgrad-Ortskurve eines Gemisches aus Phenylethylamin (1), Tyramin (2), Serotonin (3) und Histamin (4); A. Ninhydrin-Reagenz (Zusammensetzung siehe dort) B. Ninhydrin-Collidin Reagenz.

Schicht ab und lassen z. B. bei Glycin und Serin Farbdifferenzierungen zu [4]. Für biogene Amine ist das Reagenz ohne Collidin-Zusatz weit empfindlicher* (Abb. 1). Ammoniak-Dämpfe stören die Reaktion. Wenn die Zonen rasch verblassen, kann durch Zugabe von Zinn-, Kupfer- [8], Kobalt- oder Cadmium-Salzen zum Reagenz eine Stabilisierung durch Komplex-Bildung erreicht werden (vgl. auch Kupfer(II)-nitrat-Reagenz zur Stabilisierung von „Ninhydrinflecken").

Geprüftes Beispiel

Gentamycin-Komplex [2, 3, 10]

Methode: Aufsteigende eindimensionale Entwicklung bei 10–12 °C in einer Doppeltrogkammer, in deren fließmittelfreiem Trog sich 5 ml Ammoniak-Lösung (25%) befinden. Die Kammer wird vor der chromatographischen Entwicklung 15 min lang äquilibriert.

Schicht: HPTLC-Fertigplatte Kieselgel-60 (MERCK), vorgereinigt durch dreimaliges Entwickeln in Chloroform-Methanol (1+1) mit jeweils 30 min Trocknung bei 110 °C zwischen bzw. nach den einzelnen Entwicklungsschritten.

Fließmittel: Chloroform – Ethanol – Ammoniak-Lösung (25%) (10+9+10). Verwendet wird die *organische Unterphase.*

Laufstrecke: ca. 5 cm

Laufzeit: ca. 20 min

Nachweis und Ergebnis: Zur Entfernung des Fließmittels wird das Chromatogramm 30 min im Kaltluftstrom behandelt, dann 1 s in die Reagenzlösung getaucht und abschließend nach Trocknung im Warmluftstrom 10 min auf 95 °C erwärmt. Es resultieren nach 15 min Stabilisierungszeit bei Raumtemperatur blaue Chromatogramm-Zonen auf farblosem Untergrund.

Anmerkung: Bei der wiedergegebenen Vorschrift bilden Gentamycin C_2 und C_{2a} einen gemeinsamen Fleck. Eine Trennung kann z. B. mit Methanol – 0.1 mol/l LiCl in 32proz. wäßriger Ammoniak-Lösung (5+25) auf KC18F-Platten (WHATMAN) erfolgen [9].

---

* Jork, H. Privatmitteilung, Universität des Saarlandes, 66 Saarbrücken 1988.

In-situ-Messung: Etwa 15 min nach dem Anfärben sollte die quantitative Direktauswertung der blauvioletten Derivate in Remission bei λ = 580 nm erfolgen. Die Nachweisgrenze der Gentamycine C_{1a} (*hR$_f$*: 35–40), C_2 + C_{2a} (*hR$_f$*: 40–45) und C_1 (*hR$_f$*: 45–50) liegt jeweils bei 50 ng Substanz pro Chromatogramm-Zone (Abb. 2).

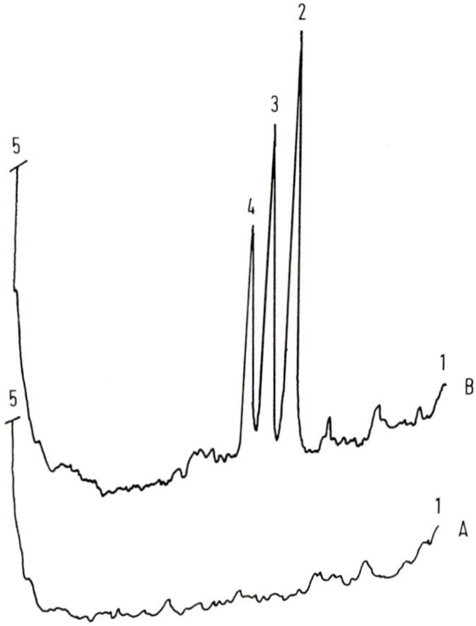

Abb. 2: Absorptions-Ortskurven (A) eines Leerwerts und (B) eines Gentamycin-Standards (800 ng Substanz pro Auftragung). Start (1), Gentamycin C_{1a} (2), Gentamycin C_2 + C_{2a} (3), Gentamycin C_1 (4), Fließmittelfront (5).

Literatur

[1] Kirchner, J. G. in: *Thin-Layer Chromatographie.* 2nd ed. J. Wiley & Sons, New York–Chichester–Brisbane–Toronto, 1978.

[2] Kiefer, U.: Diplomarbeit, Fachhochschule Gießen, Fachbereich Technisches Gesundheitswesen, 1984.

[3] Funk, W., Canstein, M. von, Couturier, T., Heiligenthal, M., Kiefer, U., Schlierbach, S., Sommer, D.: Proceedings of the 3rd International Symposium on Instrumental HPTLC, Würzburg. Bad Dürkheim: IfC-Verlag 1985, S. 281–311.

[4] Woidwood, A., J.: *J. Gen. Microbiol.* **1949,** *3,* 312–318.

[5] Nürnberg, E.: *Arch. Pharm.* (Weinheim) **1959,** *292/64,* 610–620.

[6] Schiltz, E., Schnackerz, K. D., Gracy, R. W.: *Anal. Biochem.* **1977,** *79,* 33-41.
[7] Karsai, T.: *Hung. Sci. Instruments* **1982,** *53,* 15-22.
[8] Datta, S., Data, S. C.: J. Chromatogr. **1979,** *170,* 228-232.
[9] Kunz, F. R.: Dissertation, Universität des Saarlandes, Saarbrücken 1988.
[10] Ullmann, U.: *Arzneim.-Forsch.* **1971,** *21,* 263-267.

4-(4-Nitrobenzyl)-pyridin–Reagenz (NBP–Reagenz)

Reagenz für:

- Epoxide
  z. B. Trichothecen-Mykotoxine [1–6]
  Valepotriate [7]
- Olefine, Acetylen-Derivate [8]
- 4-Hydroxycumarin, Anthrachinon [8]
- Alkylierungsmittel [9–12]
  z. B. Schwefel- und Stickstoff-Senfgasabkömmlinge,
  Bis-(halogenalkyl)-sulfide,
  N,N,N-(Tri-halogenalkyl)-amine und
  N,N-Bis-(halogenalkyl)-alkylamine [9, 10],
  Diazoalkane und Aziridine [10],
  Substanzen mit labilem Halogen [12]
- Pyrethroide Insektizide
  z. B. S-Bioallethrin [13]

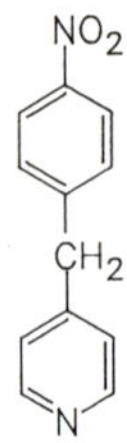

$C_{12}H_{10}N_2O_2$

M_r = 214.23

Herstellung des Reagenzes

Tauchlösung I: 3 g 4-(4-Nitrobenzyl)-pyridin (NBP) werden in 100 ml Aceton oder in einer Mischung aus 40 ml Chloroform und 60 ml Tetrachlorkohlenstoff gelöst [1].

Tauchlösung II: 10 ml Tetraethylenpentamin werden in einer Mischung aus 40 ml Chloroform und 60 ml Tetrachlorkohlenstoff gelöst [1].

Sprühlösung I: 2–5 g 4-(4-Nitrobenzyl)-pyridin werden in 100 ml Aceton gelöst [7–10].

Sprühlösung II: 92 mg Kaliumhydrogenphthalat werden in 100 ml Wasser gelöst und mit Natronlauge (c = 1 mol/l) auf pH = 5,0 eingestellt. In dieser Lösung werden 5 g Natriumperchlorat gelöst [9]. Alternativ kann auch eine Natriumacetat-Pufferlösung (c = 0,05 mol/l; pH = 4,6) verwandt werden [10].

Sprühlösung III: Piperidin [10] oder alternativ eine Mischung aus Triethylamin und Aceton (1+4) [7] bzw. Natronlauge ($c = 10^{-5}$ mol/l; pH = 8,5–9) [8].

Aufbewahrung: Sämtliche Lösungen sind im Kühlschrank mehrere Tage haltbar.

Substanzen:
4-(4-Nitrobenzyl)-pyridin
Tetraethylenpentamin
Chloroform
Tetrachlorkohlenstoff
Aceton
Kaliumhydrogenphthalat
Natriumperchlorat-Monohydrat
Natronlauge 1 mol/l
Piperidin
Triethylamin

Reaktion

NBP reagiert nach I mit Epoxiden zu Methin-Farbstoffen [14] und nach II mit Alkylierungsmitteln (R-X, X = z. B. Halogen) zu gefärbten Pigmenten [15].

I

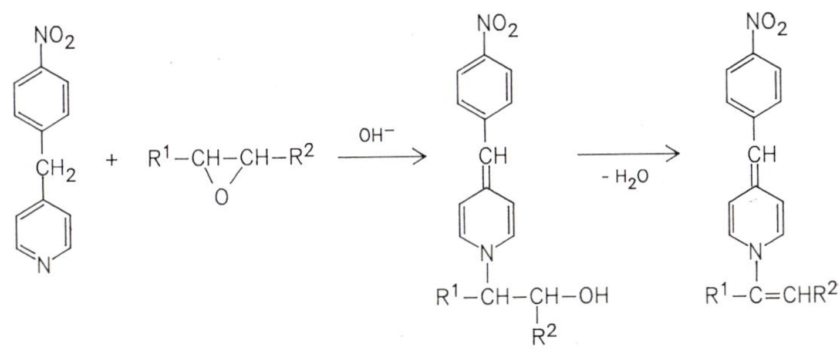

II 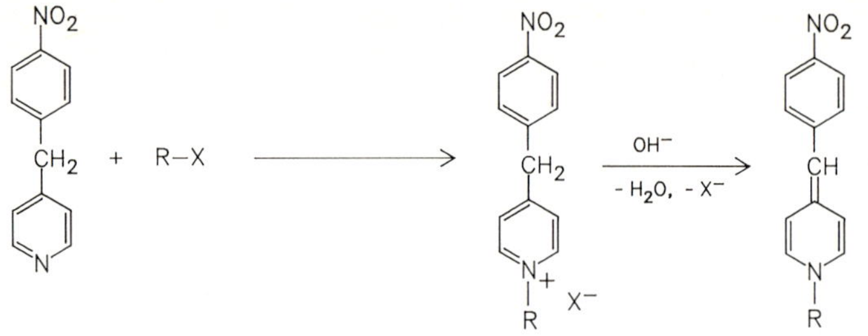

Durchführung

1. Epoxide: Die im Warmluftstrom getrockneten Chromatogramme werden 1–2 s in die Tauchlösung I getaucht und 15–30 min auf 120–150 °C erhitzt. Anschließend, nach Abkühlen auf Raumtemperatur, werden sie 1–2 s in die Tauchlösung II getaucht [1].

2. Acetylen-Derivate und Substanzen mit labilem Halogen: Die fließmittelfreien Chromatogramme werden mit der Sprühlösung I homogen besprüht, im Heißluftstrom getrocknet und nochmals mit der gleichen Reagenzlösung benebelt. Zur Farbvertiefung kann anschließend mit Natronlauge ($c = 10^{-5}$ mol/l) nachgesprüht werden [8].

3. Alkylierungsmittel: Die fließmittelfreien Chromatogramme werden zunächst mit Sprühlösung I und, nach kurzer Zwischentrocknung im Kaltluftstrom, mit Sprühlösung II homogen besprüht und anschließend 10–25 min auf 105–140 °C erhitzt. Nach dem Abkühlen auf Raumtemperatur wird mit Sprühlösung III nachgesprüht [9, 10].

Es resultieren für Trichothecene, Valepotriate und Alkylierungsmittel blaue [1, 7, 9] und für Acetylen-Derivate sowie Substanzen mit labilem Halogen gelbe bis rotviolette [8, 13] Chromatogramm-Zonen auf farblosem Untergrund. Die erhaltenen Färbungen verblassen innerhalb kurzer Zeit [7, 10].

Anmerkung: Trichothecene und Valepotriate ergeben nur bei Vorhandensein einer Epoxy-Gruppe im Molekül eine Reaktion, ihre Nachweisgrenze liegt bei 25–200 ng Substanz pro Chromatogramm-Zone [1]. Die Nachweisgrenze von Acetylen-Derivaten liegt bei 100–800 ng Substanz pro Chromatogramm-Zone, jedoch sind nicht alle zu einer positiven Reaktion befähigt [8].

Sprühlösung I kann auch als Tauchlösung eingesetzt werden. Tauchlösung II kann durch eine frisch bereitete methanolische Lösung von wasserfreiem Piperazin (10%) ersetzt werden.

Das Reagenz kann auf Kieselgel-, Kieselgur-, Si 50000-, Cellulose-, CN- und RP-Schichten eingesetzt werden. Nicht geeignet sind NH_2-Phasen, da auf diesen keine Anfärbung erzielt wird, und Nano-SIL C_{18}-100 UV_{254}-Platten (MACHEREY-NAGEL), weil sich bei diesen der gesamte Plattenuntergrund violett färbt.

Geprüftes Beispiel

Valepotriate [16, 17]

Methode: Aufsteigende, eindimensionale Entwicklung in einer Trogkammer bei Kammersättigung.

Schicht: HPTLC-Fertigplatten Kieselgel 60 F_{254} (MERCK).

Fließmittel: Dichlormethan – Ethylmethylketon (48+2).

Laufstrecke: 5 cm

Laufzeit: 7 min

Nachweis und Ergebnis: Das fließmittelfreie Chromatogramm wird 2 s in die Tauchlösung I getaucht und 15 min auf 120°C erhitzt (Heizplatte). Nach dem Abkühlen auf Raumtemperatur (ca. 5–10 min) wird die DC-Platte in eine frisch bereitete Lösung von 10 g wasserfreiem Piperazin in 100 ml Methanol getaucht.

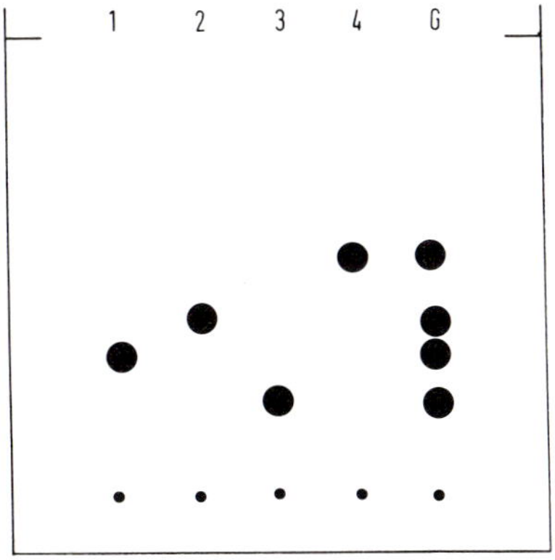

Abb. 1: Schemaskizze eines Chromatogrammes von Valepotriaten: Acevaltrat (1), Didrovaltrat (2), IVHD-Valtrat (3), Valtrat (4), Gemisch (G).

Es resultieren tiefblaue (Acevaltrat, hR_f: 20–25; Valtrat, hR_f: 40–45) bis violettblaue (IVHD, hR_f: 15–20; Didrovaltrat, hR_f: 25–30) Chromatogramm-Zonen auf farblosem Untergrund. Die visuellen Nachweisgrenzen liegen bei ca. 200 ng Substanz pro Chromatogramm-Zone (Abb. 1).

Bei Auftragemengen unter 1 µg verblassen die angefärbten Zonen so schnell, daß sie schon nach 5–15 min nicht mehr zu erkennen sind.

In-situ-Messung: Wegen der instabilen Färbung ist das Reagenz für densitometrische Messungen nicht geeignet (vgl. auch [7]).

Literatur

[1] Takitani, S., Asabe, Y., Kato, T.: *J. Chromatogr.* **1979,** *172*, 335–342.
[2] Sakamoto, T., Swanson, S. P., Yoshizawa, T.: *J. Agric. Food Chem.* **1986,** *34*, 698–701.
[3] Schmidt, R., Ziegenhagen, E., Dose, K.: *Z. Lebensm. Unters. Forsch.* **1982,** *175*, 169–171.
[4] Corley, R. A., Swanson, S. P., Buck, W. B.: *J. Agric. Food Chem.* **1985,** *33*, 1085–1089.
[5] Bata, A., Vanyi, A., Lasztity, R.: *Acta Vet.* **1984,** *32*, 51–56.
[6] Bata, A., Teren, J., Lasztity, R.: *Acta Vet.* **1984,** *32*, 147–152.
[7] Braun, R., Dittmar, W., Machut, M., Wendland, S.: *Dtsch. Apoth. Ztg.* **1982,** *122*, 1109–1113; **1983,** *123*, 2474–2477.
[8] Schulte, K. E., Rücker, G.: *J. Chromatogr.* **1970,** *49*, 317–322.
[9] Sass, S., Stutz, M. H.: *J. Chromatogr.* **1981,** *213*, 173–176.
[10] Norpoth, K., Schriewer, H., Rauen, H. M.: *Arzneim.-Forsch.* (Drug Res.) **1971,** *21*, 1718–1721.
[11] Norpoth, K., Papatheodorou, T.: *Naturwissenschaften* **1970,** *57*, 356.
[12] Cee, A.: *J. Chromatogr.* **1978,** *150*, 290–292.
[13] Ruzo, L. O., Gaughan, L. C., Casida, J. E.: *J. Agric. Food Chem.* **1980,** *28*, 246–249.
[14] Brewer, J. H., Arnsberger, R. J.: *J. Pharm. Sci.* **1966,** *55*, 57–59.
[15] Friedman, O. M., Boger, E.: *Anal. Chem.* **1961,** *33*, 906–910.
[16] Klingenberg, R., Jork, H.: GDCh-Fortbildungskurs Nr. 300 „Einführung in die Dünnschicht-Chromatographie", Universität des Saarlandes, Saarbrücken 1986.
[17] Rücker, G., Neugebauer, H., Eldin, M. S.: *Planta Med.* **1981,** *43*, 299.

Perchlorsäure–Reagenz

Reagenz für:

- Steroide [1–8]
- Gallensäuren [9, 10]
- Polystyrole [11]
- Antiepileptika [12–15]
  z. B. Carbamazepin, Primidon
- Psychopharmaka [12, 16]
  z. B. Chlordiazepoxid, Diazepam,
  Nitrazepam, Oxazepam
- Phenobarbital [12]
- Fettsäureester [17]
- Nucleoside, Nucleotide [18]
- Zucker [19, 20]
- Indole z. B. Tryptophan, Tryptamin [21]

$HClO_4$

$M_r = 100.46$

Herstellung des Reagenzes

Tauchlösung: Zu 50 ml Wasser werden vorsichtig 50 ml Perchlorsäure (70%) gegeben und die Mischung nach dem Abkühlen mit 50 ml Ethanol verdünnt.

Sprühlösung I: für Steroide: 20proz. wäßrige Perchlorsäure.

Sprühlösung II: für Gallensäuren: 60proz. wäßrige Perchlorsäure.

Aufbewahrung: Die Reagenzlösungen sind längere Zeit haltbar.

Substanzen: Perchlorsäure (60%)
Perchlorsäure (70%)
Ethanol

Reaktion

Der Reaktionsmechanismus ist ungeklärt.

Durchführung

Die fließmittelfreien Chromatogramme werden 5–10 s in die Reagenzlösung getaucht und anschließend 5–10 min auf 120–150 °C erhitzt (Vorsicht: Rückseite des Chromatogrammes von Perchlorsäure befreien!)

Es resultieren zumeist gefärbte Zonen auf farblosem Untergrund, die im langwelligen UV-Licht (λ = 365 nm) fluoreszieren und die quantitativ ausgewertet werden können [9, 10].

Gallensäuren ergeben auch Fluoreszenzen, wenn als Reagenz eine nur 5proz. Perchlorsäure-Lösung eingesetzt und das Chromatogramm bis zur beginnenden Färbung auf 100 °C erwärmt wird [9]. Auch Steroide lassen sich mit 2proz. methanolischer Perchlorsäure nachweisen [4].

Anmerkung: Zu langes und zu hohes Erhitzen kann zum Verkohlen der Substanzen führen. Deshalb wird als Alternative z. B. auch 30 min langes Erwärmen auf 80 °C empfohlen [11]. Die Tauchlösung kann ebenfalls als Sprühlösung verwendet werden.

Gefahrenhinweis: Perschlorsäure-Nebel können in Abzugsschächten kondensieren und zu unkontrollierten Explosionen führen! Deshalb ist das Tauchen vorzuziehen.

Das Reagenz kann auf Kieselgel-, Si 50000- und Kieselgur-Schichten eingesetzt werden.

Geprüftes Beispiel

Carbamazepin [13, 14]

Methode: Aufsteigende, eindimensionale Entwicklung in einer Trogkammer. Nach dem Auftragen der Proben wird die DC-Platte ca. 30 min in einer Kammer bei 42% rel. Feuchte äquilibriert und danach sofort entwickelt.

Schicht: HPTLC-Fertigplatten Kieselgel 60 (MERCK);
Vor dem Auftragen der Probe wird die DC-Platte dreimal in Chloroform – Methanol (1+1) vorgewaschen, wobei nach den einzelnen Entwicklungsschritten jeweils 30 min bei 110 °C getrocknet wird.

Fließmittel: Chloroform – Aceton (16+3)

Laufstrecke: 7 cm

Laufzeit: 20 min

Nachweis und Ergebnis: Das im Kaltluftstrom getrocknete Chromatogramm wird 5 s in die Reagenz-Lösung getaucht, an der Luft getrocknet und dann 7 min auf 120 °C erhitzt. Nach einer Abkühlzeit von 30 min kann ausgewertet werden: Carbamazepin (hR_f: 30–35) fluoresziert blau im langwelligen UV-Licht (λ = 365 nm).

Eine Stabilisierung und Erhöhung der Fluoreszenz um etwa den Faktor 30 wird durch Tauchen in eine Lösung von Paraffin dünnflüssig – Chloroform – Triethanolamin (10+60+10) erreicht.

Die Nachweisgrenze für Carbamazepin liegt bei 50 pg pro Chromatogramm-Zone.

In-situ-Messung: Die fluorimetrische Direktauswertung erfolgt im langwelligen UV-Licht (λ_{exc} = 365 nm; λ_{fl} > 430 nm; Abb. 1).

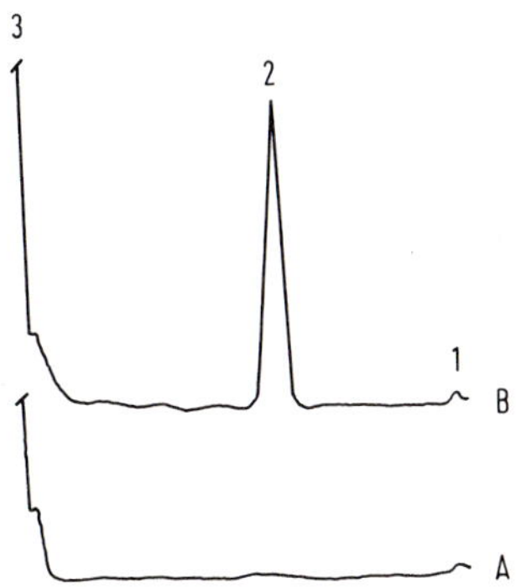

Abb. 1: Fluoreszenz-Ortskurven von (A) einer Leerbahn und (B) einem Carbamazepin-Standard mit 200 ng pro Chromatogramm-Zone. Start (1), Carbamazepin (2), Fließmittelfront (3).

Literatur

[1] Metz, H.: *Naturwissenschaften* **1961**, *48*, 569–570.
[2] Shafiullah, H., Khan, E. A.: *Acta Chim. Acad. Sci. Hung.* **1980**, *103*, 329–332.
[3] Shafiullah, H., Ansari, J. A.: *Acta Chim. Hung.* **1983**, *112*, 373–375.
[4] Gerner, R., Halberstadt, E.: *Z. Geburtshilfe Perinatol.* **1979**, *183*, 272–274.
[5] Ahmad, M. S., Khan, I. A.: *Acta Chimica* **1981**, *106*, 111–113.
[6] Khan, S. E. A.: *Acta Chimica* **1980**, *103*, 329–332.
[7] Ahamad, M., Khan, N., Ansari, A.: *Acta Chimica* **1984**, *115*, 193–195.
[8] Shafiullah, H., Shamsuzzaman, A.: *Acta Chimica* **1981**, *107*, 97–100.
[9] Klaus, R.: *J. Chromatogr.* **1985**, *333*, 276–287.
[10] Hara, S., Takeuchi, M.: *J. Chromatogr.* **1963**, *11*, 565–567.
[11] Otocka, E. P.: *Macromolecules* **1970**, *3*, 691–694.
[12] Faber, D. B., Man in't Veld, W. A.: *J. Chromatogr.* **1974**, *93*, 238–242.
[13] Funk, W., Canstein, M. v., Couturier, T., Heiligenthal, M., Kiefer, U., Schlierbach, S., Sommer, D. in: Proceedings of the 3rd Int. Symposium on Instrumental HPTLC Würzburg. Bad Dürkheim: IfC-Verlag 1985, S. 281–311.
[14] Canstein, M. von: Diplomarbeit, Fachhochschule Gießen, Fachbereich Technisches Gesundheitswesen, 1984.
[15] Goenechea, S., Hecke-Seibicke, E.: *Z. Klin. Chem. Klin. Biochem.* **1972**, *10*, 112–113.
[16] Besserer, K. Henzler, S., Kohler, E., Mallach, H. J.: *Arzneim. Forsch.* **1971**, *21*, 2003–2006.
[17] Asif, M., Ahmad, M. S., Mannan, A., Itoh, T., Matsumoto, T.: *J. Amer. Oil Chem. Soc.* **1983**, *60*, 581–583.
[18] Bühlmayer, P., Graf, G., Waldmeier, F., Tamm, Ch.: *Helv. Chim. Acta* **1980**, *63*, 2469–2487.
[19] Nagasawa, K., Ogamo, A., Harada, H., Kumagai, K.: *Analytic. Chem.* **1970**, *42*, 1436–1438.
[20] Gangler, R. W., Gabriel, O: *J. biol. Chem.* **1973**, *248*, 6041–6049.
[21] Nakamura, H., Pisano, J. J.: *J. Chromatogr.* **1978**, *152*, 167–174.

Peroxid-Reagenz
(1-Naphthol-N^4-Ethyl-N^4-(2-methan-sulfonamidoethyl-2-methyl-1,4-phenylendiamin-Reagenz)

Reagenz für:

- Peroxide [1]
  z. B. Wasserstoffperoxid, Persäuren, Diacylperoxide, Hydroperoxide, Ketonperoxide [1]

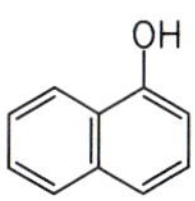

$C_{10}H_8O$

M_r = 144.17

1-Naphthol

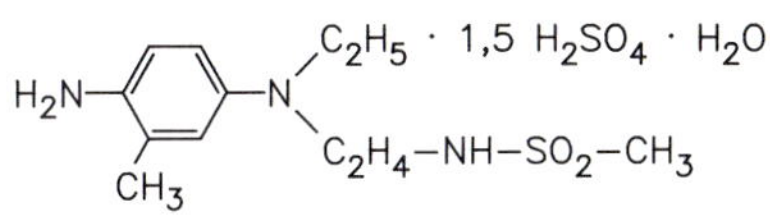

$C_{12}H_{21}N_3O_2S \cdot 1{,}5H_2SO_4 \cdot H_2O$

M_r = 436.25

Farbentwickler 3

Herstellung des Reagenzes

Tauchlösung: 3 g 1-Naphthol werden in 150 ml Methanol gelöst und mit 1350 ml Wasser versetzt. In dieser Lösung werden 0.5 g Kaliumdisulfit (Kaliummetabisulfit) und, nach Hinzufügen von 20 ml Eisessig, zuerst 0.5 g Eisen(II)-sulfat·7H_2O und dann 2.2 g N^4-Ethyl-N^4-(2-methansulfonamidoethyl)-2-methyl-1,4-phenylendiamin (Sesquisulfat, Monohydrat) (Farbentwickler 3, MERCK) gelöst. Es ist darauf zu achten, daß vor Zugabe einer neuen Komponente immer eine klare Lösung vorliegt.

Aufbewahrung: Die Tauchlösung ist etwa 1 Woche verwendungsfähig. Später färbt sie sich langsam blau, so daß sich der Plattenuntergrund verschlechtert.

Substanzen: 1-Naphthol
Farbentwickler 3
Kaliumdisulfit
Eisen(II)-sulfat-Heptahydrat
Methanol
Essigsäure (Eisessig)

Reaktion

Unter der Einwirkung von Peroxiden werden aromatische Amine (Farbentwickler 3) mit Phenolen zu farbigen Chinoniminen umgesetzt [1].

$$\text{Aromatisches Amin} + \text{1-Naphthol} \xrightarrow{\text{Oxidationsmittel}} \text{Chinoniminfarbstoff}$$

Durchführung

Die vom Fließmittel befreiten Chromatogramme werden 1 s in die Reagenzlösung getaucht oder homogen damit besprüht und im Kaltluftstrom getrocknet. Es resultieren innerhalb von wenigen Minuten blaue Chromatogramm-Zonen auf schwach rötlichem Untergrund.

Anmerkung: Die Nachweisgrenzen für die verschiedenen Peroxide liegen zwischen 0.5 und 2 µg Substanz pro Chromatogramm-Zone [1]. Am günstigsten fällt die Reaktion aus, wenn die Reagenzlösung 3–5 Tage alt ist, später steigt die Untergrundabsorption an. Die beim Trocknen im Kaltluftstrom auftretende Untergrundfärbung läßt sich weitgehend vermeiden, indem die Chromatogramme nach dem Tauchen unter Sauerstoffausschluß zunächst im feuchten und dann im trockenen Stickstoffstrom getrocknet werden [1].

Das Reagenz kann auf Kieselgel-, Kieselgur-, Si 50000- und, besonders empfindlich [1], auf Cellulose-Schichten eingesetzt werden.

Geprüftes Beispiel

Dibenzoylperoxid in Akne-Präparaten [2]

Methode: Aufsteigende, eindimensionale Entwicklung in einer Trogkammer bei Kammersättigung.

Schicht: HPTLC-Fertigplatten Kieselgel 60 F_{254} (MERCK)

Fließmittel: Toluol – Dichlormethan – Eisessig (50+2+1)

Laufstrecke: 5 cm

Laufzeit: 10 min

Nachweis und Ergebnis: Das im Kaltluftstrom vom Fließmittel befreite Chromatogramm wird 1 s in die Reagenzlösung getaucht und anschließend 15 min im Kaltluftstrom getrocknet. Es resultieren zuerst rötliche, nach etwa 60 min violette Chromatogramm-Zonen auf rosa gefärbtem Untergrund (Nachweisgrenze von Dibenzoylperoxid: ca. 500 ng).

Anmerkung: Die Untergrundfärbung läßt sich vermeiden, indem das getauchte Chromatogramm in einer Kammer zuerst 15 min mit feuchtem und anschließend weitere

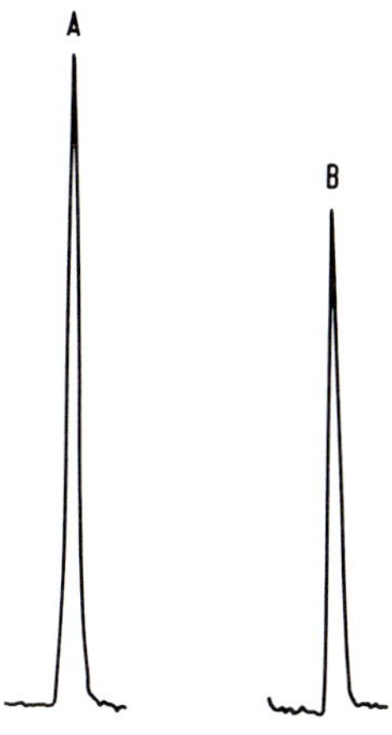

Abb. 1: Remissionsgrad-Ortskurven von 5 µg Dibenzoylperoxid (λ = 620 nm): Chromatogramm nach dem Tauchen (A) im Kaltluftstrom und (B) im Stickstoffstrom getrocknet.

15 min mit trockenem Stickstoff begast wird. In diesem Fall ist jedoch die Fleckintensität um etwa 30% geringer als bei der Trocknung im Kaltluftstrom (Abb. 1).

In-situ-Messung: Die Direktauswertung erfolgt, solange die Zonen rötlich gefärbt sind, bei $\lambda = 510$ nm. Später, wenn die Zonen violett erscheinen, wird bei $\lambda = 620$ nm ausgewertet.

Literatur

[1] Huber, W., Fröhlke, E.: *Chromatographia* **1972,** *5,* 256–257.
[2] Jork, H., Kany, E.: GDCh-Fortbildungskurs Nr. 300 „Einführung in die DC", Universität des Saarlandes, Saarbrücken 1987.

1,2-Phenylendiamin–Trichloressig-säure–Reagenz

Reagenz für:

- α-Ketosäuren
  z. B. Ascorbinsäure, Dehydro-ascorbinsäure [1]
- Zucker [2]

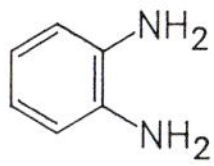

CCl_3COOH

1,2-Phenylendiamin	Trichloressigsäure
$C_6H_8N_2$	$C_2HCl_3O_2$
$M_r = 108.14$	$M_r = 163.39$
1,2-Phenylen-diamin	Trichlor-essigsäure

Herstellung des Reagenzes

Tauchlösung: 50 mg 1,2-Phenylendiamin werden in 50 ml 10proz. ethanolischer Trichloressigsäure gelöst.

Aufbewahrung: Die Reagenzlösung sollte stets frisch bereitet werden.

Substanzen: 1,2-Phenylendiamin
Trichloressigsäure
Ethanol

Reaktion

Mit Ascorbinsäure bzw. Dehydroascorbinsäure sind folgende Reaktionen zu erwarten:

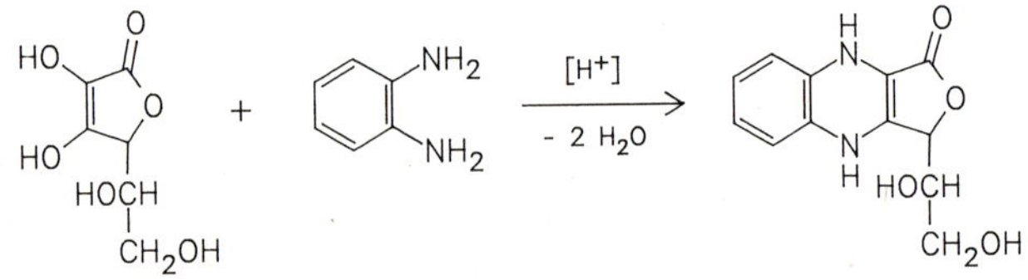

Ascorbinsäure

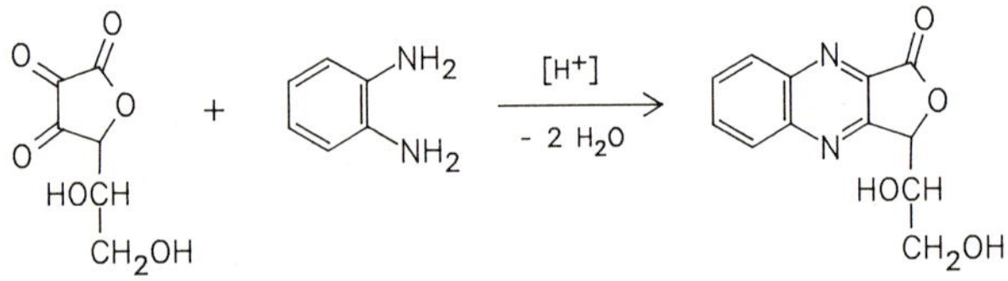

Dehydroascorbinsäure

Durchführung

Die im Kaltluftstrom vom Fließmittel befreiten Chromatogramme werden 5 s in die Reagenzlösung getaucht oder homogen damit besprüht und anschließend 10–15 min auf 110–120 °C erhitzt [2].

Es resultieren im langwelligen UV-Licht (λ = 365 nm) grün fluoreszierende Chromatogramm-Zonen.

Anmerkung: Zur Stabilisierung der Fluoreszenz werden die abgekühlten Chromatogramme zweckmäßigerweise 1 s in eine Lösung von Paraffin dünnflüssig – *n*-Hexan (1+2) getaucht.

Das Reagenz kann u. a. auf Kieselgel- und Cellulose-Schichten eingesetzt werden.

Geprüftes Beispiel

Ascorbinsäure und Dehydroascorbinsäure [1]

Methode: Aufsteigende, eindimensionale Entwicklung in einer Doppeltrogkammer bei Kammersättigung.

Schicht: HPTLC-Fertigplatten Kieselgel 60. Vor dem Auftragen der Proben wird die Schicht einmal im Fließmittel vorgewaschen und 20 min bei 110 °C getrocknet. Vor dem Einstellen in die Entwicklungskammer wird die fertig vorbereitete HPTLC-Platte 30 min bei 0% rel. Luftfeuchte (über konz. Schwefelsäure) vorkonditioniert.

Fließmittel: Aceton – Toluol – Ameisensäure (60+30+10).

Laufstrecke: 6 cm

Laufzeit: 11 min

Nachweis und Ergebnis: Das 2 min im Kaltluftstrom getrocknete Chromatogramm wird 5 s in die Tauchlösung getaucht und anschließend 10 min auf 110 °C erhitzt. Nach

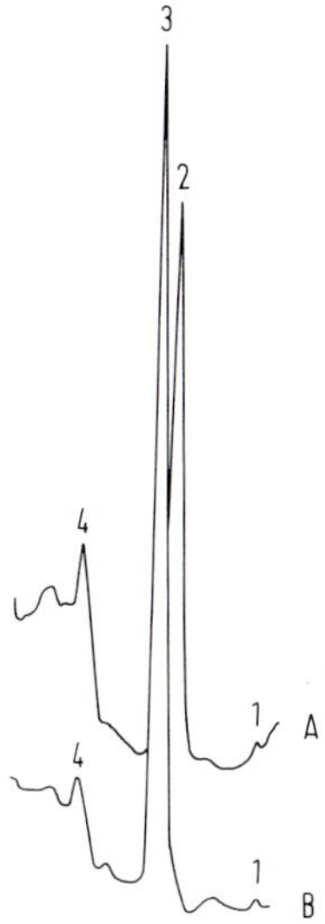

Abb. 1: Fluoreszenz-Ortskurven von Chromatogrammbahnen mit 200 ng Ascorbinsäure (A) bzw. 200 ng Dehydroascorbinsäure (B): Start (1), Ascorbinsäure (2), Dehydroascorbinsäure (3), β-Front (4).

dem Abkühlen wird es zur Stabilisierung der Fluoreszenz 1 s in eine Lösung von Paraffin dünnflüssig – *n*-Hexan (1+2) getaucht.

Ascorbinsäure (hR_f: 45–50) und Dehydroascorbinsäure (hR_f: 50–55) ergeben im langwelligen UV-Licht (λ = 365 nm) grün fluoreszierende Chromatogramm-Zonen auf orangefarbigem Untergrund. Die Nachweisgrenzen liegen unterhalb 5 ng Substanz pro Chromatogramm-Zone.

In-situ-Messung: Die fluorimetrische Auswertung erfolgt im langwelligen UV-Licht (λ_{exc} = 365 nm, λ_{fl} = 546 nm, Monochromatfilter; Abb. 1).

Literatur

[1] Schnekenburger, G.: Diplomarbeit, Fachhochschule Gießen, Fachbereich Technisches Gesundheitswesen, Gießen 1987.

[2] Fengel, D., Przyklenk, M.: *Sven. Papperstidn.* **1975,** *78*, 17–21.

o-Phthalaldehyd–Reagenz (OPT, OPA)

Reagenz für:

- primäre Amine [1–6]
  z. B. Aminoglycosid-
  Antibiotika
- Aminosäuren [1, 2, 7–9]
- Peptide [4, 8, 9]
- Imidazol-Derivate [1]
- Indol-Derivate
  z. B. Pindolol [10]
  Hydroxyindolessigsäure [11–14]
  Bufotenin [14, 15]
  Serotonin, 5-Hydroxytryptamin [11, 14–17]
- Mutterkorn-(Ergot-)-Alkaloide [18, 19]

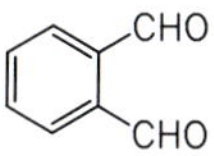

$C_8H_6O_2$
M_r = 134.14
o-Phthalaldehyd

$HS{-}CH_2{-}CH_2OH$

C_2H_6OS
M_r = 78,13
2-Mercapto-
ethanol

Herstellung des Reagenzes

Tauchlösung: 0.1 g *o*-Phthalaldehyd (Phthaldialdehyd, OPA) und 0.1 ml 2-Mercaptoethanol (2-Hydroxy-1-ethanthiol) werden mit Aceton auf 100 ml aufgefüllt.

Aufbewahrung: Die Reagenzlösung ist im Dunkeln bei Zimmertemperatur mehrere Tage stabil.

Substanzen: Phthaldialdehyd
2-Mercaptoethanol
Aceton

Reaktion

o-Phthalaldehyd reagiert in Gegenwart von 2-Mercaptoethanol mit primären Aminen zu fluoreszierenden Isoindol-Derivaten [20]:

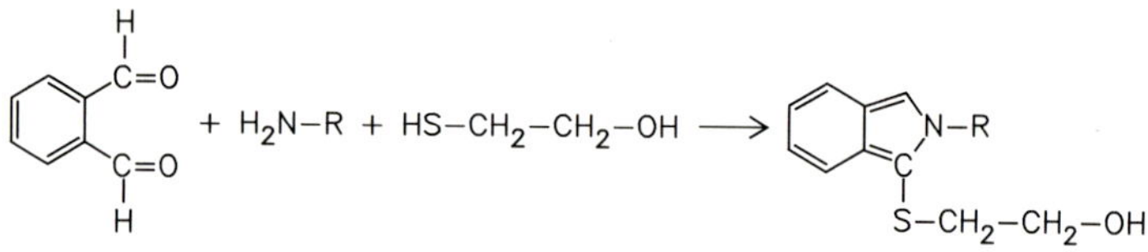

o-Phthalaldehyd Amin 2-Mercaptoethanol fluoreszierendes Isoindol-Derivat

Durchführung

Die fließmittelfreien Chromatogramme werden zügig („0" s) in die Reagenzlösung getaucht und anschließend 10 min bei 40–50°C im Trockenschrank erwärmt.

Es resultieren im langwelligen UV-Licht (λ = 365 nm) zumeist blau fluoreszierende Substanz-Zonen (Indole fluoreszieren z. T. gelb [15]), gelegentlich auch gefärbte Zonen. Durch Tauchen in eine 20proz. methanolische Polyethylenglycol-Lösung wird die Fluoreszenz stabilisiert [5].

Zum Nachweis der Mutterkornalkaloide wird als Sprühreagenz eine Lösung von 0.2 g o-Phthalaldehyd in 100 ml konz. Schwefelsäure (!) [15] oder in Pufferlösung eingesetzt. Gelegentlich wird anstelle von Mercaptoethanol auch Cystein [11, 12, 15, 19] oder schweflige Säure [17] verwendet.

Anmerkung: Das Reagenz kann auf Kieselgel-, Aluminiumoxid- und Cellulose-Schichten eingesetzt werden jedoch nicht bei Amino- oder Polyamid-Schichten. Die Tauchlösung kann auch als Sprühreagenz verwendet werden.

Treten bei der Umsetzung Schwierigkeiten auf, so sollten die DC-Platten zuvor in eine 1proz. Lösung von Triethylamin in Aceton oder in eine Lösung von 1 bis 2 Tropfen Natronlauge (c = 10 mol/l) in 10 ml Methanol getaucht werden, um das pH-Optimum für die Umsetzung zu erhalten. Zur Erzielung dieses Effekts kann das Sprühreagenz auch mit Boratpuffer, pH = 11, anstelle von Aceton angesetzt werden [10, 11].

Da sich die Fluoreszenz-Intensität der Zonen auf Kieselgel-Schichten nach wenigen Minuten verringert, werden für die Bestimmung aromatischer Aminosäuren meist Cellulose-Schichten, auf denen die Fluoreszenz länger stabil bleibt, vorgezogen [8]. Prolin läßt sich so noch nach 1 h Erhitzen auf 110 °C nachweisen, während die übrigen Zonen verblaßt sind.

Die Nachweisgrenzen für Aminosäuren und Peptide liegen zwischen 50 und 200 pmol [9], für 5-Hydroxyindolessigsäure bei 400 pg [11] und für Dihydroxyergotoxin bei 300 pg [19] pro Chromatogramm-Zone.

Geprüftes Beispiel

Gentamycin C-Komplex [21]

Methode: Aufsteigende eindimensionale Entwicklung in einer Doppeltrogkammer (CAMAG) mit 5 ml Ammoniak-Lösung (25%) in dem fließmittelfreien Trog. Kammersättigung: ca. 15 min; Entwicklung bei 10–12 °C.

Schicht: HPTLC-Fertigplatte Kieselgel 60 (MERCK), vorgereinigt durch dreimaliges Entwickeln mit Chloroform – Methanol (1+1), jeweils mit 30 min. Trocknen bei 110 °C.

Fließmittel: Chloroform – Ethanol – Ammoniak-Lösung (25%) (10+9+10); Zur Chromatographie dient die *organische Unterphase.*

Laufstrecke: ca. 5 cm

Laufzeit: ca. 20 min

Nachweis und Ergebnis: Das im Kaltluftstrom nach ca. 45 min vom Fließmittel befreite Chromatogramm wird 1 s in die Reagenzlösung getaucht und an der Luft getrocknet.

Neben Gentamycin C_1 (hR_f: 45–50) und C_{1a} (hR_f: 35–40) bilden die Gentamycine C_2 und C_{2a} einen gemeinsamen Fleck (hR_f: 40–45; Abb. 1).

Eine quantitative Auswertung auf fluorimetrischem Wege ist möglich: λ_{exc} = 313 nm; λ_{fl} > 390 nm. Zuvor wird das Chromatogramm zur Stabilisierung der Fluoreszenz 1 s in eine Lösung aus Paraffin dünnflüssig – *n*-Hexan (1+2) eingetaucht. Die Nachweisgrenze liegt bei 30 ng Einzelsubstanz pro Chromatogramm-Zone.

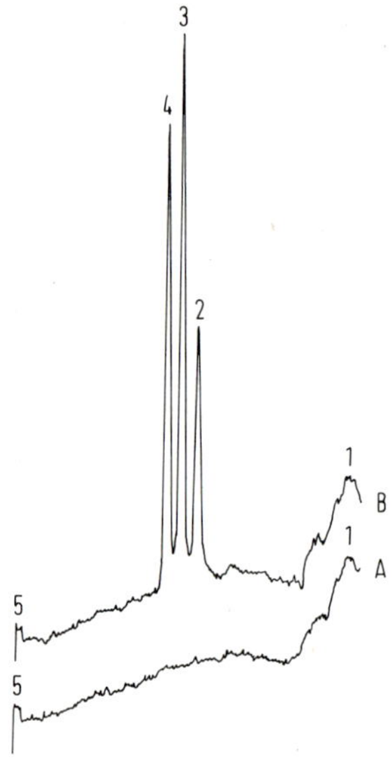

Abb. 1: Fluoreszenz-Ortskurve eines Leerwertes (A) und (B) eines Gentamycin-Standardgemischs (800 ng C-Komplex pro Auftragung). Start (1), Gentamycin-C_{1a} (2), C_2/C_{2a} (3), C_1 (4), Fließmittelfront, (5).

Literatur

[1] Aures, D., Fleming, R., Hakanson, R.,: *J. Chromatogr.* **1968,** *33,* 480–493.
[2] Turner, D., Wightman, S. L.: *J. Chromatogr.* **1968,** *32,* 315–322.
[3] Shelley, W. B., Juhlin, L.: *J. Chromatogr.* **1966,** *22,* 130–138.
[4] Edvinsson, L., Håkanson, R., Rönnberg, A. L., Sundler, F.: *J. Chromatogr.* **1972,** *67,* 81–85.
[5] Gübitz, G.: *Chromatographia,* **1979,** *12,* 779–781.
[6] Stahl, E., Zimmer, C., Juell, S.: *Z. Lebensm. Unters. Forsch.* **1982,** *175*, 88–92.
[7] Davies, H. M., Miflin, B. J.: *J. Chromatogr.* **1978,** *153,* 284–286.
[8] Lindeberg, E. G. G.: *J. Chromatogr.* **1976,** *117,* 439–441.
[9] Schiltz, E., Schnackerz, K. D., Gracy, R. W.: *Anal. Biochem.* **1977,** *79,* 33–41.
[10] Spahn, H., Prinoth, M., Mutschler, E.: *J. Chromatogr.* **1985,** *342,* 458–464.
[11] Zahn, H.: *Ärztl. Lab.* **1984,** *30,* 279–283.
[12] Niederwieser, A., Giliberti, P.: *J. Chromatogr.* **1971,** *61,* 65–99.
[13] Korf, J., Valkenburgh-Sikkema, T.: *Clin. chim. Acta* (Amsterdam) **1969,** *26,* 301–306.
[14] Narasimhachari, N., Plaut, J.: *J. Chromatogr.* **1971,** *57,* 433–437.
[15] Narasimhachari, N., Lin, R.-L., Plaut, J., Leiner, K.: *J. Chromatogr.* **1973,** *86,* 123–131.

[16] Garcia-Moreno, C., Rivas-Gonzalo, J., Pena-Egido, M., Marine-Font, A: *J. AOAC.* **1983,** *66,* 115–117.

[17] Geissler, H. E., Mutschler, E.: *Arzneim. Forsch.* **1976,** *26,* 75–78.

[18] Szabo, A., Karacsony, E. M.: *J. Chromatogr.* **1980,** *193,* 500–503.

[19] Prosek, M., Katic, M., Korsic, J., in: *Chromatography in Biochemistry, Medicine and Environmental Research.* Amsterdam: Elsevier, 1983, Bd. 1, S. 27–36.

[20] Skaaden, T., Greibrokk, T.: *J. Chromatogr.* **1982,** *247,* 111–122.

[21] Kiefer, U.: Diplomarbeit, Fachhochschule Gießen, Fachbereich Technisches Gesundheitswesen, 1984.

Pikrinsäure – Perchlorsäure – Reagenz

Reagenz für:

- Δ^5-3β-Hydroxysteroide [1]
- Sterine
  z. B. Cholesterin [1, 2]
  Koprostanol [2]

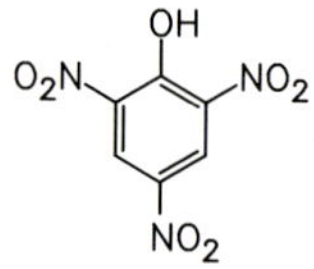

$C_6H_3N_3O_7$

M_r = 229.11

Pikrinsäure

$HClO_4$

M_r = 100.47

Perchlorsäure

Herstellung des Reagenzes

Tauchlösung: 100 mg Pikrinsäure (2, 4, 6-Trinitrophenol) werden in 36 ml Essigsäure (96%) gelöst und vorsichtig mit 6 ml Perchlorsäure (70%) versetzt.

Aufbewahrung: Die Tauchlösung sollte jeweils vor Gebrauch frisch angesetzt werden.

Substanzen: Pikrinsäure
Essigsäure (96%)
Perchlorsäure (70%)

Reaktion

Perchlorsäure oxidiert vermutlich die Steroide am Ring A, der dann mit Pikrinsäure einen Charge-Transfer-Komplex bildet.

Durchführung

Die Chromatogramme werden nach Trocknung im Kaltluftstrom 1 s in die Reagenzlösung getaucht und 3–5 min auf 70–75 °C (bis zur optimalen Farbentwicklung) erwärmt. Es resultieren gewöhnlich rot gefärbte Zonen auf weißem Untergrund, die allmählich verblassen [1].

Anmerkung: Das Reagenz ist auf Kieselgel- und Cellulose-Schichten einsetzbar. Die Farbausprägung der gefärbten Chromatogramm-Zonen ist abhängig von Erwärmungsdauer und Temperatur. Zum Beispiel erscheint Cholesterin nach 3–5 min Erwärmen auf 75–80 °C bläulich-rosa [1], nach 20–30 min Erwärmen dagegen gelb bis braun gefärbt (vgl. „Geprüftes Beispiel“).

Gefahrenhinweis: Aus Sicherheitsgründen sollte das Perchlorsäure enthaltende Reagenz nicht als Sprühreagenz eingesetzt werden.

Geprüftes Beispiel

Cholesterin, Koprostanol [2]

Methode: Aufsteigende, eindimensionale Entwicklung in einer Trogkammer.

Schicht: HPTLC-Fertigplatten Kieselgel 60 F_{254} (MERCK).
Zur Vorreinigung wird die Schicht einmal in Chloroform – Methanol (1+1) bis zum oberen Plattenrand entwickelt und anschließend 30 min bei 110 °C aktiviert.

Fließmittel: Cyclohexan – Diethylether (10 + 10)

Laufstrecke: 6 cm

Laufzeit: ca. 15 min

Nachweis und Ergebnis: Das entwickelte Chromatogramm wird nach Trocknung im Kaltluftstrom 1 s in die Reagenzlösung getaucht und 20–30 min auf 80 °C (bis zur optimalen Farbentwicklung) erwärmt. Es resultieren gelb bis braun gefärbte Zonen auf hellgelb gefärbtem Untergrund, die quantitativ ausgewertet werden können. Die Nachweisgrenzen von Cholesterin (hR_f: 20–25) und Koprostanol (hR_f: 25–30) liegen bei einigen Nanogramm pro Chromatogramm-Zone.

In-situ-Messung: Die absorptionsphotometrische Auswertung erfolgt bei λ = 378 nm.

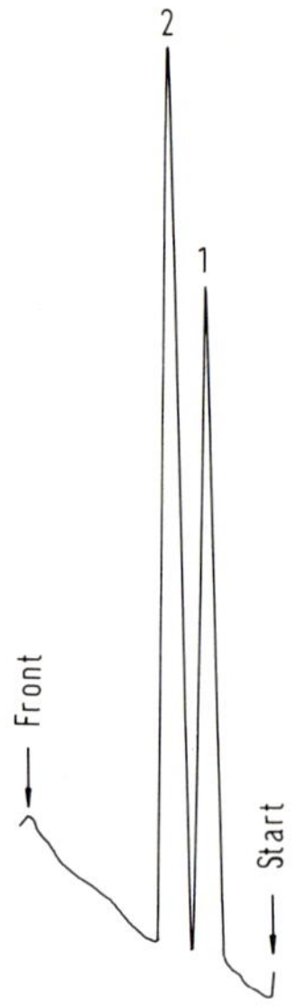

Abb. 1: Absorptions-Ortskurven einer Chromatogrammbahn mit 250 ng Cholesterin bzw. 500 ng Koprostanol pro Chromatogramm-Zone. Cholesterin (1), Koprostanol (2).

Literatur

[1] Eberlein, W. R.: *J. Clin. Endocrinol* **1965**, *25*, 288–289.
[2] Schade, M.: Diplomarbeit, Fachhochschule Gießen, Fachbereich Technisches Gesundheitswesen, 1986.

Pinakryptolgelb-Reagenz

Reagenz für:

- Anionaktive und nichtionogene Tenside [1-7]
- Organische Anionen von aliphatischen Phosphaten, Phosphonaten, Sulfaten, Sulfonaten und Sulfamaten [8, 9]
- Süßstoffe z.B. Cyclamat, Saccharin, Dulcin [10]

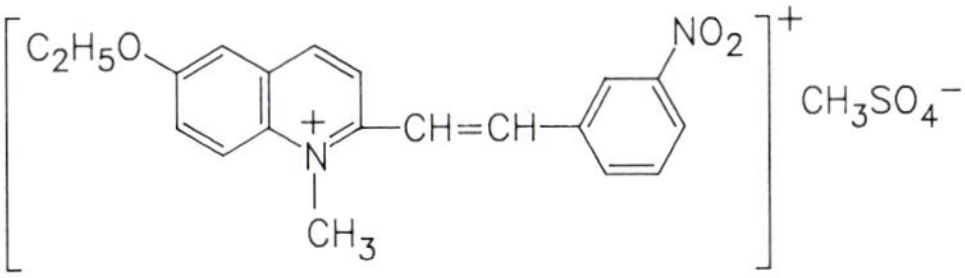

$C_{21}H_{22}N_2O_7S$

$M_r = 446.48$

Herstellung des Reagenzes

Tauchlösung: 100 mg Pinakryptolgelb werden unter Erwärmen in 100 ml Ethanol (95%) gelöst.

Sprühlösung: 100 mg Pinakryptolgelb werden unter Aufkochen in 100 ml Wasser [2, 3] oder unter Erwärmen in Ethanol (95%) [8, 10] gelöst.

Aufbewahrung: Die Reagenzlösung ist im Dunkeln mehrere Monate haltbar.

Substanzen: Pinakryptolgelb
Ethanol

Reaktion

Die Reaktion ist nicht geklärt. Bei anionischen Verbindungen ist ein Austausch des Gegenions wahrscheinlich [8].

Durchführung

Die im Warmluftstrom vom Fließmittel befreiten Chromatogramme werden 2 s in die Reagenzlösung getaucht oder homogen bis zur beginnenden Transparenz der Schicht damit besprüht. Im Falle der Tenside werden die Chromatogramme noch im feuchten Zustand ausgewertet [3], im Falle der Süßstoffe nach 10 min Trocknen im Dunkeln [10].

Es resultieren im langwelligen (λ = 365 nm), gelegentlich auch im kurzwelligen UV-Licht (λ = 254 nm) fluoreszierende Chromatogramm-Zonen auf dunklem oder fluoreszierendem Untergrund.

Anmerkung: Tenside fluoreszieren blau, gelb oder orange [1, 3, 5, 6]. Aliphatische organische Anionen ab einer Kettenlänge von mindestens 3 C-Atomen ergeben auf Cellulose-Schichten eine gelbe bis orange Fluoreszenz auf blaßgrünem Untergrund; steigende Kettenlängen im organischen Molekülteil wirken sich positiv, Hydroxylgruppen dagegen negativ auf die Fluoreszenzintensität aus [8]. Anorganische Anionen, Carbonsäuren und Aminosäuren reagieren nicht [8]. Cyclamat fluoresziert orange und Saccharin sowie Dulcin sind als orange bzw. dunkel-violette Zonen erkennbar [10].

Als Nachweisgrenzen werden für Tenside 5–50 µg [3, 5], für aliphatische Phosphat-, Phosphonat-, Sulfat-, Sulfonat- und Sulfamat-Ionen 0,025–5 µg [8] und für Süßstoffe 0,2–1 µg Substanz pro Chromatogramm-Zone angegeben [10].

Das Reagenz kann auf Kieselgel-, Cellulose-, Polyamid- und Aluminiumoxid-Schichten eingesetzt werden.

Geprüftes Beispiel

Süßstoffe [10, 11]

Methode:	Aufsteigende, eindimensionale Zweifachentwicklung in einer Trogkammer bei Kammersättigung.
Schicht:	HPTLC-Fertigplatten Cellulose (Merck).
Fließmittel:	Ethylacetat – Aceton – Ammoniak (25%) (6+6+1).
Laufstrecke:	2 × 8 cm
Laufzeit:	2 × 10 min mit 5 min Zwischentrocknung im Warmluftstrom.

Nachweis und Ergebnis: Die fließmittelfreie DC-Platte wird 2 s in die Reagenzlösung getaucht, einige Sekunden im Kaltluftstrom getrocknet und direkt anschließend 10 min im Dunkeln aufbewahrt.

Im langwelligen UV-Licht (λ = 365 nm) erscheinen Cyclamat (hR_f: 5–10) als hellorange fluoreszierende, Saccharin (hR_f: 15–20) und Acesulfam (hR_f: 25–30) als violette bzw. bräunliche Chromatogramm-Zonen auf hellblau fluoreszierendem Untergrund. Dulcin liegt unter den gewählten Chromatographiebedingungen im Frontbereich. Die Fluoreszenzfarben sind konzentrationsabhängig. Bei λ = 254 nm sind die Süßstoffe als schwach hell fluoreszierende Zonen zu erkennen.

In-situ-Messung: Die fluorimetrische Auswertung erfolgt bei λ_{exc} = 313 nm und λ_{fl} = 365 nm (Monochromatfilter M 365; Abb. 1).

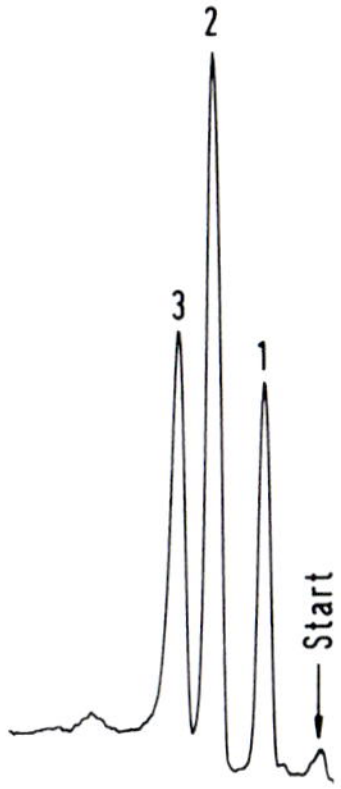

Abb. 1: Fluoreszenz-Ortskurve einer Chromatogrammbahn mit je 3 µg Acesulfam und Saccharin sowie 2,25 µg Cyclamat pro Chromatogramm-Zone: Cyclamat (1), Saccharin (2), Acesulfam (3).

Literatur

[1] König, H.: *Fresenius Z. Anal. Chem.* **1971,** *254*, 337–345.
[2] Köhler, M., Chalupka, B.: *Fette, Seifen, Anstrichm.* **1982,** *84*, 208–211.
[3] Matissek, R., Hieke, E., Baltes, W.: *Fresenius Z. Anal. Chem.* **1980,** *300*, 403–406.
[4] Bey, K.: *Fette, Seifen, Anstrichm.* **1965,** *67*, 217–221.
[5] Matissek, R.: *Tenside Detergents* **1982,** *19*, 57–66.
[6] Read, H.: *Proc. Int. Symp. Instr. High Perform. Thin-Layer Chromatogr., 3rd,* Würzburg 1985, S. 157–171.

[7] Longman, G. F.: *The Analysis of Detergents and Detergent Products.* J. Wiley & Sons, Ltd. Chichester 1975.
[8] Nagasawa, K., Ogamo, A., Anryu, K.: *J. Chromatogr.* **1972,** *67*, 113–119.
[9] Takeshita, R., Jinnai, N., Yoshida, H.: *J. Chromatogr.* **1976,** *123*, 301–307.
[10] Nagasawa, K., Yoshidome, H., Anryu, K.: *J. Chromatogr.* **1970,** *52*, 173–176.
[11] Klein, I., Müller, E., Jork, H.: GDCh-Fortbildungskurs Nr. 301 „Dünnschicht-Chromatographie für Fortgeschrittene", Universität des Saarlandes, Saarbrücken 1988.
[12] Borecky, J.: *J. Chromatogr.* **1959,** *2*, 612–614.

Quecksilber(I)-nitrat–Reagenz

Reagenz für:

- Barbiturate und Barbiturat-Metaboliten [1–4]
- Diverse Pharmaka
  z. B. Pentenamid [1],
  Gluthethimid, Primidon, Phenytoin [2]
- Organophosphor-Insektizide [5]
- Succinimide [6]
- Thioharnstoff [7]

$Hg_2(NO_3)_2 \cdot 2\ H_2O$

$M_r = 561.22$

Herstellung des Reagenzes

Sprühlösung: 5 g Quecksilber(I)-nitrat-Dihydrat werden mit 100 ml Wasser in einem Mörser zerrieben und einschließlich Bodensatz in eine Vorratsflasche gefüllt; solange der ungelöste Bodensatz weiß bleibt, ist der Überstand verwendbar [1].

Aufbewahrung: Das Reagenz ist längere Zeit haltbar; sobald sich der Bodensatz gelb oder grau verfärbt, muß das Reagenz neu angesetzt werden [1].

Substanzen: Quecksilber(I)-nitrat-Dihydrat

Reaktion

Der Mechanismus der Reaktion ist nicht geklärt.

Durchführung

Die im Warmluftstrom oder 10 min bei 105 °C getrockneten Chromatogramme werden nach dem Abkühlen auf Raumtemperatur homogen bis zur beginnenden Transparenz der Schicht mit der Reagenzlösung besprüht.

Es resultieren meistens sofort, manchmal auch erst innerhalb weniger Minuten grauschwarze Chromatogramm-Zonen auf weißem Untergrund. Bei Insektiziden werden die Chromatogramme nach dem Besprühen noch erwärmt [5].

Anmerkung: Ammoniakreste aus den Fließmitteln sollten vor Anwendung des Reagenzes zur Vermeidung von Untergrund-Verfärbungen (Grauschleier) vollständig entfernt werden [1]. Bei zu starkem Besprühen der Schicht können sich die anfänglich grauschwarzen Chromatogramm-Zonen wieder entfärben [2]. Dem Reagenz, das meistens als 1- bis 2proz. wäßrige Lösung beschrieben wird [2, 3, 6, 7], können zur Erzielung einer klaren Lösung auch einige Tropfen Salpetersäure zugesetzt werden [2].

Barbituratmetaboliten färben sich stärker mit dem Quecksilber(I)-nitrat-Reagenz an (Ausnahme: Allobarbital), während die unveränderten Barbiturate empfindlicher mit dem Quecksilber(II)-Diphenylcarbazon-Reagenz (s. dort) reagieren [1].

Das Reagenz kann auf Kieselgel-, Kieselgur-, Aluminiumoxid- und Cellulose-Schichten eingesetzt werden.

Geprüftes Beispiel

Barbiturate und Metaboliten [1]

Methode: Aufsteigende, eindimensionale Entwicklung in einer Trogkammer bei Kammersättigung.

Schicht: DC-Fertigplatten Kieselgel 60 F_{254} (MERCK).

Fließmittel: Chloroform – Aceton (80+20).

Laufstrecke: ca. 6 cm

Laufzeit: 7 min

Nachweis und Ergebnis: Das entwickelte Chromatogramm wird jeweils 5 min im Heißluft- (120–150 °C) und Kaltluftstrom getrocknet. Anschließend erfolgt das Besprühen mit der Reagenzlösung bis zur beginnenden Transparenz der Schicht. Nach 5 min resultieren für Barbiturate und deren Metaboliten graue bis schwarze Chromatogramm-Zonen auf farblosem Untergrund (Abb. 1).

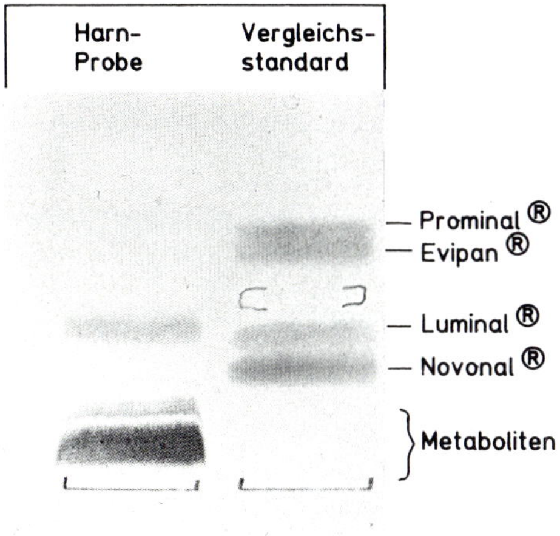

Literatur

[1] Interschick, E., Wüst, H., Wimmer, H.: *GIT Fachz. Lab.* **1981,** *4*, 412-440.
[2] Berry, D. J., Grove, J.: *J. Chromatogr.* **1973,** *80*, 205-219.
[3] Srivastava, S. P., Reena: *J. Liq. Chromatogr.* **1985,** *8*, 1265-1278.
[4] Cserhati, T., Bojarski, J., Fenyvesi, E.: *J. Chromatogr.* **1986,** *351*, 356-362.
[5] Mirashi, S. V., Kurhekar, M. P., D'Souza, F. C.: *J. Chromatogr.* **1983,** *268*, 352-354.
[6] Nuhn, P., Woitkowitz, P.: *Pharmazie* **1978,** *33*, 202-205.
[7] Hashmi, M. H., Chughtai, N. A., Ahmad, I.: *Mikrochim. Acta (Wien)* **1970,** 254-257.

Quecksilber(II)-salz–Diphenyl-carbazon–Reagenz

Reagenz für:

- Barbiturate, Barbiturat-Metaboliten [1–6]
- Sulfonamide [2]
- Diverse Pharmaka
  z. B. Gluthethimid [2–4],
  Lysergsäure [2],
  Primidon, Phenytoin [3]
- Organophosphor-Insektizide [7]

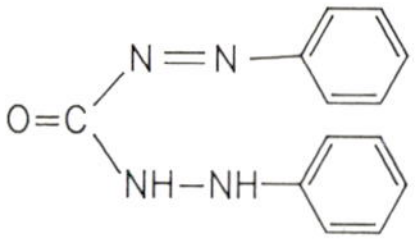

$HgCl_2$	$Hg(NO_3)_2 \cdot H_2O$	$C_{13}H_{12}N_4O$
$M_r = 271.50$	$M_r = 342.62$	$M_r = 240.27$
Quecksilber(II)-chlorid	Quecksilber(II)-nitrat-Monohydrat	Diphenylcarbazon

Herstellung des Reagenzes

Lösung I: 100 mg 1,5-Diphenylcarbazon werden in 100 ml Ethanol (96%) gelöst.

Lösung II: 40 g Ammoniumacetat werden in 100 ml Wasser gelöst und mit ca. 30 ml Salpetersäure (65%) auf pH = 3,5 eingestellt.

Sprühlösung Ia: 2 g Quecksilber(II)-chlorid werden in 100 ml Ethanol gelöst [1, 3, 4].

Sprühlösung Ib: 200 mg 1,5-Diphenylcarbazon werden in 100 ml Ethanol gelöst [1, 3, 4].

Sprühlösung IIa: 200 mg Quecksilber(II)-nitrat-Monohydrat werden in 100 ml Salpetersäure (c = 0,1 mol/l) gelöst [6]

Sprühlösung IIb: 4 ml Lösung I und 26 ml Lösung II werden gemischt [6].

Aufbewahrung: Die Lösungen I und II und die Sprühlösungen Ia und Ib sind im Kühlschrank etwa 1 Monat, die beiden Sprühlösungen IIa und IIb etwa 1 Woche haltbar.

Substanzen: 1,5-Diphenylcarbazon
Quecksilber(II)-nitrat-Monohydrat
Quecksilber(II)-chlorid
Salpetersäure 0,1 mol/l Titrisol
Salpetersäure (65%)
Ethanol
Ammoniumacetat

Reaktion

Der Mechanismus der Reaktion ist nicht geklärt.

Durchführung

Variante I: Die im Warmluftstrom oder im Trockenschrank (10 min, 120 °C) getrockneten Chromatogramme werden nach dem Abkühlen auf Raumtemperatur entweder nacheinander mit den Sprühlösungen Ia und Ib (mit kurzer Zwischentrocknung im Kaltluftstrom) [1] oder mit einem Gemisch aus gleichen Volumenteilen dieser beiden Sprühlösungen [2–4] jeweils bis zur beginnenden Transparenz der Schicht besprüht.

Es resultieren für Organophosphor-Insektizide [7] und in der Regel auch für Barbiturate und andere Pharmaka [1–3] weiße Chromatogramm-Zonen auf lila gefärbtem Untergrund. Manchmal erscheinen Barbiturate – insbesondere nach Anwendung von basischen Fließmitteln – auch als blau-violett gefärbte Zonen auf rosafarbenem Untergrund [2, 5].

Variante II: Die im Warmluftstrom oder im Trockenschrank (10 min, 120 °C) getrockneten Chromatogramme werden nach dem Abkühlen auf Raumtemperatur zunächst zweimal mit der Sprühlösung II a bis zur Transparenz der Schicht besprüht (nach jedem Sprühvorgang im Warmluftstrom trocknen!). Abschließend wird mit wenig Sprühlösung II b nachgesprüht [6].

Barbiturate und ihre Metaboliten erscheinen bei dieser Reagenzvariante immer als rot-violette Chromatogramm-Zonen auf weißem Untergrund [6].

Anmerkung: Die Reaktion für Barbiturate gemäß Variante I gewinnt an Empfindlichkeit, wenn die Chromatogramme nach dem Besprühen direktem Sonnenlicht oder UV-Licht ausgesetzt werden; dadurch verblaßt der Untergrund weitgehend, und die blauvioletten Chromatogramm-Zonen treten deutlicher in Erscheinung [4].

Während Barbituratmetaboliten stärker mit dem Quecksilber(I)-nitrat–Reagenz (s. dort) angefärbt werden, reagieren die unveränderten Barbiturate empfindlicher mit dem Quecksilber(II)-Diphenylcarbazon–Reagenz; die Nachweisgrenzen liegen zwischen 0,05 µg (Luminal®) und 10 µg (Prominal®) pro Chromatogramm-Zone [6].

Das Reagenz kann auf Kieselgel- und Kieselgur-Schichten eingesetzt werden.

Geprüftes Beispiel

Barbitursäure-Derivate und Metaboliten [6]

Methode: Aufsteigende, eindimensionale Entwicklung in einer Trogkammer bei Kammersättigung.

Schicht: DC-Fertigplatten Kieselgel 60 F_{254} (MERCK).

Fließmittel: Chloroform – Aceton (80 + 20).

Laufstrecke: ca. 6 cm

Laufzeit: 7 min

Nachweis und Ergebnis: Das Chromatogramm wird jeweils 5 min im Heißluft- (120–150 °C) und danach im Kaltluftstrom getrocknet. Anschließend wird es zweimal bis zur Transparenz der Schicht mit Sprühlösung II a benebelt (mit 3 min Zwischentrocknung im Heißluftstrom). Als Nachbehandlung erfolgt 5 min Erwärmen im Heißluftstrom. Nach 5 min Abkühlen im Kaltluftstrom wird mit *wenig* Sprühlösung II b nachgesprüht.

Barbiturate und ihre Metaboliten erscheinen als violette Chromatogramm-Zonen auf fast farblosem Untergrund. Die Nachweisgrenze für Barbiturate liegt zwischen 50 ng (Luminal®) und 10 µg (Prominal®; Abb. 1).

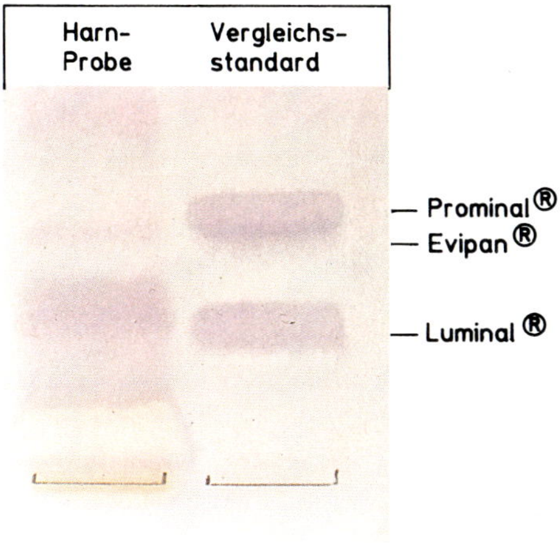

Abb. 1: Chromatogramm einer Harnprobe und eines Vergleichsstandards.

Literatur

[1] Dybowski, R., Gough, T. A.: *J. Chromatogr. Sci.* **1984,** *22,* 104-110.
[2] Owen, P., Pendlebury, A., Moffat, A. C.: *J. Chromatogr.* **1978,** *161,* 195-203.
[3] Berry, D. J., Grove, J.: *J. Chromatogr.* **1973,** *80,* 205-219.
[4] Christensen, E. K. J., Vos, T., Huizinga, T.: *Pharm. Weekbl. Ned.* **1965,** *100,* 517-531.
[5] Brunsmann, P. W. F., Paalman, A. C. A.: *Pharm. Weekbl. Ned.* **1971,** *106,* 933-937.
[6] Interschick, E., Wüst, H., Wimmer, H.: *GIT Fachz. Lab.* **1981,** *4,* 412-440.
[7] Mirashi, S. V., Kurekhar, M. P., D'Souza, F. C., Meghal, S. K.: *J. Chromatogr.* **1983,** *268,* 352-354.

Rhodamin B–Reagenz

Reagenz für:

- lipophile Substanzen, Lipide [1–3]
  z. B. Triglyceride [3], Ganglioside [2]
  Fettsäuren u. Fettsäuremethylester [3, 4]
  Fettalkohol-Dinitrobenzoate [5]
- Prenole, Prenylchinone, Prenylvitamine [6]
- Polyphenole [7]
- Flavonole [8]
- Tenside [9]

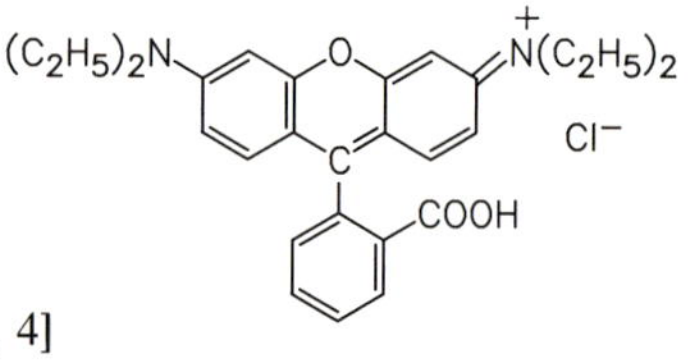

$C_{28}H_{31}ClN_2O_3$

$M_r = 479.02$

Herstellung des Reagenzes

Tauchlösung: 50 mg Rhodamin B werden in 200 ml Wasser gelöst.

Sprühlösung: 10 bis 500 mg Rhodamin B werden in 100 ml Ethanol [3, 7], Methanol [5] oder Wasser [2] gelöst.

Aufbewahrung: Beide Reagenzlösungen sind längere Zeit haltbar.

Substanzen: Rhodamin B (C.I. 45170)
Ethanol

Reaktion

Der lipophile Farbstoff Rhodamin B neigt aufgrund seiner Amino- und Carboxygruppen zur Bildung von Zwitter-Ionen, die sich leicht zu Assoziaten zusammenschließen und in lipophilen Chromatogramm-Zonen anreichern können.

Durchführung

Die fließmittelfreien Chromatogramme werden 1 s in die Reagenzlösung getaucht bzw. homogen mit der Sprühlösung benebelt. Zumeist resultieren rotviolette Zonen auf pinkfarbenem Untergrund, die im langwelligen UV-Licht (λ = 365 nm) intensiver rot als ihre Umgebung fluoreszieren.

Anmerkung: Rhodamin B ist ein Universal-Reagenz, das auf Kieselgel-, Talkum-, Stärke- [5] und Cellulose-Schichten genauso wie auf Harnstoff- [1] oder Silbernitrat-imprägnierten [7] Phasen eingesetzt werden kann. Paraffin-imprägnierte Kieselgur- und RP-Schichten sind weniger geeignet, da sich die Umgebung der Chromatogramm-Zonen ebenfalls intensiv färbt. Häufig kann eine Steigerung der Nachweisempfindlichkeit erzielt werden, indem die getauchten bzw. besprühten Chromatogramme in eine Ammoniak-Atmosphäre gestellt werden; alternativ kann auch mit Natron- oder Kalilauge nachgesprüht werden.

Geprüftes Beispiel

Fettsäuren [10]

Methode: Aufsteigende, eindimensionale Entwicklung in einer Trogkammer bei Kammersättigung.

Schicht: DC-Fertigplatten Kieselgur (MERCK), die vor dem Auftragen der Proben durch einmaliges Entwickeln in einer 1proz. Lösung von Paraffin dickflüssig in Petroleumbenzin imprägniert werden.

Fließmittel: Essigsäure – Aceton – Wasser (40+20+4)

Laufstrecke: 17 cm

Laufzeit: 60 min

Nachweis und Ergebnis: Das fließmittelfreie Chromatogramm wird 1 s in die Reagenzlösung getaucht. Arachinsäure (hR_f: 15–20), Stearinsäure (hR_f: 30–35), Palmitinsäure (hR_f: 50–55) Myristinsäure (hR_f: 60–65) und Laurinsäure (hR_f: 70–75) erscheinen als rosa gefärbte Zonen auf rötlichem Untergrund.

Auf der mit Paraffin imprägnierten Kieselgur-Schicht ist die Reaktion wegen der Untergrundverfärbung nicht besonders empfindlich. Für eine quantitative Auswertung sollte das in diesem Fall fünfmal empfindlichere Rhodamin 6G-Reagenz (siehe dort) eher angewendet werden.

Literatur

[1] Rincker, R., Sucker, H.: *Fette Seifen Anstrichm.* **1972,** *74,* 21–24.
[2] Merat, A., Dickerson, J. W.: *J. Neurochem.* **1973,** *20,* 873–880.
[3] Vinson, J. A., Hooyman, J. E.: *J. Chromatogr.* **1977,** *135,* 226–228.
[4] Haeffner, E. W.: *Lipids* **1970,** *5,* 430–433.
[5] Perisic-Janjic, N., Canic, V., Lomic, S., Baykin, D.: *Fresenius Z. Anal. Chem.* **1979,** *295,* 263–265.
[6] Lichtenthaler, H., Boerner, K.: *J. Chromatogr.* **1982,** *242,* 196–201.
[7] Thielemann, H.: *Mikrochim. Acta* **1972,** 672–673; und: *Z. Chem.* **1972,** *12,* 223.
[8] Halbach, G., Görler, K.: *Planta Med.* **1971,** *19,* 293–298.
[9] Read, H. in: Proceedings of the 3rd International Symposium on Instrumental HPTLC, Würzburg. Bad Dürkheim: IfC-Verlag, 1985, S. 157–171.
[10] Jork, H., Kany, E.: GDCh-Fortbildungskurs Nr. 301 „Dünnschicht-Chromatographie für Fortgeschrittene", Universität des Saarlandes, Saarbrücken 1986.

Rhodamin 6G-Reagenz

Reagenz für:

- lipophile Substanzen, Lipide [1-11]
  z. B. Kohlenwasserstoffe [1]
  Fettsäuren u. Fettsäureester [2, 3]
  Ubichinone [4]
  Ganglioside [5]
  Steroide, Sterine [3,6]
  Triterpenalkohole [7]
  Diglyceride, Triglyceride [3, 8]
  Phospholipide [3]

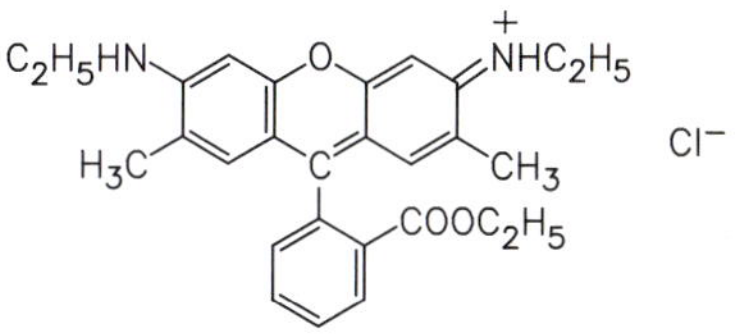

$C_{28}H_{31}ClN_2O_3$

M_r = 479.02

Herstellung des Reagenzes

Tauchlösung: 50 mg Rhodamin 6G werden in 100 ml Ethanol (96%) gelöst.

Sprühlösung: 100 mg Rhodamin 6G werden in 100 ml Ethanol (96%) gelöst.

Aufbewahrung: Beide Reagenzlösungen sind längere Zeit haltbar.

Substanzen: Rhodamin 6G (C. I. 45160)
Ethanol

Reaktion

Rhodamin 6G reichert sich in den lipophilen Substanz-Zonen an, so daß diese stärker fluoreszieren als die Umgebung.

Durchführung

Die fließmittelfreien Chromatogramme werden 1 s in die Reagenzlösung getaucht bzw. mit der Sprühlösung homogen benebelt. Zumeist resultieren rosafarbene Chromatogramm-Zonen auf rotviolettem Untergrund, die im langwelligen UV-Licht (λ = 365 nm) intensiver gelborange als ihre Umgebung fluoreszieren.

Anmerkung: Rhodamin 6G ist ein Universalreagenz, das auch in die DC-Schichten eingearbeitet [4, 9] oder dem Fließmittel beigemischt [4] werden kann. Für das Sprühreagenz kann als Lösungsmittel auch Wasser [8], Aceton [4, 6] oder 2.5 mol Ammoniak-Lösung [5] verwendet werden. Die visuelle Nachweisgrenze ist am günstigsten, solange sich das aus dem Fließmittel bzw. dem Nachweisreagenz stammende Wasser noch nicht völlig aus der Schicht verflüchtigt hat. Dies ist daran zu erkennen, daß die Untergrundfluoreszenz noch nicht von rot nach pink umgeschlagen ist [4].

Häufig läßt sich eine Steigerung der Nachweisempfindlichkeit im sichtbaren Licht dadurch erzielen, daß man die getauchten bzw. besprühten Chromatogramme in eine Ammoniak-Atmosphäre stellt; alternativ kann auch mit Natron- oder Kalilauge nachgesprüht werden. Auf Kieselgel-Schichten nimmt dabei die Fluoreszenzintensität ab, auf RP-Schichten wird sie dagegen erhöht.

Das Reagenz kann auf Kieselgel-, Kieselgur-, Cellulose- und Florisil-Schichten, die auch mit Silbernitrat imprägniert sein können, eingesetzt werden.

Geprüftes Beispiel

Fettsäuren [10]

Methode: Aufsteigende, eindimensionale Entwicklung in einer Trogkammer.

Schicht: HPTLC-Fertigplatte RP-8 (ohne Fluoreszenzindikator, MERCK).

Fließmittel: Aceton – Acetonitril – 0.1 mol/l wäßrige Lithiumchlorid-Lösung (10+10+1)

Laufstrecke: 7 cm

Laufzeit: 8 min

Nachweis und Ergebnis: Das fließmittelfreie Chromatogramm wird kurz in die Reagenzlösung getaucht. Arachinsäure (hR_f: 35–40), Stearinsäure (hR_f: 40–45), Palmitinsäure (hR_f: 45–50), Myristinsäure (hR_f: 55–60) und Laurinsäure (hR_f: 60–65) ergeben rosafarbene Zonen auf rotviolettem Untergrund, die im langwelligen UV-Licht (λ = 365 nm) intensiver gelborange als ihre Umgebung fluoreszieren (Abb. 1).

In-situ-Messung: Die fluorimetrische Auswertung erfolgt im langwelligen UV-Licht (λ_{exc} = 365 nm; λ_{fl} > 560 nm). Die Nachweisgrenze der Fettsäuren liegt bei ca. 100 ng pro Chromatogramm-Zone.

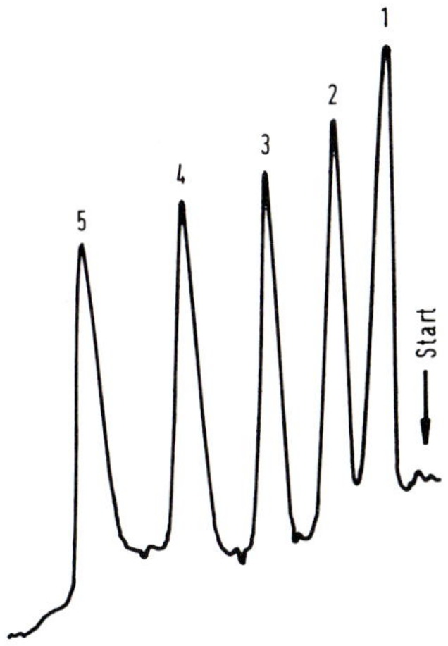

Abb. 1: Fluoreszenz-Ortskurven eines Fettsäuregemischs mit 500 ng Substanz pro Chromatogramm-Zone. Arachinsäure (1), Stearinsäure (2), Palmitinsäure (3), Myristinsäure (4), Laurinsäure (5).

Literatur

[1] Nagy, S. Nordby, H. E.: *Lipids* **1972,** *7,* 722 - 727.
[2] Ellington, J. J., Schlotzhauer, P. F., Schepartz, A. I.: J. Amer. Oil Chem. Soc. **1978,** *55,* 572–573.
[3] Nicolosi, R. J., Smith, S. C., Santerre, R. F.: *J. Chromatogr.* **1971,** *60,* 111–117.
[4] Rokos, J. A. S.: *J. Chromatogr.* **1972,** *74,* 357–358.
[5] Traylor, T. D., Hogan, E. L.: *J. Neurochem.* **1980,** *34,* 126–131.
[6] Garg, V. K., Nes, W. R.: *Phytochemistry* **1984,** *23,* 2925–2929.
[7] Boskou, D., Katsikas, H.: *Acta Aliment.* **1979,** *8,* 317–320.
[8] Devor, K. A., Mudd, J. B.: *J. Lipid Res.* **1971,** *12,* 396–402.
[9] Whistance, G. R., Dillon, J. F., Threlfall, D. R.: *Biochem. J.* **1969,** *111,* 461–472.

[10] Jork, H., Kany, E.: GDCh-Fortbildungskurs 300 „Einführung in die Dünnschicht-Chromatographie" Universität des Saarlandes, Saarbrücken 1986.
[11] Abdelkader, A. B., Cherif, A., Demandre, C., Mazliak, P.: *Eur. J. Biochem.* **1973,** *32,* 155-165.

Salzsäure-Dampf-Reagenz

Reagenz für:

- Antiepileptika
  z. B. Carbamazepin [1, 2]
  Primidon, Phenytoin, Phenylethylmalonamid, Phenobarbital [3]
- Chalkone [4]
- pH-Indikatoren
  z. B. 4-Aminoazobenzol-Derivate [5]
- Digitalis-Glycoside [6–10]
  z. B. Acetyldigoxin [6], Digoxin [7, 9], Digitoxin [8]
- Kohlenhydrate, Diazepam, Testosteron [11]
- Alkaloide
  z. B. Papaverrubine [12]
- Anabolika
  z. B. Trenbolon [13–15]
- Chloroplastenpigmente [16]
- Bitterstoffe [17]
- Penicillinsäure [18]

HCl

$M_r = 36.46$

Herstellung des Reagenzes

Reagenzlösung: 2 ml konz. Salzsäure werden tropfenweise vorsichtig zu 10 ml konz. Schwefelsäure, die in einer Doppeltrogkammer vorgelegt sind, hinzugefügt.

Aufbewahrung: Das Reagenz sollte täglich frisch angesetzt werden.

Substanzen: Salzsäure (32%)
Schwefelsäure (95–97%)

Reaktion

Der Reaktionsmechanismus ist nicht geklärt.

Durchführung

Die vom Fließmittel befreiten Chromatogramme (zuerst wenige Minuten im Kaltluftstrom trocknen, anschließend 5 min 100 °C) werden 5 min in die freie Hälfte der mit Reagenz beschickten Doppeltrogkammer gestellt und anschließend, im Falle der Chalkone oder 4-Aminoazobenzol-Derivate direkt ausgewertet. Digitalis-Glycoside und Kohlenhydrate sowie Diazepam und Testosteron werden erst nach erneutem Erhitzen (15 min auf 160–165 °C [6, 7, 11]) oder nach Bestrahlen mit dem ungefilterten UV-Licht einer Quecksilberlampe ausgewertet [8]. Im Falle der Antiepileptika wird das Chromatogramm direkt nach der HCl-Begasung noch 15 min mit dem ungefilterten UV-Licht einer Quecksilberlampe bestrahlt und dann ausgewertet [1, 2].

Chalkone ergeben orangerot bis braungefärbte Zonen [4] ebenso wie 4-Aminoazobenzol-Derivate, deren Farbe sich jedoch nach 10 min zu verändern beginnt und allmählich verblaßt [5]. Penicillinsäure wird als grauschwarze Zone sichtbar [18].

Als hellblau fluoreszierende Zonen auf dunklem Untergrund sind im langwelligen UV-Licht (λ = 365 nm) Antiepileptika [3], Kohlenhydrate, Diazepam und Testosteron [11] ebenso wie auch die Digitalis-Glycoside sichtbar, deren blaue Fluoreszenzfarbe durch Bestrahlen mit UV-Licht in gelb umschlägt [7, 8]. Trenbolon fluoresziert grün, die Nachweisgrenze in Fleisch liegt bei 5 ppb [14].

Anmerkung: Das Reagenz kann auf Kieselgel-, Kieselgur-, Si 50000- und RP-Schichten eingesetzt werden [6]. Zur quantitativen Auswertung kann die Fluoreszenzintensität der Chromatogramm-Zonen durch Tauchen in eine Lösung von Paraffin dünnflüssig in Hexan oder Chloroform gesteigert werden [8, 11].

Geprüftes Beispiel

Digitalis-Glycoside [9]

Methode: Aufsteigende, eindimensionale Zweifach-Entwicklung (Stufentechnik) in einer Trogkammer bei Kammersättigung.

Schicht: HPTLC-Fertigplatten Kieselgel 60 mit Konzentrierungszone (MERCK)

Auftragetechnik: Die Proben werden bandförmig (Bandlänge 5 mm) senkrecht zum unteren Plattenrand (also parallel zur späteren Laufrichtung) in die Konzentrierungszone aufgetragen, z. B. mit dem Linomat III (CAMAG).

Fließmittel: 1. Chloroform
2. Aceton – Chloroform (65+35)

Laufstrecken: Fließmittel 1: 7 cm
Fließmittel 2: 4 cm

Nachweis und Ergebnis: Das im Heißluftstrom getrocknete fließmittelfreie Chromatogramm wird in einem Teflon-Autoklaven (Durchmesser: 20 cm; Höhe: 8 cm) mit Salzsäure-Gas (LINDE) behandelt: Dazu wird die HPTLC-Platte, die mit der Glasseite in Richtung zum Gaseinlaß in dem Autoklaven auf einem Teflongestell liegt, nach Evakuieren (10 min < 1 mbar) und vorsichtigem Befüllen mit HCl-Gas (1 bar) 15 min auf 110°C erwärmt. Nach dem Öffnen des Autoklaven werden die HCl-Dämpfe im Kaltluftstrom (5 min) verblasen und die HPTLC-Platte auf Raumtemperatur abgekühlt. Zur Erhöhung und Stabilisierung der Fluoreszenz wird sie 15 s in eine Lösung aus Paraffin dünnflüssig – Chloroform (30+70) getaucht.

Die Digitalis-Glycoside ergeben im langwelligen UV-Licht (λ = 365 nm) blau fluoreszierende Zonen (Abb. 1).

In-situ-Messung: Die fluorimetrische Auswertung erfolgt im UV-Licht (λ_{exc} = 365 nm; λ_{fl} > 430 nm). Die Nachweisgrenze von Digoxin liegt bei 300 pg pro Chromatogramm-Zone (Abb. 2).

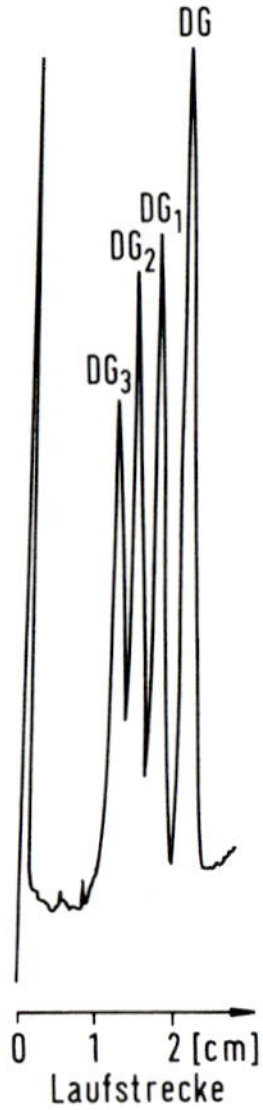

Abb. 1

Abb. 2

Abb. 1: Fluoreszenz-Ortskurve eines Gemisches von Digitalis-Glycosiden. Digoxin (DG_3, Digoxigenin-bis-digitoxosid (DG_2), Digoxigenin-mono-digitoxosid (DG_1), Digoxigenin (DG).

Abb. 2: Fluorimetrische Auswertung verschiedener Digoxin-Mengen zur Bestimmung der Nachweisgrenze.

Literatur

[1] Hundt, H. K. L., Clark, E. C.: *J. Chromatogr.* **1975,** *107,* 149–154.
[2] Funk, W., Canstein, M. v., Couturier, T., Heiligenthal, M. Kiefer, U., Schlierbach, S., Sommer, D.: Proceedings of the 3rd International Symposium on Instrumental HPTLC, Würzburg. Bad Dürkheim: IfC-Verlag, 1985, S. 281–311.
[3] Canstein, M. v.: Diplomarbeit, Fachhochschule Gießen, Fachbereich Technisches Gesundheitswesen, 1984.
[4] Stanley, W. L.: *J. Ass. Off. Agric. Chem.* **1961,** *44,* 546–548.
[5] Topham, J. C. Westrop, J. W.: *J. Chromatogr.* **1964,** *16,* 233–234.
[6] Winsauer, K., Buchberger, W.: *Chromatographia* **1981,** *14,* 623–625.
[7] Bottler, R.: *Kontakte (Merck)* **1978,** *2,* 36–39.
[8] Faber, D. B., Kok, A. de, Brinkmann, U. A. Th.: *J. Chromatogr.* **1977,** *143,* 95–103.
[9] Reh, E., Jork, H.: *Fresenius Z. Anal. Chem.* **1984,** *318,* 264–266.
[10] Lugt, C. B.: *Pharm. Weekbl. Ned.* **1976,** *111,* 405–417.
[11] Zhou, L., Shanfield, H., Wang, F. S., Zlatkis, A.: *J. Chromatogr.* **1981,** *217,* 341–348.

[12] Slavik, J.: *Collect. Czech. Chem. Commun.* **1980,** *45,* 2706–2709.
[13] Schopper, D., Hoffmann, B.: *Arch. Lebensm. Hyg.* **1981,** *32,* 141–144.
[14] Hohls, F. W., Stan, H. J.: *Z. Lebensm. Unters. Forsch.* **1978,** *167,* 252–255.
[15] Oehrle, K.-L., Vogt, K., Hoffmann, B.: *J. Chromatogr.* **1975,** *114,* 244–246.
[16] Petrovic, S. M., Kolarov, L. A.: *J. Chromatogr.* **1979,** *171,* 522–526.
[17] Schneider, G., Mielke, B.: *Dtsch. Apoth. Ztg.* **1978,** *118,* 469–472.
[18] Vesely, D., Vesela, D.: *Chem. Listy* (ČSSR) **1980,** *74,* 289–290.

Schwefelsäure-Reagenz

Reagenz für:

- Steroide [1-3]
  z. B. Östrogene, Androgene, Anabolica [1-4]
  Gallensäuren [2, 5, 6]
  Cholesterin, Cholesterinester [7]
- Steroidkonjugate [6, 8, 9]
- Sapogenine, Saponine [2, 10]
- Spironolacton, Canrenon [11]
- Herzglycoside [2]
- Alkaloide [2]
- Gibberelline [12]
- Prostaglandine [13]
- Lipide
  z. B. Fettsäuren [13], Ceramide [14],
  Phospholipide [15]
- Phenothiazine [16]
- Triphenodioxazine [17]
- Mycotoxine
  z. B. Aflatoxine, Trichothecene [12-20]
- Antibiotika [21, 22]
- Vitamin-A-Säure [23]

H_2SO_4

$M_r = 98.08$

Herstellung des Reagenzes

Tauchlösung: Zu 85 ml Wasser werden unter Eiskühlung vorsichtig 10 ml Schwefelsäure (95–97%) hinzugefügt und nach guter Durchmischung mit 5 ml Methanol versetzt.

Sprühlösung: 5–10 ml Schwefelsäure werden vorsichtig unter Eiskühlung mit 85 bis 95 ml Essigsäureanhydrid [1], Ethanol [1], Butanol [5] oder Methanol [11] gemischt.

Aufbewahrung: Bei 4°C ist die Tauchlösung längere Zeit haltbar.

Substanzen: Schwefelsäure (95–97%)
Essigsäureanhydrid
Methanol
Ethanol absolut

Reaktion

Der Reaktionsmechanismus ist nicht geklärt.

Durchführung

Die im Warmluftstrom 10 min lang getrockneten Chromatogramme werden 1–2 s in das Tauchreagenz getaucht oder gleichmäßig mit dem Sprühreagenz benebelt, dann im Warmluftstrom getrocknet und abschließend noch 1–20 min auf 95–140°C erwärmt.

Es resultieren gewöhnlich im langwelligen UV-Licht (λ = 365 nm) charakteristische, substanzspezifisch gelb, grün, rot oder blau fluoreszierende Chromatogramm-Zonen, die oft auch im sichtbaren Licht [7] – manchmal schon vor dem Erhitzen [2] – als farbige Zonen auf farblosem Untergrund erkannt und fluorimetrisch ausgewertet werden können [1].

Anmerkung: Schwefelsäure ist ein Universalreagenz, mit dem bei höheren Temperaturen (150–180°C) fast alle Stoffklassen durch Verkohlungsreaktion nachgewiesen werden können. Die bei niedrigeren Temperaturen (<120°C) auftretenden Farb- oder Fluoreszenzausbildungen und -intensitäten der Chromatogramm-Zonen hängen meist deutlich sowohl von der Erhitzungsdauer und Temperatur [2] als auch vom verwendeten Lösungsmittel [1] ab. Der Prostaglandin-Nachweis ist beispielsweise nach nur 3–5 min Erwärmen auf 80 °C am empfindlichsten [13].

Folgende Nachweisgrenzen (Substanz pro Chromatogramm-Zone) werden angegeben: Steroide (1–10 ng) [1, 2], Steroid-Konjugate (< 50 ng) [8], Prostaglandine (< 1 ng) [13], Phenothiazine (2 µg) [16].

Das Reagenz kann auf Kieselgel-, Kieselgur-, Si 50000- und RP-Schichten eingesetzt werden.

Geprüftes Beispiel

Cis-/Trans-Diethylstilböstrol, Ethinylöstradiol [24]

Methode: Aufsteigende, eindimensionale Entwicklung in einer Doppeltrogkammer, die in dem fließmittelfreien Trog 2 ml Ammoniak-Lösung (25%) enthält. Zur Vorkonditionierung wird die HPTLC-Platte vor dem Entwickeln ca. 60 min mit Fließmittel-Dämpfen äquilibriert.

Schicht: HPTLC-Fertigplatten Kieselgel 60 (MERCK); vorgereinigt durch dreimaliges Entwickeln in Chloroform – Methanol (50+50) und anschließendem 30 min. Erhitzen auf 110 °C.

Fließmittel: Chloroform – Methanol (19+1)

Laufstrecke: 5 cm

Laufzeit: ca. 10 min

Nachweis und Ergebnis: Das vom Fließmittel und den Ammoniak-Dämpfen befreite Chromatogramm wird zweimal 10 s mit Zwischentrocknung im Kaltluftstrom in die Reagenzlösung getaucht und anschließend 12 min auf 95 °C erhitzt. Die Steroid-Derivate sind jetzt im langwelligen UV-Licht (λ = 365 nm) als hellblau fluoreszierende Zonen auf dunklem Untergrund sichtbar: Cis-Diethylstilböstrol (hR_f: 15–20), trans-Diethylstilböstrol (hR_f: 40–45) und Ethinylöstradiol (hR_f: 50–55).

In-situ-Messung: Zur Stabilisierung (für ca. 24 Std.) und Erhöhung der Fluoreszenzintensität (um etwa den Faktor 3) wird das Chromatogramm vor der quantitativen Auswertung zweimal jeweils ca. 1 s lang mit kurzer Zwischentrocknung in eine Mischung aus Chloroform, Paraffinöl – Triethanolamin (60+10+10) getaucht. Ausgewertet wird im UV-Licht (λ_{exc} = 313 nm; λ_{fl} > 390 nm); die Nachweisgrenze liegt bei 500 pg pro Chromatogramm-Zone (Abb. 1).

Anmerkung: Das Ergebnis der Auswertung ist extrem abhängig von der verwendeten Säurekonzentration, der Tauchzeit, der Nachbehandlungstemperatur und -dauer.

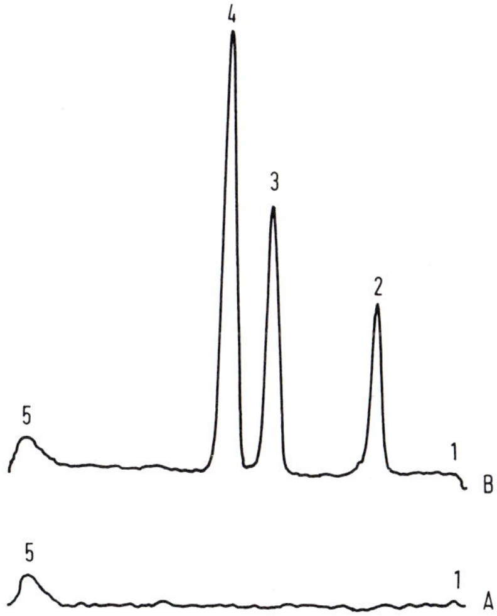

Abb. 1: Fluoreszenz-Ortskurve eines Leerwertes (A) und eines Diethylstilböstrol-Ethinylöstradiol-Gemisches (B) mit jeweils 10 ng Substanz pro Chromatogramm-Zone. Start (1), cis-Diethylstilböstrol, (2), trans-Diethylstilböstrol (3), Ethinylöstradiol (4), Fließmittelfront (5).

Literatur

[1] Verbeke, R.: *J. Chromatogr.* **1979,** *177,* 69-84.
[2] Heftman, E., Ko, S.-T., Bennett, R. D.: *J. Chromatogr.* **1966,** *21,* 490-494.
[3] Renwick, A. G. C., Pound, S. M., O'Shannessy, D. J.: *J. Chromatogr.* **1983,** *256,* 375-377.
[4] Smets, F., Vandewalle, M.: *Z. Lebensm. Unters. Forsch.* **1982,** *175,* 29-30.
[5] Anthony, W. L., Beher, W. T.: *J. Chromatogr.* **1964,** *13,* 567-570.
[6] Touchstone, J. C., Levitt, R., E., Soloway, R. O., Levin, S. S.: *J. Chromatogr.* **1979,** *178,* 566-570.
[7] Jatzkewitz, H., Mehl, E.: *Hoppe-Seyler's Z. Physiol. Chem.* **1960,** *320,* 251-257.
[8] Watkins, T. R., Smith, A., Touchstone, J. C.: *J. Chromatogr.* **1986,** *374,* 221-222.
[9] Batta, A. K., Shefer, S., Salen, G.: *J. Lipid Res.* **1981,** *22,* 712-714,

[10] Nakayama, K., Fujino, H., Kasai, R., Tanaka, O., Zhou, J.: *Chem. Pharm Bull.* **1986,** *34,* 2209-2213.
[11] Van der Merwe, P. J., Müller, D. G., Clark, E. C.: *J. Chromatogr.* **1979,** *171,* 519-521.
[12] Jones, D. F., McMillan, J., Radley, M.: *Phytochemistry,* **1964,** *2,* 307-314.
[13] Chiarugi, V., Ruggiero, M., Ricoveri, W.: *J. Chromatogr.* **1983,** *280,* 400-403.
[14] Do, U. H., Pei, P. T.: *Lipids* **1981,** *16,* 855-862.
[15] Sherma, J., Bennett, S.: *J. Liq. Chromatogr.* **1983,** *6,* 1193-1211.
[16] Steinbrecher, K.: *J. Chromatogr.* **1983,** *260,* 463-470.
[17] Ojha, K. G., Jain, S. K., Gupta, R. R.: *Chromatographia* **1979,** *12,* 306-307.
[18] Schmidt, R., Ziegenhagen, E., Dose, K.: *Z. Lebensm. Unters. Forsch.* **1982,** *175,* 169-171.
[19] Serralheiro, M. L., Quinta, M. L.: J. Assoc. Off. Anal. Chem. **1985,** *68,* 952-954.
[20] Gimeno, A.: J. Assoc. Off. Anal. Chem. **1979,** *62,* 579-585.
[21] Joshi, Y. C., Shukla, S. K., Joshi, B. C.: *Pharmazie,* **1979,** *34,* 580-582.
[22] Menyhart, M., Szaricskai, F., Bognar, R.: *Acta Chim. Hung.* **1983,** *113,* 459-467.
[23] De Paolis, A. M.: *J. Chromatogr.* **1983,** *258,* 314-319.
[24] Sommer, D.: Diplomarbeit, Fachhochschule Gießen, Fachbereich Technisches Gesundheitswesen, 1984.

Silbernitrat–Natronlauge–Reagenz

Reagenz für:

- Kohlenhydrate
  z. B. Mono- und Oligosaccharide [1–8]
  Zuckeralkohole [4, 9]

$AgNO_3$	NaOH
M_r = 169.87	M_r = 40.0
Silbernitrat	Natriumhydroxid

Herstellung des Reagenzes

Tauchlösung I: 1 ml einer gesättigten wäßrigen Silbernitrat-Lösung wird mit Aceton auf 200 ml aufgefüllt. Der dabei ausfallende Niederschlag wird durch Zugabe von 5 ml Wasser unter Schütteln wieder gelöst.

Tauchlösung II: 2 g Natriumhydroxid Plätzchen werden warm in 2 ml Wasser gelöst und mit Methanol auf 100 ml aufgefüllt.

Aufbewahrung: Tauchlösung I ist täglich frisch anzusetzen, Tauchlösung II ist mehrere Tage haltbar.

Substanzen: Silbernitrat
Natriumhydroxid Plätzchen
Aceton
Methanol

Reaktion

Die Silber-Ionen im Reagenz werden von reduzierenden Kohlenhydraten zu metallischem Silber reduziert.

Durchführung

Die im Warmluftstrom vom Fließmittel befreiten Chromatogramme werden zunächst 1 s in Lösung I getaucht oder homogen damit besprüht, dann im Kaltluftstrom getrocknet, anschließend 1 s in Lösung II getaucht bzw. damit besprüht und abschließend 1–2 min auf 100 °C erwärmt.

Es resultieren, teilweise auch ohne Erwärmen, braunschwarze Chromatogramm-Zonen auf hellbraun gefärbtem Untergrund.

Anmerkung: Zur Entfärbung des Plattenuntergrunds kann mit 5proz. wäßriger Ammoniak-Lösung und/oder 5–10proz. Natriumthiosulfat-Lösung in 50proz. wäßrigem Ethanol nachgesprüht werden [2, 3]. In Tauchlösung II läßt sich Natriumhydroxid durch Kaliumhydroxid ersetzen [4].

Das Reagenz kann auf Kieselgel-, Cellulose- und Celluloseacetat-Schichten angewendet werden.

Geprüftes Beispiel

Zuckeralkohole [9]

Methode: Aufsteigende, eindimensionale Entwicklung in einer Trogkammer bei Kammersättigung (15 min).

Schicht: HPTLC-Fertigplatten Si 50000 (MERCK). Vor dem Auftragen der Proben wird die Schicht zur Vorreinigung einmal in Chloroform – Methanol (50+50) entwickelt und anschließend 30 min bei 110 °C getrocknet.

Fließmittel: 1-Propanol – Wasser (18+2).

Laufstrecke: 7 cm

Laufzeit: 1 h

Nachweis und Ergebnis: Das im Kaltluftstrom getrocknete Chromatogramm wird zunächst 1 s in die Tauchlösung I getaucht, dann im Kaltluftstrom getrocknet, anschließend 1 s in die Tauchlösung II getaucht und abschließend 1–2 min auf 100 °C erwärmt.

Die Zuckeralkohole Sorbit (hR_f: 15–20), Mannit (hR_f: 20–25) und Xylit (hR_f: 30–35) erscheinen als hell- bis dunkelbraune Chromatogramm-Zonen auf beige gefärbtem Untergrund. Die Nachweisgrenzen liegen bei 1 ng Substanz pro Chromatogramm-Zone.

In-situ-Messung: Die absorptionsphotometrische Messung in Remission erfolgt bei einer mittleren Wellenlänge von λ = 530 nm (Abb. 1).

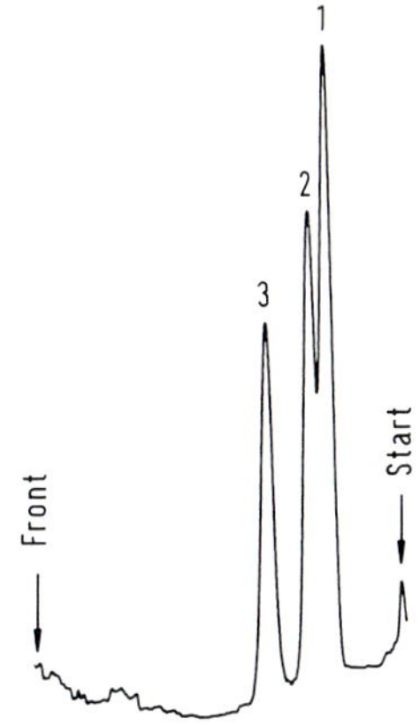

Abb. 1: Remissionsgrad-Ortskurve einer Chromatogrammbahn mit je 50 ng Substanz pro Chromatogramm-Zone: Sorbit (1), Mannit (2), Xylit (3).

Literatur

[1] Cerny, I., Trnka, T., Cerny, M.: *Collect. Czech. Chem. Commun.* **1983,** *48*, 2386-2394.
[2] Miyamoto, I., Watanabe, H., Nagase, S.: *Anal. Biochem.* **1981,** *110*, 39-42.
[3] Spitschan, R.: *J. Chromatogr.* **1971,** *61*, 169-172.
[4] Samuels, S., Fisher, C.: *J. Chromatogr.* **1972,** *71*, 291-296 und 297-306.
[5] Lee, E. Y. C., Carter, J. H.: *Arch. Biochem. Biophys.* **1973,** *154*, 636-641.
[6] Shiomi, N.: *Phytochemistry* **1981,** *20*, 2581-2583.
[7] Kanfer, J. N.: *Lipids* **1972,** *7*, 653-655.
[8] Bach, G., Berman, E. R.: *Biochim. Biophys. Acta* **1971,** *252*, 461-471.
[9] Netz, S., Funk, W.: *J. Planar Chromatogr.* **1989,** im Druck.

Tetracyanoethylen-Reagenz
(TCNE-Reagenz)

Reagenz für:

- Aromatische Kohlenwasserstoffe und Heterocyclen [1, 2]
- Aromatische Amine und Phenole [2, 3]
- Indol-Derivate [3, 4, 6]
- Carbazole [3]
- Phenothiazine [5]

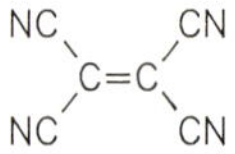

C_6N_4

M_r = 128.09

Herstellung des Reagenzes

Tauchlösung: 0,5 g Tetracyanoethylen (TCNE) werden in 100 ml Dichlormethan gelöst.

Sprühlösung: 0,5–1 g TCNE werden in Ethylacetat [3], Dichlormethan [4] oder Acetonitril [5] gelöst.

Aufbewahrung: Die Reagenzlösungen sind mehrere Tage haltbar.

Substanzen: Tetracyanoethylen
Dichlormethan

Reaktion

Tetracyanoethylen ergibt mit aromatischen Verbindungen farbige π-Komplexe, die im Falle von aromatischen Aminen, Phenolen und Indolen zu den entsprechenden Tricyanovinyl-Derivaten weiter reagieren [3, 4].

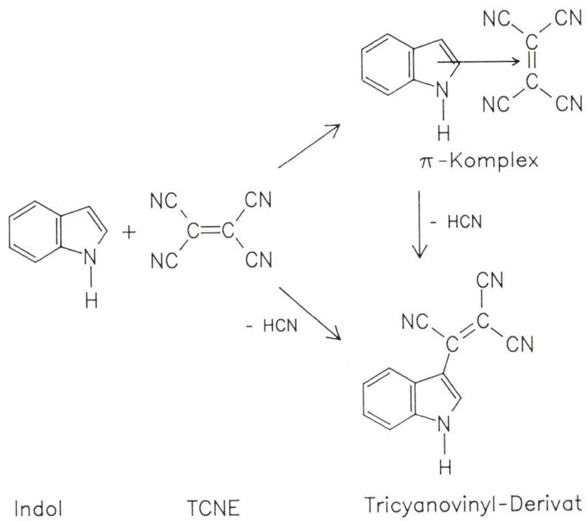

Durchführung

Die im Warmluftstrom vom Fließmittel befreiten Chromatogramme werden 1 s in die Tauchlösung getaucht oder homogen mit der Sprühlösung benebelt und einige Minuten im Kaltluftstrom [4, 6] oder bei 80 °C getrocknet.

Es resultieren unterschiedlich gefärbte Chromatogramm-Zonen auf schwach gelbem Untergrund.

Anmerkung: Die Intensität der Farben bleibt bei einigen Substanzen nur ca. 2 h stabil, bei Phenolen vertieft sich die Farbwirkung während dieser Zeit [2]. Die Nachweisgrenzen von Indol-Derivaten liegen im unteren Nanogrammbereich.

Das Reagenz kann auf Kieselgel-, Kieselgur-, Si 50000- und Cellulose-Schichten eingesetzt werden.

Geprüftes Beispiel

Indol und Indol-Derivate [6]

Methode: Aufsteigende, eindimensionale Entwicklung in einer Trogkammer ohne Kammersättigung.

Schicht: HPTLC-Fertigplatten Kieselgel 60 (MERCK).

Fließmittel: Toluol – Ethylacetat (50+15).

Laufstrecke: 7,5 cm

Laufzeit: 17 min

Nachweis und Ergebnis: Das im Warmluftstrom vom Fließmittel befreite Chromatogramm wird 1 s in die Reagenzlösung getaucht und im Kaltluftstrom getrocknet.

5-Nitroindol (hR_f: 40–45), 5-Chlorindol (hR_f: 60–65) und Indol (hR_f: 70–75) erscheinen als orangegelbe Chromatogramm-Zonen auf hellgelbem Untergrund. Wird das Chromatogramm 15 s in eine Ammoniak-Atmosphäre gebracht, tritt eine Intensivierung der Farben auf. Die Nachweisgrenzen liegen bei 10 ng Substanz pro Chromatogramm-Zone.

In-situ-Messung: Die photometrische Auswertung in Remission erfolgt bei einer mittleren Wellenlänge $\lambda = 460$ nm (λ_{max}(5-Nitroindol) = 450 nm, λ_{max}(5-Chlorindol) = 460 nm, λ_{max}(Indol) = 480 nm; Abb. 1).

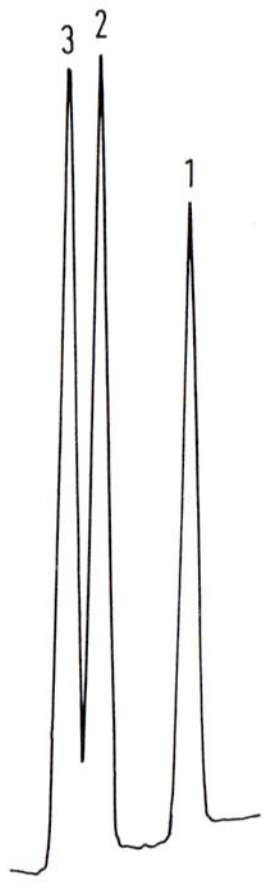

Abb. 1: Remissionsgrad-Ortskurve einer Chromatogrammbahn mit je 80 ng Substanz pro Chromatogramm-Zone; 5-Nitroindol (1), 5-Chlorindol (2), Indol (3).

Literatur

[1] Kucharczyk, N., Fohl, J., Vymetal, J.: *J. Chromatogr.* **1963,** *11*, 55-61.
[2] Janak, J.: *J. Chromatogr.* **1964,** *15*, 15-28.
[3] Macke, G. F.: *J. Chromatogr.* **1968,** *36*, 537-539.
[4] Heacock, R. A., Forrest, J. E., Hutzinger, O.: *J. Chromatogr.* **1972,** *72*, 343-350.
[5] Forrest, J. E., Heacock, R. A.: *J. Chromatogr.* **1973,** *75*, 156-160.
[6] Heiligenthal, M., Funk, W.: Privatmitteilung, Fachhochschule Gießen, Fachbereich Technisches Gesundheitswesen, Gießen 1988; *J. Planar Chromatogr.* **1989,** im Druck.

Tetrazolblau – Reagenz
(Blautetrazolium – Reagenz)

Reagenz für:

- Corticosteroide [1–6]
- reduzierende Steroide [2]
- Kohlenhydrate [7]

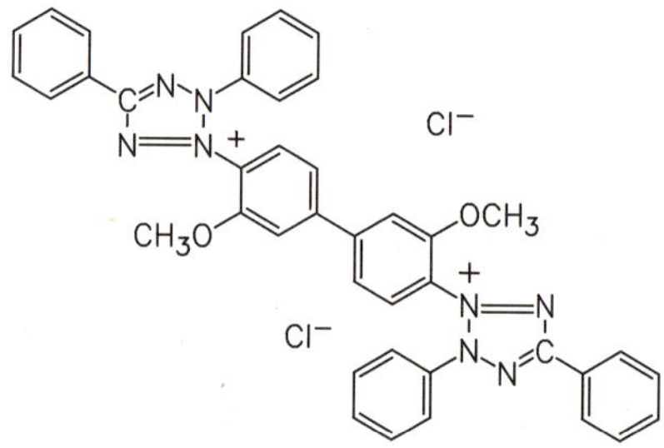

$C_{40}H_{32}Cl_2N_8O_2$

$M_r = 727.66$

Herstellung des Reagenzes

Lösung I: 0.5 g Tetrazolblau (3,3′-(3,3′-Dimethoxy-4,4′-biphenylen)-bis(2,5-diphenyl-2H-tetrazolium)-dichlorid) werden in 100 ml Methanol gelöst.

Lösung II: 24 g Natriumhydroxid werden in 50 ml Wasser vorsichtig gelöst und mit Methanol auf 100 ml aufgefüllt.

Tauchlösung: Vor Gebrauch werden gleiche Volumina von Lösung I und Lösung II gemischt.

Sprühlösung: Die Tauchlösung wird mit Methanol im Volumenverhältnis 1+2 verdünnt.

Aufbewahrung: Jede Lösung für sich ist im Kühlschrank längere Zeit haltbar.

Substanzen: Tetrazolblau
Natriumhydroxid Plätzchen
Methanol

Reaktion

Tetrazolblau wird durch reduzierende Verbindungen in farbiges bzw. fluoreszierendes Formazan überführt.

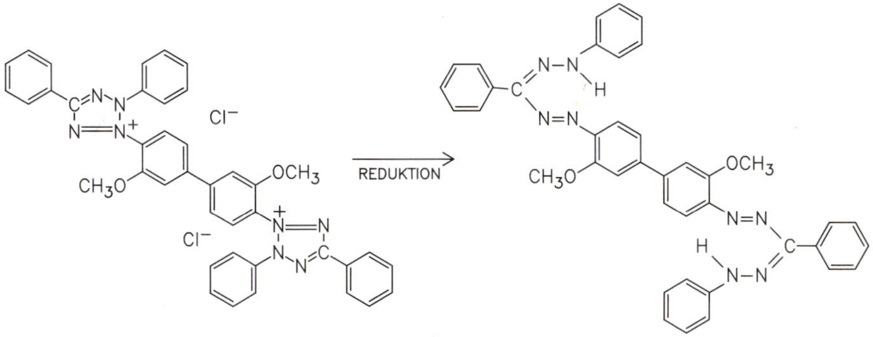

Tetrazolblau Formazan

Durchführung

Die entwickelten Chromatogramme werden entweder kurz in die Tauchlösung eingetaucht oder mit der Sprühlösung gleichmäßig besprüht. Die Farbreaktion tritt bei Zimmertemperatur bzw. bei schwachem Erwärmen sofort ein. Zumeist resultieren violett gefärbte Zonen auf hellem Untergrund. Wird 10 bis 20 min auf 90 °C erhitzt, so ergeben die Δ^4-3-Ketosteroide im langwelligen UV-Licht (λ = 365 nm) eine weitgehend spezifische tiefgelbe Fluoreszenz.

Anmerkung: Das Reagenz ist auf Kieselgel-, Aluminiumoxid-, Polyamid- und Cellulose-Schichten einsetzbar. Bei letzteren empfiehlt sich der Einsatz von 1+3 mit Methanol verdünnten Lösungen. Als Nachweisempfindlichkeit werden 0.1 bis 0.5 µg pro Chromatogramm-Zone angegeben [5].

Geprüftes Beispiel

Corticosteroide [8]

Methode: Aufsteigende, eindimensionale Zweifach-Entwicklung in einer Trogkammer bei Kammersättigung (5 min Zwischentrocknung im Warmluftstrom).

Schicht: DC- bzw. HPTLC-Fertigplatten Kieselgel 60 F_{254} (Merck)

Fließmittel: Chloroform – Methanol (93+7)

Laufstrecke: DC: 2 × 12 cm; HPTLC: 2 × 6 cm

Laufzeit: DC: 2 × 35 min; HPTLC: 2 × 20 min

Nachweis und Ergebnis: Das vom Fließmittel befreite Chromatogramm wird homogen mit der Reagenzlösung besprüht. Schon nach kurzer Zeit bei Raumtemperatur ergeben die Corticosteroide Tetrahydrocortisol (hR_f: 10–15), Tetrahydrocortison (hR_f: 15–20), Prednisolon (hR_f: 15–20), Hydrocortison (hR_f: 20–25), Prednison (hR_f: 30–35), Cortison (hR_f: 35–40), Corticosteron (hR_f: 45–50), Cortexolon (Reichstein-S, hR_f: 50–55), 11-Dehydrocorticosteron (hR_f: 60–65) und 11-Desoxycorticosteron (hR_f: 75–80) violett gefärbte Chromatogramm-Zonen (Abb. 1B).

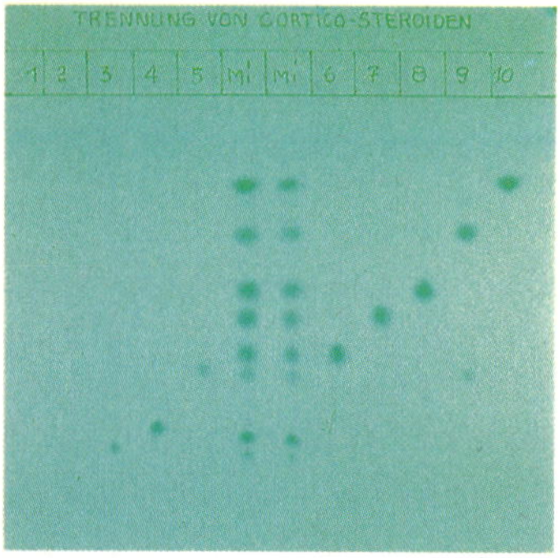

A

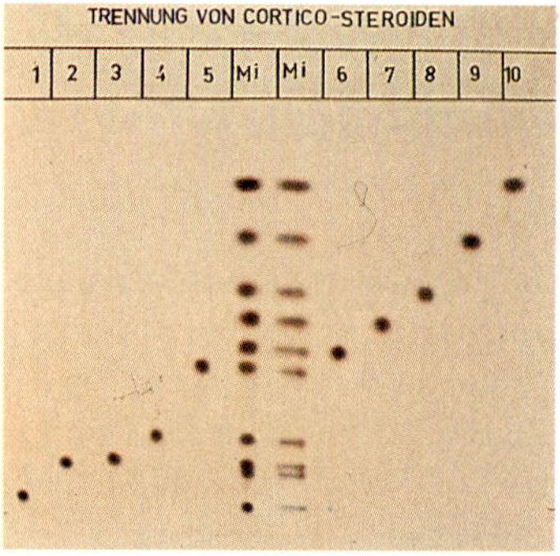

B

Abb. 1: Trennung der Corticosteroide. (A) Nachweis im UV-Licht (λ = 254 nm); (B) Anfärbung mit Tetrazolblau. Tetrahydrocortisol (1), Tetrahydrocortison (2), Prednisolon (3), Hydrocortison (4), Prednison (5), Cortison (6), Corticosteron (7), Cortexolon (8), 11-Dehydrocorticosteron (9), 11-Desoxycorticosteron (10), Gemisch (M).

Anmerkung: Auf HPTLC-Schichten liegt die Nachweisgrenze für die visuelle Erkennung der violett (λ_{max} = 530 nm) gefärbten Chromatogramm-Zonen bei 20 ng pro Chromatogramm-Zone. Auf DC-Platten mit Fluoreszenzindikator können die Corticosteroide mit Ausnahme der beiden Tetrahydro-Steroide auch durch Fluoreszenzminderung nachgewiesen werden (Abb. 1A). Abb. 2 zeigt die Absorptions-Ortskurve der in Abbildung 1A und 1B wiedergegebenen Trennung.

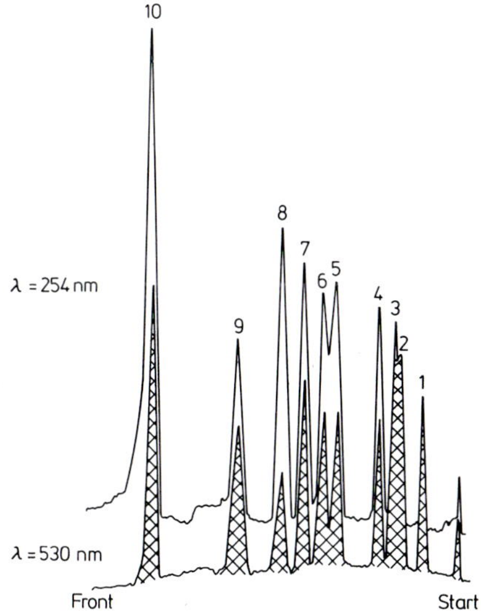

Abb. 2: Absorptions-Ortskurven des Corticosteroid-Gemischs gemäß Abb. 1.

Literatur

[1] Adamec, O., Matis, J., Galvanek, M.,: *Steroids* **1963,** *1,* 495–505.
[2] Feher, T.: *Mikrochim. Acta* **1965,** 105–116.
[3] Freimuth, U., Zawta, B., Büchner, M.: *Acta Biol. Med. Ger.* **1964,** *13,* 624–628.
[4] Nishikaze, O., Abraham, R., Staudinger, Hj.: *J. Biochem.* (Tokyo) **1963,** *54,* 427–431.
[5] McCarthy, J. L., Brodsky, A. L., Mitchell, J. A., Herrscher, R. F.: *Anal. Biochem* **1964,** *8,* 164–170.
[6] Nieminen, E., Castren, E.: *Zbl. Pharmaz.* **1970,** *109,* 571–578.
[7] Schmoldt, A., Machut, M.: *Dtsch. Apoth. Ztg.* **1981,** *121,* 1006–1009.
[8] Kany, E., Jork, H.: GDCh-Fortbildungskurs Nr. 300 „Einführung in die Dünnschicht-Chromatographie“, Universität des Saarlandes, Saarbrücken 1985.

Trichloressigsäure–Reagenz

Reagenz für:

- Steroide [1]
- Alkaloide
  aus z. B.: Veratrum [1], Colchicum [2]
- Digitalis-Glycoside [3, 4]
- Vitamin D_3 [5]
- Benzodiazepin-2-on Derivate [6]

CCl_3-COOH
$C_2HCl_3O_2$
$M_r = 163.39$

Herstellung des Reagenzes

Tauchlösung: 5 g Trichloressigsäure werden in 50 ml Chloroform [2] oder Ethanol gelöst.

Aufbewahrung: Die Tauchlösung ist bei Raumtemperatur mindestens 8 Tage haltbar.

Substanzen: Trichloressigsäure
Chloroform

Reaktion

Der Reaktionsmechanismus ist nicht geklärt.

Durchführung

Die Chromatogramme werden nach Trocknung im Kaltluftstrom 1 s in die Reagenzlösung getaucht oder damit besprüht und anschließend 10 min auf 120 °C erhitzt. Es resultieren im langwelligen UV-Licht (λ = 365 nm) üblicherweise hellblau fluoreszierende Zonen.

Anmerkung: Für den Nachweis von Digitalis-Glycosiden werden dem Reagenz einige Tropfen Wasserstoffperoxid-Lösung (30%) zugesetzt [4, 7]. Digitalis-Glycoside der A-Serie fluoreszieren gelbbraun, die der B-Serie leuchtend blau und die der C-Serie fahlblau [7]. Durch Tauchen in eine Lösung von Paraffin dünnflüssig – *n*-Hexan (1+2) kann die Fluoreszenz intensiviert und stabilisiert werden.

Das Reagenz kann auf Kieselgel-, Kieselgur-, Si 50000- und Cellulose-Schichten eingesetzt werden.

Geprüftes Beispiel

Steroide [1]

Methode: Aufsteigende, eindimensionale Entwicklung in einer Trogkammer. Nach dem Auftragen der Probe wird die Schicht 30 min bei 0% rel. Feuchte vorkonditioniert.

Schicht: HPTLC-Fertigplatten Kieselgel 60 F_{254} (MERCK), die zur Vorreinigung einmal in Chloroform – Methanol (1+1) bis zum oberen Plattenrand entwickelt und anschließend 30 min bei 110°C aktiviert werden.

Fließmittel: Cyclohexan – Diethylether (50+50)

Laufstrecke: 6 cm

Laufzeit: ca. 15 min

Nachweis und Ergebnis: Das Chromatogramm wird nach Trocknung im Kaltluftstrom 2 min intensiv mit UV-Licht (λ = 365 nm) bestrahlt und dann 1 s in die Reagenzlösung getaucht. Anschließend wird 10 min auf 120°C erhitzt und nach dem Abkühlen zur Erhöhung und Stabilisierung der Fluoreszenz 1 s in Paraffin dünnflüssig – *n*-Hexan (1+2) getaucht. Cholesterin (hR_f: 20–25), Koprostanol (hR_f: 25–30), 4-Cholesten-3-on (hR_f: 40–45), 5α-Cholestan-3-on (hR_f: 60) und Koprostanon (hR_f: 70) ergeben im langwelligen UV-Licht (λ = 365 nm) hellblau fluoreszierende Zonen.

In-situ-Messung: Die fluorimetrische Auswertung erfolgt im langwelligen UV-Licht (λ_{exc} = 365 nm, λ_{fl} > 430 nm; Abb. 1). Die Nachweisgrenze liegt bei einigen Nanogramm Substanz pro Chromatogramm-Zone.

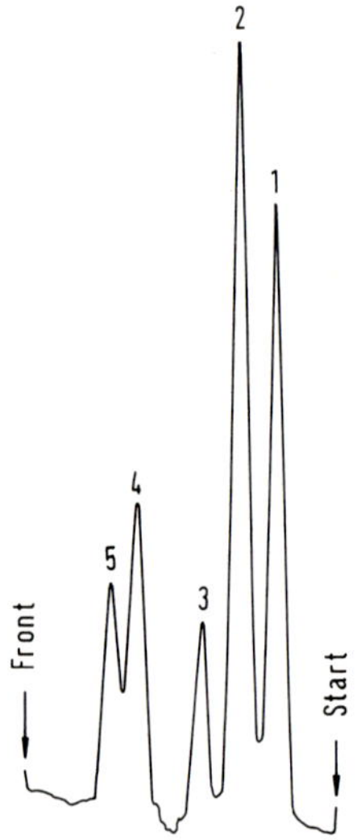

Abb. 1: Fluoreszenz-Ortskurve einer Chromatogrammbahn mit je 250 ng Substanz pro Chromatogramm-Zone (Ausnahme: Koprostanol 500 ng). Cholesterin, (1), Koprostanol (2), 4-Cholesten-3-on (3), 5-α-Cholestan-3-on (4), Koprostanon (5).

Literatur

[1] Schade, M.: Diplomarbeit, Fachhochschule Gießen, Fachbereich Technisches Gesundheitswesen, 1986.
[2] Müller, J.: Diplomarbeit, Fachhochschule Gießen, Fachbereich Technisches Gesundheitswesen, 1987.
[3] Horvath, P., Szepesi, G., Hoznek, M., Vegh, Z., Mincsovics, E.: Proceedings of the 2nd International Symposium on Instrumental HPTLC, Interlaken. Bad Dürkheim: IfC-Verlag, 1982, S. 295-304.
[4] Balbaa, S. I., Hilal, S. H., Haggag, M. Y.: *Planta Med.* **1970,** *18,* 254-259.
[5] Zeller, M.: Diplomarbeit, Fachhochschule Gießen, Fachbereich Technisches Gesundheitswesen, 1986.
[6] Steidinger, J., Schmid, E.: *Arzneim. Forsch.* **1970,** *20,* 1232-1235.
[7] Aldrich, B. J., Frith, M. L., Wright, S. E.: *J. Pharm. Pharmacol.* **1956,** *8,* 1042-1049.

Trinitrobenzolsulfonsäure-Reagenz (TNBS-Reagenz)

Reagenz für:

- Aminosäuren [1]
- Aminoglykosid-Antibiotika [2, 3]
  z. B. Neomycin, Gentamycin

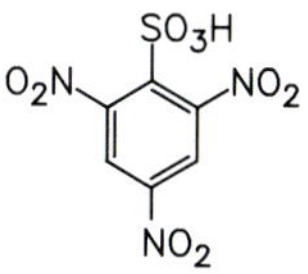

$C_6H_3N_3O_9S$

$M_r = 293.2$

Herstellung des Reagenzes

Tauchlösung: 100 mg 2,4,6-Trinitrobenzolsulfonsäure werden in einer Mischung aus 20 ml Aceton, 20 ml Ethanol und 10 ml Wasser gelöst.

Aufbewahrung: Das Reagenz sollte stets frisch angesetzt werden.

Substanzen: 2,4,6-Trinitrobenzolsulfonsäure
Aceton
Ethanol

Reaktion

Primäre Amine bilden mit Trinitrobenzolsulfonsäure in der Wärme gefärbte Meisenheimer-Komplexe.

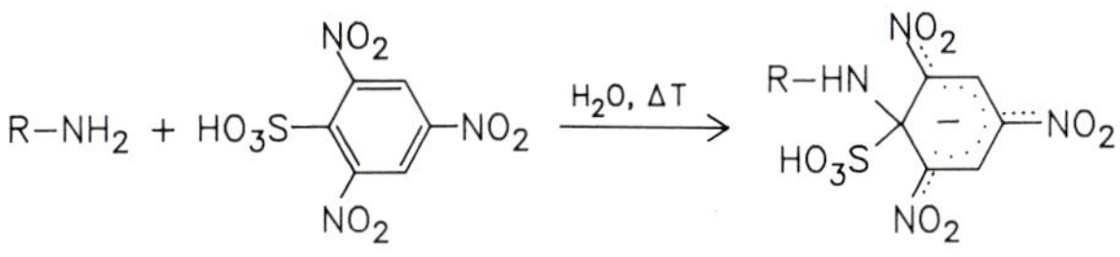

Durchführung

Die fließmittelfreien Chromatogramme werden 1 s in die Reagenzlösung getaucht oder homogen damit besprüht, im Warmluftstrom getrocknet und 5 min auf 100 °C erwärmt.

Es resultieren intensiv gelb gefärbte Zonen auf hellgelbem Untergrund, die etwa 2 Tage sichtbar bleiben.

Anmerkung: Ammoniak stört die Reaktion und muß vor Anwendung des Reagenzes vollständig von der Schicht entfernt werden.

Das Reagenz kann auf Kieselgel- und Kieselgur-Schichten eingesetzt werden, NH_2-Schichten sind nicht geeignet.

Geprüftes Beispiel

Gentamycin-C Komplex [2]

Methode: Aufsteigende, eindimensionale Entwicklung bei 10–12 °C in einer Doppeltrogkammer mit 5 ml Ammoniak-Lösung (25%) in dem fließmittelfreien Kammerteil; Kammersättigung 15 min.

Schicht: HPTLC-Fertigplatten Kieselgel 60 (MERCK), dreimal in Chloroform – Methanol (1+1) vorgewaschen und abschließend 30 min bei 110 °C getrocknet.

Fließmittel: Chloroform – Ammoniak-Lösung (25%) – Ethanol (10+10+9); verwendet wird die *organische Unterphase.*

Laufstrecke: ca. 5 cm

Laufzeit: ca. 20 min

Nachweis und Ergebnis: Die fließmittelfreien HPTLC-Platten (ca. 30 min Kaltluftstrom, der Ammoniak muß weitgehend verdunstet sein) werden 1 s in das Reagenz getaucht, im Warmluftstrom getrocknet und abschließend 4–5 min auf 100 °C erwärmt.

Die Gentamycine C_{1a} (hR_f: 35–40), C_2/C_{2a} (hR_f: 40–45) und C_1 (hR_f: 45–50) ergeben intensiv gelb gefärbte Substanzzonen auf schwachgelbem Plattenuntergrund.

In-situ-Messung: Gemessen wird die UV-Absorption in Remission bei λ = 353 nm. Die Nachweisgrenze liegt bei 40 ng Einzelsubstanz pro Chromatogramm-Zone.

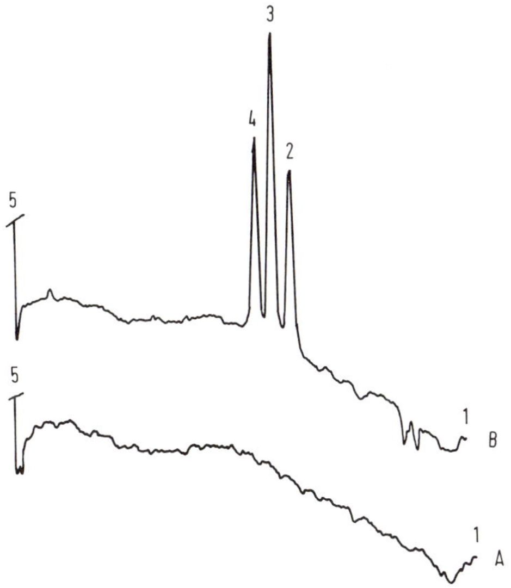

Abb. 1: Remissionsgrad-Ortskurven einer Leerbahn (A) und eines Gentamycin-Standards (B) mit 800 ng Gesamtsubstanz pro Startzone. Start (1), Gentamycin C_{1a} (2), Gentamycin C_2/C_{2a} (3), Gentamycin C_1 (4), Front (5).

Literatur

[1] Munier, R. L., Peigner, A., Thommegay, C.: *Chromatographia* **1970,** *3*, 205–210.

[2] Kiefer, U.: Diplomarbeit, Fachhochschule Gießen, Fachbereich Technisches Gesundheitswesen, 1984.

[3] Funk, W., Canstein, M. v., Couturier, Th., Heiligenthal, M., Kiefer, U. Schlierbach, S., Sommer, D.: Proceedings of the 3rd International Symposium on Instrumental HPTLC, Würzburg. Bad Dürkheim: IfC-Verlag 1985, S. 281–311.

Vanadium(V)-Schwefelsäure-Reagenz
(Mandelins-Reagenz)
(Ammoniummonovanadat-Schwefelsäure- bzw. Vanadiumpentoxid-Schwefelsäure-Reagenz)

Reagenz für:

- Kohlenhydrate und Derivate
  z. B. Monosaccharide [1-4]
  Oligosaccharide [1-3]
  Zuckeralkohole (Hexite) [1, 3, 4]
  Alkylglycoside [1, 3]
  Uronsäuren [1, 3]
- Glycole [1, 4]
- Diethylenglycol [4]
- reduzierende Carbonsäuren [1]
  z. B. Ascorbinsäure, Glycolsäure, Oxalsäure, Brenztraubensäure
- Steroide [5]
- Antioxidantien [5]
- Vitamine [5]
- Phenole [5, 6]
- aromat. Amine [5]
- Antihypertensiva (β-Blocker) [7, 9]
- Pyrazolidin-Derivate [8]

NH_4VO_3
M_r = 116.98
Ammoniummonovanadat

V_2O_5
M_r = 181.88
Vanadiumpentoxid

H_2SO_4
M_r = 98.08
Schwefelsäure

Herstellung des Reagenzes

Tauchlösung: 0.6 g Ammoniummonovanadat (Ammoniummetavanadat) werden in 22.5 ml Wasser gelöst und vorsichtig mit 2.5 ml konz. Schwefelsäure und 25 ml Aceton versetzt.

Sprühlösung Ia: 1.2 g Ammoniummonovanadat werden in 95 ml Wasser gelöst und vorsichtig mit 5 ml konz. Schwefelsäure versetzt [1, 2].

Sprühlösung Ib: 18.2 g Vanadiumpentoxid werden in 300 ml wäßriger Natriumcarbonatlösung, ($c_{Na_2CO_3}$ = 1 mol/l) unter Erwärmen gelöst, nach dem Abkühlen vorsichtig mit 460 ml Schwefelsäure, ($c_{H_2SO_4}$ = 2.5 mol/l) versetzt und mit Wasser auf 1 l aufgefüllt. Überschüssiges CO_2 wird im Ultraschallbad entfernt [1, 3, 4].

Sprühlösung II: *β-Blocker:* Gesättigte Lösung von Ammoniummonovanadat in konz. Schwefelsäure [7].

Aufbewahrung: Die Reagenzlösungen sind längere Zeit haltbar.

Substanzen: Ammoniummonovanadat
Vanadium(V)-oxid
Schwefelsäure
Natriumcarbonat-Decahydrat
Aceton

Reaktion

Das gelbe Vanadyl(V)-Ion wird von den reduzierenden Stoffen in das blaue Vanadyl(IV)-Ion überliefert.

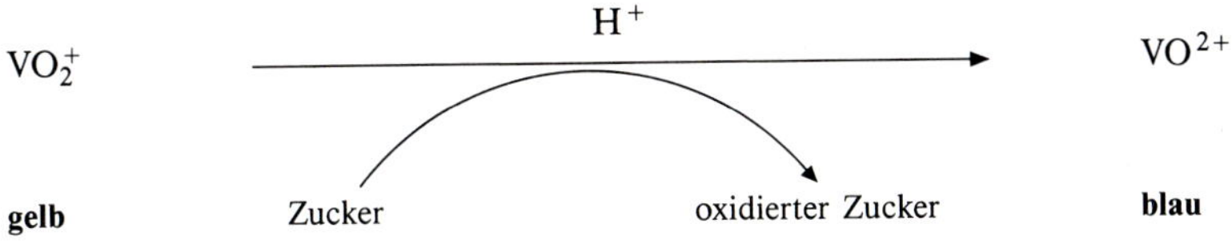

Durchführung

Die vom Fließmittel befreiten Chromatogramme werden 2 s in die Tauchlösung getaucht bzw. mit der Sprühlösung Ia oder Ib homogen bis zur beginnenden Transparenz besprüht und 5 min auf 100–120 °C erhitzt. Zur Entfärbung des Plattenuntergrunds kann nach Abkühlen des Chromatogramms nochmals kurz nachgesprüht werden [4].

Zum Nachweis von *β*-Blockern wird Sprühlösung II eingesetzt [7]; in diesem Fall wird direkt nach dem Besprühen ausgewertet.

Es resultieren für Kohlenhydrate blaue Chromatogramm-Zonen auf gelbem Untergrund, der allmählich verblaßt [2]. Steroide, Vitamine, Antioxidantien, Phenole und aromatische Amine ergeben, zum Teil schon bei Raumtemperatur, verschieden gefärbte Chromatogramm-Zonen [5]. *β*-Blocker werden ebenfalls unterschiedlich angefärbt [7]. Die Nachweisgrenzen liegen im Nanogramm- bis Mikrogrammbereich [5].

Anmerkung: Das Reagenz kann auf Kieselgel-, Kieselgur-, Si 50000- und Cellulose-Schichten eingesetzt werden. Bei Raumtemperatur reagieren Zucker und Zucker-Derivate entsprechend den jeweils vorhandenen funktionellen Gruppen verschieden schnell [1], z. B. Ketosen schneller als Aldosen. Dadurch sind Substanzdifferenzierungen möglich [1, 3].

Geprüftes Beispiel

β-Blocker [9]

Methode: Aufsteigende, eindimensionale Entwicklung in einer HPTLC-Trogkammer bei Kammersättigung.

Schicht: HPTLC-Fertigplatten Kieselgel 60 (MERCK), die zur Vorreinigung einmal in Chloroform – Methanol (1+1) entwickelt und anschließend 30 min auf 110 °C erhitzt werden.

Fließmittel: Ethylacetat – Methanol – Ammoniak-Lösung (25%) (40+5+5)

Laufstrecke: 6 cm

Laufzeit: 15 min

Nachweis und Ergebnis: Das vom Fließmittel befreite Chromatogramm (20 min Warmluftstrom) wird 2 s in die Tauchlösung getaucht, kurz im Warmluftstrom getrocknet und 10 min auf 120 °C erhitzt.

Atenolol (hR_f: 25–30), Bunitrolol (hR_f: 40–45) und Alprenolol (hR_f: 50–55) erscheinen im sichtbaren Licht als hellblaue bis weiße Zonen auf gelbem Untergrund. Im langwelligen UV-Licht (λ = 365 nm) sind sie als hellblau fluoreszierende Zonen auf schwach blauem Untergrund zu erkennen.

In-situ-Messung: Die fluorimetrische Auswertung erfolgt im UV-Licht (λ_{exc} = 313 nm, λ_{fl} > 390 nm; Abb. 1). Die Nachweisgrenzen liegen bei 50 ng Substanz pro Chromatogramm-Zone.

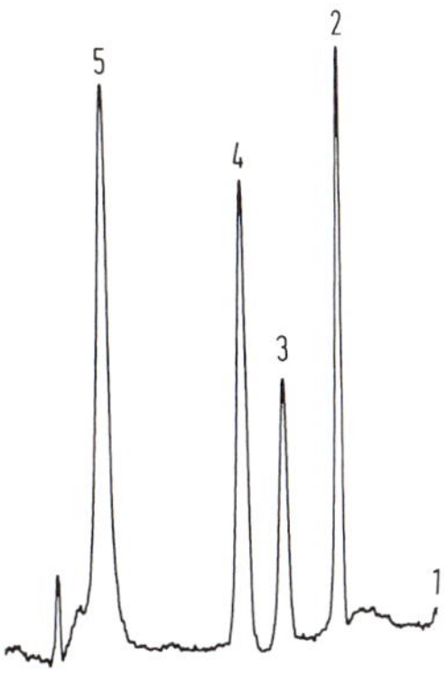

Abb. 1: Fluoreszenz-Ortskurve einer Chromatogrammbahn mit je 1 µg Substanz pro Chromatogramm-Zone. Start (1), Atenolol (2), Bunitrolol (3), Alprenolol (4), „Tauchfront" (5).

Literatur

[1] Haldorsen, K. M.: *J. Chromatogr.* **1977,** *134,* 467–476: **1978,** *150,* 485–490.

[2] Alonso-Fernandez, J. R., Boveda, M. D., Parrado, C., Peña, J., Fraga, J. M.: *J. Chromatogr.* **1981,** *217,* 357–366.

[3] Friese, P.: *Fresenius Z. Anal. Chem.* **1980,** *301,* 389–397.

[4] Klaus, R., Fischer, W.: *Chromatographia* **1987,** *23,* 137–140.

[5] Malaiyandi, M., Barrette, J. P., Lanouette, M.: *J. Chromatogr.* **1974,** *101,* 155–162.

[6] Klaus, R., Fischer, W., Bayer, H.: *J. Chromatogr.* **1987,** *398,* 300–308.

[7] Jack, D. B., Dean, S., Kendall, M. J., Laugher, S.: *J. Chromatogr.* **1980,** *196,* 189–192.

[8] Wachowiak, R.: *Arzneim. Forsch.* **1979,** *29,* 599–602.

[9] Azarderakhsch, M.: Diplomarbeit, Fachochschule Gießen, Fachbereich Technisches Gesundheitswesen 1988.

Vanillin–Kalilauge–Reagenz

Reagenz für:

- Amine, Aminosäuren
  z. B. Aminoglycosid-
  Antibiotika [1, 2]

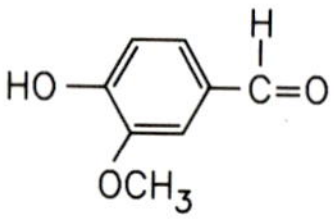

$C_8H_8O_3$	KOH
M_r = 152.15	M_r = 56.11
Vanillin	Kaliumhydroxid

Herstellung des Reagenzes

Tauchlösung I: 1 g Vanillin (4-Hydroxy-3-methoxy-benzaldehyd) wird in 50 ml 2-Propanol gelöst.

Tauchlösung II: 1 ml 1 molare Kalilauge wird mit Ethanol auf 100 ml aufgefüllt.

Aufbewahrung: Die Lösungen sind im Kühlschrank mehrere Tage haltbar.

Substanzen: Vanillin
2-Propanol
Kalilauge (1 mol/l)
Ethanol

Reaktion

Vanillin reagiert im schwach basischen Milieu mit primären Aminen zu fluoreszierenden Schiffschen Basen, wobei gleichzeitig farbige Phenolate entstehen.

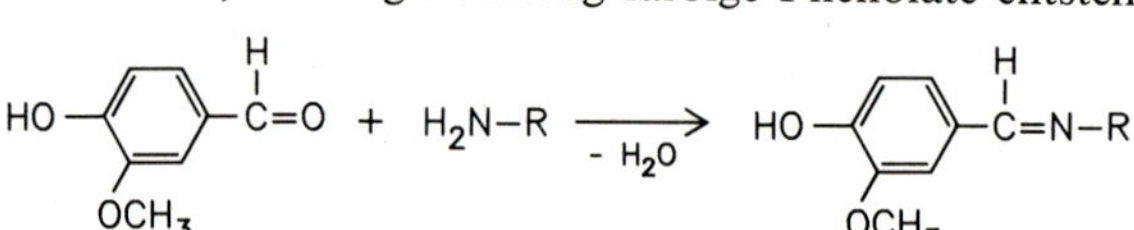

Vanillin + prim. Amin Schiffsche Base

Durchführung

Die fließmittelfreien Chromatogramme (10 min Warmluftstrom) werden 1 s in die Lösung I getaucht, 10 min bei 110 °C getrocknet, dann in Lösung II getaucht und abschließend nochmals 10 min auf 110 °C erwärmt.

Es resultieren unterschiedlich gefärbte Zonen, die mit langwelligem UV-Licht (λ = 365 nm) häufig auch zum Fluoreszieren angeregt werden können [3].

Anmerkung: Die Tauchlösungen können auch als Sprühreagenzien verwendet werden.

Ornithin, Prolin, Hydroxyprolin, Pipecolinsäure und Sarkosin ergeben rote, Glycin grünlich-braune und die übrigen Aminosäuren schwach braune Zonen [3]. Wird statt der Tauchlösung II eine alkoholische Kaliumcarbonat-Lösung zum Alkalisieren verwandt, so resultieren andersfarbene Zonen.

Nach dem ersten Trocknen (vor der Anwendung von Reagenz-Lösung II) treten im langwelligen UV-Licht (λ = 365 nm) häufig bereits charakteristische Fluoreszenzen auf: Ornithin ergibt z. B. eine starke, Lysin dagegen eine nur schwache grüngelbe Fluoreszenz und Hydroxyprolin erscheint hellblau.

Das Reagenz kann auf Kieselgel-, Kieselgur- oder Cellulose-Schichten eingesetzt werden. Aminophasen und Polyamid-Schichten sind nicht geeignet.

Geprüftes Beispiel

Gentamycin-C-Komplex [1, 2]

Methode: Aufsteigende, eindimensionale Entwicklung bei 10–12 °C in einer Doppeltrogkammer mit 5 ml Ammoniak-Lösung (25%) im fließmittelfreien Trog (Kammersättigung: 15 min).

Schicht: HPTLC-Fertigplatten Kieselgel 60 (MERCK), die zur Vorreinigung dreimal in Chloroform – Methanol (1+1) entwickelt und jeweils 30 min bei 110 °C getrocknet werden.

Fließmittel: Chloroform – Ammoniak-Lösung (25%) – Ethanol (10+10+9); verwendet wird die *organische Unterphase.*

Laufstrecke: ca. 5 cm

Laufzeit: ca. 20 min

Nachweis und Ergebnis: Das fließmittelfreie Chromatogramm (45 min Kaltluftstrom) wird nach 1 s Tauchen in Reagenzlösung I und 10 min Zwischentrocknen bei 110 °C in die Lösung II getaucht und nochmals 10 min auf 110 °C erhitzt. Für die Gentamycine C_{1a} (hR_f: 35–40), C_2/C_{2a} (hR_f: 40–45) und C_1 (hR_f: 45–50) resultieren gelbe Zonen auf blaßgelbem Untergrund.

In-situ-Messung: Die absorptionsphotometrische Bestimmung wird im langwelligen UV-Licht (λ = 392 nm) durchgeführt. Die Nachweisgrenze liegt bei 40 ng Gentamycin-Einzelsubstanz pro Chromatogramm-Zone (Abb. 1).

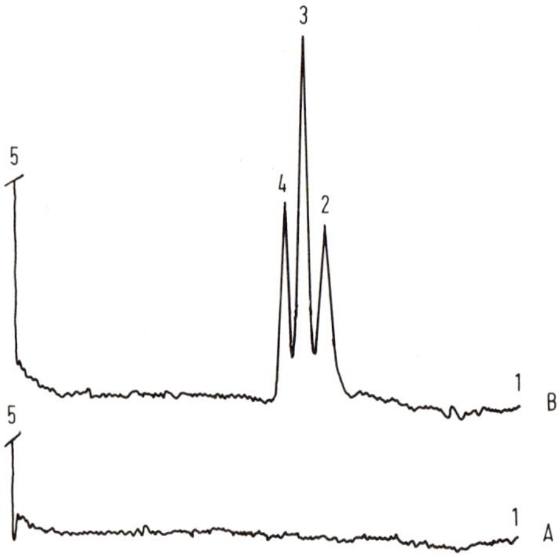

Abb. 1: Absorptions-Ortskurven eines Leerwerts (A) und eines Gentamycin-Standards (B) mit 500 ng Gesamtsubstanz pro Startzone. Start (1), Gentamycin C_{1a} (2), Gentamycin C_2/C_{2a} (3), Gentamycin C_1 (4), Front (5).

Literatur

[1] Kiefer, U.: Diplomarbeit, Fachhochschule Gießen, Fachbereich Technisches Gesundheitswesen, 1984.

[2] Funk, W., Canstein, M. v., Couturier, Th., Heiligenthal, M., Kiefer, U., Schlierbach, S., Sommer, D.: Proceedings of the 3rd International Symposium on Instrumental HPTLC, Würzburg. Bad Dürkheim: IfC-Verlag, 1985, S. 281–311.

[3] Curzon, G., Giltrow, J.: *Nature* (London) **1953**, *172*, 356–357: **1954**, *173*, 314–315.

Vanillin-Phosphorsäure-Reagenz

Reagenz für:

- Steroide, Sterine [1-4]
  z. B. Östrogene, Anabolika [2, 3]
- Triterpene [4, 5]
- Cucurbitacine (Bitterstoffe) [4, 6]
- Digitalis-Glycoside [7, 8]
- Prostaglandine [9]
- Saponine [10, 11]

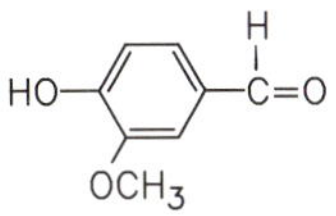

$C_8H_8O_3$	H_3PO_4
M_r = 152.15	M_r = 98.00
Vanillin	Orthophosphorsäure

Herstellung des Reagenzes

Tauchlösung: 1 g Vanillin (4-Hydroxy-3-methoxybenzaldehyd) wird in 25 ml Ethanol gelöst und mit 25 ml Wasser und 35 ml Orthophosphorsäure versetzt.

Aufbewahrung: Die Lösung ist bei 4 °C etwa 8 Tage haltbar.

Substanzen: Vanillin
Orthophosphorsäure (85%)
Ethanol

Reaktion

Wahrscheinlich läuft die Reaktion nach folgendem Schema ab:

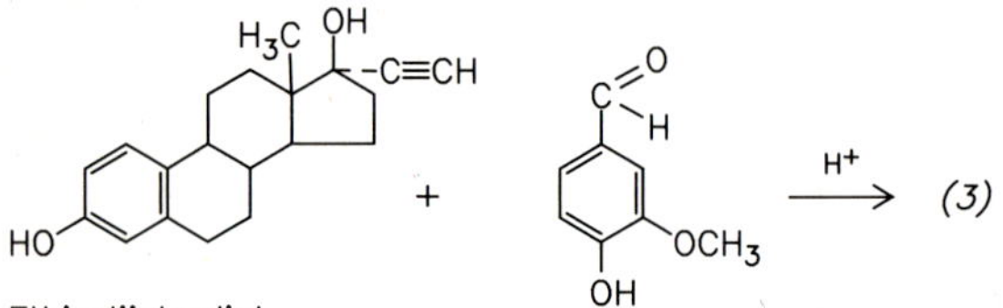

Ethinylöstradiol

(1) *(2)*

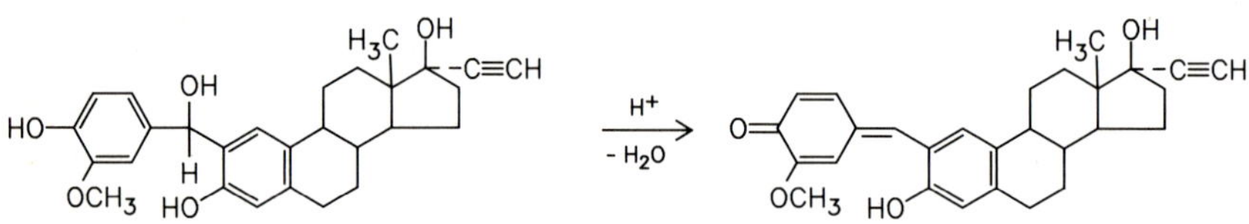

(3) *(4)*

Durchführung

Die fließmittelfreien Chromatogramme (15 min Warmluftstrom) werden zügig in die Reagenzlösung getaucht oder homogen damit besprüht und anschließend 5–15 min auf 120–160 °C erhitzt. Es resultieren gefärbte Zonen auf hellem Untergrund, die im Falle der Digitalis-Glycoside, Cucurbitacine und Sterine im langwelligen UV-Licht (λ = 365 nm) fluoreszieren [4, 7].

Anmerkung: Das Reagenz ist auf Kieselgel-, Kieselgur-, Si 50000- und RP-Schichten einsetzbar. Anstelle der Phosphorsäure kann auch Salz- oder Schwefelsäure im Reagenz verwendet werden (s. dort). Die Nachweisgrenzen für Steroide und Digitalis-Glycoside liegen bei einigen Nanogramm pro Chromatogramm-Zone.

Geprüftes Beispiel

Östrogene, Anabolika [3]

Methode: Aufsteigende eindimensionale Entwicklung in einer Doppeltrogkammer mit 2 ml Ammoniak-Lösung (25%) in dem fließmittelfreien Kammerteil. Vor der Entwicklung wird die Schicht mit den aufgetragenen Proben 60 min über dem Fließmittel vorkonditioniert.

Schicht: HPTLC-Fertigplatten Kieselgel 60 (MERCK), dreimal in Chloroform – Methanol (1+1) vorgewaschen und 30 min bei 110 °C getrocknet.

Fließmittel: Chloroform – Methanol (19+1)

Laufstrecke: ca. 5 cm

Laufzeit: ca. 10 min

Nachweis und Ergebnis: Das luftgetrocknete Chromatogramm wird 5 s in die Reagenzlösung getaucht und anschließend ca. 5 min auf 120 °C erhitzt. *cis*-Diethylstilböstrol (hR_f: 15–20) und *trans*-Diethylstilböstrol (hR_f: 40–45) färben sich rot, Ethinylöstradiol (hR_f: 50–55) erscheint dagegen blau.

In-situ-Messing: Die absorptionsphotometrische Messung wird bei λ = 540 nm (Ethinylöstradiol) bzw. bei λ = 605 nm (Diethylstilböstrol) durchgeführt. Die Nachweis-

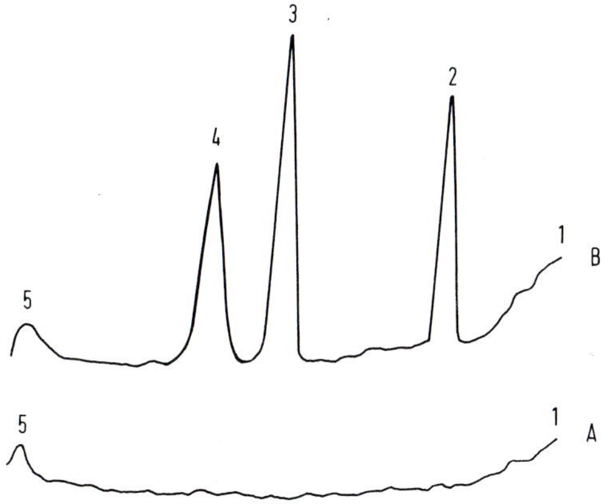

Abb. 1: Absorptions-Ortskurve einer Leerbahn (A) und eines Östrogen-Anabolika-Gemisches mit jeweils 100 ng Einzelsubstanz pro Chromatogramm-Zone (B). Start (1), cis-Diethylstilböstrol (2), trans-Diethylstilböstrol (3), 17α-Ethinylöstradiol (4), Fließmittelfront (5).

grenze für Ethinylöstradiol liegt bei 12 ng und für Diethylstilböstrol bei 3 ng pro Chromatogramm-Zone.

Literatur

[1] Metz, H.: *Naturwissenschaften* **1961,** *48,* 569–570.
[2] Jarc, H., Rüttner, O., Krocza, W.: *Fleischwirtschaft* **1976,** *9,* 1326–1328.
[3] Funk, W., Canstein, M. v., Couturier, Th., Heiligenthal, M., Kiefer, U., Schlierbach, S., Sommer, D.: Proceedings of the 3rd International Symposium on Instrumental HPTLC, Würzburg, Bad Dürkheim: IfC-Verlag 1985, S. 281–311.
[4] Bauer, R., Wagner, H.: *Dtsch. Apoth. Ztg.* **1983,** *123,* 1313–1321.
[5] Jankov, L. K., Ivanov, T. P.: *Planta Med.* **1970,** *18,* 232–242.
[6] Bauer, R., Berganza, L. H., Seligmann, O., Wagner, H.: *Phytochemistry* **1985,** *24,* 1587–1591.
[7] Winsauer, K., Buchberger, W.: *Chromatographia* **1981,** *14,* 623–625.
[8] Hauser, W., Kartnig, Th., Verdino, G.: *Sci. Pharm.* **1968,** *36,* 237–241.
[9] Wallach, D. P., Daniels, E. G.: *Biochim. Biophys. Acta* **1971,** *231,* 445–457.
[10] Kartnig, Th., Wegschaider, O.: Planta Med. **1972,** *21,* 144–149.
[11] Kartnig, Th., Ri, C. Y.: *Planta Med.* **1973,** *23,* 269–271; **1973,** *23,* 379–380.

Wasserstoffperoxid-Reagenz

Reagenz für:

- aromatische Säuren [1]
- Thiabendazol [2]

H_2O_2

$M_r = 34.01$

Herstellung des Reagenzes

Tauchlösung *Säuren:* 1 ml 30proz. Wasserstoffperoxid (Perhydrol^R) wird mit Wasser auf 100 ml aufgefüllt [1].

Sprühlösung: *Thiabendazol:* 3 ml 30proz. Wasserstoffperoxid wird mit 10proz. Essigsäure auf 100 ml aufgefüllt [2].

Aufbewahrung: Die Reagenzlösungen sollten stets frisch bereitet werden.

Substanzen: Perhydrol^R 30% H_2O_2
Essigsäure

Reaktion

Durch Oxidation und UV-Bestrahlung werden viele Carbonsäuren in fluoreszierende Derivate überführt. Der Reaktionsmechanismus ist nicht geklärt.

Durchführung

Die fließmittelfreien Chromatogramme werden 3 s in die Reagenzlösung getaucht oder homogen damit besprüht und in noch feuchtem Zustand 30 s bis 3 min mit intensivem UV-Licht (λ = 365 nm) bestrahlt [3]. Es resultieren i. allg. nach wenigen Minuten für viele aromatische Carbonsäuren im langwelligen UV-Licht (λ = 365 nm) blau fluoreszierende Chromatogramm-Zonen [3], die im sichtbaren Licht nicht zu erkennen sind. Thiabendazol ergibt innerhalb weniger Minuten im langwelligen UV-Licht (λ = 365 nm) hell fluoreszierende Chromatogramm-Zonen auf dunklem Untergrund [2].

Anmerkung: Die Tauchlösung kann auch zum Sprühen verwendet werden. Der Nachweis der aromatischen Säuren gelingt am besten auf Cellulose-Schichten, wenn zuvor ammoniakhaltige Fließmittel benutzt wurden. Das Reagenz kann auch auf Kieselgel-, Aluminiumoxid-, RP-18- und Polyamid-Schichten eingesetzt werden.

Geprüftes Beispiel

Organische Säuren [1]

Methode:	Aufsteigende, eindimensionale Entwicklung in einer Trogkammer bei Kammersättigung.
Schicht:	Fertigplatten SIL G-25 UV_{254} (MACHEREY-NAGEL)
Fließmittel:	Diisopropylether – Ameisensäure – Wasser (90+7+3)
Laufstrecke:	10 cm
Laufzeit:	30 min

Nachweis und Ergebnis: Das Chromatogramm wird 10 min im Warmluftstrom getrocknet, 3 s in die Reagenzlösung getaucht und anschließend bis zu 10 min mit intensivem UV-Licht (Hochdruckbrenner, λ = 365 nm) bestrahlt. Terephthalsäure (hR_f: 0–5), Pimelinsäure (hR_f: 55), Korksäure (hR_f: 60), Sebacinsäure (hR_f: 65–70) und Benzoesäure (hR_f: 70–75) sowie Sorbinsäure, Äpfelsäure, Adipinsäure, Zitronensäure, Weinsäure, Milchsäure und Fumarsäure zeigen auf Kieselgel-Schichten erst bei höheren Konzentrationen eine Reaktion. 4-Hydroxybenzoesäure, Salicylsäure und Acetylsalicylsäure fluoreszieren nach der Bestrahlung hellblau. Die Nachweisgrenze von Salicylsäure liegt bei 0.5 µg, die von Benzoesäure oberhalb von 5 µg pro Chromatogramm-Zone.

In-situ-Messung: Das Reagenz bringt für die Direktauswertung bei den untersuchten Säuren keine Vorteile, deshalb ist die Messung der Eigenabsorption bzw. der Eigenfluoreszenz vorzuziehen.

Literatur

[1] Jork, H., Klein, I.: GDCh-Fortbildungskurs Nr. 300 „Einführung in die Dünnschicht-Chromatographie", Universität des Saarlandes, Saarbrücken 1987.
[2] Laub, E., Geisen, M.: *Lebensmittelchem. gerichtl. Chem.* **1976,** *30,* 129–132.
[3] Grant, D. W.: *J. Chromatogr.* **1963,** *10,* 511–512.

Zirkon(IV)-oxidchlorid–Reagenz

Reagenz für:

- Flavonoide [1–3]
- Mykotoxine
  z. B. Sterigmatocystin [2]
- Steroide
  z. B. Östrogene [4, 7]
- Purine, Pyrimidine [4]
- Herzglycoside [5]
- Lipide
  z. B. Fettsäuren, Phospholipide, Cholesterin,
  Cholesterinester [4]
  Triglyceride [4, 6]
- Zucker [4]
- Prostaglandine [4]

$ZrOCl_2 \cdot 8\,H_2O$

$M_r = 322.25$

Herstellung des Reagenzes

Tauchlösung: 1 g Zirkon(IV)-oxidchlorid-Octahydrat (Zirkonylchlorid) wird in 50 ml Methanol gelöst.

Sprühlösung: 2 bis 25 g Zirkon(IV)-oxidchlorid-Octahydrat werden in 100 ml Methanol [1], Ethanol – Wasser (55+15) [5] oder Wasser [4] gelöst.

Aufbewahrung: Die Reagenzlösungen sind längere Zeit haltbar.

Substanzen: Zirkon(IV)-oxidchlorid-Octahydrat
Methanol
Ethanol

Reaktion

Der Reaktionsmechanismus ist nicht geklärt [4].

Durchführung

Die vom Fließmittel befreiten Chromatogramme werden 1 s in die Tauchlösung getaucht oder homogen mit der Sprühlösung besprüht und gewöhnlich 10 min auf 100–120 °C [2, 5, 6], gelegentlich auch 5 bis 60 min auf 150–180 °C [4] erhitzt.

Es resultieren im langwelligen UV-Licht (λ = 365 nm) zumeist gelb-grün bis bläulich fluoreszierende Chromatogramm-Zonen auf dunklem Untergrund.

Anmerkung: Mit dem Reagenz reagieren Flavonoide schon bei Raumtemperatur [1]; Mykotoxine, Steroide, Purine, Pyrimidine, Herzglycoside und Lipide reagieren erst in der Wärme [2, 4–6]. Zirkonylchlorid kann im Reagenz durch Zirkonylsulfat ersetzt werden, das bei einigen Substanzklassen (z. B.: Cholesterinester, Triglyceride) zu einer Empfindlichkeitssteigerung führen soll [4].

Zur Erhöhung der Fluoreszenzintensität kann mit Paraffin dünnflüssig – *n*-Hexan (2+1) nachgesprüht werden [2]. Bei Herzglycosiden [5], Triglyceriden [6] und Sterigmatocystin [2] liegt die Nachweisgrenze bei 0.5–1 ng, bei Östrogenen [7] bei 25 pg Substanz pro Chromatogramm-Zone.

Das Reagenz, das auch vor der Chromatographie durch Imprägnierung in die Schicht eingearbeitet werden kann, ist am besten zur Verwendung auf Kieselgel-Schichten geeignet [4]; es können aber auch Aluminiumoxid-, Kieselgur-, Si 50000-, Cellulose- und Polyamid-Schichten eingesetzt werden [4].

Geprüftes Beispiel

Östriol, Östradiol, Östron [7]

Methode: Aufsteigende, eindimensionale Entwicklung in einer Trogkammer mit Kammersättigung.

Schicht: HPTLC-Fertigplatten Kieselgel 60 (MERCK). Vor dem Auftragen der Probelösungen wird die Schicht zur Vorreinigung einmal in Chloroform – Methanol (1+1) entwickelt und danach 30 min bei 110°C getrocknet.

Fließmittel: Toluol – Ethanol (9+1)

Laufstrecke: 7 cm

Laufzeit: 15 min

Nachweis und Ergebnis: Das im Kaltluftstrom vom Fließmittel befreite Chromatogramm wird 15 min mit Ammoniakdampf konditioniert (Einstellen in die freie Troghälfte einer mit 25proz. Ammoniak-Lösung beschickten Doppeltrogkammer). Direkt anschließend wird es 1 s in die Reagenzlösung getaucht und 15 min auf 180°C erhitzt.

Östriol (hR_f: 10–15), Östradiol (hR_f: 30–35) und Östron (hR_f: 40–45) erscheinen im langwelligen UV-Licht (λ = 365 nm) als hellblau fluoreszierende Chromatogramm-Zonen auf dunklem Untergrund.

In-situ-Messung: Zur fluorimetrischen Auswertung wird bei λ_{exc} = 313 nm angeregt und bei λ_{fl} > 390 nm gemessen. Die Nachweisgrenzen liegen bei 25 pg Substanz pro Chromatogramm-Zone (Abb. 1).

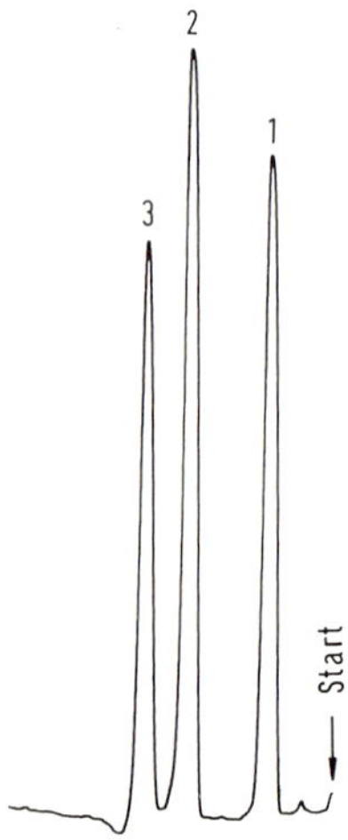

Abb. 1: Fluoreszenz-Ortskurve einer Chromatogrammbahn mit je ca. 50 ng Substanz pro Chromatogramm-Zone. Östriol (1), Östradiol (2), Östron (3).

Literatur

[1] Poethke, W., Schwarz, C., Gerlach, H.: *Planta Med.* **1970,** *19,* 177-188.
[2] Gertz, C., Böschemeyer, L.: *Z. Lebensm. Unters. Forsch.* **1980,** *171,* 335-340.
[3] Thieme, H., Khogali, A.: *Pharmazie* **1975,** *30,* 736-743.
[4] Segura, R., Navarro, X.: *J. Chromatogr.* **1981,** *217,* 329-340.
[5] Hagiwara, T., Shigeoka, S., Uehara, S., Miyatake, N. Akiyama, K.: J. High Resolut. Chromatogr. Chromatogr. Commun. **1984,** *7,* 161-164.
[6] Nägele, U., Hägele, E. O., Sauer, G., Wiedemann, E., Lehmann, P., Wahlefeld, A., Gruber, W.: *J. Clin. Chem. Biochem.* **1984,** *22,* 165-174.
[7] Netz, S., Funk, W.: Privatmitteilung Fachhochschule Gießen, Fachbereich Technisches Gesundheitswesen, 1987.

Firmenverzeichnis

American Instruments Inc., 185 Port Reading Ave., Port Reading, N.J., USA 07064

J. T. Baker Inc., 222 Red School Lane, Phillipsburg, NJ 08865, USA

J. T. Baker Chemikalien, H. S. Richardson Straße, D-6080 Groß-Gerau, West Germany

Baron Laborgeräte, Freiherr v. Hundbiss Straße 2, D-7752 Insel Reichenau, West Germany

Biochem Wissenschaftliche Geräte GmbH, Benzstraße 28a, D-8039 Puchheim, West Germany

Camag Scientific Inc., P.O. Box 563, Wrightsville Beach, N.C. 28480, USA

Camag AG, Sonnenmattstraße 11, CH-4132 Muttenz, Schweiz

Desaga GmbH, Maaßstraße 26–28, D-6900 Heidelberg, West Germany

Emi Inc., Heritage Park Road, P.O. Box 912, Clinton, CT, USA 06413

Farrand Optical Co., Inc.: Commercial Product Sales, 117 Wall Street, Valhalla, New York 10595, USA

Fluka Feinchemikalien GmbH, Messerschmittstraße 17, D-7910 Neu-Ulm, West Germany

Hamamatsu Corp., 420 South Ave., Middlesex, N.J., USA 08846

Hamilton Bonaduz A.G., P.O. Box 26, CH-7402 Bonaduz, Schweiz

Hamilton Deutschland GmbH, Daimlerweg 5A, D-6100 Darmstadt, West Germany

Helena Labs, P.O. Box 752, 1530 Lindbergh Dr., Beaumont, Tx, USA 77704

ICN Biomedicals GmbH, Thüringer Straße 15, D-3440 Eschwege, West Germany

Joyce-Loebl Ltd., Dukesway, Team Valley, Gateshead, Tyne & Wear, NE 11 OPZ, England

Joyce-Loebl GmbH, Emmanuel Leutze Straße 1a, D-4000 Düsseldorf, West Germany

Kontron Technik GmbH, Industriegebiet 1, D-8051 Eching bei München, West Germany

Kratos-Schoeffel Instruments, 24 Booker Street, Westwood, N.J. 07675, USA

Kürner Analysentechnik, P.O. Box 171, D-8200 Rosenheim, West Germany

Laboratorium Prof. Dr. Berthold, P.O. Box 160, D-7547 Wildbad, West Germany

Labor Mim, P.O. Box 73, H-1450 Budapest, Ungarn

Macherey-Nagel GmbH & CoKG, Neumann-Neander-Straße 6–8, D-5160 Düren-Rölsdorf, West Germany

Merck, E., Frankfurter Straße 250, D-6100 Darmstadt, West Germany

Olympus Optica (Europa) GmbH, Wendenstraße 14–16, D-2000 Hamburg 1, West Germany

Polaroid GmbH, Königsberger Straße 15, D-6000 Frankfurt/M., West Germany
Riedel-de-Haen AG., Wunstorfer Straße 40, D-3016 Seelze 1, West Germany
Schleicher & Schüll Inc., 10 Optical Avenue, Keene N.H. 03431, USA
Schleicher & Schüll GmbH, Postfach 4, D-3354 Dassel, West Germany
Schott Glaswerke, Postfach 2380, D-6500 Mainz, West-Germany
Scilab Co., Postfach 432, CH-4106 Therwil, Schweiz
Serva Feinbiochemica, Carl-Benz-Straße 7, D-6900 Heidelberg 1, West Germany
Shandon Labortechnik, Berner Straße 91–95, D-6000 Frankfurt/M. 56, West Germany
Shimadzu Europa GmbH, Albert-Hahn-Straße 6–10, D-4100 Duisburg 29, West Germany
Sigma-Chemical Co., P.O. Box 14508, St. Louis, MO 63178, USA
Sigma-Chemie GmbH, Grünwalder Weg 30, D-8024 Deisenhofen, West Germany
Spectra-Physics GmbH, Siemensstraße 20, D-6100 Darmstadt, West Germany
Vitatron Scientific B.V., Kanaalweg 24, P.O. Box 100, NL-6950 Dieren, Holland
Whatman Ltd., Springfield Mill, Maidstone, Kent ME14 2LE, U.K.
Zeiss, C., Postfach 1369, D-7082 Oberkochen, West Germany

Namens-Reagenzien und Reagenz-Akronyme

Namens-Reagenzien

Reagenz-Akronyme

Register

B

H

L

P

S